Mathematik für das Lehramt

Reihe herausgegeben von

Kristina Reiss
Technische Universität München

Thomas Sonar
Technische Universität Braunschweig

Hans-Georg Weigand
Universität Würzburg

Die Mathematik hat sich zu einer Schlüssel- und Querschnittswissenschaft entwickelt, die in vielen anderen Wissenschaften, der Wirtschaft und dem täglichen Leben eine bedeutende Rolle einnimmt. Studierende, die heute für das Lehramt Mathematik ausgebildet werden, werden in den nächsten Jahrzehnten das Bild der Mathematik nachhaltig in den Schulen bestimmen. Daher soll nicht nur formal-inhaltlich orientiertes Fachwissen vermittelt werden. Vielmehr wird großen Wert darauf gelegt werden, dass Studierende exploratives und heuristisches Vorgehen als eine grundlegende Arbeitsform in der Mathematik begreifen. Diese neue Reihe richtet sich speziell an Studierende im Haupt- und Nebenfach Mathematik für das gymnasiale Lehramt (Sek. II) sowie in natürlicher Angrenzung an Studierende für Realschule (Sek. I) und Mathematikstudenten (Diplom/BA) in der ersten Phase ihres Studiums. Sie ist grundlegenden Bereichen der Mathematik gewidmet: (Elementare) Zahlentheorie, Lineare Algebra, Analysis, Stochastik, Numerik, Diskrete Mathematik etc. und charakterisiert durch einen klaren und prägnanten Stil sowie eine anschauliche Darstellung. Die Herstellung von Bezügen zur Schulmathematik („Übersetzung" in die Sprache der Schulmathematik), von Querverbindungen zu anderen Fachgebieten und die Erläuterung von Hintergründen charakterisieren die Bücher dieser Reihe. Darüber hinaus stellen sie, wo erforderlich, Anwendungsbeispiele außerhalb der Mathematik sowie Aufgaben mit Lösungshinweisen bereit.

Weitere Bände in der Reihe
http://www.springer.com/series/6902

Joachim Engel

Anwendungsorientierte Mathematik: Von Daten zur Funktion

Eine Einführung in die mathematische Modellbildung für Lehramtsstudierende

2., vollständig überarbeitete Auflage

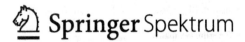 Springer Spektrum

Joachim Engel
Institut für Mathematik und Informatik
Pädagogische Hochschule Ludwigsburg
Ludwigsburg
Deutschland

Die Darstellung von manchen Formeln und Strukturelementen war in einigen elektronischen Ausgaben nicht korrekt, dies ist nun korrigiert. Wir bitten damit verbundene Unannehmlichkeiten zu entschuldigen und danken den Lesern für Hinweise.

Zusätzliches Material zu diesem Buch kann von http://www.springer.com/9783662554869

Mathematik für das Lehramt
ISBN 978-3-662-55486-9   ISBN 978-3-662-55487-6 (eBook)
https://doi.org/10.1007/978-3-662-55487-6

Die Deutsche Nationalbibliothek verzeichnet diese Publikation in der Deutschen Nationalbibliografie; detaillierte bibliografische Daten sind im Internet über http://dnb.d-nb.de abrufbar.

Springer Spektrum

Planung: Ulrike Schmickler-Hirzebruch

Gedruckt auf säurefreiem und chlorfrei gebleichtem Papier

Springer Spektrum ist ein Imprint der eingetragenen Gesellschaft Springer-Verlag GmbH, DE und ist Teil von Springer Nature
Die Anschrift der Gesellschaft ist: Heidelberger Platz 3, 14197 Berlin, Germany

Vorwort zur zweiten Auflage

Liebe Leserin, lieber Leser,

Die breite Zustimmung zur ersten Auflage hat eine Überarbeitung zu einer Neuauflage motiviert. Die vorliegende Fassung wurde inhaltlich an einzelnen Stellen aktualisiert, mathematische Herleitungen mit didaktischen Anmerkungen ergänzt, und es wurden weitere, in Lehrveranstaltungen bewährte Beispiele zur Erläuterung von zentralen Ideen des Modellierens mit Funktionen hinzugefügt.

Mathematische Software spielt beim Anwenden von Mathematik und beim Erlernen grundlegender Konzepte mathematischer Ideen eine unverzichtbare Rolle. In der Neufassung wurde darauf geachtet, die Bindung an spezielle Softwareprodukte so weit wie möglich zu lösen und die Bearbeitung von Beispielen und Aufgaben mit unterschiedlicher Software zu ermöglichen.

Mein Dank gilt Frau Schmickler-Hirzebruch und Frau Herrmann vom Springer-Verlag bei der Unterstützung eines fachwissenschaftlichen Buches, das didaktische Gesichtspunkte mit einem ausführlichen Lehrtext verbindet sowie den Leserinnen und Lesern der ersten Auflage für ihre Rückmeldungen.

Der Online-Service zum Buch mit einer Reihe ergänzender Materialien wurde ebenfalls überarbeitet. Sie finden die Internetseiten zu diesem Buch unter

http://www.springer.com/de/book/9783662554869

Ludwigsburg, Juni 2017   Joachim Engel

Aus dem Vorwort zur ersten Ausgabe von 2009

Eine der häufigsten Fragen gegenüber der Schulmathematik lautet: *Wozu brauche ich Mathematik?* Diese Frage kann mit den üblichen Vorlesungen im Lehramtsstudium oft nur unbefriedigend beantwortet werden. Dieses Buch will dazu beitragen, einige Gebiete der Mathematik vorzustellen, in denen Mathematik eine entscheidende Rolle zur Lösung von außermathematischen Fragestellungen spielt, diese Mathematik aber weitgehend noch so elementar ist, dass sie auch in die Schulmathematik mit einfließen kann. Im Mittelpunkt stehen beispielhafte und elementare Konzepte, Mathematik auf ausgewählte Sachprobleme anzuwenden und darüber zu reflektieren, wie Mathematik zu einem besseren Verstehen der Sachsituation beitragen kann.

Anwendungen von Mathematik stehen in diesem Buch im Zentrum, es wird dabei aber auch immer um bestimmte mathematische Techniken sowie um Vorgehensweisen beim Anwenden von Mathematik gehen. Die Beispiele erstrecken sich von technisch-naturwissenschaftliche Fragestellungen bis hin zu Modellierungen ökonomischer, biologischer und soziologischer Phänomene. Da sich dieses Buch besonders an angehende Mathematiklehrerinnen und -lehrer wendet und kein Lehrbuch über Ökonomie, Technik oder Soziobiologie ist, gliedert es sich nach einer von der Mathematik motivierten Systematik. Wir orientieren uns an Vorgehensweisen, **funktionale Abhängigkeiten zwischen zwei Größen mit mathematischen Mitteln zu modellieren**. Dabei werden wir an verschiedenen Stellen auf Inhalte aus Analysis, Stochastik, linearer Algebra und Numerik zurückgreifen.

Mein zentrales Anliegen besteht darin, ein bis in die Schulmathematik der unteren und mittleren Klassen reichendes aktuelles Thema der modernen Mathematik konsistent darzustellen. Der Leser wird dabei erfahren, wie mit zunehmender mathematischer Kompetenz verfeinerte Methoden eingesetzt werden können, um auf zunehmend anspruchsvollere Weise in komplexeren Situationen ein und dasselbe Ziel zu verfolgen: Abhängigkeiten zwischen zwei Größen zu modellieren. Gleichzeitig will das Buch aufzeigen, wie grundlegende Ideen zum Modellieren funktionaler Abhängigkeiten bei entsprechender Elementarisierung bis in die Schulmathematik hinein lebendig und wirklichkeitsnah gestaltet werden können. Eine curriculare Basis dafür ist die Tatsache, dass sowohl der Funktionsbegriff als auch das Modellbildungskonzept allgemein als fundamentale mathematische Ideen akzeptiert und als Leitideen des Mathematikunterrichts[1] etabliert sind.

Viele Anregungen und Beispiele in den Kap. 2 und 5 stammen aus dem empfehlenswerten Buch von Tim Erickson (2007): *The Model Shop. Using Data to Learn about Elementary Functions, eeps Media: Oakland, CA.* Ein anderes empfehlenswertes Buch, aus dem verschiedene hier vorgestellte Ideen entnommen sind, ist das Buch von Thomas Sonar (2002) *Anwendungsorientierte Mathematik, Modellbildung und Informatik.* Das vorliegende Buch hätte nicht entstehen können durch stetige Anregungen, Diskussionen, Rückmeldungen und Ermutigungen von zahlreichen Kolleginnen und Kollegen. Mein ganz herzlicher Dank geht an Rolf Biehler, Tim Erickson, Martin Gundlach, Silke Haußmann, Marcus Herzberg, Norbert Herrmann, Ludger Jansen, Jan-Martin Klinge, Laura Martignon, Carmen Maxara, Thomas Rubitzko, Angela Stevens, Reimund Vehling, Markus Vogel, Claudia Wörn und Marc Zimmermann sowie den Studentinnen und Studenten meiner Vorlesungen über Modellbildung. Dem Springer-Verlag danke ich für die stete Ermutigung und kompetente Unterstützung bei der Fertigstellung dieses Buches. Mein ganz besonderer Dank gilt meiner Familie, die mich – begeistert von der Idee dieses Buches – geduldig ertragen hat.

Ludwigsburg, Mai 2009   Joachim Engel

---

[1]siehe KMK Bildungsstandards für den mittleren Schulabschluss von 2004 und KMK Bildungsstandards im Fach Mathematik für die Allgemeine Hochschulreife von 2012

Zum Umgang mit diesem Buch

Die Inhalte des vorliegenden Buches wurden in mehreren Vorlesungen für Lehramtsstudierende erprobt. Vorlesungen für Studierende des Lehramtes an Realschulen im 3. Semester (und mit Abstrichen hiervon auch Vorlesungen für angehende Grundschullehrer und -lehrerinnen) basierten bis auf wenige Auslassungen auf den Kap. 1 und 2, Abschn. 4.1, 4.2, und 5.1 bis 5.3. Diese Kapitel setzen kaum mehr an mathematischen Vorkenntnissen voraus als das, was in der Mittelstufe des Gymnasiums gelehrt wird. Kap. 3 (Splines und Polynominterpolation) und Abschn. 4.3 (Differenzengleichung und Chaos), 4.5 und 4.6 (Differenzialgleichungen) verlangen sichere Kenntnisse der Oberstufenmathematik in Analysis und Linearer Algebra. Diese Kapitel waren unter dem Titel „Angewandte Analysis" Inhalt von fortgeschrittenen Vorlesungen für Studierende des Sekundarlehramtes. Eine mehrmals durchgeführte Vorlesung für Studierende des gymnasialen Lehramtes an der Universität Hannover „*Anwendungsorientierte Mathematik, Modellbildung und Informatik*" beinhaltete im Wesentlichen die Inhalte der Kap. 1 bis Abschn. 5.7. Bei einigen Teilen dieser Kapitel sind Kenntnisse aus einführenden Veranstaltungen in Analysis und Linearer Algebra, wie sie in gymnasialen Studiengängen an Universitäten die Regel sind, gewiss sehr hilfreich. Inhaltlich am anspruchsvollsten sind wohl Abschn. 5.9 über nichtlineare Regression sowie Abschn. 6.5 zu den mathematischen Grundlagen des nichtparametrischen Kurvenschätzens. Diese Kapitel sind zur Vertiefung für fortgeschrittene Studierende der Mathematik mit guten Kenntnissen in multivariater Analysis und Stochastik. Diese Teile führen an neuere computerintensive mathematische Methoden heran, die erst im Gefolge der Verfügbarkeit leistungsfähiger Hard- und Software im Laufe der letzten 35 Jahre entwickelt wurden.

Anwendungsorientierte Mathematik ist heutzutage ohne Computereinsatz nicht mehr denkbar – und zwar auf allen Ebenen, vom Mathematikunterricht in der frühen Sekundarstufe I, über die Sekundarstufe II bis hin zur Hochschulmathematik. Technologie wird dabei eingesetzt, um lästige, aber im Prinzip verstandene Mathematik an den „Rechenknecht" Computer zu delegieren, aber auch als multimediales Mittel zur Veranschaulichung, um Konzepte zu illustrieren und zu entdecken. Zum Arbeiten in diesem Buch können verschiedene Software-Pakete wie Computer-Algebra-Systeme (CAS) oder Tabellenkalkulationssysteme (TBK) eingesetzt werden. Beispiele, Projekte und Aufgaben sind – soweit möglich – unabhängig von einem speziellen digitalen Werkzeug formuliert. Für Kap. 2 und 5 eignen sich insbesondere die Software FATHOM[2] oder das frei im Internet verfügbare GEOGEBRA,[3] wenngleich alle Problemstellungen in diesen beiden Kapiteln ebenso (wenn auch weit weniger komfortabel) mit einem CAS wie z.B. MAPLE oder MATHEMATICA oder mit Tabellenkalkulationssoftware bearbeitet werden können. In anderen Kapiteln bieten CAS (Kap. 3 und 4) oder Tabellenkalkulationssysteme (Kap. 4) eine geeignete technologische Umgebung zur Problembearbeitung. Bei einigen Fragestellungen in den Kap. 5 und 6 empfiehlt sich das statistische Programmiersystem R, das sich im akademischen Bereich weitgehend durchgesetzt hat und unter http://cran.r-project.org frei erhältlich ist.

Auf http://www.springer.com/de/book/9783662554869 finden sich alle hier behandelten Datensätze und Programme in den geeigneten Formaten von FATHOM, GEOGEBRA, MAPLE, R sowie als Textdatei.

---

[2]FATHOM ist eine in den USA entwickelte Lernsoftware zum Anwenden von Mathematik, die auch in deutscher Version vorliegt (Biehler et al. 2006).

[3]https://www.geogebra.org/download

Inhaltsverzeichnis

Was heißt „Mathematik anwenden"?

Zwei Ballonfahrer hatten sich verirrt. Da sahen sie am Boden auf der Erde einen Mann, dem sie zu riefen: „Wo sind wir?" Dieser dachte lange nach, bis er endlich zurückrief: „In einem Ballon." Daraufhin sagte der eine Ballonfahrer zum anderen: „Das muss ein Mathematiker sein. Denn erstens hat er sehr lange nachgedacht, zweitens ist seine Antwort absolut richtig, und drittens können wir mit der Antwort überhaupt nichts anfangen."

Inhaltsverzeichnis

Dieser Witz von den Ballonfahrern lebt von einem Bild in der Öffentlichkeit, das Mathematik als eine sehr weltfremde und für alle praktischen Zwecke nutzlose Wissenschaft charakterisiert. Dieses Bild, das von den oft sehr theoretischen und für Außenstehende kaum verständlichen Inhalten der Mathematik genährt wird und Mathematiker als recht lebensfremde Wesen charakterisiert, ist völlig falsch. **Mathematik ist die Grundlage der Hochtechnologie**. Mathematische Bildung gehört zu den Schlüsselqualifikationen in unserer Informations- und Wissensgesellschaft. Quasi jedes technische Gerät, das uns unser Leben erleichtert und unseren angenehmen Lebensstil und Wohlstand sichert, basiert auf Mathematik, wenn auch die Mathematik für den Anwender meist unsichtbar

© Springer-Verlag GmbH Deutschland 2018

J. Engel, *Anwendungsorientierte Mathematik: Von Daten zur Funktion*,

Mathematik für das Lehramt, https://doi.org/10.1007/978-3-662-55487-6_1

und Planungen zu verdanken. Ähnlich wie sich auf vielen Computern ein Label befindet *„Intel inside"*, so könnte man sich auf jedem technischen Gerät einen Aufkleber vorstellen *„mathematics inside"*. Aufgrund der fortgeschrittenen technischen Möglichkeiten, z. B. im Aufzeichnen und Verbreiten von Daten, stehen der Menschheit heute riesige Mengen von Informationen zur Verfügung. Mathematik spielt eine entscheidende Rolle in dem Prozess, wie aus Information nutzbringendes Wissen gewonnen werden kann. Trotz ihrer zentralen Bedeutung aber ist Mathematik paradoxerweise im heutigen Alltag viel weniger sichtbar als in früheren Zeiten, als zumindest Fähigkeiten im so genannten bürgerlichen Rechnen – Kompetenzen, die uns heute z. B. beim Einkauf längst von Maschinen abgenommen werden – zu den Notwendigkeiten des Überlebens gehörten. In der Tat hat die Mathematik heute ein Problem mit der öffentlichen Glaubwürdigkeit: Weite Teile der Öffentlichkeit glauben, dass Mathematik nutzlos für die meisten Menschen ist. Man spricht hier vom **Relevanz-Paradoxon:** Mathematik ist die Grundlage unserer technologischen Gesellschaft, und zugleich muss man im Alltag kaum „rechnen", d. h. algorithmisch-mathematische Verfahren selbst ausführen. Ein Teil der Gesellschaft fürchtet sich vor Mathematik, und manch eine Figur des öffentlichen Lebens kokettiert mit schlechten Mathematikleistungen in der Schulzeit. Mangelnde mathematische Kompetenz ist im Gegensatz z. B. zu mangelnder literarischer Belesenheit gesellschaftlich durchaus salonfähig.

1.1   Was ist Modellbilden?

Anwendungsorientierte Mathematik – was kann man sich darunter vorstellen? Welche Themen beinhaltet ein Buch zur anwendungsorientierten Mathematik? Warum kann es für angehende Lehrerinnen und Lehrer bedeutsam sein, neben Arithmetik, Algebra, Analysis, Geometrie und Stochastik anwendungsbezogene oder angewandte Mathematik zu studieren?

   Einen feststehenden Katalog von Inhalten, die zur *angewandten Mathematik* gehören, gibt es nicht. Überhaupt ist eine Definition von angewandter (oder nützlicher?) Mathematik etwa in Abgrenzung von einer abgewandten, zweckfreien oder unnützen Mathematik kaum möglich. In den Fachbereichen an Universitäten findet sich häufig eine inhaltlich kaum zu rechtfertigende Unterteilung in reine und angewandte Mathematik. Was heute „reinste" und sehr „realitätsferne" Mathematik ist, kann morgen für Anwendungen von größter Bedeutung sein, weil eine wichtige Verbindung von theoretischem Konzept und praktischer Nutzbarkeit gefunden wurde. Der ungarische Mathematiker John von Neumann (1961), der ganz entscheidende Impulse für mathematische Anwendungen in so unterschiedlichen Gebieten wie diskrete Mathematik, Informatik und Spieltheorie gegeben hat und zweifellos zu den bedeutendsten Mathematikern des 20. Jahrhundert zu zählen ist, hat darauf hingewiesen, dass sich ein großer Teil der angewandten Mathematik nicht aus dem Verlangen entwickelt hat, für irgendwelche Anwendungen nützlich zu sein, sondern unter Umständen entstand, in denen niemand wissen konnte, ob und wie diese Mathematik je nützlich werden würde. Erfolge stellten sich gerade deshalb ein, weil man vergaß, was erreicht werden sollte, oder weil überhaupt kein Ziel verfolgt wurde. Ein prägnantes Beispiel unserer Tage hierfür ist die Verschlüsselung von Nachrichten zum Schutz des Informationsaustauschs z. B. im Internet beim Telebanking. Die Grundlagen dafür kommen aus der Zahlentheorie, also einer mathematischen Teildisziplin, die zwar schon seit Urzeiten als wichtiges Teilgebiet der Mathematik anerkannt, aber doch bis vor gar nicht langer Zeit als praktisch weitgehend nutzlos galt.

Die Unterteilung mathematischer Fachbereiche als Organisationseinheiten in reine und angewandte Mathematik, wie wir sie auch heute de facto an vielen Universitäten finden, ist nur als historisch entstandene Unterscheidung des späten 19. Jahrhunderts zu verstehen, die heute wegen der zunehmenden Spezialisierungen in viele weitere Teilgebiete fortwirkt. Noch für Leonard Euler, dem wohl bedeutendsten Mathematiker des 18. Jahrhunderts, war diese Unterteilung der Mathematik fremd (Euler 1942). Er beherrschte die gesamten mathematischen Wissenschaften seiner Zeit, ob rein oder angewandt. Und er war alles andere als ein in sich gekehrter, unpraktischer oder gar weltfremder Mensch, wie man dies Mathematikern so gern nachsagt.

Euler sorgte nicht nur für neuen Ruhm der Berliner Akademie der Wissenschaften, sondern er musste den König Friedrich II. auch bei allerlei technischen Fragen beraten, etwa beim Umbau der Schleusen für den Finokanal zwischen Oder und Havel oder beim Bau der Wasserspiele für Sanssouci. Er musste sich auch um die Instandsetzung der Maulbeerplantage kümmern, damit die königliche Seidenproduktion wieder in Gang kam, und er machte sich Gedanken, wie sich die staatlichen Einnahmen der Lotterie mithilfe der Wahrscheinlichkeitsrechnung verbessern ließen (Hildebrandt 2001).

Mathematik sinnvoll und verständig anzuwenden ist eher eine Einstellung und ein Prozess als ein Katalog fester stofflicher Inhalte. Die Kunst, Mathematik auf Probleme anderer Wissensbereiche anzuwenden und zu deren Lösung bzw. Verständnis beizutragen, wird als *Mathematische Modellbildung* bezeichnet. Allerdings kann dieser Prozess nur an konkreten Inhalten praktiziert und gelernt werden. Wir werden in diesem Buch unterschiedlichste Beispiele vorstellen, bei denen versucht wird, die „Realität" durch Mathematik zu beschreiben. Dabei sei gleich zur Warnung gesagt: Die meisten Beispiele können nicht 1:1 in den Schulunterricht übertragen werden. Vielleicht besteht die wichtigste Lektion des gesamten Buches in der Erkenntnis, dass „Realität" und ihr mathematisches Modell niemals identisch sind. Die Realität ist oft so komplex, dass sie sich einer exakten mathematischen Beschreibung entzieht, während jeder beobachtete Sonderfall stark mit einzigartigen Besonderheiten versehen ist. Die mathematische Beschreibung zielt hingegen auf eine allgemeinere Gültigkeit ab. Ein Modell ist nicht die Realität. Modelle sind naturgemäß nicht die Wirklichkeit. Ein Modell ist eine Vereinfachung des Durcheinanders, das die Realität uns präsentiert. Um die Realität zu vereinfachen, opfern Modelle Details und machen im Idealfall den Blick frei für das Wesentliche.

Gemäß dem Mathematikdidaktiker Heinrich Winter (1995) sollte der Mathematikunterricht anstreben, die folgenden drei vielfältig miteinander verknüpften Grunderfahrungen zu ermöglichen:

1. Erscheinungen der Welt um uns, aus Natur, Gesellschaft und Kultur, die uns alle angehen oder angehen sollten, in einer spezifischen Art wahrzunehmen und zu verstehen,
2. Mathematische Gegenstände und Sachverhalte, repräsentiert in Sprache, Symbolen, Bildern und Formeln, als geistige Schöpfungen, als eine deduktiv geordnete Welt eigener Art kennen zu lernen und zu begreifen,
3. In der Auseinandersetzung mit Aufgaben Problemlösefähigkeiten, die über die Mathematik hinaus gehen (heuristische Fähigkeiten), zu erwerben.

Angewandte Mathematik in der Schule fällt hier unter die erste Grunderfahrung und bezieht sich vor allem auf den **Prozess des Anwendens** von Mathematik (daher auch die Bezeichnung „anwendungsbezogene" oder „anwendungsorientierte" Mathematik anstelle von „Angewandter Mathematik"), weniger auf das erzielte Endprodukt und auch nicht auf den Charakter von Mathematik als fertigem Werkzeug.

Bezogen sich bis zum Ende des 19. Jahrhunderts mathematische Anwendungen im Wesentlichen auf Fragen der Astronomie, der Physik und der Geldgeschäfte, so sind mathematische Konzepte im 20. Jahrhundert durch die Entwicklung von Gebieten wie Stochastik, Numerik, diskreter Mathematik und Informatik in fast alle Wissensbereiche eingedrungen und haben in Technik, Wirtschaft und Gesellschaft fundamentale Bedeutung erlangt. Diese Entwicklung hat auch zwingende Konsequenzen für den schulischen Mathematikunterricht. Die letzten Jahrzehnte haben eine starke Zunahme der Bedeutung von Mathematik für viele wissenschaftliche Disziplinen über die klassischen Anwendungsgebiete wie Physik und Ökonomie hinaus erlebt. Viele Wissenschaften sind mathematisiert worden. Maßgeblich dazu beigetragen hat das Konzept der mathematischen Modellbildung. Insbesondere hat sich das Interesse der Anwendungspraxis wie auch der Wissenschaftstheorie der dynamischen Interaktion zwischen Realität und Mathematik zugewandt, den Prozessen des Übersetzens realer Situationen in mathematische Modelle und zurück in die reale Welt. Das in einer außermathematischen Situation auftretende Ausgangsproblem wird zunächst in ein innermathematisches Problem überführt und dieses wird dann mit den Mitteln des mathematischen Kalküls bearbeitet. Die mathematische Lösung wird nun wieder auf die ursprüngliche Sachsituation übertragen und es wird geprüft, ob die so erhaltenen Informationen zur Klärung des Ausgangsproblems beitragen. Wenn nicht, so sollte der Lösungsprozess fortgesetzt werden, und es ist insbesondere zu prüfen, welche der bisherigen Annahmen und Übersetzungen von der realen Welt ins mathematische Modell abzuändern sind.

Modelle sind zunächst Gedankenkonstrukte über Phänomene der Welt, und sie werden zu mathematischen Modellen, wenn sie die Anwendung von Kalkülen der Mathematik erlauben, um zu Schlussfolgerungen und Vorhersagen zu kommen. Ziel des Modellierens ist es, eine mathematische Darstellung eines realen Sachverhaltes zu gewinnen, auf der entsprechende Kalküle der Mathematik angewandt werden können, um dann ein mathematisches Resultat zu erzielen. Modelle sind Imitationen von realen Sachverhalten, aber

Abb. 1.1 Schema zur
Modellbildung

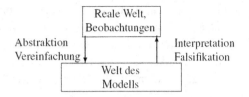

in einer einfacheren, überschaubareren Form. Im Modell werden mithilfe des mathematischen Kalküls Schlussfolgerungen gezogen, die auf den realen Sachverhalt bezogen werden, um neue Erkenntnisse und Interpretationen zu gewinnen. Der Mensch ist ein „modellbildendes" Wesen (Stachowiak 1973), das neue Erkenntnisse gewinnt, indem naiv-intuitives Handeln durch distanziert rationale Reflexion abgelöst wird. Damit wird deutlich, dass Modellbilden immer ein kreativer Akt ist, der auch von subjektiven Bedingungen des modellbildenden Menschen beeinflusst ist. Wenn wir von Gegenständen und Beziehungen der Wirklichkeit zu Objekten und Relationen der Mathematik übergehen, so arbeiten wir mit Bildern dieser Wirklichkeit. Diese Bilder sind gegenüber den Urbildern verkürzt, sie erfassen nur noch die relevanten Merkmale. Abb. 1.1 zeigt ein einfaches Schema zur Modellbildung.

Über die Relevanz eines Modells entscheidet das modellbildende Subjekt. Modelle werden für jemanden, zu einer bestimmten Zeit und zu einem bestimmten Zweck entwickelt. Ein gutes Modell gibt so gut wie möglich die relevanten Eigenschaften des realen Sachverhaltes wieder (**Abbildungs-** oder **Repräsentationsmerkmal**), während es gleichzeitig einfach genug ist, um mit mathematischen Mitteln bearbeitet zu werden und um intuitive Einsichten zu ermöglichen (**Verkürzungsmerkmal**). Es wird aber immer ein Kompromiss zwischen Komplexität und Überschaubarkeit bleiben. Modelle haben keine unbedingte Gültigkeit, sondern werden im Hinblick auf eine bestimmte Fragestellung und zu einem bestimmten Zweck erstellt. Modelle sind ihren Originalen nicht per se eindeutig zugeordnet. Sie erfüllen ihre Repräsentationsfunktion immer nur für bestimmte Subjekte, unter Einschränkung auf bestimmte Operationen und innerhalb bestimmter Zeitspannen. Eine so verstandene Entwicklung eines Modells zur Anwendung von Mathematik kann immer nur Prozesscharakter haben, d. h. das Modell als Formalisierung einer Theorie hat immer nur vorläufig Geltung. Selbst wenn der mathematische Kalkül korrekt angewandt worden ist, kann ein Modell zu unsinnigen Interpretationen oder grob falschen Vorhersagen in der realen Welt führen. Die beobachteten Unterschiede zwischen Modell und Realität – die Residuen – sind oft ein Schlüssel, um ein tieferes Verständnis des untersuchten Phänomens und vielleicht auch ein verbessertes Modell zu erhalten. Die Analyse der Residuen gibt Aufschluss darüber, ob am Modell festgehalten werden kann, d. h. ob es sich bewährt hat, oder ob das Modell hinfällig geworden ist.

Beispiel 1.1 Eine Straßenkarte modelliert einen Teil der physischen Erdoberfläche in dem Versuch, die relative Lage von Städten, Straßen etc. zu imitieren. Wir benutzen diese Karte um herauszufinden, wo die uns interessierenden Orte wirklich liegen und wie wir zu ihnen kommen. Architekten benutzen Papierzeichnungen und verkleinerte physische Modelle, um Eigenschaften von Gebäuden zu imitieren. Das Aussehen und einige praktische Charakteristika des wirklichen Gebäudes können auf diese Weise veranschaulicht werden. Chemiker benutzen Drahtgestelle, um Moleküle darzustellen und ihre theoretischen Eigenschaften zu illustrieren, die wiederum nützlich sind, um das Verhalten der wirklichen Objekte vorherzusagen. Ein gutes Modell reproduziert so genau wie möglich die relevanten Eigenschaften des realen Objektes, während es gleichzeitig benutzbar ist. Gute Straßenkarten zeichnen Straßen an der korrekten geographischen Position in einer Darstellung, die dem Fahrer wichtige Kurven und Kreuzungen anzeigt. Gute Karten sind aber auch leicht zu lesen. Jedes gute Modell muss eine präzise und zugleich leicht erhältliche Informationsgewinnung ermöglichen. Eine physische Nachbildung, etwa aus Holz im Kleinformat einer Stadt, enthält gewiss mehr Information als eine Straßenkarte, aber ihr praktischer Nutzen für einen Verkehrsteilnehmer wäre doch nur sehr beschränkt. Schließlich kann ein Modell auch aus ästhetischen Gründen attraktiv sein – weil es für seine Benutzer in irgendeiner Form schön ist. Ästhetik kann über Genauigkeit und Benutzerfreundlichkeit hinaus ein wichtiger Gesichtspunkt zur Wahl eines Modells sein.

Ein Modell *darf* nicht nur von seinem Urbild abweichen, oft *soll* es sogar eine übersichtliche Komprimierung des ursprünglichen Sachverhaltes sein. Ein Verzicht auf höchste Präzision kann für ein Modell erstrebenswert sein, wenn es dadurch handlicher und in einem ästhetischen Sinne schöner wird. Da Modelle zu bestimmten Zwecken gemacht werden, wird an sie auch die Forderung nach Benutzbarkeit gestellt. Oft müssen Modelle unpräzise sein, entweder weil ihre Vorhersagen eine gewisse Allgemeingültigkeit beanspruchen, jeder konkrete Fall jedoch noch mit vielen zusätzlichen und unwägbaren Besonderheiten belastet ist. Oft ist auch die mangelnde Verfügbarkeit detaillierter Informationen ein Grund dafür, warum Modelle keine präzisen Vorhersagen machen. Dann ist eine grobe, aber allgemein gültige Vorhersage nützlicher als eine Präzision, die sich nur auf einen ganz speziellen Fall bezieht. Man denke nur an Wettervorhersagen oder wirtschaftliche Prognosen, die alle auf mathematischen Modellen beruhen, nicht selten aber daneben liegen.

Beispiel 1.2 Wie weit ist es von San Diego nach San Francisco? Eine Schätzung von 632,125 Meilen ist sehr präzise, aber ungenau, da die korrekte Antwort 502 Meilen lautet. Eine Schätzung von *„ungefähr zwischen 450 und 550 Meilen"* ist weniger präzise aber genauer. Mit den Worten des Ökonomen John Maynard Keynes (1883–1946) lässt sich feststellen: *It's better to be roughly right than precisely wrong.* Präzision suggeriert den Eindruck von Genauigkeit. Wenn Sie keine Vorstellung davon haben, wie weit es von San Diego nach San Francisco ist, wem würden Sie eher glauben: der Person, die mit Überzeugung sagt: „632,125 Meilen" oder dem, der zögernd sagt: „etwa zwischen 450 und 550 Meilen"?

Ein Modell ist immer nur eine vereinfachte Abbildung des Originals, es ist niemals isomorph zum Original. Da Modelle zu einem bestimmten Zweck gebildet werden,

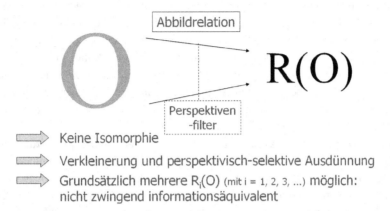

Abb. 1.2 Ein Modell kann mathematisch als Abbildung angesehen werden, die ein Original O als Abbild $R(O)$ repräsentiert

können sie nur einen bestimmten Teil des Originalsystems wiedergeben. Das Original O wird abgebildet auf ein Objekt $R(O)$, das es repräsentiert. Der Ursprung des Wortes „Re-präsentation" gibt den Hinweis auf den Grundgedanken: Etwas steht anstelle eines Originals und zwar so, dass die bedeutsamen Aspekte hervortreten. Diese Abbildung ist keine 1:1 getreue Nachbildung des Originals, in mathematischer Sprache ist es keine Isomorphie, sondern $R(O)$ entsteht durch Konzentration auf die wesentlichen Aspekte des Originals. Was hier wesentlich ist, hängt durchaus von der Fragestellung und dem Erkenntnisinteresse des untersuchenden Subjekts ab. Damit ist auch klar, dass grundsätzlich mehrere und unterschiedliche Repräsentationen möglich sind. Abb. 1.2 stellt diese Überlegungen graphisch dar.

Modelle können daher nicht mit den Kategorien von „richtig" oder „falsch" beurteilt werden sondern unter dem Kriterium ihrer Nützlichkeit. Der amerikanische Statistiker George Box (1987, S. 74) drückt dies prägnant in folgendem Zitat aus:

All models are wrong. But some are useful.

Ein Modell wird gebildet, um Antworten auf bestimmte Fragen zu erhalten, und zwar zum Zweck der Vorhersage, Steuerung von Abläufen oder zum besseren Verstehen der beobachteten Phänomene. Modelle werden gebildet, weil man mit ihnen

- die Realität beschreiben kann. Sie haben also eine deskriptive Bedeutung, weil sie das Wesentliche eines Prozesses kompakt und übersichtlich zusammenfassen. Zum Beispiel beschreibt die Gleichung $v = s/t$ den Zusammenhang zwischen Geschwindigkeit, Weg und Zeit.

- die Realität erklären kann. Sie tragen dazu bei, beobachtete Phänomene besser zu verstehen und Abläufe und Prozesse zu begreifen. Sie haben eine explanative Bedeutung. Zum Beispiel gibt es mathematische Modelle, die erklären, warum ein Bumerang fliegt.
- Voraussagen treffen kann. Sie haben eine prädiktive Bedeutung. Zum Beispiel sagen Populationsmodelle der Bevölkerungsstatistiker der Vereinten Nationen unter verschiedenen Szenarien die Entwicklung der Weltbevölkerung bis zum Jahr 2050 voraus. Ein tieferes Verstehen von beobachteten Abläufen zusammen mit Vorhersagen unter verschiedenen Annahmen und unterschiedlichen Szenarien bilden dann oft die Grundlage für effektive Interventionen und Steuerungsmaßnahmen.
- vorschreiben kann, wie etwas sein soll. Einige Modelle haben eine normative Bedeutung. Der Einkommenssteuertarif gemäß Paragraph 32a (1) Einkommenssteuergesetz legt fest, wie viel Steuern jeder einzelne Verdienende in Deutschland zahlen muss. Dabei kommen politische Prinzipien zum Tragen: Geringverdiener, deren zu versteuerndes Einkommen unterhalb eines bestimmten Betrages liegt, zahlen keine Einkommensteuer. Dann steigt der Steuersatz gemäß der Steuerprogression bis er einen Spitzensteuersatz erreicht. Diese Festsetzungen sind politische Entscheidungen, die normative Zielsetzungen erkennen lassen. Zugleich sind sie aber auch von deskriptiven Modellen – etwa zur Berechnung des Existenzminimums, das steuerfrei bleiben soll – beeinflusst.

Das Konzept von *Mathematical Literacy* des „Programme for International Student Assessment" (Deutsches PISA-Konsortium 2001) sieht Mathematik nicht bloß als beziehungslose Sammlung von Verfahren und Regeln, sondern als ein System begrifflicher Werkzeuge mit dem sich Schülerinnen und Schüler Phänomene ihrer natürlichen und technischen, geistigen und sozialen Umwelt erschließen können. Dieses Konzept orientiert sich nicht an der Beherrschung von mathematischem Faktenwissen und Verfahren und auch nicht am schematischen Anwenden von Mathematik zur Lösung „eingekleideter" Aufgabenstellungen. Die didaktische Leitlinie besteht nicht in der Begegnung mit Mathematik als Fertigprodukt, sondern im Prozess des Entstehens von Mathematik, von der Mathematisierung von Phänomenen der uns umgebenden Welt. PISA will testen, inwieweit mathematisches Wissen funktional, flexibel und mit Einsicht zur Bearbeitung vielfältiger kontextbezogener Probleme von Schülern eingesetzt wird. Mathematische Kompetenz besteht demnach nicht nur aus der Kenntnis mathematischer Sätze und Regeln und der Beherrschung mathematischer Verfahren. Sie zeigt sich vielmehr im verständnisvollen Umgang mit Mathematik und der Fähigkeit, mathematische Begriffe als Werkzeuge in einer Vielfalt von Kontexten einzusetzen. Mathematik ist ein wesentlicher Inhalt unserer Kultur, eine Art von Sprache, die von Schülern verstanden und funktional genutzt werden sollte.

Das PISA Konzept der mathematischen Grundbildung geht auf Vorstellungen des deutsch-niederländischen Mathematikers und Didaktikers Hans Freudenthal (1905–1990) zurück. Freudenthal baut seine Überlegungen auf folgenden Gedanken auf:

- Unsere mathematischen Begriffe, Strukturen und Vorstellungen sind erfunden worden als Werkzeuge, um die Phänomene der natürlichen, sozialen und geistigen Welt zu ordnen.
- Alles Lernen und Lehren in der Mathematik muss daher die Phänomenologie mathematischer Begriffe zum Ausgang nehmen und nicht „fertige Mathematik".
- Ziel der Verankerung in den Phänomenen ist die Ausbildung tragfähiger mentaler Modelle für mathematische Begriffe.

Das Bilden eines mathematischen Modells ist eine Abgleichung von Situationsanalyse und der im Kopf des Modellbilders verfügbaren mathematischen Konzepte. Nur diejenigen mathematischen Strukturen können zur Repräsentation von Zusammenhängen im Sachkontext eingesetzt werden, die das modellbildende Subjekt verfügbar hat oder sich zumindest – motiviert durch das Verlangen, das Sachproblem lösen zu wollen – erarbeiten kann. Deshalb ist ein breites Wissen von mathematischen Konzepten eine wichtige Grundlage. Wie formuliert man Fragen aus nicht-mathematischen Wissensgebieten in der Sprache der Mathematik? Es geht nicht ohne Vereinfachungen! Das Lösen eines außermathematischen Problems mit mathematischen Hilfsmitteln läuft auf die Bildung eines mathematischen Modells hinaus. Dieses Modell ist der Ausgangssituation nicht immanent, sondern muss an sie herangetragen werden.

Der gesamte Vorgang des Lösens eines anwendungsbezogenen Problems wird als Prozess des Modellierens bezeichnet. Er besteht aus mehreren Teilprozessen, die – terminologischen Vorschlägen des deutschen PISA-Konsortiums folgend – mit „mathematisieren", „verarbeiten", „interpretieren'" und „validieren" bezeichnet werden können. Diese Teilprozesse vermitteln zwischen „der Welt" und „der Mathematik" bzw. zwischen „dem Problem" und „der Lösung", wie es in Abb. 1.3 bildlich dargestellt ist. Dieses Schema gilt für alle Anwendungen von Mathematik auf außermathematische wie auch auf innermathematische Fragestellungen, von der einfachsten Dreisatzaufgabe in Klasse 5 bis hin zu hoch komplexen Modellierungen technischer oder naturwissenschaftlicher Systeme. Komplexe Problemstellungen verlangen häufig ein wiederholtes Durchlaufen dieser Teilprozesse: Ergebnisse einer Modellierung werden in die Ausgangssituation eingebracht, was möglicherweise zu einer Revision des Modells führt etc. Somit entsteht ein komplexer und in seiner Grundstruktur zirkulärer Prozess. Aufgrund der im Modellierungsprozess getroffenen Annahmen, die selten in der konkret anzutreffenden Situation in der Realität genauestens erfüllt sind, approximieren die mithilfe der Mathematik erzielten Schlussfolgerungen die reale Situation.

Im Zentrum der mathematischen Grundbildung (*Mathematical Literacy*) nach PISA steht die **Modellierungsfähigkeit** (Leiß und Blum 2006). Damit ist die Kompetenz gemeint,

- die reale Problemsituation zu verstehen;
- die vorliegende Situation zu strukturieren und durch die Einführung geeigneter Annahmen zu vereinfachen;

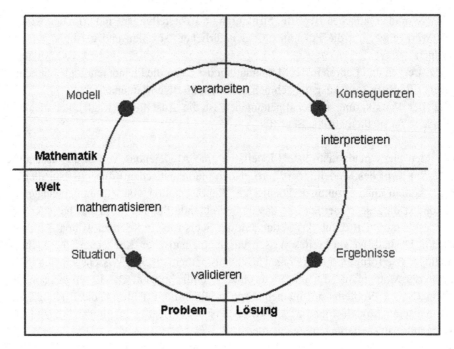

Abb. 1.3 Modellbildungskreislauf

- für die Fragestellung relevante Elemente der vereinfachten Realsituation mithilfe mathematischer Kalküle darzustellen;
- die nunmehr vorliegende mathematische Problemstellung mit mathematischen Mitteln zu lösen;
- das mathematische Resultat anhand des realen Kontextes zu interpretieren;
- Abweichungen zwischen Modell und Realität kritisch zu untersuchen, den Einfluss der oben gemachten vereinfachenden Annahmen auf das erhaltene Resultat zu bedenken und zu reflektieren, unter welchen Bedingungen das Modell brauchbare oder unbrauchbare Ergebnisse liefert.

Beispiel 1.3 Wie weit ist es bis zum Horizont? Wegen der Erdkrümmung ist die Sichtweite selbst bei klaren Sichtverhältnissen und nicht verstelltem Blick sehr begrenzt. Um zu berechnen, wie weit ein Mensch sehen kann, machen wir folgende Modellannahmen:

- Die Augenhöhe sei $h = 1,70$ m;
- Der Erdradius R beträgt $R = 6300$ km;
- Der Mensch steht in einer Ebene, Berge und Täler sind nicht vorhanden;
- Die Sehstrahlen sind ungebrochene Halbgeraden, was je nach Witterungsverhältnissen wegen der Lichtbrechung in Medien unterschiedlicher optischer Dichte mehr oder weniger zutreffen mag;

- Entfernung zum Horizont = Abstand Augen zum Horizont = d

Dann können wir die Problemstellung durch die Darstellung in Abb. 1.4 repräsentieren. Dabei muss man sich allerdings bewusst sein, dass es sich um eine Modellierung handelt. In einer konkreten Situation, an einem bestimmten Flecken auf dem Erdglobus, mag diese Modellierung angemessen oder auch völlig unangemessen sein. Gegebenenfalls müssen andere Modellannahmen getroffen werden, um zu brauchbaren Lösungen zu kommen.

Unter den oben formulierten Annahmen folgt aus dem Satz des Pythagoras

$$(R + h)^2 = R^2 + d^2$$
$$\Rightarrow \quad d = \sqrt{2R \cdot h + h^2}$$
$$\approx \sqrt{2R \cdot h}$$
$$= 4650m.$$

Die obige Annäherung gilt, weil h und somit erst recht h^2 sehr klein ist im Verhältnis zu R.

Schlussfolgerung: Ein durchschnittlich großer Mensch kann in der Ebene etwa 4,5 km weit sehen.

Aufgaben wie die Frage nach der Entfernung bis zum Horizont mag es auch im traditionellen Mathematikunterricht geben, vielleicht unmittelbar nachdem im Kapitel zuvor der Satz des Pythagoras eingeführt wurde. Ein gravierender Unterricht zu einem Unterricht, der den Prozess des Modellbildens betont, liegt darin, dass im traditionellen Unterricht eine Skizze wie in Abb. 1.4 schon von vornherein vorgegeben ist, der Prozess der Modellbildung aufgrund von Vorgaben somit entfällt. Ist aber das Modell schon in der Aufgabenstellung mit vorgegeben, so wird kaum ein Schüler die Notwendigkeit einsehen, das Modell kritisch zu evaluieren, d. h. neben dem Mathematisierungsschritt entfällt mit der Modellvalidierung auch ein zweiter für das reflektierte Anwenden von Mathematik wichtiger Vorgang.

Eine reale Situation bildet den Ausgangspunkt für den Modellbildungsprozess, für deren Beschreibung ein Modell gebildet wird. Ist die Situation komplex, so wird es

Abb. 1.4 Modell zur Berechnung der Blickweite d bis zum Horizont bei einer Augenhöhe h und Erdradius R

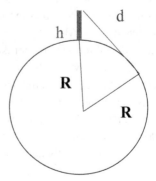

unmöglich sein, wirklich alle Voraussetzungen, Bedingungen und Einflussgrößen des untersuchten Sachverhaltes mathematisch zu erfassen. Es müssen daher Vereinfachungen, Vergröberungen und Idealisierungen vorgenommen werden. Diese Vereinfachungen führen zunächst zum *realen Modell*. Der Grad der dabei vorgenommenen Vereinfachungen hängt nicht zuletzt auch von den mathematischen Kompetenzen des modellbildenden Subjekts ab. Im Beispiel der Blickweite bis zum Horizont setzt das in Abb. 1.4 dargestellte Realmodell elementare geometrische Grundkenntnisse voraus (Tangente am Kreis steht senkrecht zum Radius, Satz des Pythagoras etc.). In traditionellen Mathematikbüchern findet man durchaus ähnliche Aufgaben, bei denen jedoch Abb. 1.4 als Skizze schon vorgegeben ist. Für den Modellbildungsprozess stellt gerade die Erstellung dieser Skizze sowie die Formulierung der implizierten Annahmen die kreative Leistung des Modellbilders dar. Im nächsten Schritt wird das reale Modell in die Sprache der Mathematik übersetzt, indem z. B. mit dem Satz des Pythagoras eine Gleichung aufgestellt wird, aus der sich die Blickweite errechnen lässt. Mathematische Ausdrücke können gemäß den geltenden mathematischen Regeln manipuliert werden, wodurch neue Erkenntnisse gewonnen werden. Diese haben allerdings zunächst nur auf der Ebene des Modells Gültigkeit. Für das Ausgangsproblem bedeutsam ist die Rückübersetzung des mathematischen Resultats in die reale Welt. Das mathematische Ergebnis wird im Sachkontext interpretiert, und es wird z. B. mit neuen Daten, Beobachtungen oder auch unter Bezugnahme auf Erfahrungswerte überprüft, ob das erhaltene Ergebnis sinnvoll ist. Wichtig ist dabei, sich bewusst zu sein, dass die reale Situation und das Modell zwei verschiedene Ebenen darstellen, die niemals deckungsgleich sind. Die Gültigkeit des Resultats für die reale Problemstellung hängt ganz wesentlich davon ab, wie angemessen die im Mathematisierungsschritt getroffenen Annahmen und Vereinfachungen sind. Bestehen Zweifel an der Angemessenheit der Annahmen, dann gehört zu einer guten Modellierung unbedingt auch eine Sensitivitätsanalyse dazu, d. h. es sollte untersucht werden, welche Auswirkungen ein Abweichen von den Annahmen auf die Schlussfolgerungen haben. Sind die Schlussfolgerungen auch bei modifizierten Annahmen kaum verändert, so wird man sich über die Angemessenheit der Annahmen wenig Gedanken machen müssen, im Gegensatz zu einem Szenario, bei dem leicht veränderte Annahmen zu gänzlich anderen Schlussfolgerungen führen. Auch sind verschiedene Modelle für ein und denselben Sachverhalt möglich. Welches Modell das bessere ist, lässt sich oft nur a posteriori sagen, wenn das Modell an Beobachtungen überprüft wurde und sich bewährt oder sich als unbrauchbar erwiesen hat. Haben sich mehrere konkurrierende Modelle in gleicher Weise bewährt, so ist dem einfacheren Modell, d. h. dem Modell mit klarerer Struktur und weniger Voraussetzungen, der Vorzug zu geben.

Mit neuen, vielleicht gezielteren Beobachtungen oder Vorhersagen kann man nämlich versuchen, das mathematische Resultat in seiner übersetzten Form zu prüfen. Dann entscheidet sich, ob sich das Modell bewährt oder ob es abzulehnen ist. Für die Theoriebildung der Anwendungswissenschaft entspricht dieser Schritt dem Falsifizierungstest, dem sich jede empirische Theorie zu unterziehen hat.

Der Wissenschaftstheoretiker Sir Karl Raimund Popper (1973) stellt in seiner *Logik der Forschung* fest:

> Das alte Wissenschaftsideal, das absolut gesicherte Wissen, hat sich als Idol erwiesen. Jeder wissenschaftliche Satz ist vorläufig; er kann sich nur bewähren – aber jede Bewährung ist relativ.

Fortschritte in Erkenntnis und Wissenschaft kommen nicht durch Bestätigung von Theorien zustande, sondern durch ihre Widerlegung – nicht durch Verifikation, sondern dadurch, dass eine Theorie möglichst vielen Falsifikationsversuchen standgehalten hat. Hat sich ein Modell als nicht haltbar erwiesen, so kann versucht werden, den gesamten Kreislauf erneut zu durchlaufen, wobei jetzt ein anderes Modell (mit anderen, eventuell weniger groben Vereinfachungen) gefunden werden muss.

Allerdings können nicht alle Modelle experimentell überprüft werden. Modelle bezüglich der Bewegung von Planetenbahnen oder Modelle zu ökologischen Fragen wie z. B. zum Ozonloch können nicht empirisch in einer experimentellen Versuchsreihe getestet werden, weil die vorliegenden Beobachtungen einmalig und nicht reproduzierbar sind. Hier helfen oftmals zur Erforschung von Modellen und zur Beurteilung von Interventionen in Simulationen durchgespielte „was-wäre-wenn Szenarien". Ein etabliertes Modell wird am Computer repräsentiert. Verschiedene grundlegende Modellparameter werden dann variiert und die Konsequenzen in den Simulationen werden beoachtet, erfasst und ausgewertet. Man denke hier z. B. an den Crash-Test in der Produktion von Automobilen. Beim Erproben, wie weit das Design von Karosserie und Fahrzeuginnenraum die Verletzungsgefahr der Verkehrsteilnehmer minimieren kann, werden in der Automobilindustrie keine realen Experimente – etwa noch mit lebenden Personen – durchgeführt, sondern es werden verschiedene Szenarien am Computer simuliert. Ein anderes greifbares Beispiel ist der Flugsimulator, mit dem Flugschüler bestimmte Bedienvorgänge im Flugzeug erlernen, lange bevor sie tatsächlich fliegen. In der Realität nicht oder nur mit erheblichem Aufwand durchführbare Experimente werden somit per Simulationen durchgeführt. Diese Simulationen basieren auf bestimmten Modellen, und die Gültigkeit der sich daraus ergebenden Schlussfolgerungen basiert ganz wesentlich auf der Angemessenheit der getroffenen Modellannahmen.

1.2   Modellieren funktionaler Abhängigkeiten

Haben wir in diesem Kapitel bisher das Verhältnis zwischen Mathematik und „Realität" unter etwas grundsätzlichen epistemologischen Gesichtspunkten diskutiert, so wenden wir uns nun konkreteren Fragestellungen zu, nämlich der Modellierung funktionaler Abhängigkeiten. In sehr vielen Studien ist das Wechselspiel und der Zusammenhang mehrerer beobachteter metrisch skalierter Variablen im Zentrum des Interesses. Im einfachsten Fall von zwei Variablen werden Paare von numerischen Daten $(x_1, y_1), ..., (x_n, y_n)$ beobachtet, die in einem Koordinatensystem als Punktwolke im Streudiagramm dargestellt werden können, und es wird nach einem Zusammenhang der beiden Merkmale oder Variablen gesucht. Der Funktionsbegriff nimmt dabei eine zentrale Rolle in der mathematischen

Modellbildung ein. Ziel der Modellierung ist eine Zusammenfassung der Punktwolke des Streudiagramms mithilfe einer Funktion, ausgedrückt entweder durch einen Funktionsterm $y = f(x)$ oder durch einen Funktionsgraphen. Damit wird ein dreifacher Zweck verfolgt:

1. **Komprimierung von Information:** Die oft aus sehr vielen Beobachtungen bestehende Punktwolke soll durch eine Funktion effizient komprimiert werden. Die Menge aller Einzelbeobachtungen ist für das menschliche Hirn überwältigend voll von kleinen, auch unerheblichen Details, während ein Funktionsterm oder Graph im Koordinatensystem den beobachteten Zusammenhang effizient zusammenfasst. Eine Funktion, ob graphisch oder durch einen Funktionsterm dargestellt, eignet sich meist viel eher zur Erkennung von Trends und Strukturen als die Vielzahl von Einzelbeobachtungen, in denen oft vor lauter Bäumen der Wald nicht mehr erkennbar scheint.

2. **Vorhersage:** In vielen Situationen will man zu gegebenen neuen Werten des Merkmals M_1, d. h. zu $M_1 = x$, Werte des Merkmals M_2 voraussagen. Hat man die Beobachtungen des Streudiagramms zu einer Funktion f zusammengefasst, so lässt sich dann – zumindest innerhalb eines gewissen Gültigkeitsbereiches – zu gegebenem x der Wert $y = f(x)$ als der zu $M_1 = x$ assoziierte Wert des Merkmals M_2 voraussagen.

3. **Verstehen und Steuern von Systemen:** Ein zentrales Ziel jeglicher mathematischer Modellierung besteht darin, besser verstehen zu können, wie beobachtete Daten zusammenhängen und nach welchen Gesetzmäßigkeiten sie aufeinander einwirken. Um die Dynamik zwischen den beiden beobachteten Variablen besser verstehen zu können, kann dann eine aus einem Streudiagramm abgeleitete Funktion weitaus besser Zusammenhänge erkennen lassen als die Rohmasse der Ursprungsdaten. Das Modell hilft also, Einsichten über Sachzusammenhänge zu gewinnen, auf deren Grundlage in das modellierte System zum Zweck der Steuerung eingegriffen werden kann. Liegen z. B. gute Gründe vor, warum zwischen zwei Merkmalen ein linearer Zusammenhang besteht, und können aus den Daten Steigung und Achsenabschnitt (auch annäherungsweise) ermittelt werden, so kennt man bei vorliegenden Änderungen der einen Variablen die Änderung der anderen Variable. Liegen in einem anderen Kontext plausible Gründe vor, für die Daten ein beschränktes Wachstumsmodell anzunehmen, so folgt, dass lokale Änderungsraten proportional sind zur Differenz zwischen einem Grenzwert und dem jeweiligen Bestand. Modelle führen zu wichtigen qualitativen Erkenntnissen über das Zusammenspiel der beiden betrachteten Variablen.

Da der Funktionsbegriff im Zentrum dieses Buches steht, geben wir folgende Definition einer reellen Funktion einer Variablen:

Definition 1.1. Unter einer (reellen) **Funktion** verstehen wir eine Zuordnungsvorschrift, die jedem Element x aus dem Definitionsbereich $D \subset \mathbb{R}$ genau eine reelle Zahl zuordnet, in Zeichen

$$f : D \longrightarrow \mathbb{R}$$
$$x \longmapsto f(x).$$

Allerdings wird unsere Arbeit zur Modellierung funktionaler Abhängigkeiten noch nicht beendet sein, wenn wir eine Funktion gefunden haben, die den Zusammenhang zwischen zwei Variablen beschreibt. Das Anpassen von Kurven an Daten reicht noch nicht aus. Der Beitrag einer reflektiert angewandten Mathematik zur Lösung eines gegebenen Sachproblems geht über das Herleiten einer passenden Funktion hinaus. Wir werden auch die Bedeutung hinter den Kurven und die Bedeutung von Parametern betrachten müssen, wenn wir das von den Daten aufgezeigte Muster verstehen wollen. Parameter sind Symbole für Konstanten in einer Gleichung. Zum Beispiel hat die quadratische Funktion $y = ax^2 + bx + c$ drei Parameter: a, b und c. Wenn ihr Wert sich ändert, ist die Funktion immer noch quadratisch, aber die Details der dazugehörigen Kurve sind verändert.

1.3 Funktionales Denken und Modellieren funktionaler Abhängigkeiten aus didaktischer Sicht

Seit die Meraner Reformbewegung und insbesondere Felix Klein im Jahre 1905 eine Erziehung zum „funktionalen Denken" zu den vordringlichen Zielen des Mathematikunterrichts erklärt haben (Inhetveen 1976; Krüger 2000), gehört der Funktionsbegriff zu den zentralen Begriffen des schulischen Mathematikunterrichts, der als eine übergreifende mathematische Idee das gesamte Curriculum durchdringt. Selbst wenn der Begriff „Funktion" explizit nicht vor den mittleren Klassenstufen der Sekundarstufe I eingeführt wird, begegnen Schülerinnen und Schüler schon vom ersten Schuljahr an Situationen, in denen Elemente einer Menge zu Elementen einer anderen Menge in Beziehung gesetzt werden. Als fundamentale Idee im Sinne Bruners (1966) bilden Funktionen eines der zentralen Themengebiete des Mathematikunterrichts. Quasi allen bekannten Katalogen fundamentaler, zentraler, universeller Ideen (z. B. Schreiber 1979; Schweiger 1992; Heymann 1999; Vohns 2010) für den Mathematikunterricht ist die Idee der funktionalen Abhängigkeit gemeinsam. Die didaktische Diskussion (z. B. Vollrath und Weigand 2008) unterscheidet beim funktionalen Denken zwischen dem Zuordnungsaspekt, dem Kovariationsaspekt und dem Objektaspekt. Empirische Untersuchungen haben gezeigt, dass bei Schülerinnen und Schülern insbesondere Defizite im Hinblick auf den Kovariationsaspekt zu verzeichnen sind (Malle 2000). Dieser Aspekt bezieht sich auf kognitive Aktivitäten, zwei variierende Größen zueinander in Beziehung zu setzen und nach Mustern zu suchen, wie sie sich in Bezugnahme aufeinander verändern. Dies mag je nach Kontext und Perspektive zu einer eher algebraisch-deterministischen Sicht führen (z. B. eine Beziehung zwischen den Größen mittels einer linearen Funktion beschreiben), eine stochastisch-funktionale Form annehmen (z. B. Korrelationen im Streudiagramm analysieren bzw. „verrauschte" bivariate Daten modellieren) oder eine eher qualitative Beschreibung nahelegen (z. B. „mehr Vorbereitungszeit auf eine Prüfung führt zu besseren Prüfungsergebnissen"). Funktionen dienen einerseits dazu, innermathematisch Muster und Strukturen zu beschreiben. Andererseits sind Funktionen ein wichtiges Mittel zur Umwelterschließung, wenn nämlich Funktionen als Modelle der sinnlich wahrnehmbaren Wirklichkeit interpretiert werden. Ein Nachdenken darüber, wie sich zwei in Beziehung stehende Größen relativ zueinander verändern, ist ein Kernthema mathematischen Denkens.

Die zentrale Intention des vorliegenden Buches besteht darin aufzuzeigen, wie mit wachsender mathematischer Kompetenz auf zunehmend anspruchsvollere Weise ein und dasselbe Ziel verfolgt werden kann: Abhängigkeiten zwischen zwei metrisch skalierten Größen zu modellieren. Es wird dagelegt, wie zentrale mathematische Inhalte von der Schulmathematik bis hin zur Hochschulausbildung vertikal und horizontal vernetzt werden können. Dabei wird der Begriff des funktionalen Denkens durch eine zeitgemäße Erweiterung auf stochastisch-funktionale Zusammenhänge vertieft und für einen modernen anwendungsbezogenen Unterricht im Informationszeitalter nutzbar gemacht. Das Konzept des funktionalen Denken nach Vollrath erfährt durch die Fokussierung auf die Kovariation von zwei empirisch gemessenen Größen eine Erweiterung und Vertiefung, wenn auch stochastische Elemente hinzukommen.

Während das Wechselspiel zwischen dem Kontext und der mathematischen Repräsentation charakteristisch für viele Anwendungen von Mathematik und den Modellbildungsprozess ist, so gibt es unterschiedliche Ansätze dafür, wie man Mathematik auf Fragestellungen außerhalb der Mathematik anwenden kann. Viele Anwendungen sind durch einen **strukturorientierten Ansatz** bestimmt, der dadurch charakterisiert ist, dass prinzipielle Überlegungen, eine Strukturanalyse oder eine umfassende Theorie schon vorhanden sind, die die Wahl des mathematischen Modells weitgehend festlegen. Das Modell wird deduziert und aus a priori Annahmen abgeleitet, zu denen Intuition, kritisches Nachdenken oder etablierte Theorien geführt haben (Engel 2016). Daten (als gemessene und in Zahlen erfasste Manifestation der beobachteten Realität) zur Überprüfung des erhaltenen mathematischen Resultats können dann im Validierungsschritt Eingang finden, um zu prüfen, ob das Modell mit den Daten als Repräsentanten der „realen Welt" kompatibel ist oder ob das Modell als unbrauchbar angesehen und durch ein neues Modell zu ersetzen ist. Wenn auf der Basis gesicherter Theorien gearbeitet wird, erübrigt sich eine empirische Überprüfung zur Erkenntnissicherung. So wird man z. B. darauf verzichten, die Winkelsumme in jedem Dreieck nachzumessen, wenn der allgemeine Beweis mithilfe des Satzes vom Wechselwinkel – allerdings unter stillschweigender(?) Anerkennung des Parallelenaxioms – vollbracht ist. Oft ist die Situation jedoch so komplex, dass man nicht weiß, was die relevanten Variablen sind oder in welcher Beziehung sie zueinander stehen. In diesen Situationen kann ein Verweis auf Heuristik oder etablierte Theorien alleine nicht weiterhelfen. Wenn das Vorwissen über den Kontext recht begrenzt ist, dann hilft ein anderer Modellierungsansatz, der Daten schon von Anfang an mit einschließt. Beim **datenorientierten Ansatz** stehen am Anfang Daten, die mit verschiedenen Darstellungsmitteln erkundet werden, ohne sich a priori auf einen bestimmten Modelltypus (z. B. eine lineare Funktion, eine bestimmte Differentialgleichung) festzulegen (Engel 2016). Der datenorientierte Ansatz ist somit explorativ: Zu Beginn der Problemlösung werden Phänomene unseres Interesses möglichst unbeeinflusst von a priori erstellten festen Theorien betrachtet. Es werden genaue Beobachtungen angestellt, die in Form von Messungen quantifiziert werden. Erst graduell und iterativ wird ein mathematisches Modell entwickelt, das die beobachteten Phänomene beschreibt und darstellt. Spätestens bei der Validierung des so erhaltenen Modells kommen bei einem solchen datenorientierten Ansatz auch theoriegeleitete Überlegungen ins Spiel: Ergibt das aufgestellte Modell überhaupt einen Sinn? Trägt es zum besseren Verständnis des beobachteten Phänomens bei?

Vertreter des maschinellen Lernens gehen hier noch einen Schritt weiter und weisen darauf hin, wie in einer komplexen Welt Massendaten zu einer neuen datengetriebenen Wissenschaft führen, die auf effizienten Algorithmen basiert (Hastie, Tibshirani und Friedman 2008). Mit Big Data lassen sich Phänomene mit beispielloser Genauigkeit erfassen, messen und beschreiben. Dank einer überwältigenden Menge an Daten sind präzise Vorhersagen möglich, auch ohne die Notwendigkeit Phänomene und Vorgänge erklären zu müssen. Sind nur genügend viele Daten vorhanden, so sprechen die Zahlen für sich alleine und erlauben genaue Vorhersagen jenseits jeder Theorie. Der Statistiker Breiman (2001) spricht in diesem Kontext von zwei unterschiedlichen Kulturen: einerseits die Suche nach einem passenden Modell, das Erklärungen für das beobachtete Phänomen liefert, und andererseits die Suche nach effizienten Algorithmen, die auf der Basis von Big Data den Daten produzierenden Prozess imitieren, nicht um zu erklären sondern um Vorhersagen machen zu können.

Modell werden nicht „aus dem Nichts" heraus gebildet. Am Anfang stehen entweder ein konkretes Erkenntnisinteresse oder auch „nur" Begegnungen mit irgendeinem Phänomen, das unsere Aufmerksamkeit erweckt, zum Nachdenken anregt und so zu neuen Erkenntnissen verleitet. Die konkrete Entscheidung zwischen den beiden Vorgehensweisen – strukturorientiert oder datenorientiert – hängt wesentlich vom Vorwissen und der Komplexität des Kontextes ab. In idealtypischer Weise lassen sich folgende Herangehensweisen charakterisieren: 1.) Modelle auf der Basis rein theoretischer Überlegungen ohne empirische Überprüfung anhand von Daten, 2.) theoriegeleitete Modelle, deren Validierung durch Daten erfolgt, 3.) datenorientierte explorative Zugänge mit dem Ziel geeignete sinnstiftende Modelle zu finden und 4.) theoriearme Ansätze des maschinellen Lernens zur Erfassung und Beschreibung von Vorgängen und zur Prognose. Der Nutzen mathematischer Modellierung zum besseren Verständnis und zur Erklärung beobachteter Phänomene oder Prozesse kommt erst im Zusammenspiel von strukturorientierter, theoriegeleiteter Reflexion und Analyse empirischer Beobachtung ganz zum Tragen. Während Ansatz 1 im Mathematikunterricht eine lange Tradition hat, fokussieren wir in diesem Buch auf den Ansätzen des Typs 2) und 3), d. h. auf strukturorientierten Modellierungen mit datengestützter Modellvalidierung und auf explorativen, datenbezogenen Zugänge mit dem Ziel, sinnstiftende und erklärende Modelle zu deduzieren und somit eine Theoriebildung zu unterstützen. Das Zusammenspiel von theoriegestützten Überlegungen und empirischen Daten, gleichermaßen ob nach 2) aufgrund theoretischer a priori Überlegungen oder ob gemäß 3) durch eine explorative Analyse der Streudiagrammdaten ein passendes Modell gefunden wird, bietet ein starkes Innovationspotenzial für einen modernen technologiegestützten und realitätsbezogenen Mathematikunterricht, in dem Inhalte aus Analysis, Funktionenlehre und Stochastik (und auf höherem Niveau mit Numerik und Linearer Algebra) miteinander vernetzt sind.

1.4   Rolle von Daten

Daten sind nicht einfach nur Zahlen (und daher elementare Statistik auch nicht ein Teil der Arithmetik), sondern Zahlen mit einem Kontext. Daten wollen ernst genommen werden. Erst dann können graphische und numerische Kompressionsmittel als unvermeidliche Sehhilfen des „Datendetektivs" erscheinen, die mithilfe mathematisch begründeter Methoden Licht auf den Kontext werfen und neue Einsichten über die Sache ermöglichen. Und erst dann wird Schülern deutlich, dass es beim Erkunden von Daten Handfestes und Spannendes zu lernen gibt.

Viele mathematische Fragestellungen sind von einem anwendungsbezogenen Kontext motiviert. Die genetische Sichtweise sieht Mathematik als eine Disziplin, die aus dem Verlangen des Menschen entstanden ist, sich seine Umwelt zu erschließen und effektiv über die ihn umgebende Welt zu kommunizieren. Mathematische Begriffe, Strukturen und Vorstellungen sind vom Menschen als Werkzeuge erfunden worden, um die Phänomene der natürlichen, sozialen und geistigen Welt zu ordnen. Oft entledigt man sich in der Mathematik dann des Kontextes, um die darunter liegenden mathematischen Strukturen zu sehen. In einer datenorientierten anwendungsbezogenen Mathematik sucht man – wie in anderen Teilgebieten der Mathematik auch – ebenso nach Mustern und Strukturen, aber die Bedeutung der Muster hängt vom Kontext ab. Daher steht eine anwendungsbezogenene Mathematik immer im Dialog mit dem Kontext.

Umwelterschließung und Anwendungsorientierung sind im Mathematikunterricht streng genommen selten ohne reale Daten denkbar. Daten bilden die wissenschaftlich akzeptierte Grundlage des Erkenntnisgewinnes, weitaus glaubwürdiger als Anekdoten oder Positionen, die sich in Vorurteilen, Wunschdenken, Aberglauben oder Ideologien begründen. Ein anwendungsbezogener Mathematikunterricht, der diesen Namen verdient, sollte sich weitgehend auf reale Daten oder reale Phänomene beziehen, nicht auf erfundenes Zahlenmaterial. Die überwältigende Mehrheit der Schulbücher verwendet hingegen frei erfundene Daten bei mathematischen Anwendungsaufgaben, um eine mathematische Idee zu verkaufen – ganz in der Tradition der eingekleideten Textaufgaben. Die auftretenden Zahlen sind leicht handhabbar, rund und das Ergebnis selten mehr als dreistellig. Dabei soll gerade die auf den vorangegangenen Schulbuchseiten eingeführte Methode angewandt werden. Das davon erzeugte Bild von mathematischen Anwendungen ist verzerrt. Ein intellektuell ehrlicher anwendungsorientierter Mathematikunterricht verlangt die

Thematisierung realer Fragestellungen und die Arbeit mit realen (nicht nur realistischen) Daten.

> Wenn man im traditionellen Mathematikunterricht schon die Anwendungsmöglichkeiten berührt, so geschieht das immer nach dem Muster der antididaktischen Umkehrung. Statt auszugehen von der konkreten Fragestellung, um sie mathematisch zu erforschen, fängt man mit der Mathematik an, um das konkrete Problem als „Anwendung" zu behandeln. (Hans Freudenthal 1974, S. 126)

Die meisten angewandten Aufgaben in unseren Schulbüchern verwenden fingierte „Daten", die so perfekt in das gewünschte Modell passen, dass der Modellbildungsprozess zur Farce wird. Ist es dann verwunderlich, wenn Schüler gleich nach dem „richtigen" Modell fragen, falls dann doch mal Diskrepanzen zwischen Daten und Modell im Unterricht auftauchen? Gerade der Prozess der Modellvalidierung und der kritischen Betrachtung des gesamten Modellbildungskreislaufes wird ohne Einbeziehung realer Daten zu einer Übungsstunde für Trockenschwimmer. Anstatt für ein gegebenes Modell die „richtigen" Daten zu suchen oder gar zu erfinden, ist die Vorgehensweise der mathematischen Anwendungen oft genau umgekehrt: Für gegebene Daten ist ein geeignetes Modell zu suchen.

Daten, die reale und relevante Problemsituationen bezeugen, geben der Beschäftigung mit angewandter Mathematik Legitimität und Bedeutung. Allerdings impliziert das Arbeiten mit realen Daten neue Herausforderungen. Modelle beanspruchen in der Regel eine Allgemeingültigkeit, die über die Situation der in einem bestimmten Kontext erhobenen Daten hinausgeht. Zwischen Daten und Modell besteht immer eine Kluft. Daher sind Abweichungen zwischen Daten und Modell unvermeidlich. Diese Tatsache mag viele Schüler irritieren, die ein Bild von Mathematik als exakter Wissenschaft mit präzisen Resultaten in sich tragen, bei dem es zwischen wahr und falsch keine Alternativen gibt. Es ist jedoch gerade die Absicht der Modellbildung, einen idealisierten Zusammenhang herzuleiten, bei dem man von unwesentlichen Dingen absieht, die Zusammenhänge in konkreten Situationen verzerren mögen. Bezogen auf die Modellierung funktionaler Abhängigkeiten geht der datenorientierte Ansatz von in einem Streudiagramm dargestellten Daten $(x_1, y_1), \ldots, (x_n, y_n)$ aus. Es ist das Ziel, eine Modellfunktion zu finden, die die Punktwolke der Daten durch eine Funktionsgleichung $y = f(x)$ oder auch als Graph zusammenfasst und strukturelle Charakteristika des Zusammenhangs zwischen den beiden Größen mit dem Ziel sichtbar macht, besser verstehen zu können, wie die beobachteten Daten zusammenhängen und nach welchen Gesetzmäßigkeiten sie aufeinander einwirken. Die datenorientierte Vorgehensweise erlaubt dabei eine weitgehend freie Suche nach einem funktionalen Modell. Die Modellfunktion ist nicht durch strukturelle a priori Überlegungen festgelegt. Das Resultat ist dann oft lediglich als vom Computer gezeichneter Funktionsgraph darstellbar. Hingegen gibt der strukturorientierte Ansatz als Modellannahme eine durch Parameter bestimmte Funktionenklasse wie z. B. Polynome, trigonometrische Funktionen oder in Form einer spezifizierten Differenzen- oder Differentialgleichung vor.

Für die Schule existiert neben der Verwendung bereits erhobener Daten auch die Möglichkeit, den Schülern die Aufgabe der Datenerhebung selbst zu übertragen. Auf diese Weise können sie den gesamten Prozess von der Planung der Untersuchung bis zum Ergebnis miterleben und erhalten einen Einblick in die empirisch-wissenschaftliche Methode. Es gibt zahlreiche Möglichkeiten für Schüler auch ohne teure Messgeräte Experimente durchzuführen und die erhaltenen Daten zu modellieren. So zerfällt z. B. Bierschaum exponentiell, das Wachstum von Kresse ist annähernd logistisch, die Tageslänge verhält sich über mehrere Jahre hinweg periodisch. Eine wichtige ergiebige Quelle für Datensätze ist der naturwissenschaftliche Unterricht, in dem zahlreiche Experimente durchgeführt werden, für deren Auswertung jedoch die zur Verfügung stehende Unterrichtszeit oft nicht ausreicht. Das Experimentieren im Physikunterricht beschränkt sich häufig darauf, ein physikalisches Gesetz vorzugeben und seine Gültigkeit anhand von Messungen zu überprüfen. Abweichungen der Daten vom angenommenen Modell dürfen nicht nur – wie so häufig im naturwissenschaftlichen Unterricht – einfach hingenommen werden, sondern sie müssen weiter besprochen werden. Im Sinne einer genetischen Didaktik ist es viel sinnvoller, zuerst Phänomene zu beobachten, Messungen durchzuführen und durch die Analyse der Daten das dahinter liegende Gesetz zu entdecken als im Sinne eines deduktiven Vorgehens eine bestehende Theorie durch Daten zu bestätigen. An dieser Stelle liegt ein möglicher Ansatzpunkt für fächerverbindenden Unterricht. Die Daten eines naturwissenschaftlichen Experiments können im Mathematikunterricht genauer analysiert werden, um später im Physik- oder Biologieunterricht über mögliche Konsequenzen und Grenzen der Modellierung zu diskutieren.

Daten aus dem Leben sind oft krumm, d. h. ihre arithmetische Verarbeitung endet selten in einem numerisch einfachen Ergebnis, manche Daten sind falsch aufgrund fehlerhafter Erhebungen, unehrlicher Antworten der Befragten oder missverständlicher Notationen. Traditionelle Schulbücher umgehen diese Problematik, indem Anwendungsbeispiele erfunden sind. Eine Story wird ersonnen und dazu werden Daten fingiert, um eine bestimmte (meist auf den vorangegangenen Seiten gerade eingeführte) Technik zu benutzen. Moderne Computertechnologie erlaubt nicht nur, zu sehr vielen auch aktuellen Fragestellungen Daten z. B. über das Internet zu beschaffen, sondern diese auch numerisch und graphisch zu bearbeiten und darzustellen. Darüber hinaus können mithilfe von didaktisch konzipierter Software zentrale Ideen der angewandten Mathematik illustriert und multimedial dargestellt werden, was den Erwerb eines verständnisvollen Umgangs mit diesen Konzepten entscheidend unterstützen kann.

Daten können dabei entweder zur Exploration und somit zum Aufstellen von geeigneten Modellen genutzt werden oder sie dienen zur empirischen Überprüfung und Validierung von theoriegestützten Modellen. War in früheren Tagen das Arbeiten mit Daten sehr aufwändig und zeitraubend, so erlaubt Technologie (schülergemäße Software, Internet) heutzutage nicht nur die Beschaffung von authentischen Daten zu vielen Schüler interessierenden Fragestellungen, sondern ermöglicht auch eine problemlose Verarbeitung von (meist „krummzahligen") Daten in Form graphischer oder numerischer Zusammenfassungen.

Die Wahl geeigneter mathematischer Methoden ist vom Umgang mit Abweichungen zwischen Modell und Realität beeinflusst. Liegen z. B. Daten aus streng kontrollierten Experimenten wie etwa aus Laborstudien vor, bei denen es gelingt, alle Störvariablen konstant zu halten, so mögen aus theoretischen Überlegungen postulierte Funktionsmodelle zu sehr guten Kurvenanpassungen führen. Da Modelle aber nie die Realität exakt abbilden, ist eine Diskrepanz zwischen Daten und Modell unvermeidlich. Erhebliche Abweichungen zwischen Daten und Modell treten vor allem dann auf, wenn das untersuchte Phänomen von vielen Größen beeinflusst wird, die Modellierung sich aber aus Gründen der Komplexitätsreduktion auf den funktionalen Zusammenhang nur zwischen zwei wesentlichen Größen fokussiert. Die Abweichungen der Daten von einem vorläufigen Datenanalysemodell sind bei der Entwicklung eines Modells von zentraler Bedeutung. Tukey (1977, S. 208) hat in seiner Explorativen Datenanalyse das Grundprinzip in der Gleichung

$$Daten = Anpassung + Residuen$$

zusammengefasst. Wenn die Anpassung die bedeutsamsten Aspekte der Daten erfasst, dann sollten die Residuen, d. h. die Differenzen zwischen Daten und Modell, keine Struktur mehr erkennen lassen. Sie sollten „reasonably irregular" (Tukey 1977, S. 549) erscheinen. Andernfalls kann das Modell iterativ verbessert werden, indem Strukturen in den Residuen zum Modell „hinzuaddiert" werden. Beim formaleren, aus der Statistik stammenden Ansatz der (parametrischen) Regressionsanalyse wird hingegen eine feste Modellklasse von vornherein vorgegeben, und die Residuen werden als zufällige Größen modelliert.

1.5 Rolle von Software und Multimedia

Die meisten Anwendungen von Mathematik sind im 21. Jahrhundert nicht mehr ohne moderne Computertechnologie denkbar. Dabei findet eine weitgehende Arbeitsteilung statt: Während sich die Maschine hervorragend dazu eignet, aufwändige Berechnungen durchzuführen, wendet sich der Mensch gerade den Fragen zu, die der Computer nicht entscheiden kann. Dazu gehören Fragen wie z. B.: „Wie repräsentiere ich Zusammenhänge aus der Welt in Symbolik und Sprache der Mathematik, sodass die interessierende Fragestellung mit Mitteln der Mathematik überhaupt bearbeitet werden kann?".

Im Informationszeitalter steht der Mathematikunterricht vor einer gründlichen Erneuerung. Es gibt viele Gründe für Veränderungen. Wir bereiten Schüler darauf vor, in einer Welt der Technologie und Information zu leben und zu arbeiten. Einigen Schülern ist diese Welt schon heute vertrauter als ihren Lehrern. Mathematikstudierende müssen sich bewusst sein, dass die Mathematik, die im 21. Jahrhundert gelehrt wird, von der aktuell zu Beginn dieses Jahrhunderts gelehrten Schulmathematik verschieden ist. Mathematik ist nicht mehr länger nur ein Fach für einige wenige, sondern alle Schüler benötigen an ihrem zukünftigen Arbeitsplatz oder als Bürger der Zivilgesellschaft, die sich informiert in öffentliche Entscheidungsprozesse einbringen, eine gute Grundlage, um über Zahlen, Figuren und Änderungsraten nachzudenken und mit quantitativem Material zu argumentieren. Mit der heute vorhandenen Software lassen sich alle algorithmisch lösbaren Aufgabenstellungen der Schulmathematik bewältigen. Aber ein großer Teil der elementaren Schulmathematik wird gelehrt, um Taschenrechner und Computer gegenstandslos zu machen. Mit dem Voranschreiten der Zivilisation werden neue Inhalte des Mathematikunterrichts bedeutungsvoll und neue Werkzeuge werden entwickelt. Unsere Aufgabe als Pädagogen ist es, die Vergangenheit nicht zu verleugnen, sondern mit den Herausforderungen der Zukunft zu versöhnen. Der Mathematikunterricht steht im 21. Jahrhunderts vor einem Veränderungsprozess: Technologie verändert den Kern des Inhalts dessen, was wir lehren, und wie wir in der Lage sind, diese Inhalte zu unterrichten. Teile der Mathematik, wie z. B. das Reflektieren über das Verhältnis von Mathematik und außermathematischer Welt oder das Interpretieren von mathematischen Ergebnissen werden wichtiger, weil Technologie sie verlangt. Andere Teile der Mathematik, wie z. B. die Durchführung komplexer Rechenabläufe, verlieren an Bedeutung, weil Technologie sie ersetzt. Wiederum andere Teile der Mathematik, wie z. B. Explorative Datenanalyse, werden erst möglich, weil Technologie sie erlaubt. In der Schule und damit auch in der Lehramtsausbildung muss dieser Situation Rechnung getragen werden. Wir dürfen nicht die Schüler von heute mit den Inhalten und Hilfsmitteln von gestern für die Welt von morgen vorbereiten.

Für einen modernen Unterricht, der zum Anwenden von Mathematik befähigen will, sind Computer, Taschenrechner und angemessene Software daher unverzichtbar. In allen folgenden Kapiteln wird zur Entlastung bei aufwändigen Berechnungen und zur Unterstützung konzeptionellen Verstehens Software eingesetzt. Das Arbeiten mit dem Computer als Werkzeug zum Rechnen und Erstellen von Graphiken sowie als Mittel zur Veranschaulichung etwa durch Simulationen oder Multimedia muss dabei genauso selbstverständlich genutzt werden wie Taschenrechner oder Zirkel und Lineal beim traditionellen Mathematiklernen. Für angehende Mathematiklehrer wird es wichtig sein, von Beginn des Studiums an keine Scheu aufzubauen, wenn Technologie unterstützend eingesetzt werden kann.

Zur Algorithmisierung aufwändiger Berechnungen und zur Unterstützung konzeptuellen Verstehens beim Mathematiklernen nimmt moderne Software eine wichtige Rolle ein. Wir empfehlen beim Arbeiten mit diesem Buch den Einsatz des Computers, nicht nur um lästige – aber im Prinzip verstandene – Routineaufgaben an den „Rechenknecht" zu delegieren, sondern auch als multimediales Mittel zur Veranschaulichung und Illustration, um konzeptionelles Verstehen zu fördern und um einen experimentellen Arbeitsstil im Anwenden von Mathematik zu ermöglichen, indem unterschiedliche Szenarien erkundet und Konsequenzen von Festsetzungen und Annahmen in Simulationen unmittelbar erfahrbar werden. Technologie soll als Werkzeug eingesetzt werden, das im Dienste des Lernens steht. Technologie hilft, Verbindungen zwischen mathematischen Ideen herzustellen und zu verstehen, wie mathematische Konzepte zusammenhängen, um ein Gesamtgefüge zu ergeben.

1.6   Überblick über die folgenden Kapitel

Ein Ernstnehmen der Abweichungen zwischen Daten und Modellfunktion führt zu Modellen, bei denen die Residuen als zufällige Größen modelliert werden. In vielen für die Schule interessanten Beispielen sind die Abweichungen zwischen Modell und Daten jedoch eher klein. Im Sinne einer didaktischen Reduktion kann man dann bei vernachlässigbaren Residuen auf eine Modellierung der Residuen verzichten und per curve fitting versuchen, eine geeignete Standardfunktion (Gerade, Parabel, Exponentialfunktion etc.) in das Streudiagramm einzupassen. Hierzu müssen in der Regel noch geeignete Parameter (Steigung und Achsenabschnitt im Beispiel von Geraden) gewählt werden. Diese Modelle, bei denen als didaktische Reduktion auf eine stochastische Modellierung der Residuen verzichtet wird und eine Funktion als approximative Näherung an die Daten hergeleitet wird, bezeichnen wir im Folgenden als deterministische Modelle. Sie sind Gegenstand von Kap. 2.

In manchen Situationen kann (oder will) man sich nicht auf ein kontextuelles Vorwissen oder auf ein aus theoretischen Überlegungen hergeleitetes spezielles funktionales Modell verlassen. Bei den in Kap. 3 betrachteten Interpolationstechniken mit Polynomen und Splines bilden allein die vorliegenden Daten den Ausgangspunkt, wobei auf weitere Kenntnisse und Annahmen aus dem Anwendungsbereich bewusst verzichtet wird.

In wiederum anderen Situationen wie z. B. bei Prozessen des Wachstums und Zerfalls und Fragen der Populationsdynamik mag zunächst wenig über geeignete Standardmodelle, d. h. durch Parameter spezifizierte Funktionsklassen wie z. B. Parabeln, Polynome, trigonometrische Funktionen etc. verfügbar sein, die sich für Modellierungen eignen. Es lassen sich jedoch aus dem Sachkontext plausible Annahmen über lokale Änderungsraten begründen. Derartige Überlegungen führen in Kap. 4 zu mathematischen Modellen mit Differenzialgleichungen. Die diskrete Version dieses Ansatzes basiert auf Differenzengleichungen, die auch ohne spezielle Analysiskenntnisse zugänglich sind.

Eine Modellierung der Abweichungen zwischen Daten und Modell führt in Kap. 5 zu stochastisch-funktionalen Regressionsmodellen, die sowohl im Sinne der Strukturorientierung wie auch datenorientiert eingesetzt werden, nämlich entweder um ein bestimmtes funktionales Modell im Sinne der Strukturorientierung zu bestätigen oder um im explorativen Sinne zu erkunden, welche (Regressions-)Funktion zur Datenwolke im Streudiagramm passend erscheint.

In Kap. 6 steht ähnlich wie in Kap. 3 die Daten selbst ganz im Vordergrund, mit möglichst wenig Bezug auf wie auch immer begründete apriori Annahmen, d. h. auf die Vorgabe spezieller Klassen von Funktionen wird verzichtet. Bei stark verrauschten Daten kann es nicht mehr um eine Interpolation gehen, sondern Techniken zum Glätten der Daten sind hier angemessen. Dabei wird durch eine lokale Mittelwertbildung das Rauschen in den Daten reduziert und eine funktionale Struktur als Modell herausgefiltert. Diese Glättungsverfahren werden auf einer intuitiv leicht zugänglichen Ebene in Kap. 6 eingeführt und in ihren Eigenschaften diskutiert.

Tab. 1.1 Übersicht über verschiedene Zugänge zum Modellieren funktionaler Abhängigkeiten

	Deterministische Modelle	Stochastische Modelle
Strukturorientiert, global: Annahmen über Funktionstyp	*Kap. 2:* Standardfunktionen (linear, Polynome, Exponentialfunktion, etc.)	*Kap. 5:* lineare Regression nichtlineare Regression
Strukturorientiert, lokal Annahmen über lokales Änderungs- verhalten	*Kap. 4:* Differenzengleichungen Differentialgleichungen	Autoregressive Zeitreihen, Markov-Prozesse, Stochastische Differentialgleichungen
Datenorientiert	*Kap. 3:* Standardfunktionen Polynominterpolation Splines	*Kap. 5 & 6:* Regression Gleitende Mittelwerte Datenglätter

Tab. 1.1 gibt einen Überblick darüber, wie unterschiedliche Zugangsweisen zum Modellieren funktionaler Abhängigkeiten in den folgenden Kapiteln aufgegriffen werden. Der systematischen Vollständigkeit halber ist in Tab. 1.1 auch der Zugang über Stochastische Prozesse und stochastische Differenzialgleichungen aufgeführt. Für diesen Zugang, der den Rahmen dieses Buchs überschreiten würde, muss auf die Spezialliteratur verwiesen werden. Eine empfehlenswerte Einführung ist das Buch von Behrends (2013).

Aufgaben zu Kap. 1:

Denken Sie über die folgenden Probleme nach. Wie kann Mathematik hier helfen, eine Lösung zu finden? Welche Informationen müssen eventuell zuerst noch beschafft werden? Welche vereinfachenden Annahmen sind zu treffen, damit Sie sich eine mathematische Lösung erarbeiten können? Erstellen Sie (eventuell auch mehrere) Lösungen.

1. Kann man vom Ulmer Münster aus die Alpen sehen?
2. Ein Stein fällt in einen Schacht. Den Aufprall hört man nach 5 Sekunden. Wie tief ist der Schacht?
3. Für die Kinder aus drei Hochhäusern soll ein Kinderspielplatz eingerichtet werden. Wo soll er gebaut werden?
4. Herr Maier wiegt 102 kg und macht eine Abmagerungskur. In der ersten Woche verliert er 1,5 kg. Wie viel wiegt er nach 30 Wochen? Was ist verkehrt mit der Antwort: „57" kg?

5. Sie spielen mit jemandem wiederholt ein Spiel. Jeder hat 24 € Einsatz gezahlt. Sie haben vereinbart, dass derjenige Sieger ist, der zuerst vier Spiele gewonnen hat. Der Sieger erhält als Belohnung den Einsatz von 16 €. Beim Stand von 2:1 für Sie muss das Spiel abgebrochen werden. Wie soll der Einsatz verteilt werden?

6. In einem Prozess in Schweden bezeugte ein Polizist, dass er die Position der Ventile auf den Rädern auf der einen Seite eines Autos beobachtet hatte. Der Polizist notierte die Position der Ventile zu der nächstgelegenen „Stunde". Beispielsweise stehen in dem unten stehenden Bild die Ventile auf 10:00 und 15:00. Als er später zurück kam, bemerkte er, dass die Ventile immer noch in der gleichen Position waren. Der Polizist stellte einen Strafzettel für zu langes Parken aus. Der Besitzer des Fahrzeugs behauptete jedoch, er habe das Auto bewegt und sei dann zum gleichen Parkplatz zurückgekehrt. Nehmen Sie Stellung zu den Aussagen der Kontrahenten!

7. Vergleichen Sie unter didaktischem Gesichtspunkt die folgenden beiden Aufgaben, bei denen es um die Volumenbestimmung eines Fasses geht. Erstellen Sie für beide Aufgaben Lösungsvorschläge.
Version 1: Gegeben ist die Parabel mit der Gleichung $y = 2 - 0,25x^2$. Ein Fass entsteht durch Rotation der Fläche zwischen -1 und 1. Berechne das Volumen des Fasses.
Version 2: Ein Fass ist 2 m hoch, hat einen maximalen Umfang von 3,8 m, eine Wandstärke von 4 cm und eine Boden- und Deckfläche von je 90 cm Durchmesser. Wie könnten Sie sein Volumen berechnen?

8. Auch schon in unteren Klassen können (und sollen) Schüler für Probleme des Modellbildens sensibilisiert werden Anstelle der abstrakten Bezeichnungen des in diesem Kapitel vorgestellten Modellbildungskreislaufes, könnte man die einfacheren (und auf diesem Altersniveau völlig ausreichenden) Begriffe *Annahmen – Hochrechnung – Kann das sein?* verwenden. Überlegen Sie in diesem Sinne mögliche Lösungen zu folgenden Fragen:
   - Wie viel Kilo wiegen alle Schüler Deiner Klasse zusammen?
   - Wie viele Luftballons benötigt man, um die Aula zu füllen?
   - Wie viele Atemzüge macht ein Mensch während eines ganzen Tages?

9. Schauen Sie im Internet unter dem Stichwort *Fermi-Aufgaben* oder *Fermi Problems* nach. Wer war Enrico Fermi? Was versteht man unter Fermi-Aufgaben? Beantworten Sie folgende Fragen:
   - Wie viele Klavierstimmer gibt es in Chicago?
   - Jedes Haar auf Deinem Kopf wächst langsam, aber beständig. Stell Dir den Zuwachs ALL Deiner Haare während einer Unterrichtsstunde vor. Wenn man den Zuwachs aller Haare hintereinander zu einem einzigen ganz langen Haar legen könnte, wie lang wäre dieses Haar?
   - Stellen Sie selbst weitere Aufgaben vom Type Fermi und diskutieren Sie Lösungen.

10. Wie viele Menschen stehen in einem 25 km langen Stau auf der Autobahn?

11. In Trier kostet am 13. März 2017 der Liter Normalbenzin 1,449 €, im 20 km entfernten Luxemburg nur 1,235 €. Lohnt sich die Fahrt zum Tanken nach Luxemburg?

12. Der telefonische Sturmwarndienst an der Küste gibt folgende Auskunft: Am Samstag und Sonntag wird es jeweils mit 50 %-iger Wahrscheinlichkeit einen Sturm geben. Ein Segler – von einigen Mathematikern belächelt – reagiert mit den Worten: An diesem Wochenende gehe ich nicht segeln, denn es wird ja am Samstag zu 50% und am Sonntag zu 50%, also insgesamt zu 100% und das heißt mit Sicherheit einen Sturm geben. Ein Urlauber (Mathematikstudent, 3. Semester) argumentiert hingegen: Es ist quasi Glücksache, ob am Samstag ein Sturm kommt oder nicht, ebenso am Sonntag. Beim zweimaligen Werfen einer fairen Münze ist die Wahrscheinlichkeit für „zweimal Kopf" gleich 1/4, daher ist die Wahrscheinlichkeit für „kein Sturm am Wochenende" auch 1/4 – also eine reelle Chance für gutes Segelwetter. Ich will daher mein Glück probieren, und werde mir vom Sturmdienst das Wochenende nicht vermiesen lassen. Kommentieren Sie die Argumentationen beider Personen (Segler und Urlauber) im Hinblick auf mathematische Stichhaltigkeit und Modellbildung.

13. Vor Ihnen stehen zwei gleich volle Tassen mit Milch und mit Kaffee. Sie nehmen einen Löffel aus dem Milchglas, füllen ihn in die Kaffeetasse und rühren die Milch im Kaffee um. Dann nehmen Sie einen Löffel aus der Kaffeetasse, und schütten ihn das Milchglas. Jetzt sind in beiden Tassen nicht mehr ganz reine Getränke. Ist der Milchanteil in der Kaffeetasse kleiner, gleich oder größer als der Kaffeeanteil in der Milchtasse?

Standardmodelle und Naturgesetz: Was uns der Kontext und unser Vorwissen verraten kann

2

Inhaltsverzeichnis

2.1 Einleitung

Wie kommt man von Daten, die aus den Beobachtungen von zwei Variablen gewonnen wurden, zu einer Funktion, die die Abhängigkeit zwischen den beiden Variablen beschreibt? Wie lässt sich ein funktionaler Zusammenhang zwischen zwei Variablen spezifizieren und die Herleitung eines Graphen oder einer Funktionsgleichung begründen?

Hierzu gibt es eine Vielzahl von Ansätzen, wie mit mathematischen Methoden ein Sachzusammenhang modelliert werden kann. Unterschiede zwischen den Ansätzen kommen durch unterschiedliche Modellierungsannahmen und unterschiedliche

© Springer-Verlag GmbH Deutschland 2018
J. Engel, *Anwendungsorientierte Mathematik: Von Daten zur Funktion*,
Mathematik für das Lehramt, https://doi.org/10.1007/978-3-662-55487-6_2

mathematische Techniken zustande, die im Kontext und Vorwissen über die Daten und das jeweilige Anwendungsgebiet begründet sind. In vielen Situationen gibt es aufgrund bestehender Theorien aus dem jeweiligen Anwendungsgebiet (Physik, Ökonomie, Biologie etc.) schon ein etabliertes Modell, das dann nur noch näher spezifiziert und den Daten angepasst werden muss. Oft genügt dazu eine relativ einfache, durch eine Funktionsgleichung zu beschreibende Funktion, wie z. B. eine lineare, polynomiale, exponentielle oder trigonometrische Funktion. Die Beziehung zwischen Einkaufsmenge und Einkaufspreis ist meist proportional. Gleichförmige Bewegungen verlaufen linear, Flugbahnen sind parabelförmig und unbegrenzte Wachstumsprozesse verlaufen exponentiell. Das wissen wir schon vom Kontext und es wird im mathematischen Modell zu berücksichtigen sein. Selbst in Situationen, in denen von vornherein noch kein etabliertes Modell existiert, kann man mitunter – nach Betrachtung des Streudiagramms, das die Daten als Punkte $(x_1, y_1),..., (x_n, y_n)$ in einem Koordinatensystem darstellt – zu irgendwie gearteten Vorstellungen vom Typ der funktionalen Abhängigkeit gelangen. Man vermutet oder erahnt eine geeignete Klasse von Funktionen (z. B. linear, periodisch, etc.), aus der ein geeignetes Modell für die Daten zu wählen ist.

Neben unzähligen Anwendungen von Mathematik im natur- und sozialwissenschaftlichen Unterricht bieten sich auch hier viele Möglichkeiten für Aktivitäten zur Planung von Studien und zur Erhebung von Daten an, die die Schülerinnen und Schüler die prinzipielle Vorgehensweise empirischer Forschung erfahren lässt. Folgende Beispiele aus dem unmittelbaren Lebensumfeld der Schule sollen als Illustration der Vielfalt dienen: Schüler erkunden Baujahr und Kilometerstand der PKW auf dem Schulparkplatz. Beim Sportfest werden Körpergröße und Schnelligkeit beim 100-Meter-Lauf verglichen. Schüler suchen nach Zusammenhängen in ihrem eigenen Freizeitverhalten, z. B. wöchentliche Zeit verbracht mit Lesen und Zeit für TV bzw. Video. Welcher Zusammenhang besteht zwischen Körpergröße und Hemdgröße (Spannweite der Arme) der Schüler?

Nimmt man beispielsweise den Zusammenhang zwischen den beiden Größen als linear an, so liefert eine Funktion vom Typ $y = mx + b$ ein geeignetes Modell. x und y stehen für die beiden Größen und m und b bestimmen, ob nun der Zusammenhang zwischen x und y durch eine steile, flache, ansteigende oder abfallende Gerade beschrieben wird und wo die Gerade die y-Achse schneidet. In der Mathematik nennt man x und y die beiden Variablen und m und b sind Parameter. Hat man sich auf einen linearen Zusammenhang festgelegt, so sind zur Präzisierung der gesuchten Modellfunktion geeignete Werte für die Parameter m und b zu finden. Zum Beispiel sind im Fall der Klasse aller linearen Funktionen Steigung und y-Achsenabschnitt geeignet zu wählen, im Fall eines trigonometrischen Modells sind Amplitude, Frequenz und Phasenverschiebung zu bestimmen, um eine zu den Daten passende Funktion zu erhalten. Jedoch ist die Realität häufig mit vielen speziellen Besonderheiten versehen, weswegen auch bei noch so plausibel erscheinender Modellfunktion Daten und Funktion kaum exakt passen. Gibt es beim Großeinkauf nicht vielleicht doch Mengenrabatt? Ist das gewünschte Produkt nur im 6-er Pack erhältlich? Bewegungen unterliegen Reibungsverlusten, der Flug wird von Wind und Luftwiderstand gestört und unbegrenztes Wachstum ist wegen der Begrenztheit von Ressourcen in der

Natur kaum realistisch. Hier stoßen wir an mögliche Grenzen von Modellen. Bei der Betrachtung realer Daten, d. h. in der Welt tatsächlich gemessener Werte, wird man immer wieder Abweichungen zwischen Daten und Modell feststellen. Es ist ja gerade die Absicht der Modellbildung einen idealisierten Zusammenhang herzuleiten, bei dem man von unwesentlichen Details absieht.

Beispiel 2.1 Beim Tanken mit seinem Auto (Opel Zafira mit Autogas) hat der Autor einige Male die getankte Gasmenge und die gefahrenen Kilometer notiert.

Strecke (km)	202	480	361	220	259	348	512	187	471
Gas (Liter)	22,9	45,9	31,5	23,9	26,0	33,9	44,9	17,9	43,5

In Abb. 2.1 sind die Daten in der linken Darstellung in einem Streudiagramm wiedergegeben. Was ist ein geeignetes Modell für den Zusammenhang zwischen gefahrenen Kilometern und verbrauchten Litern Gas? In der rechten Darstellung von Abb. 2.1 sind die Daten als Linienzug interpoliert. Nehmen wir für einen Moment den Linienzug als Modellfunktion, dann stimmen hier Modell und Daten exakt überein. Ist dies aber ein brauchbares Modell? Jeglicher Sachverstand legt im vorliegenden Kontext (zunächst?) eine proportionale Beziehung nahe: Je weiter man mit dem Auto fährt, desto mehr Treibstoff wird verbraucht. Der Quotient aus verbrauchtem Treibstoff und gefahrenen Kilometern sollte annähernd konstant sein, nämlich der (durchschnittliche) Treibstoffverbrauch dieses Fahrzeuges. Die real vorliegenden Daten erfüllen aber streng genommen nicht die Bedingung der Proportionalität. Ist somit das proportionale Modell, dargestellt durch eine Ursprungsgerade (siehe Abb. 2.2) $y = 0,094 \cdot x$ unbrauchbar? Mitnichten! Die Steigung von 0,094 wurde hier durch Anpassung einer Geraden per Augenmaß bestimmt. Die Abweichungen zwischen konkret beobachteten Daten und Modell kommen

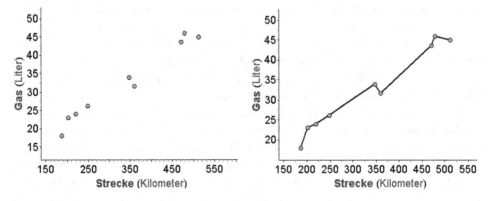

Abb. 2.1 Mit dem PKW gefahrene Kilometer und Verbrauch an Treibstoff (in Litern). Streudiagramm ohne (links) und mit (rechts) Linienzug

Abb. 2.2 Treibstoffverbrauch versus gefahrene Kilometer, mit eingepasster Gerade $y = 0,094x$. Die untere Darstellung zeigt das dazugehörige Residuendiagramm

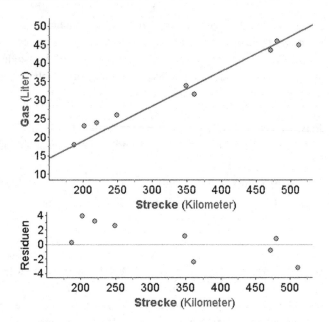

durch eine Reihe von unwägbaren Einflüssen zustande wie z. B. Fahrten im Stadtverkehr, unterschiedliche Verkehrsbedingungen, Fahrverhalten, Wetterbedingungen und die Nutzung anderer energieverzehrender Mittel während der Autofahrt (Klimaanlage, Heizung, Licht etc.). All diese Faktoren mögen einen – wenn auch zum Teil geringen – Einfluss auf den Treibstoffverbrauch haben. Für das Aufstellen eines nützlichen Modells, das den Zusammenhang zwischen Fahrleistung und Spritverbrauch erfasst, sind diese Störvariablen bedeutungslos. Modell und Realität sind nie identisch, weil Modelle immer eine Idealisierung darstellen.

Eine effektive Methode, Abweichungen zwischen Modell und Daten darzustellen, ist das **Residuendiagramm.** Dazu werden in einem weiteren Streudiagramm zu jedem Wert der unabhängigen Variablen, in Beispiel 2.1 zu jedem Strecken-Wert, die Abweichung zwischen Ursprungsdaten und Modell, d. h. die Differenz zwischen dazugehörigem Spritverbrauch und dem vom proportionalen Modell vorhergesagten Wert $y_i - 0,094 \cdot x_i, i = 1,...,n$ dargestellt. Abb. 2.2 zeigt unterhalb des Streudiagramms der Daten mit Geradenanpassung das dazugehörige Residuendiagramm.

Eine kritische Betrachtung von Daten und Modell und eine Inspektion der Abweichung, wo Modell und Beobachtung stark differieren, kann dann dazu führen, dass entweder bessere Parameter gesucht werden, man aber noch immer bei derselben Funktionenklasse bleibt oder dass die gesamte Funktionenklasse als ungeeignet zurückgewiesen wird und eine andere Klasse gesucht werden muss, die besser zur Modellierung der Daten geeignet ist.

Abb. 2.3 Flugbahn eines in
die Luft geworfenen
Tennisballs

Beispiel 2.2 Flugbahn eines Tennisballs

Ein Tennisball wurde vor einer Tafel schräg nach oben geworfen. Welche Funktion
beschreibt die Flugbahn des Balls? Um Daten über die Position des Balls zu unterschiedlichen Zeiten zu erhalten, wurde dieser Vorgang gefilmt und dann Bild für Bild die Position
des Balls anhand der Kästchen (in horizontaler Richtung als x, in vertikaler Richtung als
y) notiert (siehe Abb. 2.3). Die Daten sind in folgender Tabelle wiedergegeben und befinden sich in der Datei **Ballwurf** in unterschiedlichen Formaten im Online-Begleitmaterial
zu diesem Buch. Die Variable **Bild** gibt die Bildnummer an, die proportional zur
Zeit ist.

Bild	9	11	12	13	14	15	16	17	18	19	20	23	28
x	0,8	1,2	1,4	1,6	1,8	2,0	2,2	2,45	2,65	2,9	3,05	3,7	4,7
y	8,8	11,4	12,5	13,5	14,2	14,8	15,2	15,5	15,6	15,5	15,3	13,6	7,3

Die weiteren Überlegungen zur Modellierung der Flugbahn drehen sich um die folgenden
Fragen:

- Die Daten scheinen, wie die linke Darstellung in Abb. 2.4 zeigt, ungefähr einer Parabel
  $f(x) = ax^2 + bx + c$ mit reellen Parametern a, b und c zu folgen. Wie lässt sich eine zu den
  Daten passende Parabel finden, d. h. passende Parameter bestimmen? Wir probieren
  zuerst irgendeine Parabel und passen z. B. per Schieberegler die Parameter solange an,
  bis per Augenmaß eine zufriedenstellende Anpassung erreicht ist (siehe Abb. 2.4 in der
  Mitte und rechts)
- Kein Modell passt zu empirisch erhobenen Beobachtungen absolut und exakt. Gibt es
  auch hier Abweichungen zwischen Modell und Daten? Welche Bedeutung haben sie
  und wie kommen sie zustande? Sind die Abweichungen zu akzeptieren, oder geben sie
  Anlass am Modell (hier: der parabelförmige Kurvenverlauf) zu zweifeln?
- Sind wir uns wirklich sicher, dass eine Parabel das passende Modell ist? Warum oder
  warum nicht?

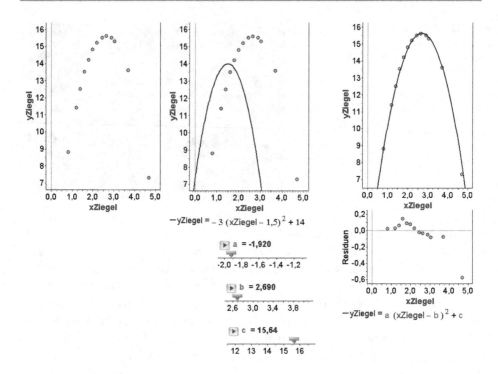

Abb. 2.4 Modellierung der Flugbahn eines Tennisballs

Hierbei ist der Einsatz geeigneter Software zur Datenanalyse eine große Stütze: Dynamische Software erlaubt beliebig kleinschrittige Veränderungen, indem z. B. Parameter über einen Schieberegler variiert werden, wobei die Auswirkungen dieser Änderungen unmittelbar in den graphischen Darstellungen beobachtet werden können. Hinweise zum Arbeiten mit Software finden Sie im Kap. 8. Hat man verschiedene Darstellungen, die sich auf einen bestimmten Datensatz bzw. seine Modellierung beziehen, so sollten die Änderungen sich auf alle Darstellungen unmittelbar auswirken. Erstellen wir z. B. eine Kurvenanpassung in einem Streudiagramm und dazu das passende Residuendiagramm, so erlaubt dynamische Software ein Inspizieren von Daten, Kurven sowie ein Residuendiagramm bei Verändern der Parameterwerte am Regler. Dies ist am konkreten Beispiel des Ballwurfs in der rechten Darstellung von Abb. 2.4 dargestellt.

Mitunter müssen geeignete Modelle auch aus Standardfunktionen durch arithmetische Operationen wie Addition, Multiplikation, Verketten von Funktionen etc. zusammengesetzt werden. Genau genommen ist dies auch schon im obigen Beispiel erfolgt, in dem eine Normalparabel entlang der beiden Achsen linear reskaliert wurde:

$$y = ax^2 + bx + c = a\left(x + \frac{b}{2a}\right)^2 + c - \frac{b^2}{4a}$$

$$\text{bzw.} \quad \frac{1}{a}\left(y - c + \frac{b^2}{4a}\right) = \left(x + \frac{b}{2a}\right)^2 .$$

Das Resultat ist eine reskalierte Normalparabel $y^\star = x^{\star 2}$ mit

$$y^\star = \frac{y}{a} - \frac{c}{a} + \frac{b^2}{4a^2} \text{ und } x^\star = x + \frac{b}{2a}.$$

Diese Überlegungen helfen übrigens ohne langes Herumprobieren geeignete Parameter für die obige Parabelanpassung zu finden. Das Streudiagramm verrät uns nämlich schon, dass der Scheitelpunkt der nach unten geöffneten (daher $a < 0$) Parabel in der Nähe des Punktes $(2, 6 \mid 15)$ liegt.

Residuendiagramm: Vom Nutzen der Resteverwertung

Ein wichtiges Instrument, um die Qualität einer Modellanpassung zu beurteilen, ist das **Residuendiagramm**, das eine graphische Darstellung der Abweichungen des Modells von den Daten ist. Hat man Daten $(x_1, y_1), ..., (x_n, y_n)$ und ein Funktionsmodell $y = f(x)$, so ist das Residuendiagramm ein Streudiagramm bestehend aus den Punkten $(x_1, r_1), ..., (x_n, r_n)$, wobei

$$r_i = y_i - f(x_i), i = 1, ...,$$

die Abweichung zwischen Daten und Modell erfasst, geometrisch dargestellt als vertikaler Abstand zwischen Datenpunkt und Modellfunktion (siehe rechte untere Darstellung in Abb. 2.4). Zeigt die Punktwolke im Residuendiagramm noch eine Regelmäßigkeit oder Struktur, so wird man erneut anpassen bzw. die ursprüngliche Anpassung modifizieren. In dieser Weise fährt man fort: Dem Anpassen folgt die Darstellung der Residuen, der Darstellung der Residuen ein erneutes Anpassen – bis am Ende Residuen ohne jegliche Struktur zurückbleiben.

Ein Residuendiagramm wirkt wie ein Vergrößerungsglas, das die vertikale Achse vergrößert, sodass man auch feine Abweichungen zwischen Daten und Modell sieht, die im ursprünglichen Streudiagramm schwer zu erkennen sind, vor allem dann, wenn die Kurve steil ist. Wenn man im Residuendiagramm noch Muster erkennt, weist das in der Regel darauf hin, dass noch weitere Anpassungen nötig sind. Auch bei einer angemessenen Kurvenanpassung werden Residuen auftauchen. Eine Modellanpassung ist in der Regel dann gut gelungen, wenn die Residuen keinerlei Struktur mehr aufweisen, d. h. wenn sie offensichtlich zufällig, ohne erkennbare Muster und trendfrei um die horizontale Achse im Residuendiagramm streuen. Ist hingegen noch eine funktionale Struktur im Streudiagramm vorhanden, so kann das Modell iterativ verbessert werden, indem Strukturen in den Residuen zur ursprünglichen Modellfunktion hinzu addiert werden.

In unserem Beispiel 2.2 sind, wie man in der rechten Darstellung von Abb. 2.4 sieht, offensichtlich immer noch kleine Abweichungen zwischen Modell und Daten. Da die Residuen selbst noch eine leichte parabelförmige Struktur haben, wird man wohl in Feinabstimmung der Parameter eine noch bessere Parabelanpassung hinbekommen können.

Weitere Fragen:

- Wir haben im obigen Beispiel y als Funktion von x modelliert. Welches Ergebnis hätten Sie erwartet, wenn wir als unabhängige Variable **Bild** genommen hätten? Welche Beziehung besteht zwischen **Bild** und x?
- Nehmen Sie Ihr Physikbuch aus der Schulzeit zur Hand und machen Sie sich kundig, welcher Zusammenhang zwischen **Zeit** und **Höhe** bei Flugbahnen gemäß den Prinzipien der Mechanik besteht.

Dieses einführende Beispiel hat schon fast alle Bestandteile präsentiert, die beim Anpassen von Kurven an Daten zu beachten sind. Bevor wir spezielle Eigenschaften ausgewählter Standardmodelle diskutieren und weitere konkrete Beispiele präsentieren, charakterisieren wir die Fragestellung dieses Kapitels etwas allgemeiner. Unser Ausgangspunkt ist folgender: Die Daten folgen einem schon bekannten oder zumindest einem postulierten oder vermuteten Modell. Dieses Modell kann durch eine schon anerkannte Theorie aus dem Anwendungsgebiet begründet sein, wie z. B. die Gesetze der Mechanik, oder zunächst im Sinne einer Hypothese auch erst mal als Vermutung Bestand haben, zu der man vielleicht erst nach Betrachtung des Streudiagramms gekommen ist. Der spezielle Funktionstyp, der sich zur Modellierung der Daten eignet (ob linear, exponentiell, trigonometrisch etc.) ist somit vorgegeben. Zur genaueren Spezifizierung des Modells müssen aber noch Parameter angepasst werden: Beim linearen Modell müssen Steigung und Achsenabschnitt bestimmt werden, beim exponentiellen Modell ist es notwendig einen geeigneten Anfangswert und die Zuwachsrate zu ermitteln, bei Daten, die einem trigonometrischem Funktionsverlauf folgen, müssen Amplitude, Frequenz und Phasenverschiebung bestimmt werden. Allgemein lässt sich die Situation wie folgt beschreiben: Wir gehen von der Annahme aus, dass die gesuchte Modellfunktion $f(x)$ zu einer vorgegebenen Klasse

$$\mathcal{M} = \{f_{(a_1,...,a_k)} | a_1,..., a_k \in \mathbb{R}\}$$

von Funktionen gehört. Die Elemente von $\mathcal{M}$ sind durch die Parameter $a_1,..., a_k \in \mathbb{R}$ charakterisiert. Das ist eine recht allgemeine Charakterisierung. Im speziellen Fall linearer Funktionen ist $k = 2$, und $f_{(a_1,a_2)}(x) = a_1 x + a_2$, wobei a_1 und a_2 Steigung und Achsenabschnitt der gesuchten Modellfunktion sind; im Fall einer quadratischen Funktion haben wir $k = 3$ Parameter und es ist $f_{(a_1,a_2,a_3)}(x) = a_1 + a_2 x + a_3 x^2$.

Basierend auf einem vorliegenden Datensatz ist aus der Klasse $\mathcal{M}$ eine passende Funktion $f_{(a_1,...,a_k)}$ auszuwählen, indem geeignete Parameter $a_1,..., a_k$ zu ermitteln sind.

Wir machen für die Daten $(x_1, y_1), ..., (x_n, y_n)$ somit die Modellannahme, dass zumindest ungefähr gilt

$$y_i \approx f_{(a_1, ..., a_k)}(x_i), i = 1, ..., n,$$

wobei $a_1, ..., a_k \in \mathbb{R}$ und f zur vorgegebenen Familie von Funktionen $\mathcal{M}$ gehört. Hat man sich auf eine parametrisierte Klasse $\mathcal{M}$ von Funktionen als Modellannahme festgelegt, so geht es darum, durch Schätzen, Messen oder Experimentieren die passenden Parameter zu finden.

2.2   Einige Standardmodelle im Überblick

Wir stellen im Folgenden die wichtigsten Standardmodelle mit ihren mathematischen Eigenschaften vor, was nichts Anderes als eine Zusammenstellung der geläufigsten elementaren Funktionen ist.

Folgende Standardmodelle sind für den jeweils genannten Anwendungskontext typisch:

- **Proportional:** $f(x) = ax$.
  Beispiele:
  - Währungsumrechnung: Wie viel Schweizer Franken erhält man für x Euro?
  - Benzinmenge und Preis beim Tanken: Wie viel Liter Benzin lassen sich für x Euro tanken?
  - Newtonsche klassische Mechanik: Kraft ist das Produkt aus Masse und Beschleunigung $F = m \cdot a$.
  - Strecke in Abhängigkeit von Zeit bei konstanter Geschwindigkeit: Wie viele Kilometer kann ich zurücklegen, wenn ich bei konstanter Geschwindigkeit x Minuten mit dem Fahrrad unterwegs bin?
- **Antiproportional:** $f(x) = a/x$.
  Beispiele:
  - Geschwindigkeit eines Flugzeuges und Flugdauer.
  - Gasgesetze stellen eine Beziehung her zwischen den Größen Druck p, Volumen V und Temperatur T gemäß der Formel

  $$V = k_1 \cdot T \quad \text{(Gesetz von Gay-Lussac)}$$
  $$p = k_2/V \quad \text{(Gesetz von Boyle-Mariotte)},$$

  wobei k_1, k_2 Proportionalitätskonstanten sind. Sind Volumen und Temperatur zueinander proportional, so ist die Beziehung zwischen Druck und Volumen eine Antiproportionalität.
- **Linear:** $f(x) = ax + b$.
  Beispiele:

- Handykosten, die sich aus Grundgebühr und Anzahl der telefonierten Einheiten zusammensetzen.
- Kosten in Abhängigkeit von bestellter Stückzahl bei fester Versandpauschale.
- Länge einer abbrennenden Kerze in Abhängigkeit der Zeit.
- **Betragsfunktion:** $f(x) = a|x - b|$.
  Beispiel:
  - (geometrischer) Abstand eines Punktes auf der Zahlengeraden vom Ursprung.
- **Quadratisch:** $f(x) = ax^2 + bx + c$.
  Beispiele:
  - Flugbahn eines Skispringers.
  - Anhalteweg eines Autos als Summe aus Reaktionsweg und Bremsweg.
- **Wurzel:** $f(x) = a\sqrt{x}$.
  Beispiel:
  - Pendelgesetz: 1592 trat Galileo Galilei eine Professur für Mathematik in Padua an. Dort entdeckte er, dass die Dauer einer Pendelschwingung T mit einer bestimmten Pendellänge ℓ unabhängig von der Bogenlänge oder Amplitude immer gleich lang ist. Es bestimmt also nur die Länge des Pendels die Schwingungsdauer. Wenn $g \approx 9,81\mathrm{m/sec}^2$ die Erdbeschleunigung bezeichnet, so gilt

$$T = 2\pi \sqrt{\frac{\ell}{g}}$$

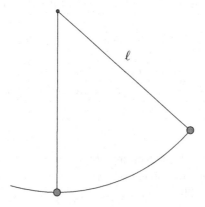

- **Polynomial:** $f(x) = a_n x^n + a_{n-1} x^{n-1} + \ldots + a_1 x + a_0$.
  Beispiel:
  - Von einem riesigen Eisberg bricht eine nahezu quaderförmige Scholle ab, die etwa 800 m lang, 400 m breit und 120 m dick ist, und treibt in wärmere Gewässer, wo sie zu schmelzen beginnt. Zur Berechnung des verbleibenden Volumens nehmen wir an, dass sich pro Tag die Länge um a Meter, die Breite um b Meter und die Dicke um c Meter vermindern. Dann hat sich gemäß dieser Vorgaben nach x Tagen das

Volumen des Eisbergs auf folgendes Maß reduziert:

$$V(x) = (800 - ax) \cdot (400 - bx) \cdot (120 - cx)$$
$$= -abcx^3 + (120ab + 400ac + 800bc)x^2$$
$$- (48000a + 96000b + 320000c)x + 38400000.$$

Die Modellfunktion ist ein Polynom dritten Grades, x gibt die Anzahl der Tage an, $V(x)$ das Volumen des Eisberges nach x Tagen. Die Größen a, b und c sind die Parameter. Während die Modellfunktion als kubisches Polynom durch geometrische und physikalische Sachüberlegungen begründet ist, müssen die Parameter a, b und c auf der Grundlage von Beobachtungen und Messungen geschätzt werden.

- **Exponentiell:** $f(x) = a \cdot b^x$.
  Beispiele:
  - Wachstum einer Bakterienkultur
  - Luftdruck und Höhe über Meeresspiegel
  - radioaktiver Zerfall
  - Abkühlung und Erwärmung
  - Absorption von Schall und Strahlung
  - Zerfall von Bierschaum
- **Logarithmisch:** $f(x) = \log_a(bx)$.
  Beispiele:
  - PH-Wert = negativer dekadischer Logarithmus der Oxoniumionenkonzentration[1]
  - logarithmische Normalverteilung in Rentenversicherung
  - sinnliche Wahrnehmung, z. B. Skalen für Helligkeit oder Lautstärke
  - Skalen für die Stärke von Erdbeben
- **Logistisch:**

$$f(x) = \frac{Sy_0}{y_0 + (S - y_0)\exp(-kSx)}.$$

  Beispiele:
  - Wachstum einer Sonnenblume
  - Verbreitung einer ansteckenden Krankheit
  - Wachstum von Kresse
- **Potenzfunktion:** $f(x) = ax^q$ mit rationalem Exponenten q.
  Beispiele:
  - Gravitation zwischen zwei Massen
  - Body-Mass-Index
  - Geschwindigkeit und zurückgelegte Strecke beim freien Fall

---

[1]Der pH-Wert ist ein Maß für die Stärke der sauren bzw. basischen Wirkung einer Lösung. Als logarithmische Größe ist er durch den negativen Zehnerlogarithmus der Oxoniumionenkonzentration (genauer: der Oxoniumionenaktivität) definiert.

- **Periodisch, z. B.** : $f(x) = a \sin(bx + c) + d$.
  Beispiele:
  – Welleneigenschaften des Lichtes oder eines Tones in der Musik
  – mechanische oder elektrische Schwingungen
  – zeitlicher Verlauf des Luftvolumens in der Lunge
  – Auslenkung eines Federpendels
  – Dauer des Tageslichtes in Berlin im Verlauf mehrerer Jahre
- **Gebrochenrational, z. B.** : $1/a = 1/b + 1/c$.
  Beispiele:
  – Linsengleichung in der Optik
  – Schaltungen mit parallelen Widerständen
  – Schaltungen mit Kondensatoren in Reihe
  – Modellierung des Verkehrsdurchsatzes D einer Straße in Abhängigkeit der erlaubten Geschwindigkeit v bei einer für alle Fahrzeuge als identisch angenommenen Fahrzeuglänge L:

$$D(v) = \frac{1000v}{L + a(v)},$$

wobei $a(v)$ den Sicherheitsabstand (in m) bezeichnet eine der folgenden Bedingungen erfüllt sein soll:

· $a(v) = 1/2v$ („halbe Tachoregel"): Der Sicherheitsabstand ist die Strecke, die sich ergibt, wenn man die Maßzahl der Tachoanzeige halbiert und mit der Einheit m versieht.

· $a(v) = 2 \cdot v/3, 6$ („2-Sekunden-Regel"): Der Sicherheitsabstand ist die Strecke, die man in 2 Sekunden zurücklegt.

· $a(v) = \dfrac{3v}{10} + \left(\dfrac{v}{10}\right)^2$ („Fahrschul-Regel"): Bei dieser Regel ergibt sich der Sicherheitsabstand als Summe von Reaktionsweg und Bremsweg.

Die Ideen dieses Kapitels werden am besten deutlich, wenn wir einige konkrete Beispiele betrachten. Beachten Sie dabei den experimentellen Arbeitsstil, den der Einsatz von Technologie hier erlaubt. Für die Beispiele und Aufgaben in diesem Kapitel können unterschiedliche Softwareprogramme wie z. B. FATHOM oder GEOGEBRA nutzbringend eingesetzt werden. Nähere Hinweise zum Arbeiten mit diesen Programmen finden Sie in Kap. 8. Der hier eingeschlagene experimentelle und explorative Arbeitsstil kennzeichnet eher die Naturwissenschaften, in der traditionellen Lehre von Mathematik ist er leider weniger verbreitet. Hypothesen generieren, geeignete Annahmen formulieren, Modelle bilden und kritisch bewerten, Modelle und ihre Parameter sachgemäß interpretieren – all das sind Aktivitäten, die für ein Anwenden von Mathematik von höchster Bedeutung sind. Das Anwenden von Mathematik wird hier als ein Prozess verstanden, ganz im Sinne des berühmten Zitats des deutsch-niederländischen Mathematikers Hans Freudenthal (1905–1990):

Ich will nicht, dass Schüler angewandte Mathematik lernen, sondern lernen, wie man Mathematik anwendet.

Es geht somit weniger um die bloße Kenntnis mathematischer Verfahren als vielmehr um Kompetenzen, Mathematik sinnvoll im Kontext zu nutzen.

Projekt 1 Papier-Falten (siehe Biehler et al. 2007)
Nehmen Sie ein rechteckiges Stück Papier (kein Quadrat), z. B. ein gewöhnliches DIN-A-4 Blatt. Es ist 210mm breit und 297mm lang. Wir bezeichnen seine Ecken mit A, B, C und D.

 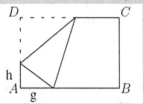

1. Greifen Sie das Rechteck am Punkt D an und legen Sie (durch Falten) diesen Punkt irgendwo auf die gegenüberliegende Seite $\overline{AB}$. Dadurch entsteht in der linken unteren Ecke des Rechtecks ein rechtwinkliges Dreieck. Messen Sie Grundseite g und Höhe h dieses Dreiecks und berechnen Sie den Flächeninhalt F. In welcher Beziehung steht die Grundseite g zur Fläche $F(g)$ dieses Dreiecks?
2. Wiederholen Sie den Vorgang aus 1. ca. 10-mal mit jeweils unterschiedlicher Wahl der Grundseite g, und notieren Sie den jeweiligen Wert von $F(g)$. Legen Sie eine Wertetabelle an.
3. Stellen Sie die Werte aus 2. in einem Streudiagramm dar, und suchen Sie nach einem geeigneten funktionalen Modell (Funktionsterm) und passenden Parametern, die Sie z. B. per Schieberegler finden.
4. Welche Wahl von g macht $F(g)$ so groß wie möglich?
5. Bearbeiten Sie jetzt das Problem analytisch, indem Sie – unter Verwendung Ihrer geometrischen Kenntnisse – einen Ausdruck für den Funktionsterm für $F(g)$ herleiten.
6. Was ist aus theoretischen Überlegungen heraus die optimale Wahl von g? Zur Beantwortung dieser Frage können Sie entweder mit Methoden der Analysis argumentieren oder mit elementargeometrischen Überlegungen.
7. Stimmen die Resultate aus 3. und 5. bzw. 6. überein? Warum oder warum nicht?
8. Charakterisieren Sie das optimale Dreieck. Was für ein Typ Dreieck ist es? Warum?

2.3   Spezielle Eigenschaften einiger Standardmodelle

2.3.1   Proportionalität und lineare Funktionen

Definition 2.1. Eine Funktion $f : D \subset \mathbb{R} \to \mathbb{R}$ heißt **Proportionalität**, wenn für alle $x_1, x_2 \in D$ gilt: $f(x_1 + x_2) = f(x_1) + f(x_2)$ sowie für jede Zahl $k \in \mathbb{R}$ gilt: $f(k \cdot x) = k \cdot f(x)$.

Abb. 2.5 zeigt die Graphen mehrerer proportionaler Funktionen. Es sind genau die Ursprungsgeraden.

Satz 1 Eine Proportionalität ist eindeutig bestimmt durch ein von $(0, 0)$ verschiedenes Paar einander zugeordneter Zahlen. Bei einer Proportionalität bilden Maßzahlen einander zugeordneter Zahlen quotientengleiche Zahlenpaare. Der Quotient von zugeordneter Zahl und Zahl gibt die Steigung der Urspungsgeraden an. Die Funktionsgleichung einer Proportionalität hat die Form $f(x) = c \cdot x$, für $c \in \mathbb{R}$.

Beweis 1 Es bezeichne (x_0, y_0) das zugeordnete Paar, d. h. $f(x_0) = y_0$. Betrachten wir ein beliebiges x, so gilt

$$f(x) = f\left(\frac{x}{x_0} \cdot x_0\right) = \frac{x}{x_0}f(x_0) = \frac{x}{x_0} \cdot y_0 = \frac{y_0}{x_0} \cdot x = c \cdot x$$

mit $c = y_0/x_0$. Somit ist zu jedem beliebigen x der zugeordnete Wert $f(x)$ eindeutig bestimmt, und der Quotient der zugeordneten Werte ist für alle x gleich:

$$\frac{f(x)}{x} = \frac{y_0}{x_0} = c.$$

Die zweite Aussage von Satz 1 lässt sich durch die Ähnlichkeit von (Steigungs-)Dreiecken begründen.

Bei der graphischen Darstellung einer Proportionalität ist dieser Maßzahlquotient die Steigung der Geraden (siehe rechte Darstellung in Abb. 2.5).

Der Proportionalitätsfaktor beschreibt eine Proportionalität zwischen zwei Größenbereichen durch Angabe eines Maßzahlquotienten und der zugehörigen Maßeinheiten zweier einander zugeordneter Größen. Bei der Darstellung einer Proportionalität im Koordinatensystem liegen die Punkte für die Paare einander zugeordneter Größen stets auf einer Geraden durch den Nullpunkt des Koordinatensystems.

Definition 1 Eine Funktion $f : D \subset \mathbb{R} \longrightarrow \mathbb{R}$ mit der Funktionsgleichung $f(x) = ax + b$ heißt *lineare Funktion*. Hierbei sind $a, b \in \mathbb{R}$ fest, und jedem $x \in \mathbb{R}$ wird mittels $x \mapsto ax + b$ ein Funktionswert zugeordnet. a heißt die Steigung und b der y-Achsenabschnitt der Funktion f.

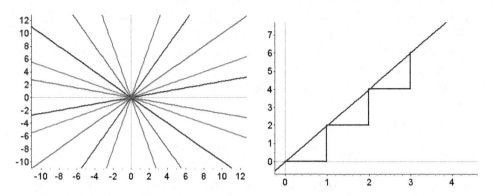

Abb. 2.5 Links: Graphen von mehreren proportionalen Funktionen $y = kx$ mit $k = \pm 0,25, \pm 0,5, \pm 1,$ $\pm 2, \pm 4$; rechts: Graph einer proportionalen Funktion mit Steigungsdreieck

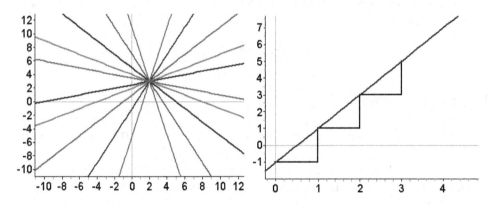

Abb. 2.6 Links: Graphen von mehreren linearer Funktionen $y = k(x-2) + 3, k = \pm 0,25, \pm 0,5, \pm 1,$ $\pm 2, \pm 4$, die alle durch den Punkt (2 | 3) gehen; rechts: Graph einer linearen Funktion mit Steigungsdreieck

Proportionalitäten sind ein Spezialfall linearer Funktionen, bei denen der y-Achsenabschnitt $b = 0$ ist. Der Graph einer linearen Funktion entsteht durch Parallelverschiebung aus dem Graph einer Proportionalität um den y-Achsenabschnitt. Abb. 2.6 (linke Darstellung) zeigt den Graphen mehrerer linearer Funktionen, die alle durch den selben Punkt gehen, jedoch unterschiedliche Steigungen haben.

Lineare Funktionen sind durch ihre Steigung und einen Achsenabschnitt festgelegt, siehe Abb. 2.6 (rechte Darstellung).

Man unterscheidet sechs verschiedene Eigenschaften oder Charakteristika von Proportionalitäten:

- Vervielfachungseigenschaft (V): Zur k-fachen Größe gehört das k-fache der zugeordneten Größe: $f(kx) = kf(x)$

- Summeneigenschaft (S): Zur Summe zweier Größen gehört die Summe der zugeordneten Größen: $f(x_1 + x_2) = f(x_1) + f(x_2)$ für alle x_1, x_2.
- Quotienteneigenschaft (Q): Die Quotienten einander zugeordneter Größen sind stets gleich: $f(x_1)/x_1 = f(x_2)/x_2$ für alle x_1, x_2.
- Mittelwerteigenschaft (M): Dem Mittelwert mehrerer Größen entspricht der Mittelwert der zugeordneten Größen:

$$f\left(\frac{1}{n}[x_1 + \dots + x_n]\right) = \frac{1}{n}\left[f(x_1) + \dots + f(x_n)\right].$$

- Abstandseigenschaft (A): Haben zwei Paare von Größen gleichen Abstand zueinander, so ist auch der Abstand der zugeordneten Größen gleich: Ist $x_4 - x_3 = x_2 - x_1$, so folgt $f(x_4) - f(x_3) = f(x_2) - f(x_1)$ für alle x_1, x_2, x_3, x_4.
- Differenzenquotienteneigenschaft (DQ): Die Quotienten der Differenzen zweier Größen des einen Bereichs zu den entsprechenden Differenzen des anderen Größenbereichs sind stets gleich:

$$\frac{f(x_4) - f(x_3)}{x_4 - x_3} = \frac{f(x_2) - f(x_1)}{x_2 - x_1}.$$

Es gelten folgende Zusammenhänge:

- (V), (S) und (Q) treten immer zusammen auf. (A), (M), und (DQ) treten immer zusammen auf.
- Gelten (V), (S) und (Q), so gelten auch immer die Eigenschaften (A), (M) und (DQ). Eine Funktion mit diesen Eigenschaften ist eine proportionale Funktion.
- Die umgekehrte Folgerung ist nicht korrekt, d. h.: Aus (A), (M) und (DQ) folgt nicht, dass die (V), (S) und (Q) Eigenschaft gilt.
- Gelten nur (A), (M) und (DQ) so ist die Funktion linear, aber nicht proportional.

Anwendung (innermathematisch): Lineare Interpolation
„Glatte", d. h. differenzierbare Funktionen lassen sich *lokal* durch lineare Funktionen approximieren. Diese Grundidee der Analysis (Tangenten als lineare Approximation an differenzierbare Funktionen) lässt sich für die näherungsweise Bestimmung von Zwischenwerten nutzen. Betrachten wir z. B. die Quadratzahltafel

x	15	15,3	16
$y = x^2$	225	?	256

und fragen nach dem Quadrat von $15, 3^2$, so können wir eine Näherung wie folgt erhalten: Wenn wir x von 15 ausgehend um 1 erhöhen (nämlich von 15 auf 16), erhöht sich $y = x^2$ um $256 - 225 = 31$. Zur Bestimmung von $15, 3^2$ muss x aber nur um $\Delta = 0, 3$ erhöht werden.

Damit errechnet sich eine Näherung für die Erhöhung Δy von $\Delta y/0,3 = 31/1$, daher $\Delta y = 9,3$ und $15,3^2 \approx 225 + 9,3 = 234,3$, was dem exakten Wert von $15,3^2 = 234,09$ recht nahe kommt.

Beispiel 2.3 Erhitzen in der Mikrowelle

Eine mit Wasser gefüllte Schale wurde für unterschiedlich lange Zeiten in einen Mikrowellenherd gestellt. Dabei wurden drei Variablen gemessen:

Vorher: die Wassertemperatur bevor die Mikrowelle angestellt wurde.

Zeit: Die Zeitdauer, auf die die Mikrowelle gesetzt wurde.

Nachher: Die Temperatur nach dem Erhitzen.

Jedesmal wurde dieselbe Menge Wasser bei unveränderter Einstellung des Mikrowellenherdes verwendet.

Die Daten befinden sich in der Datei **MikrowelleZeit** (siehe Kap.7 bzw. Online-Begleitmaterial).

Da wir am Temperaturzuwachs interessiert sind, definieren wir zunächst eine neue Variable **Temperatur Differenz** als Differenz aus den Temperaturen **Nachher** und **Vorher**. Abb. 2.7 zeigt ein Streudiagramm der Temperaturdifferenzen versus Zeit (in der Mikrowelle), in das die Gerade $y = 0,19x$ per Augenmaß eingepasst wurde.

Pro Sekunde in der Mikrowelle erhöht sich die Wassertemperatur um etwa $0,19°$ Celsius. Aus inhaltlichen Überlegungen haben wir den y-Achsenabschnitt dabei auf 0 gesetzt. Für die meisten Punkte passt diese Gerade recht gut. Allerdings liegen einige Punkte auch deutlich unterhalb der Geraden. Neben möglichen Störungen und Fehlern beim Messen ist dabei zu beachten, dass die Ausgangstemperaturen nicht immer identisch waren. Anwendungen von Mathematik stehen immer im Dialog mit dem Sachkontext. Wasser mit einer kälteren Ausgangstemperatur wird sich in einer festen Zeit etwas mehr erhitzen als Wasser, das zu Beginn schon eine höhere Temperatur hatte. Damit könnte man rechtfertigen, bei

Abb. 2.7 Streudiagramm von Temperaturzuwachs versus Zeit einer festen Menge von Wasser in der Mikrowelle mitsamt einer per Augenmaß eingepassten Geraden der Form $y = 0,19x$ @ GeoGebra

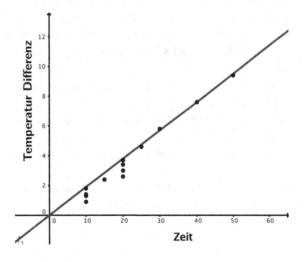

der Einpassung der Geraden Daten mit höherer Anfangstemperatur weniger Beachtung zu schenken oder sie gar zu ignorieren.

2.3.2 Antiproportionalität

Bei gleichbleibender Geschwindigkeit sind Fahrzeit und Wegstrecke einer gleichförmigen Bewegung proportional. In der doppelten Zeit schafft man die doppelte Wegstrecke. Nun gilt aber auch: Bei gleich bleibender Fahrtzeit sind Geschwindigkeit und Wegstrecke proportional; denn bei n-facher Geschwindigkeit schafft man die n-fache Strecke.

Wie ist der Zusammenhang zwischen Geschwindigkeit v und Fahrzeit t, wenn wir nun von einer gleichbleibenden Wegstrecke ausgehen? Welche Fahrzeiten für eine feste Strecke von 300 km ergeben sich bei verschiedenen Geschwindigkeiten? Eine Tabelle ergibt

Geschwindigkeit v in km/h	100	60	50	...	5	3
Fahrzeit t in Stunden	3	5	6	...	60	100

Je schneller man fährt, desto kürzer ist die Fahrzeit. Verdoppelt man v, so halbiert sich $t = f(v)$. Der n-fachen Geschwindigkeit nv entspricht der n-te Teil der ursprünglichen Geschwindigkeit, also $1/nf(v)$.

Man beachte, dass man hier einmal den Operator $\times n$, und dann den Umkehroperator $\times 1/n$ hat.

Definition 2 Eine Funktion $f : D \subset \mathbb{R} \to \mathbb{R}$ heißt **Antiproportionalität** genau dann, wenn für jedes $x, k \in \mathbb{R}$ gilt: $f(kx) = \frac{1}{k}f(x)$.

Der Graph einer antiproportionalen Funktion hat die beiden Achsen als Asymptote, d. h. er approximiert mit $|x| \to \infty$ den Wert Null. Nähert sich jedoch x dem Wert Null, so wird der Funktionswert betragsmäßig immer größer. Bei positiver Konstante $k > 0$ ist der Graph ausschließlich im 1. und 3. Quadranten, bei negativem Wert für k im 2. und 4. Quadranten (siehe Abb. 2.8).

Liegt der Punkt $P(a|b)$ auf dem Graphen einer antiproportionalen Funktion, so ist das Produkt $a \cdot b$ konstant, egal welcher Punkt auf dem Graphen gewählt wurde. In der rechten Darstellung von Abb. 2.8 ist diese Eigenschaft dargestellt: Das Rechteck mit den einander gegenüberliegenden Punkten O und P hat stets denselben Flächeninhalt, unabhängig davon, welcher Punkt P auf dem Graphen gewählt wurde.

Satz 2 Eine Antiproportionalität ist durch ein Paar einander zugeordneter Zahlen eindeutig bestimmt. Eine antiproportionale Funktion hat die Funktiongleichung $f(x) = \frac{c}{x}$ mit $c \in \mathbb{R}$.

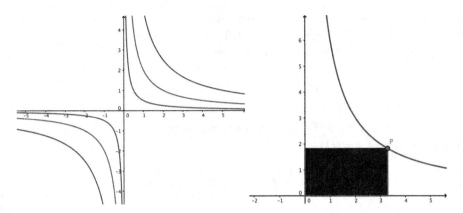

Abb. 2.8 Links: Graph mehrerer antiproportionaler Funktionen $y = a/x, a = \pm 1, \pm 5, \pm 10$; Rechts: Graph einer antiproportionalen Funktion $y = 6/x$: die Fläche des schraffierten Rechtecks ist unabhängig von der Wahl des Punktes P @ GeoGebra

Beweis 2 Es sei $f(x_0) = y_0$. Dann gilt für eine beliebige Zahl $x \in \mathbb{R}$

$$f(x) = f\left(\frac{x}{x_0} \cdot x_0\right) = \frac{x_0}{x} \cdot f(x_0) = \frac{x_0}{x} \cdot y_0 = \frac{c}{x}$$

mit $c = x_0 \cdot y_0$.

Beispiel 2.4 Bei einer Durchschnittsgeschwindigkeit von 105 km/h braucht man von Stuttgart nach Frankfurt etwa 2 Stunden. Wie lange fährt man bei 120 km/h?

$$f(120) = \frac{105}{120} \cdot 2[\text{Stunden}] = 1,75[\text{Stunden}].$$

Satz 3 Bei einer Antiproportionalität bilden die Maßzahlen einander zugeordneter Größen produktgleiche Zahlenpaare.

Beweis 3 Es sei $y_0 = f(x_0)$. Dann ist, wie eben schon gezeigt, $y = f(x) = \frac{c}{x}$, woraus $f(x) \cdot x = c$ folgt.

Antiproportionalitäten lassen sich durch folgende äquivalente Eigenschaften charakterisieren:

- Produkteigenschaft (P):
  Größe und zugeordenete Größe bilden stets das gleiche Produkt
- Reziproke Vielfältigungseigenschaft ($\overline{V}$):
  das k-fache einer Größe wird auf das $1/k$-fache des Bildes der Größe abgebildet

(P) und $(\overline{V})$ sind äquivalent, d. h. hat eine Funktion die eine Eigenschaft, so auch die andere. Denn aus (P) folgt $(\overline{V})$: $x \cdot f(x) = c$ impliziert $f(x) = c/x$; ebenso gilt nach Voraussetzung $(kx) \cdot f(kx) = c$, woraus folgt

$$f(kx) = \frac{c}{kx} = \frac{1}{k} \cdot \frac{c}{x} = \frac{1}{k} \cdot f(x).$$

Andererseits folgt aus $(\overline{V})$ die Eigenschaft (P). Denn aus $f(kx) = 1/kf(x)$ ergibt sich, wenn man $k = x$, und $x = 1, c = f(1)$ setzt

$$f(x) = \frac{1}{x} \cdot f(1) \text{bzw.} \ x \cdot f(x) = f(1).$$

Vom Flächeninhalt eines Rechtecks ergibt sich ein einfacher Zugang zum Graphen einer Antiproportionalität. Wir betrachten Rechtecke, die alle die gleiche Fläche haben. Die Maßzahl der Fläche ist gerade das Produkt aus Länge und Breite. Betrachten wir die Funktion, die jeder Länge eines Rechtecks festen Flächeninhalts die Breite zuordnet, so erhalten wir eine antiproportionale Zuordnung. Als streng monotone Funktion ist jede Antiproportionalität umkehrbar, und ihre Umkehrung ist selbst wiederum eine Antiproportionalität. Sie hat sogar den selben Graphen wie die ursprüngliche Funktion. Der Graph ist symmetrisch zur Geraden $y = x$. Auch Proportionalitäten sind umkehrbar und ergeben wiederum Proportionalitäten. Man kann bei den linearen Funktionen leicht eine spezielle Funktion finden, die eine zur Antiproportionalität analoge Symmetrie besitzt: Dazu setzt man die Summengleichheit anstelle der Produktgleichheit:

$$y + x = c, \text{bzw.} \ y = c - x.$$

Antiproportionalitäten sind nur in „mittleren Bereichen" realitätsnah.

Lässt man statt eines Baggers zwei Bagger beim Ausheben einer Grube arbeiten, so braucht man vielleicht nur die halbe Arbeitszeit. Aber man kann nicht 200 Bagger an derselben Baustelle einsetzen!

Dies ist ein treffendes Beispiel dafür, dass die Modellbildung – wie ja jede mathematische Modellierung – nur in einem beschränkten Geltungsbereich sinnvoll und nützlich ist. Die Gesetze der Mathematik können nicht die Wirklichkeit bestimmen, sondern sie dienen nur dazu, die Wirklichkeit zu erfassen und zu beschreiben. Die sehr einfachen Gesetze der Proportionalitäten und Antiproportionalitäten liefern oft nur eine sehr grobe unvollständige Beschreibung der Wirklichkeit. Eine solche Einsicht bei Schülern bedeutet mehr als eine richtig gelöste Rechenaufgabe.

Beispiel 2.5 Wippe

Wenn Kinder auf einer Wippe sitzen, die sich im Gleichgewicht befindet, dann gilt für ihre Massen m_i und ihre Entfernungen vom Schwerpunkt s_i folgendes mathematische Gesetz:

$$s_1 m_1 = s_2 m_2.$$

Der folgende Versuch wurde nicht mit Kindern auf einer Wippe durchgeführt, sondern
stattdessen wurde ein Lineal genommen und an einem Loch in seiner Mitte aufgehängt
(siehe Abb. 2.9). Das Lineal befand sich zu Beginn des Versuchs also im Gleichgewicht.
Als nächstes wurde ein Gewichtsstück – das Gegengewicht – genommen, an der linken
Seite des Lineals aufgehängt und festgeklebt, sodass es nicht mehr verrutschen konnte. Im
Folgenden wurde jeweils ein Gewichtsstück mit bekannter Masse genommen und soweit
über die rechte Seite des Lineals geschoben, bis sich das Lineal wieder im Gleichgewicht
befand. Schließlich wurde die Position des zweiten Gewichtsstücks bestimmt und notiert.
Dieser Schritt wurde mehrere Male mit verschiedenen Gewichtsstücken durchgeführt. Die
Daten bestehen aus 7 Messungen der Variablen **Masse** und **Position**. Sie finden sich in der
Datei **Wippe**. Man beachte: Die Positionsdaten der Massestücke entsprechen nicht ihrer
Entfernung vom Aufhängepunkt des Lineals, sondern der von seinem Nullpunkt auf dem
Lineal. Das Loch, an dem das Lineal aufgehängt wurde, befindet sich direkt unterhalb
der 15 cm-Markierung. Wir brauchen daher eine neue Variable **Entfernung**, definiert als
Position - 15 cm mit den Entfernungswerten zum Punkt der Aufhängung.

Abb. 2.9 Versuchsaufbau mit
Wippe

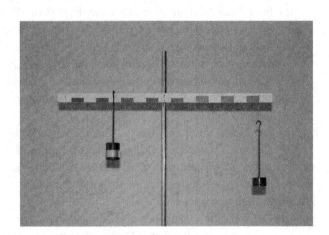

Abb. 2.10 Streudiagramm
von Masse versus Entfernung
zum Aufhängepunkt des
Lineals, mitsamt eingepasster
antiproportionaler Funktion
@ GeoGebra

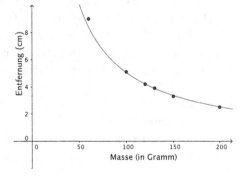

Abb. 2.10 zeigt ein Streudiagramm der Masse m und der Entfernung s der Daten mitsamt nach Augenmaß eingepasster antiproportionaler Funktion $m = \dfrac{510}{s}$.

Aufgaben zu Kap. 2:

2.1 Bleistiftspitzer

Von einem nagelneuen Bleistift wurde die Länge gemessen und er wurde gewogen. Dann wurde er fünfmal in einem Spitzer gedreht und wiederum gemessen und gewogen. Das Drehen des Bleistifts im Spitzer mit anschließendem Messen und Wiegen wurde mehrfach wiederholt. Die Daten befinden sich in der Datei **Bleistift**.

(a) In welcher Beziehung stehen Länge und Gewicht zueinander? Finden Sie die Gleichung einer Geraden, die sich den Daten gut anpasst.

(b) In welcher Beziehung stehen Länge und Umdrehungen zueinander? Finden Sie eine Gleichung einer Geraden, die sich den Daten gut anpasst.

(c) In welcher Beziehung stehen Gewicht und Umdrehungen zueinander? Finden Sie eine Gleichung einer Geraden, die sich den Daten gut anpasst.

(d) Welche Bedeutung haben die jeweiligen Steigungen? Erklären Sie!

(e) Wie steht es mit der Bedeutung des jeweiligen Achsenabschnittes?

(f) Jemand gibt Ihnen einen Bleistift derselben Art, und Sie messen ihn. Er ist 10,0 cm lang. Wie viel wiegt er? Wie viele Umdrehungen im Bleistiftspitzer hat er gehabt?

(g) Der Graph von Länge versus Umdrehungen ist linear mit negativer Steigung, aber am Anfang flach. Erklären Sie den flachen Teil!

(h) Außer für den flachen Teil sind diese Daten ziemlich linear. Was würde es bedeuten, wenn sie gekrümmt wären?

2.2 Buchseiten und Dicke

Die Daten für diese Aufgaben können Sie selbst sammeln! Nehmen Sie ein paar Taschenbücher unterschiedlicher Größe. Messen Sie ihre Dicke und schauen Sie nach, wie viele Seiten das Buch hat. Erstellen Sie ein Streudiagramm, d. h. tragen Sie in ein Koordinatensystem **Dicke** versus **Seitenzahl** auf. Fügen Sie eine Gerade in den Graphen, der sich möglichst gut den Daten anpasst. Falls Sie Ihre eigenen Bücher nicht messen können, so habe ich ein paar Daten aus meinem Bücherschrank. Die relevanten Variablen sind **Seitenzahl** und **Dicke** und geben die Anzahl der Seiten sowie die Dicke des jeweiligen Buches (in cm) wieder. Die Daten befinden sich in der Datei **Buch**.

(a) Erklären Sie die Parameter der Geraden: Welche Bedeutung haben Steigung und Achsenabschnitt?

(b) Falls die Daten nicht sauber auf einer Geraden liegen, haben Sie eine Erklärung warum dies so ist?

(c) Worin unterscheiden sich Bücher, die in Ihrem Graph oberhalb der Geraden liegen von Büchern, die unterhalb der Geraden liegen?

(d) Angenommen Sie haben ein paar gebundene Bücher gemessen. In welcher Weise wird ihr Graph anders ausfallen?

(e) Wenn Sie die Taschenbücher und die gebundenen Bücher im selben Streudiagramm darstellen, können Sie dann an der Lage der Punkte entscheiden, welches Buch broschiert ist und welches einen Festeinband hat?

(f) Wie dick ist eine typische Seite?

2.3 Proportionen von Körpermaßen nach Leonardo da Vinci

Die Abmessungen des Menschen sind von der Natur auf die folgende Weise arrangiert:

Die Armspanne eines Menschen ist äquivalent zu seiner Körpergröße. Vom Haaransatz zur Kinnkante ist es ein Zehntel der Körpergröße des Menschen, von der Kinnkante zur Kopfspitze ein Achtel; ... von der Brust zur Kopfspitze ein Sechstel eines Menschen. Vom Ellenbogen zur Handspitze ist es ein Fünftel des Menschen; vom Ellenbogen zur Schulterecke ist ein achter Teil des Menschen; die ganze Hand ist ein zehnter Teil des Menschen. Leonardo da Vinci (1452–1519)

Welchen Typ funktionaler Abhängigkeit nimmt Leonardo zwischen den einzelnen Maßen der Körpergrößen an, d. h. welcher Funktionstyp beschreibt die von Leonardo beschriebene Abhängigkeit? Wir haben bei 23 Personen Körperlänge (**Körper**), Armspanne (**Armspanne**), Kopflänge (**Kopf**) und Schulterbreite (**Schulter**) nachgemessen. Die Daten befinden sich in der Datei **Leonardo**.

(a) Öffnen Sie die Datei. Erstellen Sie jeweils Streudiagramme für Körperlänge (Körper) und Armspanne! Finden Sie ein passendes funktionales Modell! Interpretieren Sie die Parameter in Ihrem Modell!

(b) Wiederholen Sie diese Aufgabe jetzt für Körperlänge und Kopflänge sowie für Körperlänge und Schulterbreite.

(c) Stützen die Daten Leonardos Feststellungen?

(d) Welche Kopflänge erwarten Sie bei einer Person, die 1,80 m groß ist?

(e) Welche Körperlänge erwarten Sie bei einer Person mit einer Schulterbreite von 50 cm?

(f) Wie sicher sind Sie sich in Ihren Vorhersagen bei (d) und (e)? Welcher Bereich ist für Sie noch akzeptabel?

2.4 Reskalierung der Achsen

(a) Die allgemeine Parabel $y = ax^2 + bx + c$ entsteht durch lineare Reskalierung der beiden Achsen aus der Normalparabel $y = x^2$. Verifizieren Sie diese Aussagen!

(b) Wie kommt man durch Reskalierung von der Betragsfunktion

$$y = |x| = \begin{cases} x & \text{falls } x \geq 0 \\ -x & \text{sonst} \end{cases}$$ zu der Funktion $y = |3x-2|-4$? Wie zur Funktion

$y = -2 \cdot |2x+1|$?

2.5 Was haben alle linearen Funktionen mit der Gleichung $f(x) = 1+m(x+3)$ gemeinsam?

2.6 (a) Denken Sie sich irgendein Beispiel einer Funktion aus, die eine der drei Eigenschaften (V), (S) oder (Q) erfüllt. Prüfen Sie nach, ob diese Funktion auch die beiden anderen Eigenschaften hat.

(b) Erfüllt Ihre Funktion auch die Eigenschaften (A), (M) und (DQ)?

(c) Jetzt denken Sie sich eine Funktion aus, die eine der Eigenschaften (A), (M) oder (DQ) hat. Erfüllt diese Funktion auch die beiden anderen Eigenschaften?

(d) Erfüllt die in (c) ausgedachte Funktion die Eigenschaften (V), (S) und (DQ)?

(e) Falls Sie die letzte Frage mit Ja beantwortet haben, können Sie ein Beispiel einer Funktion finden, die (A), (M) und (DQ) erfüllt, nicht aber (V), (S) und (Q)?

2.7 Beweisen Sie die Aussagen (V), (S), (Q), (A), (M) und (DQ) über die Eigenschaften von proportionalen bzw. linearen Funktionen:

(a) (V), (S) und (Q) sind äquivalent

(b) (A), (M) und (DQ) sind äquivalent

(c) Erfüllt eine Funktion eine der Eigenschaft in (b), so erfüllt sie auch die Eigenschaften in (a).

2.8 **Textabsatz** Wenn Sie einen Textabschnitt mit einem Textverarbeitungssystem schreiben, dann lässt sich die Höhe des Textes durch Änderung der Textbreite (andere Faktoren wie Typengröße unverändert) variieren. Wenn Sie den Textblock schmaler machen, wird er länger; machen Sie den Block breiter, wird der Absatz kürzer. Aber wie hängt Höhe von Breite genauer ab?

Dazu könnten Sie irgendeinen Absatz in Ihrem Textverarbeitungsprogramm schreiben und dann messen. Oder Sie vertrauen einfach meinen Abmessungen, die ich am ersten Abschnitt aus Don Quijote von Cervantes (auf Spanisch) vorgenommen habe. Die Daten befinden sich in der Datei **Textabsatz** und bestehen aus sechs Messungen der Variablen **Höhe** und **Breite**.

Wie man sieht, ist die Höhe groß, wenn die Breite klein ist und umgekehrt.

(a) Erstellen Sie ein Streudiagramm von Höhe als Funktion von Breite.

(b) Ziehen Sie einen Schieberegler auf das Arbeitsblatt, dem Sie den Namen k geben und plotten Sie Höhe=k/Breite.

(c) Was ist ein brauchbarer Wert für k? Finden Sie ein k mittels Regler. Hätte man ein brauchbares k auch mittels der beobachteten Daten bestimmen können? Erklären Sie!

(d) Welche Bedeutung hat der Parameter k?

(e) Hätten wir doppelt soviel Text, wie würde sich das auf den Parameter k auswirken?

(f) Die Funktion $y = 1/x$ „explodiert" wenn sich x der 0 nähert. Geschieht das auch mit unserem Modell hier? Ist dies sinnvoll im Kontext unserer Problemstellung?

(g) Passen Sie einen anderen Funktionstypen an die Daten an:

$$\text{Höhe} = A \cdot r^{\text{Breite}}.$$

Führen Sie dazu zwei Regler für A und r ein.

(h) Vergleichen Sie beide Typen von Funktionsanpassungen miteinander.

2.9 Hookesches Gesetz

Wenn wir an einer Feder ziehen, dann schnallt sie zurück. Tatsächlich besteht innerhalb eines bestimmten Bereichs eine direkte Proportionalität zwischen dem Ausschlag einer Feder und der Kraft, mit der an der Feder gezogen wird. Man notiert dies in der Physik als $F = -k\Delta x$ und bezeichnet es entsprechend seinem Entdecker Robert Hooke (1635–1703) als Hookesches Gesetz. In der Formel ist F die Kraft und Δx der Betrag für den Wert, um den die Feder ausgedehnt wurde. Das Minuszeichen wird gesetzt, weil die Kraft in der dem Ziehen entgegengesetzten Richtung wirkt. Der Parameter k ist eine Proportionalitätskonstante, die Federkonstante. Diese Zahl wird bei unterschiedlichen Federn unterschiedlich sein. Eine Möglichkeit, eine Feder genauer zu untersuchen und ihre Federkonstante herauszufinden, besteht darin, die Feder vertikal aufzuhängen und verschiedene Gewichte dranzuhängen. Je größer das Gewicht, desto länger die Feder. Die Daten zu diesem Experiment bestehen aus 10 Messungen der Variablen **Länge der Feder** und **Masse** und befinden sich in der Datei **Hooke**.

(a) Erstellen Sie ein Streudiagramm der Daten. Erklären Sie die Bedeutung der Steigung und des y-Achsenabschnitts der Geraden, die sich den Daten möglichst gut anpasst.

(b) Wie lang wäre die Feder, wenn Sie ein Gewicht von 2 kg daran hängen würden?

(c) Wie viel Masse hängt an der Feder, wenn sie sich auf eine Länge von 68 cm dehnt?

(d) Wie lang ist die Feder – gemäß Ihrer Formel – wenn gar kein Gewicht an der Feder hängt?

(e) Das Δx in der Formel ist der Betrag der Auslenkung der Feder. Aber Ihre Variable **Länge der Feder** misst nicht die Auslenkung, sondern die Gesamtlänge der Feder. Wie kann man die Auslenkung der Feder aus der Federlänge berechnen? Definieren Sie eine neue Variable **Auslenkung** und erstellen Sie ein Streudiagramm von Auslenkung versus Masse.

(f) Weisen die Daten auf eine direkte Proportionalität zwischen Auslenkung und Masse anstatt auf eine lineare Beziehung mit von Null verschiedenem y-Achsenabschnitt hin? Warum sollten sie? Falls sie es nicht tun, können Sie erklären warum?

(g) Wenn Sie eine härtere Feder hätten, wäre der Parameter k (die „Federkonstante") dann größer oder kleiner?

(h) Es sollte ein Datenpunkt dabei sein, der nicht auf die Gerade passt. Können Sie eine Erklärung dafür finden?

(i) Bei jeder Feder gelten die Formeln und die Gleichung („das Modell") nur für einen bestimmten Bereich von Werten. Was glauben Sie, ist dieser Bereich für die Feder, für die die obigen Daten gemessen wurden? Was könnte man tun, um mehr über den Geltungsbereich der Formel herauszufinden?

2.10 Kreise und Kreissehnen

(a) Zeichnen Sie mit dem Zirkel einen Kreis mit Radius von ca 6 bis 8 cm. Markieren Sie einen beliebigen Punkt P im Inneren des Kreises (Nicht den Mittelpunkt, auch nicht einen Punkt, der zu sehr am Rande liegt).

(b) Zeichnen Sie jetzt mehrere Kreissehnen ein, die alle durch den Punkt P gehen. Der Punkt P teilt die Sehne in zwei Teile. Messen Sie diese beiden Teilen mit dem Lineal nach. Nennen Sie die eine Strecke von P zum Rand des Kreises x und die andere y. Führen Sie Messungen für mindestens 5 Sehnen durch. In welcher Beziehung stehen x und y? Finden Sie ein funktionales Modell, das zu ihren Daten passt.

(c) Schauen Sie jetzt in einem geeigneten Geometriebuch nach und suchen Sie die „normative" Lösung. Welche Rolle spielt der Abstand von P zum Kreismittelpunkt?

2.3.3 Polynome und Potenzfunktionen

Nach den linearen Funktionen sind die nächst einfacheren Funktionen Polynome.

Definition 3 Unter einem **Polynom** versteht man eine Funktion der Form

$$f(x) = a_0 + a_1 x + ... + a_k x^k,$$

wobei k eine fest vorgegebene natürliche Zahl ist und **Grad des Polynoms** heißt. Die Parameter $a_0,..., a_k \in \mathbb{R}$ heißen **Polynomkoeffizienten**.

Spezielle Fälle sind

- $k = 0$: Dann ist $f(x) \equiv a_0$ eine konstante Funktion, ein Polynom vom Grade 0.
- $k = 1$: Dann ist $f(a) = a_0 + a_1 x$ eine lineare Funktion mit Steigung a_1 und y-Achsenabschnitt a_0.
- $k = 2$ führt auf eine quadratische Funktion

$$f(x) = a_0 + a_1 x + a_2 x^2 = a_2 \left(x + \frac{a_1}{2a_2} \right)^2 + a_0 - \frac{a_1^2}{4a_2}$$

mit Scheitelpunkt $S\left(-\dfrac{a_1}{2a_2}\,\middle|\,a_0 - \dfrac{a_1^2}{4a_2}\right)$.

Eine alternative Darstellung quadratischer Funktionen, die Nullstellen besitzen, beruht auf dem Satz von Vieta. Bezeichne x_1, x_2 die beiden Nullstellen, so lässt sich die quadratische Funktion schreiben als

$$f(x) = a_2(x - x_1)(x - x_2).$$

Durch Ausmultiplizieren erhält man sofort den folgenden Zusammenhang zwischen den Nullstellen eines Polynoms und seinen Koeffizienten

$$a_0 = a_2 \cdot x_1 \cdot x_2, \quad a_1 = -a_2(x_1 + x_2).$$

- $k = 3$ führt auf ein kubisches Polynom $f(x) = a_0 + a_1 x + a_2 x^2 + a_3 x^3$.

Abb. 2.11 zeigt den Graphen eines Polynoms 3. und 9. Grades. Einige wichtige Eigenschaften von Polynomen sind:

- Ein vom Nullpolynom ($f(x) \equiv 0$) verschiedenes Polynom k-ten Grades hat höchstens $r \leq k$ reelle Nullstellen x_i mit $f(x_i) = 0, i = 1, ..., r$.
- Jedes Polynom k-ten Grades kann man darstellen als Produkt von linearen und quadratischen Termen, wobei die quadratischen Terme keine reellen Nullstellen besitzen:

$$\begin{aligned} f(x) &= a_0 + a_1 x + ... + a_k x^k \\ &= a_k(x - x_1) \cdot ... \cdot (x - x_r)(x^2 + u_1 x + v_1) \cdot ... \cdot (x^2 + u_s x + v_s). \end{aligned}$$

In dieser Darstellung ist $k = r + 2s$ und die quadratischen Terme können nicht mehr weiter als Produkt reeller Linearfaktoren dargestellt werden.

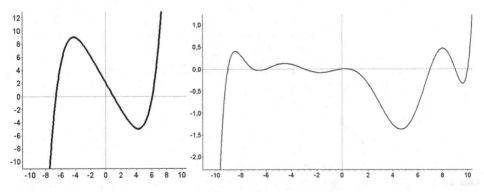

Abb. 2.11 Graph eines Polynoms dritten Grades (links) bzw. neunten Grades (rechts)

- Ein Polynom k-ten Grades hat höchstens $k - 1$ lokale Extrema (Minima oder Maxima), d. h. Stellen x_E, für die gilt $f(x) \leq f(x_E)$ (lokales Maximum) für alle x, die nah genug an x_E liegen bzw. $f(x) \geq f(x_E)$ (entsprechend für lokales Minimum).
- Gegeben seien $k + 1$ Punkte $(x_1, y_1), ..., (x_{k+1}, y_{k+1})$, wobei die ersten Komponenten alle paarweise verschieden sind, d. h. $x_i \neq x_j$ für $i \neq j$. Dann existiert ein Polynom f vom Grad höchstens k, das die gegebenen Punkte interpoliert, d. h. $y_i = f(x_i), i = 1, ..., k$. Dieses Polynom heißt das **Interpolationspolynom**.

Definition 4 Eine Funktion der Form $f(x) = ax^p, p \in \mathbb{R}$ heißt **Potenzfunktion**.

Abb. 2.12 zeigt den Graphen mehrerer Potenzfunktionen. Spezielle Potenzfunktionen erhält man für eine spezielle Wahl von p:

- $p \in \mathbb{N}$: Dann ist f ein spezielles Polynom, nämlich ein Polynom, das nur aus dem Term mit dem höchsten Exponenten besteht.
- Ist $p = -1$, so ist f eine Antiproportionalität.
- Ist $p = \dfrac{1}{2}$, dann ist f die Wurzelfunktion $f(x) = a\sqrt{x}$.
- Ist etwas allgemeiner $p = \dfrac{r}{m}, r, m \in \mathbb{N}$, so ist $f(x) = a\sqrt[m]{x^r}$.

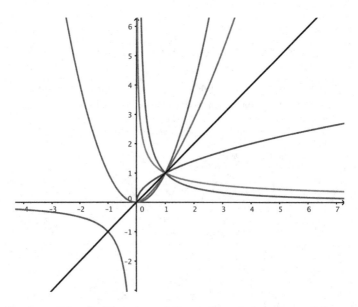

Abb. 2.12 Graph von Potenzfunktionen $y = x^p$ für $p = 2; p = 1,5; p = 1; p = 0,5; p = -0,5; p = -1$
@ GeoGebra

Beispiel 2.6 Schriftgröße und Textlänge

Wenn man einen festen Textabschnitt in einem Textverarbeitungssystem schreibt, dann kann man die Länge des Textes beeinflussen, indem man unterschiedliche Schriftgrößen verwendet. Das ist Ihnen längst bekannt, wenn Sie mal versucht haben, ein Referat auf eine bestimmte Seitenlänge hinzubringen! Aber um wie viel ändert sich die Textlänge bei Vergrößerung der Schriftgröße? Eine klitzekleine Schriftgröße lässt den Text sehr kurz erscheinen, bei großer Schriftgröße wird der Text viel länger. Wir haben einen Text genommen (wiederum den ersten Abschnitt aus Don Quijote von Cervantes auf Spanisch) und haben die Schriftgröße (pt) variiert. Die Variablen sind **Schriftgröße** und **Textlänge** und die 7 Datenpunkte befinden sich in der Datei **Textlänge**.

Abb. 2.13 zeigt ein Streudiagramm der Daten, in das nach Augenmaß sowohl eine Gerade $y = 1,483x - 8,8$ wie auch eine quadratische Funktion $y = 0,056x^2$ eingepasst wurde. Man sieht sofort, dass die Gerade kein angemessenes Modell liefert, da die Daten ein gewisse Krümmung aufweisen. Aber auch die Parabel resultiert in keiner exakten Passung, da es auch bei einer Parabel zu (sehr kleinen) Abweichungen zwischen Daten und Funktion kommt. Eine quadratische Funktion als passendes Modell kann hier durch Überlegungen des Kontextes, d. h. strukturorientiert, deduziert werden. Denn offensichtlich wächst mit ansteigender Schriftgröße nicht nur die Breite sondern auch die Höhe der Buchstaben und somit nimmt mit linear wachsender Skalierung die von den Buchstaben eingenommene Fläche quadratisch zu. Dies liefert eine plausible Begründung für die Eignung des quadratischen Modells, das dann anhand der vorliegenden Daten geprüft werden kann. Da auch Zeilenumbrüche auftreten, wird auch eine Parabel nicht zu einem perfekten Fit führen.

Abb. 2.13 Textlänge in Abhängigkeit der Schriftgröße mit eingepasster Gerade und Parabel; im Residuendiagramm sind die Residuen bezüglich der Geraden als Punkte, die Residuen bezüglich der Parabel als Rauten eingezeichnet
@ GeoGebra

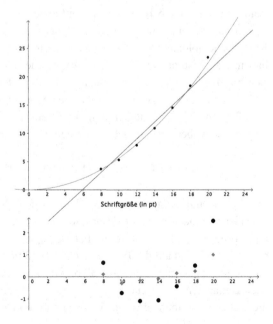

Dieses elementare Beispiel eignet sich, um die Rolle von Residuen im Modellbildungsprozess zu thematisieren. Während im Residuendiagramm einer eingepassten Geraden deutlich eine parabelförmige Struktur zu erkennen ist (siehe die runden Punkte im Resieduendiagramm von Abb. 2.13), erscheinen bei eingepasster quadratischer Funktion die Residuen unstrukturiert.

Das Vorhandensein von Residuen, selbst im Fall der Einpassung einer quadratischen Funktion, provoziert ein Nachdenken über den Zweck von mathematischen Modellen, die ja aus einem bestimmten Erkenntnisinteresse heraus gebildet werden und in der Regel eine gewisse Allgemeingültigkeit beanspruchen, indem z. B. über die speziellen Besonderheiten eines Einzelfalles hinaus Einsichten über den beobachteten Sachzusammenhang angestrebt werden. Im vorliegenden Fall von Beispiel 2.7 sind kleinere Abweichungen leicht erklärt durch die Tatsache, dass sich der Zeilenumbruch je nach Zusammensetzung des konkret vorliegenden Textes bei verschiedenen Schriftgrößen ändert. Gilt das Erkenntnisinteresse allgemein dem Zusammenhang zwischen Typengröße und Textlänge und ist der vorliegende Text nur *ein* Beispiel unter vielen möglichen Texten, so wird das quadratische Modell keineswegs ungültig. Die offensichtliche Erklärung über das Zustandekommen der beobachteten Diskrepanzen im konkret vorliegenden Text kann vielmehr als Bekräftigung der Angemessenheit des Modells angesehen werden.

Beispiel 2.7 Babyboom in Kanada
Im wirklichen Leben – und somit im Gegensatz zu den konstruierten Aufgaben mancher Mathematiklehrbücher – wird die Entwicklung einer menschlichen Population nur selten mittels einer Parabel angenähert. Gelegentlich führen jedoch die zugrunde liegenden Umstände zu Trends in der Bevölkerungsentwicklung, die zumindest über einen festen Zeitraum einen parabelförmigen Verlauf haben.

Der so genannte „Baby-Boom" erfolgte in Nordamerika direkt nach dem 2. Weltkrieg. Kanadische Soldaten, die aus dem Krieg heimkehrten, heirateten und begannen, Kinder zu haben. Das Resultat war ein starker Anstieg der Geburtenzahlen in Kanada bis etwa zum Jahr 1960, gefolgt von einer Abnahme der Geburten nach 1960. Die Daten der Geburten in Kanada zwischen 1950 und 1968, verfügbar in der Datei **KanadaGeburten**, sind in Abb. 2.14 in einem Streudiagramm dargestellt. In das Streudiagramm wurde eine Parabel eingepasst, wobei die Parameter per Augenmaß über einen Schieberegler gewählt wurden:

$$\text{Geburten} = -1465(\text{Jahr} - 1959, 5)^2 + 480000.$$

Das Residuendiagramm zeigt vor allem an den „Rändern" noch einige Abweichungen. Dazu ist anzumerken, dass jedes Modell immer nur eine begrenzte Gültigkeit hat. Bei den hier vorliegenden Daten wäre die Parabelanpassung noch deutlich besser gewesen, hätte man sich lediglich auf die Jahre zwischen 1952 und 1964 beschränkt. Hinzu kommt, dass die Parabelanpassung in diesem Fall rein deskriptiven Charakter hat, d. h. wir „entdecken" nach Betrachten des Streudiagramms, dass eine Parabel ein geeignetes Modell bildet, um die Daten zusammenzufassen. Außer der vagen Charakterisierung von zurückkehrenden

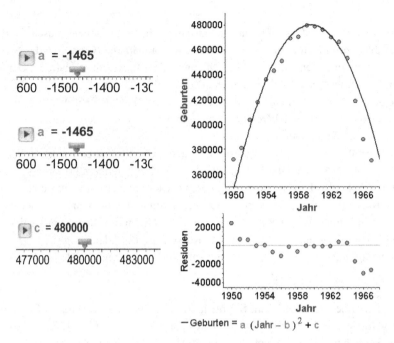

Abb. 2.14 Geburten in Kanada zwischen 1950 und 1968 mit eingepasster Parabel und Residuenplot

Kriegsteilnehmern gibt es hier – etwa im Gegensatz zur Modellierung von den Gesetzen der Mechanik folgenden Flugbahnen – allerdings kaum theoretische Gründe, warum die Geburtenzahlen einer parabelförmigen Gesetzmäßigkeit folgen sollten.

Projekt 2 Planeten

Welcher Zusammenhang besteht zwischen der Umlaufzeit um die Sonne und dem mittleren Abstand zur Sonne der Planeten unseres Sonnensystems?

1. Öffnen Sie die Datei **Planeten**. Die Datei enthält für jeden der neun Planeten unseres Sonnensystems Informationen über den Radius (**R**), die Umlaufzeit um die Sonne (Variable **Jahr**) sowie den mittleren Abstand zur Sonne (**AbstandSonne**). Die Angaben sind bezogen auf die Erde normiert, d.h. die Umlaufzeit ist in Erdjahren angegeben und der Abstand zur Sonne in Vielfachen zum Abstand Erde-Sonne.
2. Erstellen Sie ein Streudiagramm von **Jahr** (auf der vertikalen Achse) versus **AbstandSonne** (horizontale Achse).

3. Das Ziel ist es, den funktionalen Zusammenhang zwischen diesen beiden
   Variablen zu modellieren. Legen Sie nach Augenmaß eine Gerade in das Streudiagramm. Erstellen Sie ein Residuendiagramm. Offensichtlich ist eine Gerade
   keine angemessene Modellierung. Die Daten weisen eine Krümmung auf. Passen
   Sie daher nach Augenmaß eine Parabel $y = ax^2$ an die Daten an. Am Besten führen Sie dazu einen Schieberegler für a ein und suchen Sie nach einem passenden
   Wert für den Parameter a.
4. Welchen Wert Sie für a auch einstellen, auch diesmal erhalten Sie keine befrie-
   digende Anpassung an die Daten. War die Gerade zu wenig gekrümmt, so weist
   die Parabel zu viel Krümmung auf. Diese Feststellung veranlasst uns eine geeignete Kurve zu suchen, die zwischen Gerader und Parabel liegt, also von der Form
   $y = x^b$ mit einer geeignete Zahl $1 < b < 2$. Definieren Sie einen Regler für
   den Parameter b und zeichnen Sie die Kurven mit der Gleichung $y = x^b$ in das
   Streudiagramm. Ziehen Sie jetzt ein wenig am Regler, und Sie stellen fest, dass
   ....

Herzlichen Glückwunsch! Wenn Sie bis hierhin gekommen sind, haben Sie etwas
herausgefunden, wozu es früher eines Genies wie Johannes Kepler (1571–1630) be-
durfte. Sie haben das dritte Keplersche Gesetz nach-entdeckt. Aber früher gab es
halt auch keine dynamisch interaktive Software.

Beispiel 2.8 Sechskant-Schraube
Die Datei **Sechskant** enthält Daten über 8 Stahl-Sechskantmuttern, die Tim Erickson in
der örtlichen Eisenwarenhandlung in Oakland (Kalifornien) gekauft hat. Wir haben Daten
über Größe und Gewicht. Zur Erklärung: **Breite** ist der Abstand in cm zwischen zwei
gegenüberliegenden flachen Seiten, den Tim Erickson mit einem genialen Mikrometer von
Ebay (siehe Abb. 2.15) gemessen hat. Die Dicke der Mutter, gemessen in cm, ist **Dicke**
und **Masse** ist das Gewicht in Gramm. Die Angabe **Größe** ist der Durchmesser der dazu
passenden Schraube (in Zoll).

Abb. 2.15 Mikrometer zum
Messen der Sechskantschrauben

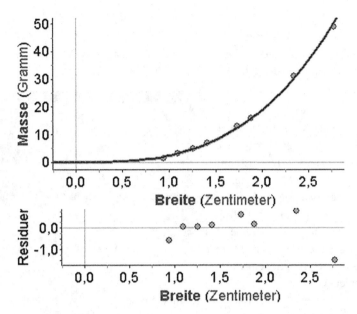

Abb. 2.16 Streudiagramm der Sechskant-Daten mit eingepasster kubischer Funktion $y = 2,357x^3$ (oben); Residuendiagramm (unten)

Abb. 2.16 zeigt ein Streudiagramm von Masse versus Breite mitsamt eingepasster kubischer Funktion. In diesem Beispiel muss man geometrisch denken. Nehmen wir mal an, dass die Muttern alle einander ähnlich sind. Dann wird das Volumen der Mutter um das Achtfache wachsen, wenn wir die Größe der Mutter verdoppeln. Das Volumen wächst also kubisch mit der Größe. Da Masse das Produkt aus Dichte und Volumen ist, wird auch die Masse kubisch mit der Größe wachsen. Diese Überlegungen führen auf das Modell

$$\text{Masse} = k\text{Breite}^3,$$

wobei k ein Parameter ist, der die Dichte und spezielle Form der Mutter einbezieht. Eine per Schieberegler durchgeführte Anpassung führt zu der in Abb. 2.16 dargestellten kubischen Funktion der Form

$$\text{Masse} = 2,357\text{g/cm}^3\text{Breite}^3.$$

Eine Betrachtung des Residuendiagramms lässt keine nennenswerten Zweifel an der Wahl dieser kubischen Funktion als Modell aufkommen.

Projekt 3 Die optimale Eistüte

In diesem Projekt konstruieren Sie einen Kegel, nehmen einige Messungen vor und bestimmen die funktionale Abhängigkeit zwischen den Größen.

Zeichnen Sie mit einem Zirkel einen Kreis mit Radius $r = 8$cm. Sie können einen Kegel (ohne Deckel bzw. Grundfläche) herstellen, indem Sie einen Kreissektor (Kreisausschnitt) nehmen und die Enden geeignet verbinden. Wiederholen Sie die Konstruktion und basteln Sie ca 8 bis 10 Kegel, die sich nur in der Größe des Winkels des Kreissektors (nicht aber im Radius des ursprünglichen Kreises) unterscheiden.

Für jeden Winkel des Kreissektors erhalten Sie auf diese Weise einen anderen Kegel. Hier geht es um die Frage:

- Wie hängt das Volumen des Kegels vom Winkel des Kreissektors ab?
- Für welchen Winkel erhalten wir einen Kegel mit optimalem Volumen?

Aufgaben:

1. Stellen Sie mehrere Kegel (etwa 5 bis 10) mit unterschiedlichen Winkeln her. Messen Sie das jeweilige Volumen, indem Sie die Kegel füllen, z. B. mit Sand oder Reis, den sie anschließend wiegen.
2. Plotten Sie die Daten in einem Streudiagramm.
3. Suchen Sie nach einer geeigneten Modellfunktion, und passen Sie gegebenenfalls geeignete Parameter an.
4. Welche Rolle spielt der Radius des Kreissektors?
5. Für welchen Winkel im Kreisausschnitt erhalten Sie einen Kegel mit maximalem Volumen?
6. Gehen Sie jetzt analytisch vor.
   (a) Leiten Sie mit mathematischen Methoden eine Funktion $f(\alpha)$ her, die das Volumen in Abhängigkeit des Winkels α ausdrückt.
   (b) Plotten Sie diese Funktion, z. B. mit FATHOMS Funktionenplotter, und lesen Sie den optimalen Winkel (der zu einem maximalen Volumen des Kegels führt) am Graphen ab.
   (c) Zusatzfrage: Für welchen Wert α wird das Volumen maximal?

2.3.4 Umkehrfunktion

Die Rechenoperation der Addition kann durch Subtraktion rückgängig gemacht werden. Ebenso hebt eine Division eine vorangegangene Multiplikation wieder auf, und Wurzel-ziehen ist die Umkehroperation des Quadrierens. Ist es möglich die Zuordnung einer Funktion $x \mapsto y = f(x)$ durch eine andere Funktion $y \mapsto x = g(y)$ für jedes y aus dem Wert-bereich umzukehren, so nennt man g die Umkehrfunktion von f und notiert $g = f^{-1}$. Damit eine Umkehrfunktion überhaupt existiert, muss die Funktion f bijektiv sein. Ist f „nur" injektiv so lässt sich Bijektvität durch geeignete Einschränkung des Definitionsbereichs von f herstellen.

Definition 5 Gegeben sei ein bijektive Funktion f, die jedem Element des Definitions-bereich $D \subset \mathbb{R}$ ein Element y des Wertebereichs W zuordnet. Dann heißt die Funktion $g : W \to D$ mit $g(f(x)) = x$ und $f(g(y)) = y$ für alle $x \in D, y \in W$ die Umkehrfunktion von f. Die Umkehrfunktion wird mit f^{-1} notiert.

Beispiel 2.9

1. Die Umkehrfunktion zu $f(x) = x^2, x \geq 0$ ist $g(x) = f^{-1}(x) = \sqrt{x}$.
2. $f(x) = \frac{3}{x}$ hat als Umkehrfunktion $g(x) = f^{-1}(x) = \frac{3}{x}$. Für antiproportionale Funktionen stimmen Funktion und Umkehrfunktion überein!

Gebeben sei eine Funktion $y = f(x)$. Auf algebraischem Wege kann die Umkehrfunk-tion einer Funktion wie folgt erlangt werden: Man vertauscht x und y und löst dann die Gleichung $x = f(y)$ nach y auf.

Beispiel 2.10 Um die die Umkehrfunktion zu $y = f(x) = 3x - 7$ zu erhalten, setzt man an

$$x = 3y - 7$$

was aufgelöst nach y ergibt

$$y = f^{-1}(x) = \frac{x}{3} + \frac{7}{3}.$$

Den Graph der Umkehrfunktion erhält man indem man den Graphen der ursprünglichen Funktion an der 1. Winkelhalbierenden spiegelt. Abb. 2.17 zeigt drei Beispiee

Weitere Aufgaben zu Kap. 2:

2.11 Achterbahn
In dieser Aufgabe geht es um die (Fall-)Höhe und Höchstgeschwindigkeiten für eine

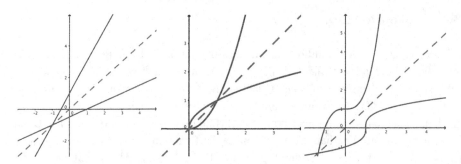

Abb. 2.17 Funktion und Umkehrfunktion zu $f(x) = 2x + 1$ (links), $f(x) = x^2, x > 0$ (Mitte) und $f(x) = x^3 + 1$ (rechts) mit Winkelhalbierender als Symmetrieachse @ GeoGebra

Anzahl von Achterbahnen. Das Energieerhaltungsprinzip aus der Physik, besagt dass (unter Vernachlässigung von Reibungseffekten) potenzielle und kinetische Energie gleich sein müssen, d. h. $mgh = \frac{1}{2}mv^2$, wobei m die Masse, h die Fallhöhe und v die Endgeschwindigkeit bezeichnen, während die Konstante g die Beschleunigung, gewöhnlich in der Einheit m/sek^2 gemessen, bezeichnet. Die Daten bestehen aus Informationen über **Name**, **Ort**, **Höhe** des höchsten Punktes über dem Erdboden sowie erreichte maximale **Geschwindigkeit** von 13 Achterbahnen. Sie befinden sich in der Datei **Achterbahn** sowie in Kap. 7.

(a) Erstellen Sie ein Streudiagramm von Geschwindigkeit als Funktion von Höhe. Führen Sie einen Schieberegler für g ein, und suchen Sie nach einer passenden Funktion, die sich möglichst gut den Daten anpasst.[2] Was ist Ihr bester Wert für g?

(b) Wenn eine Achterbahn hohe Reibungsverluste beim Umwandeln von potenzieller in kinetische Energie hat, wird dann ihr Punkt über oder wird er unter Ihrer Kurve liegen?

(c) Der orthodoxe Wert für g ist $g = 9,81$ m/sek^2. Welchen Prozentsatz an Energie verliert eine typische Achterbahn an Reibung, wenn durch den Fall potenzielle Energie in kinetische Energie umgewandelt wird?

(d) Eine Achterbahn, Expedition GeForce im Holiday Park in Haßloch, scheint unten mehr kinetische Energie als potenzielle Energie auf dem höchsten Punkt zu haben. Wie kann das sein?

2.12 Pendel

Wie schnell schlägt ein Pendel? Wie schnell geht es vor und zurück? Es ist die Periode oder Frequenz, die uns hier interessiert. Ein „schnelles" Pendel hat eine hohe Frequenz, eine kurze Periode. Wie lange ist die Periode eines Pendels? Das kann von

---

[2]Falls Sie mit FATHOM arbeiten: Geben Sie dem Schieberegler die Einheit m/sek^2. Die Umrechnung der Einheiten der Geschwindigkeit von m/sek in km/h nimmt FATHOM automatisch vor.

Lange Autofahrten

Britischer Mathematiker findet Kinderquengel-Formel

Von Antje Blinda

Spiele, Hörbuch, Plüschtiere - nichts hilft auf Autofahrten. Unabwendbar ertönt es irgendwann von der Rückbank: "Wann sind wir endlich da?" Ein britischer Mathematiker und dreifacher Familienvater hat eine Quengel-Formel ersonnen.

"Mami, mir ist schlecht", "Mir ist langweilig" und: "Wann sind wir endlich da?" - der Chor im Fond kennt auf langen Autofahrten wenige Variationen und kein Erbarmen. Zwar können Eltern ihre Sprösslinge mit diversen Tricks ablenken, doch deren Unterhaltungswert nutzt sich viel zu schnell ab. Die Frage ist wann. Dwight Barkley, Professor für Mathematik an der Warwick-Universität, hat eine Gleichung kreiert, mit der der Zeitpunkt errechnet werden kann, an dem genau diese Frage ertönt: "Sind wir schon da?".

$$T = t_0 + \frac{1 + \beta A}{\alpha C^2}$$

Quengel-Formel:
"Mathematik kann viele Fragen des täglichen Lebens beantworten"

Drei Faktoren seien bestimmend. Erstens: die Anzahl der Aktivitätsangebote an Bord ("A"). Wenn keine Spiele, Hörbücher oder Ähnliches im Auto sind, dann kommt die Quengelfrage schon, bevor die Zündung gestartet wurde, sagte Barkley zum britischen Nachrichtensender BBC. Der zweite Faktor: der Zeitpunkt, an dem die Familie das Haus verlassen hat ("t⁰"). Und drittens: die Anzahl der Kinder im Auto ("C"). Nimmt man C zum Quadrat, dann schafft die Formel eine Annäherung an die Anzahl der Querelen zwischen den Kindern. Eltern sei das Phänomen bekannt, schreibt Barkley auf seiner Homepage: Sitzen drei statt zwei Kinder auf der Rückbank, vervielfacht das die Streitereien um mehr als das Doppelte. Und Barkley muss es wissen - er ist Vater zweier Töchter und eines Sohnes.

Abb. 2.18 Aus: Spiegel Online, 26. Juli 2006

verschiedenen Dingen abhängen. Das Offensichtlichste ist die Länge des Fadens, die Masse des Gewichtes und die Höhe, aus der man es pendeln lässt. Interessanterweise kommt der Haupteffekt von der Länge alleine. Die Datei **Pendel** beinhaltet die Daten von 13 Messungen, wobei die Fadenlänge jeweils variiert und die Dauer von zehn Perioden gemessen wurde.

(a) Erstellen Sie ein Streudiagramm der Daten. Welche Variable kommt auf die horizontale Achse? Warum?

(b) Definieren Sie eine neue Variable **Frequenz**=1/Periode. **Frequenz** gibt an, wie viele Schwingungen pro Sekunde stattfinden. Wie hängt die Frequenz von der Pendellänge ab? Erstellen Sie ein Streudiagramm und suchen Sie nach einer passenden Funktion.

2.13 Lesen Sie folgende Notiz aus einem Aufsatz aus *Spiegel Online* vom 26. Juli 2006. (siehe Abb. 2.18)

(a) Was sind die Variablen in der Formel, was die Parameter?

(b) Welche Bedeutung haben die Parameter?

(c) Wie müsste man eine Datenerhebung anlegen, um die Gültigkeit dieser Formel empirisch zu prüfen?

2.14 Bestimmen Sie die Umkehrfunktion zu (i) $f(x) = 5x - 3$,   (ii) $f(x) = \frac{5}{x}$,   (iii) $f(x) = x^3 - 9x^2 + 27x - 25$

2.15 Sprungfeder

Eine Sprungfeder kann auch als ein Kinderspielzeug, im Englischen *Slinky* genannt, verwendet werden. Wenn man eine Sprungfeder irgendwo in der Mitte greift, dann hängen die Enden nach unten. Um wie viel hängt die Feder nach unten? Das hängt neben der spezifischen Beschaffenheit der vorliegenden Feder von der Anzahl der Umwindungen ab bzw. der Stelle, an der man die Feder anfasst.

Die Physik in dieser Situation ist recht kompliziert, aber es lässt sich relativ leicht ein mathematisches Modell herleiten, das die funktionale Abhängigkeit zwischen der Zahl der herunterhängenden Umwindungen und der Länge des herunterhängenden Teils der Sprungfeder ziemlich gut beschreibt. Die Daten in der Datei **Sprungfeder** bestehen aus 15 Messungen der Variablen **Umwindungen** (Anzahl der Umwindungen, ab der die Feder frei hängt) und **Länge** (Länge in cm des herabhängenden Teils der Feder).

(a) Stellen Sie die Daten in einem Koordinatensystem dar und suchen Sie nach einer einparametrigen Funktion, die die Daten möglichst gut approximiert.

(b) Angenommen, Sie wollen eine hängende Feder, die drei Meter lang ist. Wie viele Umwindungen braucht die Feder?

(c) Angenommen, Sie haben eine steifere, kräftigere Feder. Wäre ihr Parameter größer oder kleiner als der Parameter, den Sie gerade gefunden haben? Erklären Sie!

(d) Sie möchten Ihr Modell verbessern, indem Sie noch einen oder zwei weitere Parameter hinzunehmen. Begründen Sie die Wahl Ihrer Parameter. Welchen Effekt haben die weiteren Parameter auf das Modell und die Güte der Anpassung?

(e) Wo liegen die Grenzen dieses Modells?

2.16 Der Sprung von der Schanze

Einem Skispringer ist bekannt, dass ihm bei seinem Sprung eine Weite von 120 Metern gelang. Der Schanzentisch liegt auf einer Höhe von 42 Metern über der Landepiste. Seinen höchsten Punkt erreichte er 35 Meter hinter dem Schanzentisch. Sportler analysieren ihre Sprünge nach einem Wettkampf, um anschließend eine Fehlerkorrektur vornehmen zu können.

(a) Analysieren Sie den Sprung des Skispringers, indem Sie eine Funktion herleiten, die den Flug des Skispringers modelliert. Wie groß ist gemäß diesem Modell der Absprungwinkel?

(b) Berechnen Sie den Absprungwinkel, bei dem der Skispringer bei unveränderter Absprunggeschwindigkeit eine maximale Sprungweite erzielt.

2.3.5 Exponential- und Logarithmusfunktionen

Bei Sparkonten wird in der Regel jeweils am Jahresende abgerechnet. Werden die Zinsen nicht abgehoben, so werden sie dem Konto gut geschrieben, sodass das Kapital K_0 bei einem Zinssatz von $p\%$ anwächst auf

$$K_1 = K_0 \cdot \left(1 + \frac{p}{100}\right).$$

Die Zinsen des Vorjahres werden weiter verzinst. Deshalb spricht man von Zinseszins. Nach n Jahren erhält man

$$K_n = K_0 \cdot \left(1 + \frac{p}{100}\right)^n.$$

Wie würde sich das Kapital K_0 entwickeln, wenn die Zinsen nicht jedes Jahr, sondern jedes halbe Jahr zum Kapital hinzu addiert würden? Also anstelle von $p\%$ pro Jahr jetzt $p/2\,\%$ pro Halbjahr:

Endkapital	nach 1/2 Jahr	$K_0(1 + p/2/100) = K_0(1 + p/200)$
	nach 1 Jahr	$K_0(1 + p/200)^2$
	nach n Jahren	$K_0(1 + p/200)^{2n}$

Entsprechend ergibt sich nach n Jahren, wenn die Zinsen schon alle $1/m$ Jahre hinzu addiert werden,

$$K_n = K_0 \left(1 + \frac{p}{100m}\right)^{m \cdot n}.$$

Beispiel 2.11 Auf welches Endkapital wachsen $1000\,€$ bei 5% Zinsen in 10 Jahren bei (a) jährlicher (b) monatlicher Verzinsung?

(a) $K_n = 1000 \cdot 1,05^{10} = 1628,89$
(b) $K_n = 1000(1 + 5/1200)^{120} = 1647,01$.

Was passiert, wenn nun die Zinsen in immer kleineren Zeitabständen zum Kapital hinzu addiert werden, d. h. wenn m immer größer wird? Wir setzen $\dfrac{p}{100m} = \dfrac{1}{r}$ oder $m = \dfrac{pr}{100}$. Daraus resultiert $K_n = K_0 \left(1 + \dfrac{1}{r}\right)^{\frac{pnr}{100}}$ bzw.

$$K_n = K_0 \left(\left(1 + \frac{1}{r}\right)^r\right)^{pn/100}.$$

Wenn m größer wird, so wächst auch r beständig. Wir berechnen $(1 + 1/r)^r$ für wachsendes r.

r	10	100	1000	10000	100000
$(1 + 1/r)^r$	2,5937	2,7048	2,7169	2,7181	2,7183

Man kann zeigen, dass

$$\left(1 + \frac{1}{r}\right)^r < \left(1 + \frac{1}{r+1}\right)^{r+1} \text{ und}$$

$$\left(1 + \frac{1}{r}\right)^r < 3 \text{ für alle } r \in \mathbb{N}.$$

Daraus folgt, dass der Ausdruck $a_r = (1 + 1/r)^r$ monoton wächst und nach oben beschränkt ist[3]. Das bedeutet aber, dass a_r für $r \to \infty$ gegen eine feste Zahl konvergiert. Der Grenzwert ist die **Eulersche Zahl** $e = 2,71828183\ldots$. Wir halten fest

$$\lim_{n\to\infty} \left(1 + \frac{1}{n}\right)^n = e = 2,71828183\ldots$$

Für das Endkapital bei stetiger Verzinsung ergibt sich somit

$$K_n = K \cdot e^{pn/100},$$

in obigem Beispiel $K_{10} = 1000 \cdot e^{0,5} = 1648,72 \,€$.

> *Warum wächst $a_r = (1 + 1/r)^r$ monoton?*
> Zum Beweis verwenden wir die Bernoulli-Ungleichung, die sich leicht mit vollständiger Induktion nachweisen lässt:
>
> $$(1 + a)^r \geq 1 + r \cdot a \text{ für alle } r \in \mathbb{N}, a \in \mathbb{R}.$$
>
> Setzt man $a = -1/r^2$ so ergibt sich mittels der 3. binomischen Formel und der Bernoulli-Ungleichung
>
> $$\left(1 - \frac{1}{r}\right)^r \cdot \left(1 + \frac{1}{r}\right)^r = \left(1 - \frac{1}{r^2}\right)^r > 1 - r \cdot \frac{1}{r^2} = 1 - \frac{1}{r},$$
>
> woraus sofort folgt, dass
>
> $$\left(1 + \frac{1}{r}\right)^r > \frac{1}{\left(1 - \frac{1}{r}\right)^{r-1}} = \left(\frac{r}{r-1}\right)^{r-1} = \left(1 + \frac{1}{r-1}\right)^{r-1},$$

[3]Dahinter steckt ein Satz der elementaren Analysis: Eine monotone Folge konvergiert genau dann, wenn sie beschränkt ist

was gerade besagt, dass $a_r \geq a_{r-1}$.

Warum ist $a_r < 3$? Dies folgt aus

$$a_r = \left(1 + \frac{1}{r}\right)^r = \sum_{k=0}^{r} \binom{r}{k} \left(\frac{1}{r}\right)^k = \sum_{k=0}^{r} \frac{1}{k!} \cdot \frac{r \cdot (r-1) \cdot \ldots \cdot (r-k+1)}{r^k}$$

$$= \sum_{k=0}^{r} \frac{1}{k!} 1 \cdot \left(1 - \frac{1}{r}\right) \cdot \left(1 - \frac{2}{r}\right) \cdot \ldots \cdot \left(1 - \frac{k-1}{r}\right)$$

$$< \sum_{k=0}^{r} \frac{1}{k!} = 1 + \sum_{k=1}^{r} \frac{1}{k!} < 1 + \sum_{k=0}^{\infty} \left(\frac{1}{2}\right)^k = 3.$$

Nun ist zwar stetige Verzinsung im Bankwesen nicht üblich, aber es gibt Wachstumsprozesse, die sich entsprechend verhalten. Betrachten wir z. B. den Holzbestand eines Waldes. Er nehme jährlich um $p\%$ zu. Dann wächst er nicht ruckartig zum 31. Dezember, sondern im halben Jahr etwa um $p/2\%$, in m-ten Teil eines Jahres ist er etwa um $p/m\%$ gewachsen, wobei m beliebig klein sein kann. Somit ist der Waldbestand nach einer Zeit t: $W_t = W_0 \cdot e^{pt}$. Man spricht hier von **freiem Wachstum**, weil wir in dieser Modellierung keine Einschränkungen durch begrenzte Ressourcen berücksichtigen wie etwa limitierte Verfügbarkeit von Nährstoffen oder Entfaltungsraum. Andere Beispiele für stetiges freies Wachstum sind etwa: die Anzahl der Bakterien in einer Petrischale, der radioaktiver Zerfall etc. Allerdings gilt obige Formel nur bei konstantem Prozentsatz von $p\%$, in der Realität ändert sich p aber oft mit der Zeit, d. h. $p = p(t)$, da Wachstumsressourcen in der Regel immer begrenzt sind. Wir kommen in Kap. 4 auf die Modellierung von Wachstumsvorgängen zurück.

Beispiel 2.12 Mooresches Gesetz

Gordon Moore war der Vorsitzende der Intel Corperation – der Hersteller der CPU Chips in vielen Microcomputern – als er beobachtete, dass die Anzahl von Transistoren, die sie auf einem Chip anbringen können, mit der Zeit exponentiell zunimmt. Dies hat sich im Verlauf der Jahre seit 1970 mehr oder weniger bewahrheitet. Die Daten – verfügbar in der Datei **Moore** – bestehen neben Namen und Herstellungsjahr des jeweiligen Chips aus Informationen über die Anzahl der Transistoren (**KTransistors** in Tausend).

Abb. 2.19 zeigt das Streudiagramm der Daten mitsamt eingepasster Exponentialfunktion $y = 1,42^x$. Es ist erstaunlich, dass die Daten relativ gut einer Exponentialfunktion folgen, handelt es sich bei der Entwicklung der Anzahl der Transistoren pro Computer

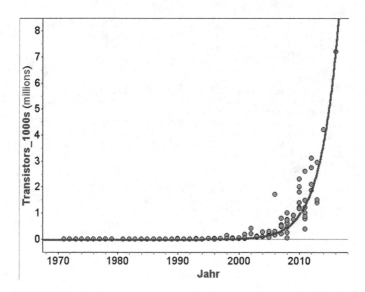

Abb. 2.19 Anzahl der Transistoren pro Computerchip versus Zeit; die Daten folgen erstaunlich genau einem exponentiellen Verlauf

Chip ja nicht um ein Naturgesetz, sondern um einen von Menschen produzierten technischen Fortschritt. Ebenso erstaunt, dass Gordon Moore dieses Gesetz schon in der Steinzeit des Computerzeitalters, nämlich 1965, formulierte.

Wie groß ist die Verdoppelungszeit in unserem Modell, d. h. wie lange dauert es (im Mittel) bis sich die Zahl der Transistoren verdoppelt? Bezeichnen wir die Verdoppelungszeit mit t_D, so ist folgende Gleichung zu lösen:

$$1,42^{x+t_D} = 2 \cdot (1,42^x),$$

d. h. $t_D = \ln(2)/\ln(1,42) \approx 1,98$. Nach unserem Modell verdoppelt sich die Anzahl der Transistoren ungefähr alle 1,98 Jahre.

Aufgabe: Schauen Sie im Internet unter „Moore's Law" nach. Warum ist die Anzahl der Transistoren auf einem Chip von Bedeutung für die Leistungsfähigkeit von Computern?

Wir erinnern an die Regeln für das Rechnen mit Potenzen. Für reelle Zahlen a, b, x, y mit $a, b > 0$ gilt

$$a^x \cdot b^x = (ab)^x \qquad a^x \cdot a^y = a^{x+y}$$

$$(a^x)^y = a^{x \cdot y} \qquad a^{-x} = \frac{1}{a^x}$$

$$b = a^x \text{ ist äquivalent mit} \qquad a = b^{1/x}$$

$$a^0 = 1 \qquad a^1 = a$$

Definition 6 Die Funktion $f(x) = a^x$ heißt **Exponentialfunktion.** Die Zahl $a > 0$ heißt **Basis**. Ist die Basis die Eulersche Zahl e, so notieren wir die Exponentialfunktion als $f(x) = \exp(x)$. Die Umkehrung der Exponentialfunktion heißt **Logarithmusfunktion** $y = \log_a(x)$, d. h.

$$y = a^x \text{ ist äquivalent zu } x = \log_a(y).$$

Der Logarithmus, der die Eulersche Zahl $e = 2,71\ldots$ zur Basis hat, wird als **natürlicher Logarithmus** bezeichnet und mit ln bezeichnet, d. h. $\ln x = \log_e x$.

Abb. 2.20 zeigt Exponentialfunktionen für verschiedene Werte von a. Alle Funktionen gehen durch den Punkt $(0 \mid 1)$. Ist $a > 1$, so ist die Funktion $y = a^x$ monoton steigend, für $0 < a < 1$ ist sie monoton fallend. Die Funktionen $y = a^x$ und $y = (1/a)^x$ gehen durch Spiegelung an der y-Achse auseinander hervor. Nimmt x um einen festen Betrag z zu, so nimmt der zugeordnete Wert um einen festen Faktor zu, unabhängig vom konkreten Wert x

$$a^{x+z} = q \cdot a^x \quad \text{für alle } x \in \mathbb{R} \text{ mit } q = a^z.$$

Abb. 2.21 zeigt Logarithmusfunktionen für verschiedene Basen. Alle Logarithmusfunktionen gehen durch den Punkt $(1 \mid 0)$. Ist $a > 1$, so sind die Logarithmusfunktionen $y = \log_a(x)$ monoton steigend, ist $0 < a < 1$ monoton fallend. Nimmt x um einen festen Faktor zu, so nimmt der zugeordnete Wert um einen festen Summanden zu:

$$\log_a(x \cdot z) = d + \log_a(x) \quad \text{für alle } x \in \mathbb{R} \text{ mit } d = \log_a(z).$$

Abb. 2.20 Graph mehrerer Exponentialfunktionen zu verschiedenen Basen

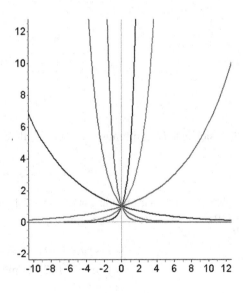

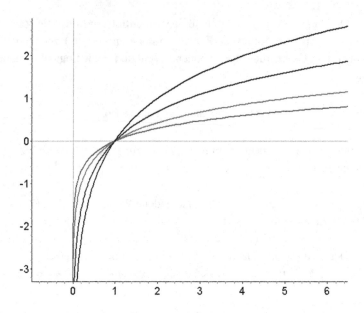

Abb. 2.21 Graph der Logarithmusfunktionen $y = log_a(x)$ zu den Basen $a = 2, e, 5, 10$

Für das Rechnen mit Logarithmen gelten folgende Regeln:

$$\log_a(x \cdot y) = \log_a(x) + \log_a(y) \qquad , \qquad \log_a(x^y) = y \cdot \log_a(x)$$

$$\log_a 1 = 0, \quad \log_a a = 1, \quad -\log_a x = \log_a \frac{1}{x}$$

Wegen $a = e^{\ln(a)}$ lässt sich jede Exponentialfunktion (mit beliebiger Basis) als Exponential-funktion mit Basis e ausdrücken

$$y = a^x = \left(e^{\ln a}\right)^x = e^{x \cdot \ln a}.$$

Wegen

$$\log_a b = \frac{\ln(b)}{\ln(a)}$$

lässt sich jede Logarithmusfunktion mithilfe des natürlichen Logarithmus ausdrücken:

$$y = \log_a x = \frac{\ln x}{\ln a}.$$

Daher brauchen wir uns nur für Exponential- und Logarithmusfunktionen mit der speziel-len Basis e zu interessieren, nämlich

$$y = y_0 \exp(kt), \text{ Exponentialfunktion mit Basis } e$$

$$y = y_0 \ln(kx), \text{ Logarithmusfunktion mit Basis } e$$

Alle anderen Exponential- und Logarithmusfunktionen unterscheiden sich lediglich durch ein Vielfaches von diesen ausgezeichneten Funktionen.

Weitere Eigenschaften der Exponential- und Logaritmusfunktion sind:

1. $x \to e^{kx}$ ist monoton steigend für $k > 0$, monoton fallend für $k < 0$
2. $e^x \geq 1 + x$ für alle $x \in \mathbb{R}$.
3. Die Exponentialfunktion hat eine konstante Verdoppelungszeit: Bei einer Zunahme der Abszisse um $\ln(2)/k$ verdoppelt sich die Ordinate, egal wie groß die Abszisse ist, d. h. ersetzt man in $f(x) = e^{kx}$ den Wert x durch $x + \ln(2)/k$, so hat sich der y-Wert verdoppelt.
4. Die Exponentialfunktion mit $k > 0$ wächst schneller als jedes Polynom, d. h. für jede natürliche Zahl n gilt

$$\frac{e^{kx}}{x^n} \to_{x \to \infty} \infty$$

5. Die lokale Änderung der Exponentialfunktion ist proportional zum gegenwärtigen Wert, d. h. $y' = k \cdot y$, wobei y' die erste Ableitung der Funktion $y = f(x) = e^{kx}$ bezeichnet. Insbesondere gilt für $y = e^x$, dass Steigung der Tangente und Funktionswert überall übereinstimmen, d. h. $y' = y$.
6. $x \to \ln(kx), k, x > 0$ ist monoton steigend.
7. $\ln x \leq x - 1$ für alle $x \in \mathbb{R}$.
8. Ist $y = \ln(x)$, so folgt für die 1. Ableitung $y' = \frac{1}{x}$.

Beispiel 2.13 Weber-Fechnersches Gesetz
Beginnt eine Kerze in einem dunklen Raum zu leuchten, so empfindet man einen deutlichen Zuwachs an Helligkeit. Zündet man bei Sonnenschein auf der Terrasse eine Kerze an, so ist der Zuwachs an Helligkeit für unsere Sinne kaum wahrzunehmen. Der Zuwachs ist bei Sonnenlicht zu gering, als dass wir ihn wahrnehmen können. Ob wir einen Unterschied wahrnehmen können, hängt von der Größe der Reizänderung ΔR im Verhältnis zum vorliegenden Reiz ab: Wichtig ist für unsere Wahrnehmung die relative Reizzunahme $\dfrac{\Delta R}{R}$. Ernst Heinrich Weber (1795–1878) stellte in vielen Versuchen fest, dass diese konstant ist; für Helligkeit ist die Weberkonstante 0,08. Gustav Theodor Fechner (1801–1887) gelang es schließlich, die von Weber gefundenen Daten mathematisch zu beschreiben. Daher heißt diese Beschreibung heute das **Weber-Fechnersche Gesetz**.

Der kleinste noch wahrnehmbare Reiz sei R_0, der größte gerade noch erträgliche Reiz sei R_1. Die dazugehörigen Empfindungen bezeichnen wir mit E_0 und E_1. Fechner konnte zeigen, dass die Funktion

$$E(R) = (E_1 - E_0) \cdot \frac{\ln \frac{R}{R_0}}{\ln \frac{R_1}{R_0}} + E_0$$

den Zusammenhang zwischen R (Reiz) und E (Empfindung) wiedergibt.

Was für die Helligkeitswahrnehmung gilt, ist auch auf unser Hören anwendbar: Das Gehör nimmt den Druck p einer Schallwelle wahr, und zwar gilt $E_0 = 0$ dB, $E_1 \approx 120$ dB (dB = Dezibel) und $R_0 = 2 \cdot 10^{-5}$Pa, $R_1 = 20$ Pa (Pa = Pascal). Daraus folgt

$$E(R) = 120 \cdot \frac{\ln \frac{R}{2 \cdot 10^{-5}}}{\ln \frac{20}{2 \cdot 10^{-5}}} \approx 120 \frac{\ln R + 12,206}{13,816}$$

Eine Reizsteigerung um einen Faktor k bringt eine Empfindungssteigerung um einen additiven Wert $C = \dfrac{E_1 - E_2}{\ln R_1 / R_2} \ln(k)$

Warum gilt für die Exponentialfunktion zur Basis $e = 2,71...$, dass erste Ableitung und Funktionswert überall übereinstimmen?

Dazu betrachten wir den Differenzenquotienten der Exponentialfunktion mit Basis a, d. h. $f(x) = a^x$ an einer beliebigen Stelle x

$$\frac{f(x+h) - f(x)}{h} = \frac{a^{x+h} - a^x}{h} = a^x \frac{a^h - 1}{h}.$$

Damit ist die Bestimmung der Ableitung an einer beliebigen Stelle auf einen führenden Spezialfall $(x = 0)$ zurückgeführt

$$f'(x) = a^x f'(0).$$

Die Suche nach einer Basis a, sodass $f'(x) = f(x)$ ist somit reduziert auf die Suche nach einer Zahl a für die

$$\lim_{h \to 0} \frac{a^h - 1}{h} = 1.$$

Bezeichnen wir den Grenzwert mit σ_a, so zeigen Versuche am Taschenrechner oder am PC, dass $\sigma_2 \approx 0,693$ und $\sigma_3 \approx 1,396$. Damit liegt der Gedanke nahe, dass es eine Zahl b gibt mit $\sigma_b = 1$, und diese Zahl muss zwischen 2 und 3 liegen. In der Nähe des Ursprungs muss für diese Zahl gelten, dass $b^x \approx 1 + x$, weil die Tangente im Punkt $(0|1)$ die Steigung 1 hat, und die Tangente die Funktion in der Nähe von $(0|1)$, d. h. zumindest für betragsmäßig kleine Werte von x, approximiert. Setzen wir $x = 1/n$, so haben wir $b^{1/n} \approx 1 + 1/n$. Durch Potenzieren erhalten wir

$$b \approx \left(1 + \frac{1}{n}\right)^n.$$

Da diese Annäherung $b^x \approx 1+x$ um so besser ist, je betragsmäßig kleiner x ist, lassen wir n gegen unendlich gehen. Dann erhalten wir auf der rechten Seite die Euler-sche Zahl $e = 2,71...$. Diese Argumentation ist eher eine Plausibilitätserklärung denn ein exakter Beweis welcher in der Fachliteratur in der Regel über Potenzreihen geführt wird. Unsere Argumentation beruht auf einer *didaktischen Reduktion*. Um eine komplexe Wirklichkeit zu vereinfachen wird der Lerninhalt auf seine wesentlichen Inhalte zurückgeführt, um sie für Lernende überschaubar und begreifbar zu machen. Wichtig dabei ist, dass Sachverhalte nicht verfälscht werden und so präsentiert werden, dass sie auf einem exakterem Niveau (eventuell zu einem späteren Zeitpunkt) fortsetzbar sind.

Projekt 4

Benfordsches Gesetz: Kommen bestimmte Ziffern im Alltag öfter vor als andere Ziffern?

1. Nehmen Sie eine beliebige zweistellige Zahl, z. B. 53. Was denken Sie, welche Zahlen öfter im Alltag auftauchen: 153, 253, 353, 453, 553, 653, 753, 853, oder 953? Oder sollten nicht alle Zahlen ungefähr gleich oft vorkommen?
2. Gehen Sie ins Internet und rufen Sie eine Suchmaschine wie z. B. Google auf. Geben Sie der Reihe nach diese Zahlen, d. h. 153, 253 etc der Reihe nach ein und notieren Sie die Anzahl der gefundenen Seiten, auf denen diese Ziffer auftauchen.
3. Erstellen Sie ein Streudiagramm von der Anzahl der gefundenen Seiten versus Anfangsziffer 1, 2, etc.
4. Suchen Sie nach einem funktionalen Modell, das die Daten im Streudiagramm möglichst gut beschreibt. Seien Sie so „mutig" und suchen Sie nach einer stetigen Funktion, die sich den Daten gut annähert, selbst wenn die Anfangsziffern diskret sind.
5. Suchen Sie im Internet nach *Benfords Gesetz* oder *Benford's Law*.
6. Passt Benfords Gesetz auf Ihre Daten? Wenn Sie gravierende Abweichun- gen finden, haben Sie eine Erklärung für diese Diskrepanzen?
7. Recherchieren Sie im Internet nach Beispielen, wo Benfords Gesetz in öffentlichen Leben tatsächlich Anwendung findet, z. B. um Betrügereien auf die Spur zu kommen.

2.3.6 Winkelfunktionen

Mit den bisher betrachteten Funktionen lassen sich in vielen Kontexten Zusammenhänge zwischen zwei Größen angemessen modellieren. Wellenbewegungen, von der Tageszeit oder saisonalen Einflüssen abhängige Daten lassen sich jedoch nicht mittels Polynome,

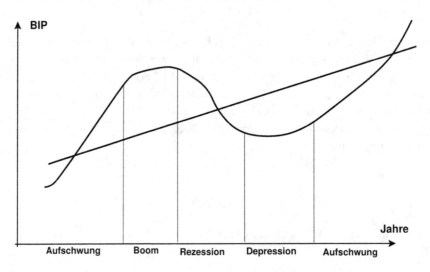

Abb. 2.22 Konjunkturzyklus, dargestellt am Bruttoinlandsprodukt einer Volkswirtschaft über die Zeit hinweg

Exponentialfunktionen, Potenzfunktionen etc. beschreiben. Viele Phänomene in der Natur oder auch in der Volkswirtschaft wie z. B. Arbeitslosenzahlen, unterliegen jahreszeitlichen Rhythmen. In den Wirtschaftswissenschaften spricht man – wenn auch nicht unumstritten – von Konjunkturzyklen und meint damit Schwankungen der wirtschaftlichen Aktivitäten in marktwirtschaftlich organisierten Volkswirtschaften. Diese Zyklen betreffen die Wirtschaft als Ganzes und weisen eine Regelmäßigkeit auf, die aus einer Aufschwungphase (Expansion), der Hochkonjunktur (Boom), Abschwungphasen (Rezession) und den Tiefphasen (Depression) bestehen, siehe Abb. 2.22.

Um periodische Phänomene mathematisch zu erfassen, bedarf es Funktionen, die selbst periodisch sind.

Definition 7 Eine Funktion f heißt **periodisch**, falls es eine Zahl $d \in \mathbb{R}^+$ gibt mit der Eigenschaft

$$f(x + d) = f(x) \text{ für alle } x \in \mathbb{R}.$$

Periodische Phänomene können in der Regel mit einer Kombination von trigonometrischen Funktionen beschrieben werden. Trigonometrische Funktionen sind schon aus der Dreieckslehre bekannt.

Dreiecke, die in zwei Winkeln übereinstimmen, sind ähnlich, d. h. sie können durch eine Ähnlichkeitsabbildung aufeinander abgebildet werden. Dies impliziert, dass das Verhältnis zweier Seiten, die denselben Winkeln gegenüberliegen, immer gleich ist, unabhängig

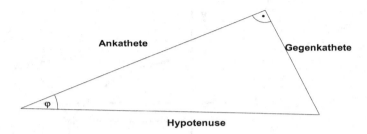

Abb. 2.23 Bezeichnungen im rechtwinkligen Dreieck

davon, wie groß die Dreiecke tatsächlich sind. Bezogen auf rechtwinklige Dreiecke bedeutet das, dass diese schon dann ähnlich sind, wenn sie in einem weiteren Winkel
übereinstimmen.

Definition 8 In einem rechtwinkligen Dreieck (siehe Abb. 2.23), in dem φ einer der
beiden spitzen Winkel ist, definiert man

$$\sin(\varphi) = \frac{\text{Gegenkathete von } \varphi}{\text{Hypotenuse}} \quad , \quad \cos(\varphi) = \frac{\text{Ankathete von } \varphi}{\text{Hypotenuse}}$$

$$\tan(\varphi) = \frac{\text{Gegenkathete von } \varphi}{\text{Ankathete von } \varphi} = \frac{\sin(\varphi)}{\cos(\varphi)}.$$

Da bei diesen Definitionen die absoluten Längen der Dreiecksseiten keine Rolle spielen, sondern lediglich ihre Verhältnisse, können wir die Länge der Hypotenuse auf 1
festsetzen. Damit lassen sich die oben eingeführten Winkelfunktionen am Einheitskreis
darstellen (siehe Abb. 2.24). Ein Punkt auf dem Einheitskreis hat dann die Koordinaten
$P_\varphi(\cos\varphi, \sin\varphi)$. Tangens als Verhältnis von Sinus und Cosinus lässt sich auch am Einheitskreis ablesen, nämlich als Länge der Gegenkathete eines Dreiecks mit Ankathete der
Länge 1.

Mithilfe elementargeometrischer Überlegungen lassen sich für ausgewählte Winkel-
größen ($30°, 45°, 60°$) die Funktionswerte exakt berechnen. Winkel werden gewöhnlich
entweder im Gradmaß oder im Bogenmaß gemessen. Im Gradmaß wird der Vollwinkel
(volle Umdrehung) in 360 gleiche Teile unterteilt. Im Bogenmaß erhält der Vollwinkel die
Maßzahl 2π, was gerade dem Umfang des Einheitskreises entspricht. Die Umrechnung
vom Gradmaß in Bogenmaß erfolgt entsprechend durch Multiplikation mit $\dfrac{2\pi}{360}$. Für die
Erweiterung der Definitionsmenge trigonometrischer Funktionen auf ganz $\mathbb{R}$ bedient man
sich der Veranschaulichung am Einheitskreis. Ausgangspunkt ist das Problem, die Lage eines Punktes P auf dem Einheitskreis in Abhängigkeit des Drehwinkels φ zu bestimmen. Es
gilt: Ordinate $y = \sin\varphi$, Abszisse $x = \cos\varphi$. Eine Verbindung zu Polarkoordinaten bietet
sich an. Damit ist grundsätzlich klar, wie man die Funktionswerte $\sin\varphi$, bzw $\cos\varphi$ graphisch bestimmen kann. Symmetrieeigenschaften und Zusammenhänge zwischen Sinus
und Cosinus lassen sich aus der Definition leicht begründen (siehe Abb. 2.24).

Abb. 2.24 Geometrische
Deutung von Sinus, Cosinus
und Tangens am Einheitskreis

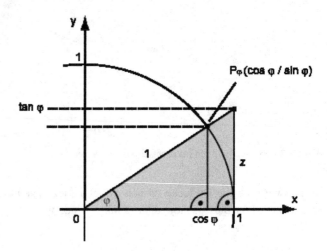

Satz 4 Für alle Winkel φ gilt

a) $\sin(-\varphi) = -\sin(\varphi), \qquad \cos(-\varphi) = \cos(\varphi), \qquad \tan(-\varphi) = -\tan(\varphi)$

b) $\sin^2(\varphi) + \cos^2(\varphi) = 1$

c) $\sin(\varphi + \frac{\pi}{2}) = \cos(\varphi), \qquad \cos(\varphi + \frac{\pi}{2}) = -\sin(\varphi), \quad , \quad \tan(\varphi + \frac{\pi}{2}) = -\frac{1}{\tan(\varphi)}$

d) Es gelten folgende Additionstheoreme:

$$\sin(\alpha \pm \beta) = \sin\alpha\cos\beta \pm \sin\beta\cos\alpha \text{ und } \cos(\alpha \pm \beta) = \cos\alpha\cos\beta \mp \sin\alpha\sin\beta.$$

In der Darstellung

$$y = f(x) = a\sin(2\pi bx - c)$$

nennt man a die **Amplitude**, b die **Frequenz** und c die **Phasenverschiebung**. Die Amplitude gibt die Höhe des Ausschlags der Sinusschwingungen an, die Frequenz die Anzahl der Schwingungen pro (Zeit-)Einheit, während c eine konstante (Zeit-)Verschiebung bedeutet.

Abb. 2.25 zeigt ein Schaubild einer Sinusfunktion $y = a\sin(2\pi bx - c)$, mit einer Frequenz oder Periode von $b = 2$, einer Amplitude (Höhe des Ausschlags) von $a = 3$ und einer Phasenverschiebung von $c = 1,5$.

Für die ersten Ableitungen der Sinus- und Cosinusfunktion gilt

$$(\sin x)' = \cos x, \quad (\cos x)' = -\sin x$$

und daher

$$(\sin x)'' = -\sin x, \quad (\cos x)'' = -\cos x$$

Abb. 2.25 Graph der
Sinusfunktion
$y = a \sin(2\pi bx - c)$ mit
$a = 3, b = 2, c = 1,5$

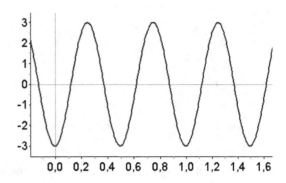

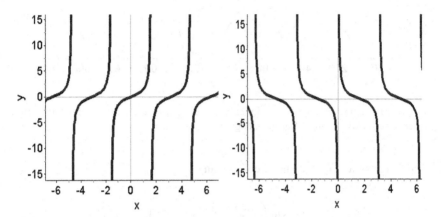

Abb. 2.26 Graph der Tangensfunktion (links) und der Cotangensfunktion (rechts)

Weitere wichtige Winkelfunktionen sind der Tangens und der Cotangens, die sich beide mithilfe von Sinus und Cosinus definieren lassen.

$$\tan(x) = \frac{\sin(x)}{\cos(x)} \quad , \quad \cot(x) = \frac{\cos(x)}{\sin(x)}.$$

Graphen der Tangens- und Cotangensfunktion sind in Abb. 2.26 dargestellt.

Beispiel 2.14 Tageslänge in San Francisco
Im Sommer geht die Sonne morgens früher auf und später unter als im Winter. Aber um wie viel früher bzw. später steht die Sonne am Himmel? Welchem Muster folgen die Sonnenaufgangs- bzw. Untergangszeiten? Die Datei **SonnenAufgang** listet über fünf Jahre hinweg, vom 1.1. 2004 bis zum 31. 12. 2008, den Sonnenaufgang und den Sonnenuntergang in San Francisco, Kalifornien auf. Abb. 2.27 zeigt ein Streudiagramm der Daten. Die Tage sind durchnummeriert 1 = 1. Januar 2004, 1827 = 31. Dezember 2008. Die nach

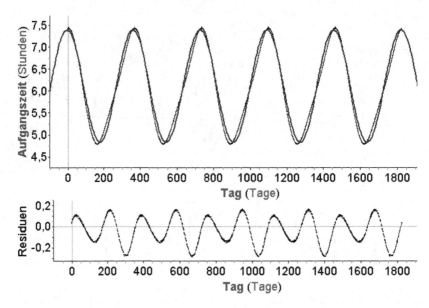

Abb. 2.27 Oben: Sonnenaufgangszeiten in San Francisco zwischen 2004 und 2008 mitsamt eingepasster Sinusfunktion; unten: Residuendiagramm

Augenmaß eingepasste Funktion hat die Gleichung

$$f(x) = 1,283 \cdot \sin\left(\frac{2\pi}{365,25}\text{Tag} + 1,663\right) + 6,053.$$

Wie sind die Parameter zu deuten? Die (im Jahresmittel) mittlere Sonnenaufgangszeit in San Francisco ist etwa um 6.07 h (0,111 Stunden entsprechen etwa 7 Minuten). Aus sachbezogenen Gründen (Jahresrhythmus) haben wir die Frequenz (Schwingungsdauer) nicht per Schieberegler angepasst, sondern auf 365,25 Tage festgesetzt. Die jahreszeitlichen Schwankungen betragen $\pm 1,283$ Stunden, d. h. etwa 1 h und 17 Minuten. Eine (geeignet skalierte) Sinusschwingung erfasst den jahreszeitlichen Verlauf recht gut. Beim Betrachten der Residuen fällt allerdings auf, dass die Residuen selbst wiederum eine periodische Struktur von höherer Frequenz haben. Diese Beobachtung gibt Anlass, die Residuen selbst auch mittels einer geeignet skalierten Sinusfunktion zu modellieren. Die Summe aus ursprünglichem Modell und Modell für die Residuen ergibt ein verbessertes Modell für die ursprünglichen Daten. Eine überzeugende Anpassung gelingt mit der Funktion

$$f(x) = 1,283 \cdot \sin\left(\frac{2\pi}{365,25}\text{Tag} + 1,663\right) + 6,053$$
$$+ 0,1787 \cdot \sin\left(\frac{4\pi}{365,25}\text{Tag} + 0,437\right).$$

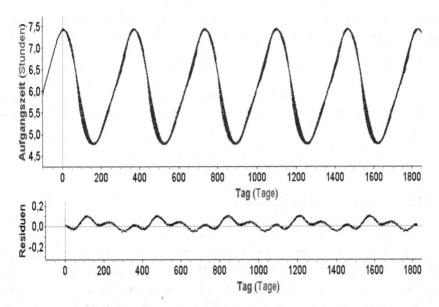

Abb. 2.28 Oben: Sonnenaufgang in San Francisco. Die eingepasste Funktion ist die Summe von zwei Sinusfunktionen; unten: Residuendiagramm

Man beachte, dass die zweite Schwingung, die durch die Modellierung der Residuen hinzugekommen ist, eine ganzzahlig-vielfache Frequenz unseres ursprünglichen Modells hat. Die Residuen des verbesserten Modells sind jetzt deutlich geringer, siehe Abb. 2.28.

Wenn man Sinusfunktionen an periodische Daten anpasst, die selbst nicht sinusförmig sind, dann erhält man – bei passender Wahl von Amplitude und Phasenverschiebung – Residuen, die selbst wiederum periodisch sind und deren Frequenz ein ganzzahliges Vielfaches der ursprünglichen Frequenz ist. Modelliert man dann die Residuen und addiert sie zur hinzu (um somit ein verbessertes Modell zu erhalten), dann haben die sich daraus ergebenden Residuen dieses verbesserten Modells wiederum eine periodische Struktur mit einer Frequenz, die ein ganzzahliges Vielfaches der vorangegangenen Frequenz ist. Dies ist eine tiefliegende Eigenschaft von periodischen Funktionen, dem das Konzept der **Fourier-Analyse** zugrunde liegt.

An obigem Beispiel haben wir ein allgemeines Prinzip gesehen: Wir haben die Daten zerlegt in Modell plus Residuen, und dabei eine uns plausibel erscheinende Modellfunktion gewählt.

$$y_i = f(x_i) + r_i, i = 1, ..., n. \tag{2.1}$$

Zeigen die Residuen – dargestellt im Residuendiagramm – keinerlei Struktur, sondern streuen die Abweichungen zwischen Daten und Modell planlos um die horizontale Achse, dann wird sich das Modell kaum noch verbessern lassen. Werden aber im Residuendiagramm Muster und Strukturen sichtbar, so können auch diese modelliert werden

$$r_i = g(x_i) + s_i, i = 1,...,n,\qquad(2.2)$$

wobei die Funktion g nun die Residuen modelliert und die s_i die Residuen der Residuen sind. Ein verbessertes Modell für die Ausgangsdaten erhält man jetzt, indem man (2.2) in (2.1) einsetzt.

$$y_i = f(x_i) + g(x_i) + s_i, i = 1,...,n.$$

Beispiel 2.15 Temperaturen am Südpol

Die Datei **Südpol** enthält die monatlichen Durchschnittstemperaturen am Südpol zwischen Januar 1957 und Juli 1988. Abb. 2.29 zeigt einen Teilausschnitt der Daten, nämlich im Zeitraum zwischen Januar 1970 und Dezember 1979. Zunächst fällt die offensichtlich jahreszeitlich bedingte periodische Struktur der Daten auf. Die Anpassung einer Sinusfunktion hinterlässt ein Residuendiagramm mit periodischer Struktur, das wiederum mit einer Sinusfunktion – allerdings von doppelter Frequenz – modelliert werden kann. Aus

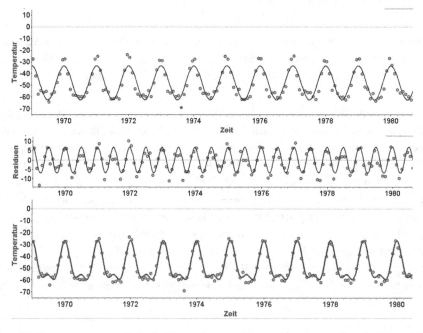

Abb. 2.29 Temperaturen am Südpol. Obere: Daten mitsamt eingepasster Sinusfunktion; Mittle: Residuendiagramm dazu, mitsamt erneut eingepasster Sinusfunktion; unten: Verbessertes Modell mit zwei Sinusschwingungen

Tab. 2.1 Funktionale Eigenschaften von Funktionstypen

Eigenschaft	Funktionstyp
$f(x + y) = f(x) + f(y)$	Lineare Funktion
$f(x \cdot y) = \dfrac{f(y)}{x}$	Antiproportionale Funktion
$f(x + y) = f(x) \cdot f(y)$	Exponentialfunktion
$f(x \cdot y) = f(x) + f(y)$	Logarithmusfunktion
$f(x \cdot y) = f(x) \cdot f(y)$	Potenzfunktion

anfänglichem Modell und Modell der Residuen ergibt sich das verbesserte Modell

$$\text{Temperatur} = 17,9 \sin(2\pi \,\text{Zeit} - 4,72) + 6,44 \sin(4\pi \,\text{Zeit} - 4,72) - 46,62.$$

Abschließend weisen wir auf eine Charakterisierung von wichtigen Standardfunktionen über gewisse funktionale Eigenschaften hin. Tab. 2.1 listet verschiedene funktionale Eigenschaften auf (linke Spalte) und die dazugehörigen Funktionstypen. Bemerkenswert an der Tabelle ist, dass die genannten Funktionstypen nicht nur die entsprechende Eigenschaften besitzen, sondern dass darüber hinaus die Funktionstypen – von Triviallösungen wie z. B. $f \equiv 0$ abgesehen – auch die einzigen Funktionen sind, die diese Eigenschaften besitzen. Die jeweiligen Funktionstypen sind durch die Eigenschaften somit schon vollständig charakterisiert.

Das System

$$f(x + y) = f(x)g(y) + g(x)f(y)$$
$$g(x + y) = g(x)g(y) - f(x)f(y)$$

wird durch Sinus und Cosinus gelöst.

Weitere Aufgaben zu Kap. 2:

2.17 Angenommen jemand hätte für Sie zur Zeit Jesu (also im Jahre 0) ein Sparkonto eröffnet und 1 Cent eingezahlt. Nehmen wir an, dass das Kapital mit 1% verzinst wird.

(a) Wieviel € hätten Sie dann im Jahr 2008 auf dem Konto?

(b) Wie hoch müssten die Zinsen sein, falls Sie im Jahre 2008 dasselbe Kapital wie in (a) angespart hätten bei einfachen Zinsen (also ohne Zinseszins).

2.18 Die folgende Aufgabe dient der Veranschaulichung davon, wie rasant exponentielles Wachstum ansteigt: Stellen Sie sich ein DIN-A4 Blatt Papier von 0,1 mm Dicke vor. Wir nehmen mal an, wir könnten das Papier beliebig oft in der Mitte falten. 1-mal gefaltet hat das Papier eine Dicke von 0,2mm, 2-mal gefaltet ergibt eine Dicke von

0,4mm, 3-mal gefaltet ergibt schon 0,8mm.

Wie oft müssen Sie das Papier falten, um eine Dicke zu erzielen, die größer ist als die Entfernung von der Erde zm Mond (ca. 384401 km)?

2.19 Es werden 1000 € 10 Jahre lang verzinst, und zwar in den ersten 5 Jahren mit 8%, in den letzten 5 Jahren mit 4%.

(a) Berechnen Sie das Endkapital.

(b) Hätte man dasselbe Endkapital erreicht, wenn die 1000 € 10 Jahre lang mit 6% verzinst worden wären?

(c) Bei welchem Zinssatz hätte man in 10 Jahren exakt dasselbe Endkapital wie in a) gehabt?

(d) Untersuchen Sie, wie r von r_1 und r_2 abhängt, wenn K € über einen Zeitraum von n Jahren mit dem Zinssatz r_1 und dann nochmals n weitere Jahre mit dem Zinssatz r_2 verzinst werden, und der Zinssatz r gesucht ist, bei dem das Kapital in $2n$ Jahren auf dasselbe Endkapital angewachsen ist.

2.20 Informieren Sie sich im Internet, z. B. auf http://de.wikipedia.org/wiki/Festplatte über die Entwicklung der Speicherkapazität von Festplatten für Computer. Stellen Sie die Speicherkapazität in Abhängigkeit des Jahres (seit 1981) in einem Streudiagramm dar und stellen Sie ein funktionales Modell auf, das die Entwicklung der Speicherkapazität in Abhängigkeit der Jahreszahl beschreibt.

2.21 Ein Tischtennisball wurde auf eine harte Oberfläche fallen gelassen. Mithilfe eines Mikrophons wurden die Aufschläge hörbar gemacht.

Man hört, dass die Aufschläge mit der Zeit immer schneller aufeinander folgen. Die Zeit jedes Aufpralls wurde als **AufprallZeit** in der Datei **TischtennisAufprall** gespeichert. Es wurde ebenfalls die Zeit zwischen zwei Aufschlägen berechnet und als **delta** bezeichnet. Die Variable **Aufprall** ist die Nummer jedes Aufpralls von Null beginnend. Das erste delta ist die Zeit vom Beginn bis zum ersten Aufschlag des Balls.

Die **deltas** nehmen ab, aber wie? Es stellt sich heraus, dass jedes Mal, wenn der Ball aufschlägt, er wieder um einen bestimmten Prozentsatz der vorherigen Höhe springt. Das bedeutet ebenfalls, dass jedes delta ein festgesetzter Prozentsatz des vorherigen deltas ist. Gehen wir nun davon aus, dass das erste 100ms beträgt, könnte das zweite 90% bzw. 90ms sein. Wenn dies so ist, wäre das dritte 90% davon bzw. 81ms etc.   Hier liegt also eine Situation exponentiellen Abfallens vor.

(a) Finden Sie eine Funktion, die **delta** als eine Funktion von **Aufprall** vorhersagt.

(b) Wie lauten Ihre Parameter und was bedeuten sie?

(c) Wie viele Aufschläge benötigt man, damit sich **delta** halbiert? Zeigen Sie, wie Sie die Zahl mit der Formel berechnen können und geben Sie Beispiele aus den Daten.

(d) In welchem Datenbereich für **Aufprall** glauben Sie hat Ihre Funktion Gültigkeit? (Denken Sie dabei an einen echten aufschlagenden Tischtennisball. Was passiert?)

(e) Betrachten Sie den Graphen von **AufprallZeit** als Funktion von **Aufprall**. Finden Sie diese Funktion.

(f) (Für Mutige): Errechnen Sie **delta** als Funktion in Abhängigkeit von **Aufprallzeit**.

2.22 Logarithmus:

(a) Weisen Sie nach, dass

$$\log_a x = \frac{\ln x}{\ln a}$$

gilt.

(b) Begründen Sie aus (a), dass sich Logarithmusfunktionen mit unterschiedlichen Basen nur um eine Konstante unterscheiden, d. h.

$$\log_a x = k \cdot \log_b x.$$

Bestimmen Sie diese Konstante k für gegebene positive Zahlen a, b.

2.23 Im Text haben wir ein Beispiel betrachtet, bei dem die Zeiten des Sonnenaufgangs in San Francisco über fünf Jahre hinweg modelliert werden. Die Daten in der Datei **SonnenAufgangUntergang** listen über fünf Jahre hinweg den Sonnenaufgang und den Sonnenaufgang in San Francisco auf. In dieser Aufgabe modellieren Sie die Tageslänge (= Zeit des Sonnenuntergangs - Zeit des Sonnenaufgangs) in San Francisco.

(a) Errechnen Sie die Tageslänge und erstellen Sie ein Streudiagramm von **Tageslänge** versus **Tag**. Die Daten sehen ziemlich sinusförmig aus. Machen Sie eine Kurvenanpassung mittels einer geeigneten Sinusfunktion.

(b) Erstellen Sie ein Residuendiagramm. Können Sie im Residuendiagramm wiederum periodische Strukturen erkennen?

(c) Erstellen Sie ein elaborierteres Modell für **Tageslänge** versus **Tag**, basierend auf den Entdeckungen im Residuendiagramm, das aus der Summe von zwei Sinusschwingungen besteht.

(d) Welche Beziehung besteht zwischen den beiden Frequenzen?

(e) Betrachten Sie die Residuen dieses verbesserten Modells. Was könnte die nächste Stufe eines verbesserten Modells sein?

2.24 Beweisen Sie anhand der Abb. 2.30 und elementargeometrischer Überlegungen die Gültigkeit der Additionstheoreme für Sinus und Cosinus

$$\sin(\alpha + \beta) = \sin(\alpha) \cdot \cos(\beta) + \sin(\beta) \cdot \cos(\alpha)$$
$$\cos(\alpha - \beta) = \cos(\alpha) \cdot \cos(\beta) + \sin(\alpha) \cdot \sin(\beta).$$

2.25 Welcher Funktionsterm passt zu welchem Graph? Ordnen Sie Funtionsterme und Funktionsgraphen aus Abb. 2.31 einander zu.

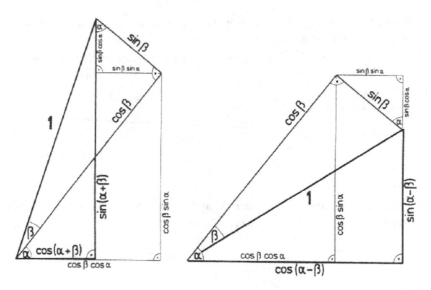

Abb. 2.30 Hilfsfiguren zur Begründung der Additionstheoreme für Sinus und Cosinus

(a) $2\sin(x)$ (b) $\sin(\pi x)$ (c) $2\cos(\pi/2x)$ (d) $-2\sin(3\pi x)$ (e) $2\sin(x/2)$
(f) $-2\cos(x/2)$ (g) $-\cos(\pi x)$ (h)$\sin(-\frac{1}{2}\pi x)$ (i) $\cos(x+4\pi)$ (j) $-\frac{1}{2}\sin(2x)$
(k) $\frac{1}{2}\cos(\frac{1}{2}\pi x)$ (l) $-\sin(-x)$ (m) $-2\sin(-x)$ (n) $\cos(-x)$ (o) $\cos(-\frac{\pi}{2}x+\frac{\pi}{2})$

2.4   Techniken zum Modellieren mit Funktionen

In den vorangegangenen Abschnitten wurde eine Vielfalt unterschiedlicher Funktionstypen eingeführt. Funktionale Zusammenhänge, die man mithilfe mathematischer Methoden modellieren möchte, sind jedoch so zahlreich und vielfältig, dass die bisher eingeführten Funktionsklassen zu einer angemessenen Modellierung in keinster Weise ausreichen.
Selbst bei flexiblem Einsatz der bisher vorstellten Funktionen reicht eine Kenntnis
dieser Standardmodelle alleine kaum aus, um der Vielfalt von interessanten Anwendungssituationen gerecht werden zu können. Zur angemessenen Beschreibung von vielen
Phänomenen müssen Standardmodelle miteinander verbunden werden, z. B. durch arithmetische Operationen (Addieren, Multiplizieren von Standardfunktionen) oder durch
Verketten von Funktionen. Hier ist es nun hilfreich, dass aus gegebenen Funktionen durch
all die arithmetischen Operationen, die auch schon vom Rechnen mit Zahlen bekannt sind,
neue Funktionen gebildet werden können. Insbesondere lassen sich Funktionen addieren,
subtrahieren, multiplizieren und dividieren, um weitere Funktionen zu erhalten.

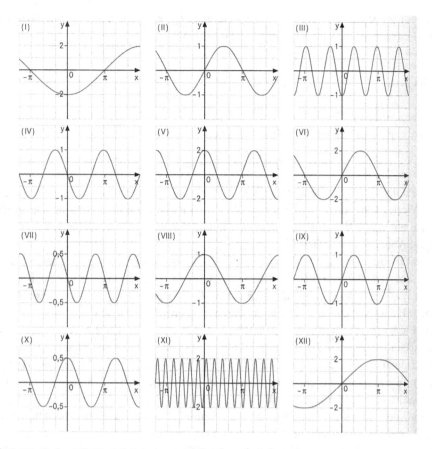

Abb. 2.31 Ordnen Sie Funktionstermen und Graphen einander zu!

2.4.1 Operationen mit Funktionen

Definition 9 Gegeben seien zwei reelle Funktionen f und g mit den Funktionsgleichungen $y = f(x)$ und $y = g(x)$. Dann versteht man unter der Summe $f + g$ diejenige Funktion, die durch punktweise Addition entsteht, d. h. die jedem x den Wert $f(x) + g(x)$ zuordnet.

$$(f + g)(x) := f(x) + g(x) \text{für alle } x \in \mathbb{R}.$$

Analog sind Differenz $f - g$, Produkt $f \cdot g$ und Quotient f/g definiert

$$(f - g)(x) := f(x) - g(x)$$
$$(f \cdot g)(x) := f(x) \cdot g(x)$$
$$(f/g)(x) := \frac{f(x)}{g(x)},$$

wobei noch zu berücksichtigen ist, dass der Quotient f/g nur für solche $x \in \mathbb{R}$ definiert ist, für die die Nennerfunktion g nicht den Wert 0 annimmt.

Beispiel 2.16

1. Es bezeichne f die lineare Funktion $f(x) = 3x$ und g die abfallende Exponentialfunktion $g(x) = \exp(-x)$. Dann ist die Summenfunktion

$$(f + g)(x) = 3x + \exp(-x)$$

   eine Funktion, die für kleine Werte von x (insbesondere für betragsmäßig große, negative Werte) vom Anteil der Exponentialfunktion g dominiert ist und daher sehr große Werte annimmt, sich mit wachsendem x jedoch immer mehr der Geraden f annähert (siehe Abb. 2.32, linke Darstellung).
2. Jedes Polynom kann als Addition von speziellen Potenzfunktionen angesehen werden. Zum Beispiel ist $h(x) = 0,05x^3 - 0,025x^2 - 0,625x + 4,3$ die Summe der vier Funktionen $h_1(x) = 0,05x^3$, $h_2(x) = -0,025x^2$, $h_3(x) = -0,625x$ und $h_4(x) = 4,3$, die jeweils mit einem Faktor versehene Potenzfunktionen mit Potenzen aus $\mathbb{N}_0$ sind.
3. Die Funktion $k(x) = 0,05x^3 + 0,025x^2 - 0,625x + 4,3 + \sin(\pi x)$ setzt sich additiv zusammen aus der kubischen Funktion $h(x)$ (siehe 2.) und der trigonometrischen Funktion $f(x) = \sin(\pi x)$. Am Graph der Funktion k (siehe Abb. 2.32, rechte Darstellung) sieht man, wie k sich zusammensetzt aus dem kubischen Polynom, das von einer Sinusschwingung überlagert wird.
4. Anstatt der Addition betrachten wir die Multiplikation der kubischen Funktion $h(x)$ aus 2) mit der Sinusfunktion $y = \sin(\pi x)$. Das Resultat ist eine Funktion, die aus sinusförmigen Schwingungen besteht, die aber von der Funktion h verzerrt wird (siehe Abb. 2.33, linke Darstellung). Die Sinusfunktion wird von $h(x)$ und $-h(x)$ wie ein Sandwich eingeklemmt, d. h. sie schwingt zwischen $h(x)$ und $-h(x)$.

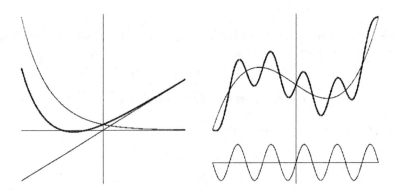

Abb. 2.32 Links: Addieren von Funktionen: Gerade plus abfallende Exponentialfunktion; rechts: kubische Funktion plus Sinusfunktion

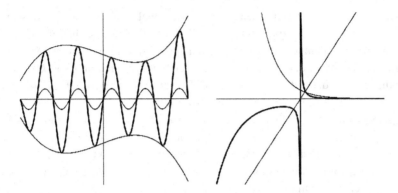

Abb. 2.33 Multiplizieren und Dividieren von Funktionen: Kubische Funktion multipliziert mit einer Sinusfunktion (links), exponentiell abfallende Funktion dividiert durch eine Ursprungsgerade (rechts)

5. Ebenso lassen sich Funktionen dividieren (solange Nullstellen der Nennerfunktion vom Definitionsbereich ausgenommen sind). Die Division der beiden Funktionen aus 1)

$$(g/f)(x) = \frac{\exp(-x)}{3x}$$

resultiert in einer Funktion mit einer Polstelle im Ursprung: Die y-Werte gehen gegen $+\infty$ bzw. $-\infty$, je nachdem, ob sich x von rechts oder von links der Null nähert. Für große x nähert sich die Funktion der horizontalen Achse, für kleine x (x negativ, betragsmäßig aber groß) geht die Funktion sehr schnell gegen $-\infty$ (siehe Abb. 2.33), rechte Darstellung).

Weitere für viele Sachsituationen nützliche Funktionstypen, die durch arithmetische Operationen aus schon eingeführten Funktionen entstehen, sind die **begrenzte Wachstumsfunktion**, die **logistische Funktion** und der **Sinus Hyperbolicus** bzw. **Cosinus Hyperbolicus**.

2.4.2 Begrenztes Wachstum und Logistische Funktionen

In der Natur kommen Veränderungen, die sich über einen längeren Zeitraum mithilfe von Exponentialfunktionen beschreiben lassen, selten vor, weil alle Wachstumsprozesse aufgrund begrenzter Ressourcen limitiert sind.

Definition 10 Die Funktion

$$y = f(x) = S - (S - y_0)\exp(k(x - x_0)), \quad k < 0.$$

heißt **begrenzte Wachstumsfunktion**.

Eine begrenzte Wachstumsfunktion setzt sich zusammen als Differenz aus einer Schranke S und einer (verschobenen) exponentiellen abfallenden Funktion. Dabei nähert sich die Funktion mit wachsendem x „von unten" immer mehr einer oberen Grenze S an. y_0 ist dabei ein „Anfangswert", den die Funtion f an der Stelle x_0 annimmt und k steuert die Geschwindigkeit, mit der sich die Funktion der Schranke S annähert. Abb. 2.34 zeigt ein typisches Beispiel für eine begrenzte Wachstumsfunktion.

Vielfach begegnet man auch Prozessen, die in einer Anfangsphase weitgehend exponentiell zunehmen, sich dann aber einem endlichen Grenzwert annähern. Derartiges Verhalten ist eine andere Form begrenzten Wachstums und kann dann in angemessener Weise mit **logistischen** Funktionen beschrieben werden, die durch einen S-förmigen Verlauf gekennzeichnet sind (siehe Abb. 2.35).

Definition 11 Die Funktion

$$y = \frac{y_0 \cdot S \cdot e^{kSx}}{y_0 e^{kSx} + (S - y_0)} = \frac{y_0 S}{y_0 + (S - y_0) \cdot e^{-kSx}}$$

heißt **logistische Funktion** mit Wachstumsparameter k, Sättigungsgrenze S und Anfangswert y_0.

Die logistische Funktion hat folgende Eigenschaften:

1. Sie ist monoton steigend, vorausgesetzt $k > 0, 0 < y_0 < S$.
2. Wenn x immer mehr wächst, nähert sich y der Sättigungsgrenze S.

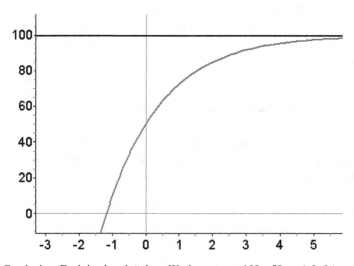

Abb. 2.34 Graph einer Funktion beschränkten Wachstums $y = 100 - 50 \exp(-0, 6x)$

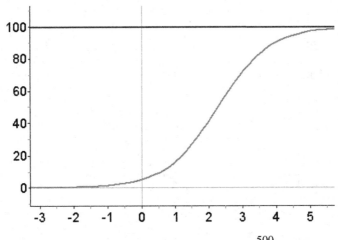

Abb. 2.35 Graph einer logistischen Funktion der Form $y = \dfrac{500}{5 + 95\exp(-1,37x)}$

3. Wenn $x_H = \dfrac{\ln(S - y_0)/y_0}{kS}$, dann hat die logistische Funktion die Hälfte ihrer vollen Sättigung S erreicht, d. h. $f(x_H) = S/2$.
4. Die logistische Funktion ist symmetrisch zum Punkt $(x_H|S/2)$.
5. Die lokale Änderungsrate der logistischen Funktion ist proportional zum Produkt aus dem gegenwärtigen Bestand y und der noch frei verfügbaren Kapazität $S - y$, d. h. für die erste Ableitung der logistischen Funktion gilt

$$y' = k \cdot y \cdot (S - y).$$

Beispiel 2.17 Bevölkerungsentwicklung in den USA

Die Datei **USPopulation** besteht aus Informationen über die Einwohnerzahl (**Bevölkerung**) der USA zwischen 1790 und 1940. Abb. 2.36 zeigt die Daten mitsamt einer eingepassten logistischen Funktion der Form

$$f(\text{Jahr}) = \frac{3,92 \cdot 205}{3,92 + (202 - 3,95) \cdot \exp(-205 \cdot 0,000141 \cdot (\text{Jahr} - 1790))}.$$

Hält man sich vor Augen, durch welch komplexe und oft unvorhersehbare Vorgänge Bevölkerungsentwicklungen beeinflusst sind wie z. B. Immigrationswellen, Hungersnöte oder Kriege, so erstaunt, wie gut ein mathematisches Modell hier überhaupt passt. Freilich ist auch dieses Modell nur von begrenzter Gültigkeit. Gemäß dieses Modells würde die Bevölkerungszahl der USA den Wert 205 Millionen nicht überschreiten. Im Jahr 2017 hat die USA jedoch eine Einwohnerzahl von über 325 Millionen.

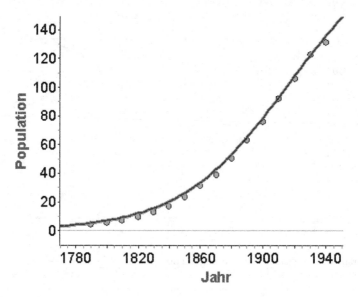

Abb. 2.36 Entwicklung der Bevölkerungszahl in den USA zwischen 1790 und 1940: das logistische Modell mit den Parametern $x_0 = 3,92$; $S = 205$; $k = 0,000141$ ergibt für den betrachteten Zeitraum eine sehr gute Passung.

Projekt 5 CO2-Gehalt in der Erdatmosphäre

Die Daten in der Datei **MaunaLoa75-88** bestehen aus monatlichen Durchschnitts-werten der CO2-Konzentration in der Erdatmosphäre, gemessen auf Hawaii zwi-schen September 1975 und Februar 1988. Sie stammen vom Carbon Dioxide Information and Analysis Center (CDIAC).Die Konzentrationen sind gemessen in Teilchen pro Millionen (ppmv).

1. Öffnen Sie die Datei **MaunaLoa75-88** und erstellen Sie ein Streudiagramm von CO2 versus Zeit (Jahr in Dezimaldarstellung).
2. Beschreiben Sie die Form der Daten.
3. Verwenden Sie eine Gerade, um in etwa den Trend der Daten wiederzugeben. Passen Sie die Gerade so gut wie möglich ein, auch wenn es offensichtlich ist, dass die Daten nicht linear sind. Was bedeuten Steigung und y-Achsenabschnitt dieser Geraden im Kontext dieser Daten?
4. Basierend auf den vorliegenden Daten, in welchem Jahr erwarten Sie, dass die CO2-Konzentration einen durchschnittlichen Wert von 600 ppmv erreicht?
5. Erstellen Sie ein Residuendiagramm und beschreiben Sie seine Form. Welcher Funktionstyp eignet sich als Modell für die Residuen?

Nun untersuchen wir die Residuen für sich alleine. Unter Verwendung Ihrer Geradengleichung erstellen Sie ein neues Merkmal mit dem Namen **Modell**. Danach erstellen Sie ein neues Merkmal mit dem Namen **resid**. Plotten Sie **resid** versus **Zeit** in einem Streudiagramm.

6. Erstellen Sie ein möglichst gutes Modell für die Residuen. Welche Art von Funktion verwenden Sie? Was sind die Parameter und was bedeuten sie?
7. Was ist Ihr kombiniertes Modell? Kommentieren Sie die Qualität der Anpassung an die Daten.

Jetzt schauen wir auf Daten aus einem weit längerem Zeitraum, nämlich von 1958 bis 2017.

8. Öffnen Sie jetzt die Datei **MaunaLoa58-2017**. Sie enthält monatliche CO2-Messungen von 1958 bis 2017. Ist der Trend (Daten ohne monatsbedingte Schwankungen) über den längeren Zeitraum immer noch von einer Geraden angemessen modelliert? Warum oder warum nicht? Suchen Sie ein verbessertes Modell.
9. Das CDIAC schätzt, dass die CO2-Konzentration vor 1750 ungefähr 280 ppmv betrug. Welche „Voraussage" macht Ihr Modell für das Jahr 1750? Zu welcher Vermutung über die zeitliche Änderung der CO2-Konzentration gibt die Diskrepanz zwischen Ihrer Schätzung und dem Wert des CDIAC Anlass? Erklären Sie?
10. Warum hat das CDIAC das Jahr 1750 gewählt?
11. Wer ist Charles Keeling? Wodurch hat er sich verdient gemacht?
12. Informieren Sie sich in den Medien, z. B. im Internet, über aktuelle Messungen zum CO2-Gehalt und Verlautbarungen des von der UN eingesetzten Weltklimarates (Intergovernmental Panel on Climate Change).

Projekt 5 verlangt die Modellierung mit einer Funktion, die aus einem Trend und einem saisonalen Zyklus besteht, d. h. die Modellfunktion setzt sich als Summe von zwei Funktionen zusammen. Die Aufgabe besteht in der Modellierung des monatlichen CO2-Gehalt in der Erdatmosphäre, gemessen zwischen März 1958 und Dezember 2017 auf Hawaii. Die Originaldaten sind vom Scripps Institute of Oceanography verfügbar unter ftp://aftp.cmdl. noaa.gov/products/trends/co2/co2_mm_mlo.txt. Die sogenannte Keelingkurve, benannt nach dem Pionier der Klimaforschung Charles Keeling (1928–2005), gilt als eine der eindrucksvollsten Indikatoren für die Entwicklung der atmosphärischen CO2-Konzentration in den mittleren Schichten der Stratosphäre (siehe z. B. http://www.climatecentral.org/ gallery/graphics/keeling_curve).Die Suche nach der Trendfunktion lässt nur einen datenorientierten Zugang zu, weil die menschengemachten Emissionen keinem Naturgesetz folgen. Schließlich zielen alle Bemühungen der Klimapolitik gerade darauf ab, den Aufwärtstrend dieser Kurve zu stoppen. Für den Mathematikunterricht ist die Keelingkurve nicht nur wegen ihres aktuellen klimapolitischen Bezugs von großer Bedeutung, sondern sie ist auch ein gutes Beispiel für das Zusammenwirken von datenorientierter und strukturorientierter Modellierung. Die saisonale Komponente, erklärbar durch die CO2-aufnehmende Photosynthese im Frühling und Sommer, führt zu einem Nachlassen des atmosphärischen CO2 Niveaus in diesen Jahreszeiten während die Pflanzen im Winter Energie durch nachlassende Photosynthese einsparen. Damit ist auch klar, dass die Periodendauer der saisonalen Komponente genau ein Jahr beträgt. Zur Modellierung der saisonalen Komponente bietet sich (zumindest in einer ersten Annäherung) eine entsprechend skalierte Sinusfunktion an, deren Frequenz aus inhaltlichen Gründen genau 1 Jahr ist und deren Amplitude die Intensität des saisonalen Effekts ausrückt. Die Modellierung des über die saisonalen Effekte hinausgehenden Trends hingegen ist eine offene Frage. Eine Erklärung für den monoton wachsenden Trend wird im steigenden weltweiten Verbrauch fossiler Brennstoffe, d. h. menschengemachter Effekte gesehen. Über Zeitintervalle von wenigen Jahren mag eine lineare Funktion den Trend angemessen wiedergeben, über den gesamten Zeitraum von ca. 60 Jahren ist jedoch eine Linkskrümmung unübersehbar.

2.4.3 Sinus Hyperbolicus und Hyperbolicus

Wenn sie auch eigentlich keine Winkelfunktionen im engeren Sinne sind, so haben die Hyperbelfunktionen Sinus Hyperbolicus und Cosinus Hyperbolicus eine Reihe von formalen Ähnlichkeiten mit der Sinus- und Cosinusfunktion.

Definition 12 Die Funktion

$$\sinh(x) = \frac{1}{2}(e^x - e^{-x})$$

heißt **Sinus Hyperbolicus**. Die Funktion

$$\cosh(x) = \frac{1}{2}(e^x + e^{-x})$$

heißt **Cosinus Hyperbolicus**.

Abb. 2.37 zeigt den Graphen des Sinus Hyperbolicus und des Cosinus Hyperbolicus. Die Hyperbolicus-Funktionen haben folgende Eigenschaften

$$\cosh^2(x) - \sinh^2(x) = 1 \text{ für alle } x$$
$$\sinh'(x) = \cosh(x)$$
$$\cosh'(x) = \sinh(x).$$

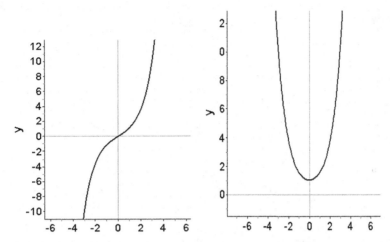

Abb. 2.37 Graph der Sinus Hyperbolicus Funktion (links) und der Cosinus Hyperbolicus Funktion (rechts)

Man beachte die Ähnlichkeit, aber auch Unterschiede zu den Eigenschaften der trigonometrischen Funktionen sinus und cosinus.

Beispiel 2.18 Kettenlinie
Die beiden Enden einer Kette (siehe Abb. 2.38) wurden an zwei Stellen auf gleicher Höhe befestigt, sodass die Kette in der Mitte durchhängt, und an verschiedenen Positionen wurde die Höhe der Kette über dem Boden gemessen. Die dazugehörigen Daten befinden sich in der Datei **Kettenlinie**. Schaut man sich die Daten in einem Streudiagramm an, so ist man vielleicht geneigt, eine Parabel als geeignetes Modell anzupassen (siehe Abb. 2.39, linke Darstellung). Eine genauere Betrachtung zeigt allerdings, dass bei guter Anpassung im mittleren Bereich eine Parabel an den Rändern deutliche Abweichungen von den Daten zurücklässt. Tatsächlich liefert für die Daten einer Kettenlinie der Cosinus Hyperbolicus ein geeignetes Modell (siehe Abb. 2.39, rechte Darstellung).

   Aufgabe: Suchen Sie im Internet unter dem Begriff „Kettenlinie" (englisch: catenary).

Abb. 2.38 Kettenlinie

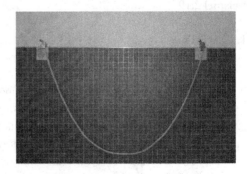

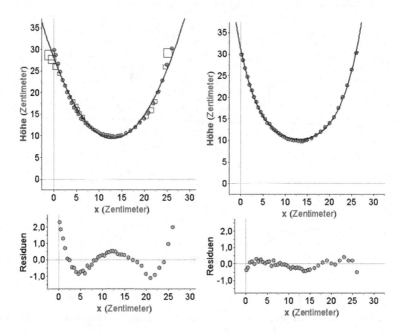

Abb. 2.39 Links: Daten einer Kettenlinie mit Anpassung einer Parabel; rechts: $y = 0,1113 \cdot (x - 12,99)^2 + 9,37$ und einer Cosinus Hyperbolicus Funktion $y = 2,704 \cosh(0,21943(x-13,5)) + 7,468$

2.4.4   Verketten von Funktionen

Eine weitere wichtige Technik beim Modellieren funktionaler Abhängigkeiten ist das Verketten oder Verknüpfen von Funktionen.

Definition 13 Sind f und g zwei reelle Funktionen, so versteht man unter $f \circ g$ diejenige Funktion, die jedem $x \in \mathbb{R}$ das Bild von $g(x)$ unter f zuordnet

$$(f \circ g)(x) := f(g(x)).$$

Beispiel 2.19

1. Die Parabel $y = 6x^2 - 18x + 13,5 = 1,5(2x - 3)^2$ geht aus der um den Faktor $1,5$ gestreckten Normalparabel $y = x^2$ mittels einer Reskalierung der x-Achse hervor. Es muss noch x durch $(2x - 3)$ ersetzt werden.
2. Die Funktion $y = \exp(-1/2x^2)$ geht aus einer Verkettung einer nach unten geöffneten Parabel und der Exponentialfunktion hervor (siehe Abb. 2.40, linke Darstellung).
3. Die Funktion $y = 10 - e^{-2x}$ erhält man durch Verkettung von $y = -2x$ mit der Exponentialfunktion und der Subtraktion dieses Ausdruckes von der (konstanten) Funktion $y = 10$ (siehe Abb. 2.40, rechte Darstellung).

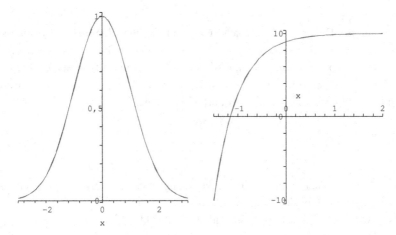

Abb. 2.40 Links: Verkettung von Exponentialfunktion und nach unten geöffneter Normalparabel $y = \exp(-x^2)$; rechts: Verkettung von Exponentialfunktion und $y = -2x$ sowie Addition einer Konstanten zu $y = 10 - \exp(-2x)$

Abb. 2.41 Dauer, bis ein aus verschiedenen Höhen fallender Wattebausch zur Erde fällt

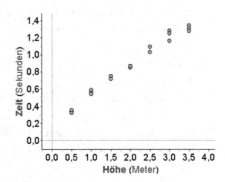

Die Physik des idealen (reibungslosen) freien Falls ist gut erforscht und mit Formeln beschrieben, die zu den Standardinhalten des schulischen Physikunterrichts gehören. Lässt man allerdings Reibungsverluste in Form von Luftwiderstand zu, so ist eine Modellierung weitaus schwieriger. Eine Verkettung von Logarithmus und Cosinus Hyperbolicus schafft hier Abhilfe.

Projekt 6 Fallender Wattebausch
Lässt man gleichzeitig einen Stein und einen Wattebausch fallen, so kommt der Stein zuerst auf die Erde. Das liegt daran, dass der Luftwiderstand den Fall des Wattebausches verlangsamt. Wenn wir einen Wattebausch fallen lassen, können wir dann vorhersagen, wann er auf der Erde landen wird?

Wir beginnen mit Daten. Ein Wattebausch wurde aus unterschiedlichen Höhen losgelassen, und es wurde die Zeit gemessen, bis er auf dem Boden aufschlug. Bei Steinen wird die Zeit viel kürzer sein, weil Steine kaum vom Luftwiderstand betroffen sind. Beim freien Fall (ohne Berücksichtigung des Luftwiderstandes) sagt die Mechanik, dass Fallstrecke s und Zeit t durch die Formel

$$s = \frac{1}{2}gt^2$$

verbunden sind, wobei g die Erdbeschleunigung von 9,81 m/sek^2 bezeichnet. Die Daten, verfügbar in der Datei **Wattebausch**, bestehen aus 7 Messungen der Variablen **Höhe** (in m) und **Zeit** in Sekunden (siehe Abb. 2.41).

1. Bevor Sie ein Modell erstellen, überlegen Sie sich zunächst, was passieren soll, wenn die Höhe niedrig ist? Was, wenn der Wattebausch aus großer Höhe fällt?
2. Erstellen Sie ein Streudiagramm und versuchen Sie ein Modell anzupassen, das auf dem freien Fall basiert. Woraus können Sie schließen, dass freier Fall hier kein angemessenes Modell ist.
3. Zeigen Sie, dass der Wattebausch auch nicht einem Freien-Fall-Modell mit reduzierter Gravitation folgt (d. h. mit einer Beschleunigung g, die kleiner als $9,81 m/sek^2$ ist).
4. Der Graph sieht fast linear aus. Woraus können Sie schließen, dass ein lineares Modell für die vorliegenden Daten dennoch nicht geeignet ist?
5. Ein mögliches Modell sieht den Wattebausch im freien Fall bis zu einem bestimmten Zeitpunkt, und ab dann mit konstanter Geschwindigkeit fallen. Benutzen Sie eine parabelförmige Kurve (für den Abschnitt des freien Falles) und eine Gerade, um diese Idee darzustellen. Wenn dieses Modell brauchbar ist, zu welchem Zeitpunkt kommt der Wechsel vom freien Fall zu konstanter Geschwindigkeit?

Tatsächlich ist der Übergang vom freien Fall zu konstanter Geschwindigkeit graduell; es beginnt, sobald der Bausch fällt und hört nie wirklich auf. Eine Formel, die die Physik eines fallenden Objektes unter Luftwiderstand beschreibt (Young, 2001), lautet:

$$x(t) = \frac{V_d^2}{g} \ln \left[\cosh \left(\frac{gt}{V_d} \right) \right],$$

wobei $x(t)$ die Position als Funktion der Zeit t darstellt, g ist wiederum die Erdbeschleunigung und V_d heißt Driftgeschwindigkeit.

6. Modellieren Sie die Daten gemäß dieser Formel. Was sind Ihre Parameter? Ist die resultierende Driftgeschwindigkeit sinnvoll?
7. Für alle mit gutem Vertrauen in ihre Analysiskenntnisse: Weisen Sie nach, dass nach obiger Formel die Grenzgeschwindigkeit ($t \to \infty$) tatsächlich V_d ist.

2.4.5 Transformation der Achsen

Wie in den vergangenen Abschnitten gesehen, lassen sich Geraden besonders leicht und oft schon per Augenmaß in ein Streudiagramm einpassen. Besitzen Daten einen linearen Trend, so ist die Methode des Geradenanpassens gewiss angemessen. Nun weisen jedoch viele interessante Zusammenhänge eine nicht-lineare Struktur auf, was eine Kurvenanpassung erheblich erschwert. Eine wichtige Technik, die in solchen Situationen weiterhilft, ist die Linearisierung der Daten durch Transformation der Achsen mit nachfolgender Rücktransformation.

Beispiel 2.20 Plottet man im Beispiel vom Zusammenhang zwischen Abstand zur Sonne und Dauer der Umlaufzeit (siehe S. 57, 3. Keplersches Gesetz) anstatt der ursprünglichen Daten **AbstandSonne** und **Jahr** die Logarithmen dieser beiden Größen, so erhält man ein Streudiagramm mit Daten, die – von minimalen Abweichungen abgesehen – alle auf einer Ursprungsgeraden liegen mit der Gleichung

$$\ln(\text{Jahr}) = \frac{3}{2} \ln(\text{Abstand zur Sonne}) \text{ (siehe Abb. 2.42)}.$$

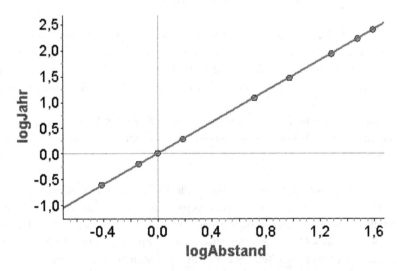

Abb. 2.42 Logarithmierte Daten, Abstand der Planeten zur Sonne versus Umlaufdauer

Nimmt man die mittels Logarithmus-Transformation linearisierten Daten und die dabei eingepasste lineare Gleichung und transformiert die Daten wieder auf die ursprünglichen Skalen zurück, so erhält man ein nicht-lineares Modell

$$\text{Jahr} = \text{Abstand zur Sonne}^{3/2},$$

was ja genau dem 3. Keplerschen Gesetz über die Planetenbewegungen entspricht:

> Die Quadrate der Umlaufzeiten der Planeten verhalten sich wie die 3. Potenzen ihrer mittleren Entfernung von der Sonne.

Wir formulieren die Linearisierungsidee mittels geeigneter Transformation etwas allgemeiner:

Es seien S und T zwei bijektive Transformationen der reellen Achse (oder zumindest von Teilmengen von $\mathbb{R}$), die so gewählt wurden, dass der Zusammenhang zwischen $x^\star$ und $y^\star$ durch die lineare Funktion

$$y^\star = g(x^\star) = ax^\star + b$$

beschrieben ist, wobei

$$x^\star = T(x) y^\star = S^{-1}(y).$$

Dann folgt für den Zusammenhang $y = f(x)$ zwischen den ursprünglichen Variablen

$$y = S(y^\star) = (S \circ g \circ T)(x) = S(g(T(x))),$$

d. h. $f = S \circ g \circ T$. Bei geeigneter Wahl von S und T lassen sich damit schwierig zu durchschauende funktionale Abhängigkeiten auf einfachere Zusammenhänge zurückführen, indem man die Daten transformiert und zunächst ein Modell für die transformierten Daten sucht. Durch Rücktransformation erhält man dann ein Modell für die ursprünglichen Daten.

Im obigen Beispiel – und das gilt für viele wichtige Anwendungen – waren beide Transformationen S und T Logarithmusfunktionen, d. h. von beiden Größen wurde der Logarithmus gebildet.

Beispiel 2.21 Wasser wurde in der Mikrowelle für 30 Sekunden erhitzt, und jeweils die Wassermenge und die Temperaturen wurden vorher und nachher gemessen. Wie hängt der Temperaturzuwachs von der Wassermenge ab? Die Daten in der Datei **MikrowelleVolumen** bestehen aus Messungen der jeweiligen Temperatur bevor die Schale in die Mikrowelle kam (**Tvorher**), der Temperatur nach der Zeit in der Mikrowelle (**Tnachher**) sowie des jeweiligen Wasservolumens (**Volumen**) in Milliliter.

Wir definieren zunächst eine neue Variable **Tempdiff** als Differenz aus Tnachher –
Tvorher. **Tempdiff** misst also den Temperaturzuwachs. Abb. 2.43 zeigt ein Streudia-
gramm von **Tempdiff** und **Vol** sowie den Versuch, eine antiproportionale Funktion in das
Streudiagramm einzupassen.

Auch ohne Erstellen eines Residuendiagramms wird deutlich, dass eine antiproportionale Funktion hier ein wenig geeignetes Modell liefert. Der Wert der Konstante für
$y = k/x$ in Abb. 2.43 wurde auf $k = 2200$ eingestellt, und auch bei anderer Wahl von k lässt
sich die Anpassung kaum verbessern. Ein antiproportionales Modell (mit dem Exponenten -1) ist offensichtlich nicht geeignet, die Krümmung in den Daten zu erfassen. Auf der
Suche nach einem geeigneteren Modell führen wir zwei neue Variablen ein: **logVol** und
logTempdiff, die jeweils als der Logarithmus von **Vol** und **Tempdiff** definiert sind. Diese
beiden Größen gegeneinander geplottet (siehe Abb. 2.44, linke Darstellung) besitzen ein
Streudiagramm mit weitgehend linearer Struktur. Eine per Freihand eingezeichnete Gerade
hat die Form logTempdiff = $-0,607$logVol + $5,6$ (siehe Abb. 2.44, linke Darstellung). Per
Rücktransformation erhalten wir für die ursprünglichen Daten das Modell

$$\text{TempDiff} = \frac{270,43}{\text{Vol}^{0,607}},$$

das in der rechten Darstellung in Abb. 2.44 wiedergegeben ist. Die Anpassung an die
Daten erfolgt in diesem Modell deutlich besser als im antiproportionalen Modell (vgl.
Abb. 2.43), wenngleich auch hier Diskrepanzen zwischen Modell und Daten deutlich zu
erkennen sind. Neben nie auszuschließenden Messungenauigkeiten fällt bei genauerer
Betrachtung des Datensatzes auf, dass die Ausgangstemperatur nicht für alle erhitzten

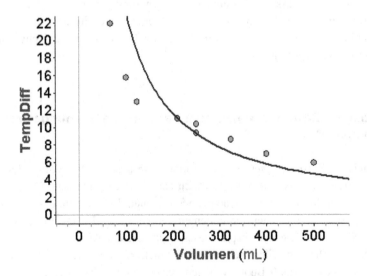

Abb. 2.43 Volumen einer Menge von Wasser und Temperaturzuwachs nach 30 Sekunden in
Mikrowelle mitsamt eingepasster antiproportionaler Funktion.

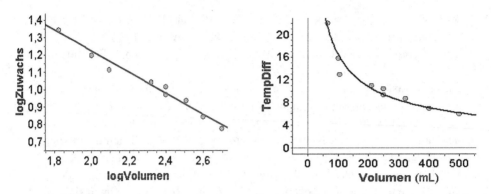

Abb. 2.44 Log-transformierte Daten mit Geradenanpassung (links) sowie ursprüngliche Daten mit -rücktransformiertem Modell: Wasservolumen und Temperaturzuwachs nach 30 Sekunden Erwärmen in der Mikrowelle

Wassermassen gleich war. Kälteres Wasser wird bei 30 Sekunden in der Mikrowelle jedoch einen höheren Temperaturzuwachs erfahren als die gleiche Wassermenge bei wärmerer Ausgangstemperatur.

Es bleibt jedoch die Frage, wie denn der Exponent $0,607$ interpretiert werden kann, warum also gerade diese Zahl im Exponenten ein geeignetes Modell liefern kann. Folgende Erklärung kann eine gewisse Plausibilität beanspruchen: Das Wasser nimmt Wärme in der Mikrowelle über seine Oberfläche auf. Zu erhitzen ist aber die Masse des Wassers, die proportional zum Volumen ist. Das Verhältnis zwischen Oberfläche (ein Flächenmaß) zum Volumen ist aber dimensionsmäßig $2/3$. Hiermit ist ein Weg aufgezeichnet zu einer Theorie, die besagt, dass die Beziehung zwischen Temperaturzuwachs und Volumen von der Form Tempdiff $= k \cdot \text{Vol}^{-2/3}$ ist. Diese Schlussfolgerung ist zunächst erstmal eine Spekulation, auf die uns eine Vermischung von Datenanalyse und physikalischer Plausibilitätsannahmen geführt hat.

2.4.6 Ockhams Rasiermesser, Platons Bart und die Warnung vor zu viel Komplexität

Wie in all unseren Beispielen gesehen, wird man es in tatsächlichen Anwendungssituationen kaum erreichen, dass Modell und Daten exakt zusammenpassen. Es wird immer eine Kluft zwischen Modell und Beobachtungen bestehen. Ein Modell, das die Daten exakt interpoliert, wird in den seltensten Fällen ein brauchbares oder angemessenes Modell sein. Denken Sie an das Eingangsbeispiel dieses Kapitels (siehe Abb. 2.1) vom Zusammenhang zwischen gefahrenen Kilometern und verbrauchten Litern Treibstoff. Wir kehren noch einmal zu diesem aus 9 Beobachtungen bestehenden Beispiel zurück. Anstatt einer Ursprungsgerade oder einem Polynomzug hätte man auch ein Polynom 8. Grades an die Daten anpassen können. Genau das wurde in Abb. 2.45 getan. Auch wenn das Polynom eine exakte Anpassung leistet, so liefert es ein absurdes Modell. Das proportionale Modell ist nicht nur vom Sachkontext sinnvoller, es ist auch weitaus besser zu Vorhersagen geeignet.

Bei Polynominterpolationen steigt der Grad des Polynoms direkt mit der Anzahl der Datenpunkte. Verzichtet man auf eine exakte Interpolation – was vom Sachkontext meist völlig angemessen ist, weil die Modelle wie im obigen Beispiel dann leichter zu interpretieren sind und auch bessere Vorhersagen liefern – dann findet man sich nicht selten in Situationen wieder, in denen mehrere mögliche Modelle zur Auswahl stehen. Insbesondere lassen sich durch Hinzunahme von immer mehr Parametern Modelle erzeugen, die sich den Daten immer besser anpassen. Letztendlich liegt genau dieser Fall bei der Polynominterpolation vor: Mit Polynomen lassen sich alle Streudiagrammdaten exakt interpolieren (solange $x_i \neq x_j$ für $i \neq j$). Der Preis dieser Genauigkeit liegt in einer hohen Zahl von Modellparametern. Derartige hochparametrige Modelle erweisen sich oft als sehr wenig angemessen. Sie sind in der Regel weitaus weniger geeignet, neue Funktionswerte vorauszusagen oder Einblicke in die zugrundeliegende Dynamik zu geben als einfachere Modelle mit weniger Parametern. Modelle mit zu vielen Parametern verstoßen gegen ein wissenschaftstheoretisches Prinzip, das nach dem englischen Philosophen und Logiker William von Ockham (auch: Occam; 1285–1349) benannt ist. Es geht schon auf Aristoteles zurück (Gründer et al. 1984). Man nennt dieses Prinzip das „Ockhamsche Rasiermesser", weil es dazu dient „Platons Bart" abzuschneiden. Einfach ist am besten.

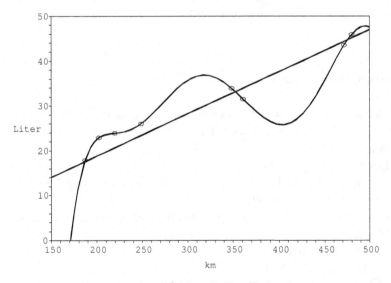

Abb. 2.45 Gefahrene Kilometer und verbrauchter Treibstoff: Geradenanpassung und Anpassung eines Polynoms 8. Grades

lat.: *Entia non sunt multiplicanda praeter necessitatem; frustra fit per plura, quod fierit potest per pauceriora.*

Wesenheiten soll man nicht über das Notwendige vermehren: denn es ist eitel, etwas mit mehr zu erreichen, was mit weniger zu erreichen möglich ist.

Auf unseren Problemkontext übertragen bedeutet das:

1. Von mehreren Modellen, die den gleichen Sachverhalt erklären, ist das einfachste Modell allen anderen vorzuziehen.
2. Ein Modell ist im Aufbau der inneren Zusammenhänge möglichst einfach zu gestalten.

Das Ockhamsche Sparsamkeitsprinzip fordert, dass man in Hypothesen nicht mehr Annahmen einführt, als tatsächlich benötigt werden, um einen bestimmten Sachverhalt zu beschreiben und empirisch nachprüfbare Voraussagen zu treffen. Die Anspielung auf das Rasiermesser ist als Metapher zu verstehen: Die einfachste Erklärung ist vorzuziehen, alle anderen Theorien werden wie mit einem Rasiermesser weggeschnitten. Ockhams Rasiermesser ist ein Grundprinzip der Wissenschaft. Es geht darum, unnötige und überflüssige Hypothesen zu vermeiden. Es ist nicht erforderlich, mehrere Annahmen einzuführen, wenn eine einzige Annahme zur Erklärung genügt, und dass, wenn mehrere Hypothesen konkurrieren, diejenige zu bevorzugen ist, die ceteris paribus mit der geringsten Zahl an Annahmen auskommt, um etwas zu erklären. Ein Modell sollte so einfach wie möglich und nur so komplex, wie unbedingt nötig sein. Das beste Modell ist dasjenige, das seinen Zweck bei geringstmöglicher Komplexität erfüllt.

Weitere Aufgaben zu Kap. 2:

2.26 Die Bevölkerung Perus ist in der zweiten Hälfte des zwanzigsten Jahrhunderts stark angewachsen. Die Datei **PeruPopulation** zeigt die Populationsgröße zwischen 1950 und dem Jahr 2000.
  (a) Erstellen Sie ein Streudiagramm der Daten. Was würde die Annahme eines linearen Modells für die Daten bedeuten, was die Annahme einer konkaven (nach links gekrümmten) Modellfunktion?
  (b) Passen Sie folgende Modelle an und diskutieren Sie, wie geeignet das jeweilige Modell ist:
   (i) Exponentialfunktion
   (ii) Logistische Funktion
  (c) Für welches Modell entscheiden Sie sich? Welche Voraussage treffen Sie dabei für die Einwohnerzahl Perus im Jahr 2050?

2.27 Ordnen Sie den Graphen in Abb. 2.46 passende Funktionsgleichungen zu. Nehmen Sie einen Funktionenplotter zur Hilfe und experimentieren Sie! Begründen Sie Ihre Antworten.

(a) Darstellung links:

    (i) $y = \cos(1/x)$

    (ii) $y = 1/\cos(x)$

    (iii) $y = 1/x\cos(x)$

(b) Darstellung rechts:

    (i) $y = \exp(x^2)/x^2$

    (ii) $y = \exp(-x^2)$

    (iii) $y = \exp(1/x^2)$

(c) Darstellung unten:

    (i) $y = \exp(-0,2x)\sin\left(\dfrac{\pi}{4}x\right)$

    (ii) $y = \sin\left(\dfrac{\pi}{4}x\right) \cdot \sin(3\pi x)$

2.28 Erstellen Sie ein mathematisches Modell für die Entwicklung der Bison-Population im Yellowstone Nationalpark zwischen 1902 und 1931. Die Daten, bestehend aus den Variablen **Jahr** und **AnzahlBisons**, befinden sich in der Datei **Yellowstone**.

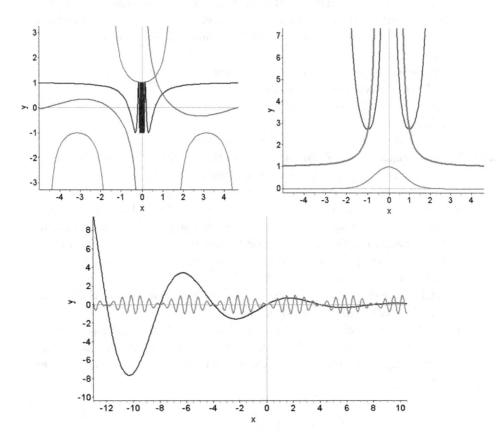

Abb. 2.46 Funktionen zu Aufgabe 2.22a (links oben), 2.22b (rechts oben) und 2.22c (unten)

- Definieren Sie eine neue Variable **Zeitseit1900**, definiert als **Jahr − 1900**.
- Plotten Sie **AnzahlBisons** versus **Zeitseit1900** und passen Sie ein logistisches Modell an die Daten an.
- Erstellen Sie auch ein Residuendiagramm. Kommentieren Sie!

2.29 Schauen Sie sich Beispiel 2.8 von den Sechskant-Stahlschrauben (siehe S. 58) ein zweites Mal an. Versuchen Sie jetzt ein Potenzfunktion zur Modellierung des Zusammenhangs zwischen Masse und Größe der Schrauben anzupassen. Führen Sie neue Variable für die logarithmierten Daten von Masse und Größe ein und verwenden Sie dabei den Linearisierungsansatz. Welches Modell erhalten Sie nach Rücktransformation der im linearisierten Modell hergeleiteten Parameter?

2.30 Wieviel Energie ein Säugetier pro Tag umsetzt in Kilokalorien hängt von seiner Größe und seinem Gewicht ab. Große Tiere setzten mehr Energie um als kleine Tiere. Aber wie ist der Zusammenhang genauer? Die Datei **Kleiber** listet (mittleres) Gewicht und täglicher Energieumsatz von 10 Säugetieren auf.

(a) Plotten Sie die Daten in einem Streudiagramm

(b) Viele Tiere sind sehr leicht, einige sehr groß: es sollte dennoch ein Zusammenhang zwischen Gewicht und Energieumsatz erkenntlich sein. Allerdings scheint der Zusammenhang nicht proportional zu sein. Oft hilft in solchen Situationen, eine oder beide Größen zu logarithmieren, um einen linearen Zusammenhang zu erhalten. Setzen Sie diesen Gedanken um. Ziel sollte dabei sein eine möglichst lineare Struktur zu erhalten (d. h. die Datenpunkte sollten möglichst auf einer Geraden liegen).

(c) Passen Sie in das linearisierte Streudiagramm eine Gerade an. Was sind Steigung und Achsenabschnitt dieser Geraden?

(d) Was bedeutet das für den ursprünglichen Zusammenhang zwischen Gewicht und Energieumsatz?

(e) Recherchieren im Internet Sie zu Kleibers Gesetz

2.31 Die Datei **Säugetiere** enthält Informationen über die mittlere Lebenserwartung sowie Anzahl der Herzschläge pro Minute von 26 Säugetieren.

(a) Visualisieren Sie die Daten zu den Herzschlägen in einem Streudiagramm.

(b) Jemand behauptet, dass Tiere mit langsamerem Herzschlag länger leben. Nehmen Sie dazu Stellung. Präzisieren Sie diesen Vorschlag und fertigen Sie Darstellungen der Daten an, die eine Beantwortung dieser Frage erleichtern. Wählen Sie ein passendes Modell und bestimmen Sie – eventuell nach einer Datentransformation – geeignete Parameter.

(c) Schätzen Sie ab, wie lange der Mensch (*homo sapiens*) mit 72 Herzschlägen/min gemäß dieser Gesetzmäßigkeit leben würde.

(d) Beschaffen Sie sich weitere Daten zu Herzschlägen und Lebensspannen und überprüfen Sie, ob sich die festgestellte Gesetzmäßigkeit auch dort zeigt. Recherchieren Sie, ob es biologische Erklärungen für diesen Zusammenhang gibt.

Lass die Daten sprechen: Von der Schnelligkeit des Sprinters

3

Inhaltsverzeichnis

3.1   Einleitung

Zur Modellierung funktionaler Abhängigkeiten zwischen zwei Variablen hilft uns in vielen Situationen unser Kontextwissen, eine geeignete Klasse von infrage kommenden Funktionen festzulegen. In manchen Situationen liefert der Kontext jedoch keine „Theorie", die uns bei der Auswahl einer Funktionenklasse nützlich ist. Dann können wir nur von Daten ausgehend argumentieren. Will man die Daten für sich allein sprechen lassen ohne irgendwelche an die Daten herangetragenen Einschränkungen, so bieten sich Interpolationen an.[1]

---

[1]Bei genauer Betrachtung kommen auch Interpolationen nicht völlig ohne Modellannahmen aus. Implizit wird eine gewisse Glattheit z.B. in Form von Differenzierbarkeit der Modellfunktion

© Springer-Verlag GmbH Deutschland 2018

J. Engel, *Anwendungsorientierte Mathematik: Von Daten zur Funktion*,
Mathematik für das Lehramt, https://doi.org/10.1007/978-3-662-55487-6_3

Beispiel 3.1 An verschiedenen charakteristischen Messpunkten, nämlich nach 5m, 15m, 30m, 75m, 85m und 100m, wurden die Zeiten und Geschwindigkeiten eines Sprintläufers gemessen.

Strecke in m	x_i	0	5	15	30	75	85	100
Zeit in Sekunden	t_i	0	1,5	2,5	5	9,5	11	13,5
Geschwindigkeit in km/h	v_i	0	12	21,6	27	28,4	27,81	26,667

Die (nicht nur mathematische) Herausforderung besteht nun darin, die Geschwindigkeits-kurve $x \to v(x)$ bzw. $t \to v(t)$ zu rekonstruieren. Der Trainer des Sprinters möchte herauszufinden, wo der Läufer

- eine maximale Geschwindigkeit
- eine maximale Beschleunigung

hatte. Als Erstes stellen wir die gemessenen Werte in einem Koordinatensystem als Streudiagramm dar (siehe Abb. 3.1, linke Darstellung).

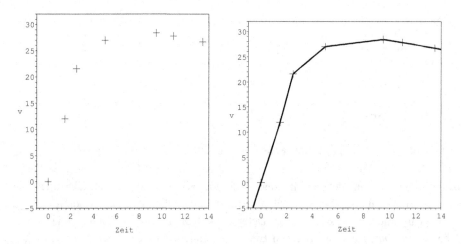

Abb. 3.1 Links: Zeit versus Geschwindigkeit eines 100m Läufers; rechts: lineare Interpolation der Daten (rechts)

vorausgesetzt, d. h. der Wert der Modellfunktion in einer kleinen Nachbarschaft eines Beobach-tungspunktes kann nicht beliebig variieren, weil sonst der Approximationsfehler zwischen den Stützstellen beliebig groß werden kann.

3.2 Lineare Interpolation

Der einfachste Weg vom Streudiagramm zu einem Funktionsgraphen besteht in der linearen Interpolation der Beobachtungen. Das Resultat ist ein Polygonzug („Liniendiagramm"), der leicht aus dem Streudiagramm zu erhalten ist und mögliche Trends in den Beobachtungen visuell erkennen lässt. Eine Verbindung der sieben Punkte im Streudiagramm führt direkt zum Liniendiagramm als erster Annäherung an die gesuchte Geschwindigkeitskurve, dargestellt in Abb. 3.1 (rechte Darstellung).

Wie können wir diese Funktion, deren Graph in Abb. 3.1 gezeigt ist, in algebraischer Notation darstellen? Wir gehen diese Frage gleich allgemein an, indem wir von n Beobachtungspaaren $(x_1, y_1), ..., (x_n, y_n)$ ausgehen, die wir linear miteinander verbinden. Betrachten wir ein Intervall $[x_i, x_{i+1}], i = 1, ..., n-1$. Eine Gerade, die bei x_i den Wert y_i und bei x_{i+1} den Wert y_{i+1} annimmt, ist gemäß der Zweipunkteform der Geradengleichung gegeben durch

$$f_{[x_i, x_{i+1}]}(x) = y_i + \frac{y_{i+1} - y_i}{x_{i+1} - x_i}(x - x_i).$$

Betrachten wir jetzt Funktionen der Form

$$H_i(x) := \begin{cases} \frac{x - x_{i-1}}{x_i - x_{i-1}} & \text{für } x \in [x_{i-1}, x_i] \\ \frac{x_{i+1} - x}{x_{i+1} - x_i} & \text{für } x \in [x_i, x_{i+1}] \quad , i > 1, \\ 0 & \text{sonst,} \end{cases}$$

so folgt direkt aus dieser Definition

$$H_i(x_{i-1}) = 0, H_i(x_i) = 1, H_i(x_{i+1}) = 0.$$

Offensichtlich ist H_i eine stückweise lineare Funktion auf den Teilintervallen $[x_{i-1}, x_i]$ und $[x_i, x_{i+1}]$, die außerhalb dieser Intervalle als 0 definiert ist. Mithilfe dieser Funktion notieren wir unser Geradenstück auf dem Intervall $[x_i, x_{i+1}]$ in der Form

$$f_{[x_i, x_{i+1}]}(x) = y_i H_i(x) + y_{i+1} H_{i+1}(x),$$

denn offensichtlich ist $f_{[x_i, x_{i+1}]}(x_i) = y_i$ und $f_{[x_i, x_{i+1}]}(x_{i+1}) = y_{i+1}$. Die Funktionen H_i heißen **Hutfunktionen**. Sie sind stückweise lineare Funktionen, die nur im Intervall (x_{i-1}, x_{i+1}) von Null verschieden sind, und im Abschnitt bis x_i von 0 auf 1 ansteigen, um danach wieder linear auf 0 abzufallen. Abb. 3.2 zeigt 3 Hutfunktionen $H_1(x)$ für $x_1 = 1$, $x_2 = 3$, $x_3 = 4$, $H_2(x)$ für $x_1 = 3$, $x_2 = 4$, $x_3 = 7$ und $H_3(x)$ für $x_1 = 6$, $x_2 = 7$, $x_3 = 8$. Nun ist es ein leichter Schritt, die linear interpolierende Funktion für die Geschwindigkeit des Sprinters als Formel anzugeben

$$f_{\text{Sprinter}}(x) = \sum_{i=1}^{7} v_i H_i(x),$$

Abb. 3.2 Beispiel für
Hutfunktionen

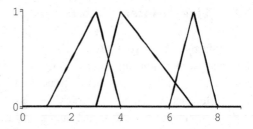

wobei v_i die i-te gemessene Geschwindigkeit ist. Beachten Sie, dass H_1 und H_7 wegen der Randlage keine Hutfunktionen mehr sind, sondern dort nur die jeweiligen Huthälften definiert sind, d. h.

$$H_1(x) := \begin{cases} \frac{x_2-x}{x_2-x_1} & \text{für } x \in [x_1, x_2] \\ 0 & \text{sonst} \end{cases},$$

und

$$H_7(x) := \begin{cases} \frac{x-x_6}{x_7-x_6} & \text{für } x \in [x_6, x_7] \\ 0 & \text{sonst} \end{cases}.$$

Funktionen, die die vorliegenden Daten mithilfe abschnittsweise definierter linearer Funktionen interpolieren wie $f_{\text{Sprinter}}(x)$ heißen **linear interpolierende Splines**.

3.3   Interpolation durch Polynome

Als allererste Annäherung mag der durch lineare Interpolation erhaltene Polygonzug vielleicht genügen, aber außer im Sonderfall eines linearen Zusammenhanges zwischen x und y entstehen auf diese Weise Knickstellen an den Beobachtungspunkten, die aus sachlichen und ästhetischen Gründen schwer zu akzeptieren sind. Außerdem lassen sich mittels dieses linearen Polygonzugs die oben aufgeführten Leitfragen nach maximaler Geschwindigkeit und Beschleunigung des Sprinters kaum beantworten. Ein erster nahe liegender Ausweg besteht hier in der Interpolation durch Polynome $p(x) = a_0 + a_1 x + \ldots + a_k x^k$. Damit das interpolierende Polynom existiert und eindeutig definiert ist, muss es im Fall von n vorliegenden Beobachtungen vom Grade $\leq n-1$ sein, wie weiter unten noch genauer begründet wird. Bezogen auf Beispiel 3.1 mit den 7 Daten für die Geschwindigkeit des Sprinters ist also ein Polynom vom Grade 6 zu bestimmen

$$p_{\text{Sprinter}}(x) = a_0 + a_1 x + \ldots + a_6 x^6.$$

Ein erster naiver Zugang zur Bestimmung der unbekannten Koeffizienten $a_0, \ldots, a_6$ führt auf ein lineares Gleichungssystems bestehend aus 7 Gleichungen mit 7 Unbekannten, das sich prinzipiell immer lösen lässt.

Wir fassen die Fragestellung gleich allgemein, gehen von n Punkten aus und fragen nach einem Polynom vom Grade $n-1$, das die gegebenen Daten interpoliert.
Wir betrachten folgendes **Interpolationsproblem:**

Gegeben seien n Punkte (x_i, y_i), $i = 1, ..., n$ mit $x_i \neq x_j$ für $i \neq j$ (dagegen ist $y_i = y_j$ erlaubt). Gesucht ist ein Polynom möglichst niedrigen Grades mit der Eigenschaft

$$p(x_i) = y_i, \quad i = 1, ..., n. \tag{3.1}$$

Man nennt p das *Interpolationspolynom*.

Es wird sich zeigen, dass p eindeutig bestimmt ist und dass der Grad von p höchstens $n-1$ ist. Es sind also n Koeffizienten $a_0, a_1, ..., a_{n-1}$ zu bestimmen, sodass mit

$$p(x) = a_0 + a_1 x + ... + a_{n-1} x^{n-1}$$

die Bedingung (3.1) erfüllt ist. Die x_i heißen **Stützstellen**, die y_i **Stützwerte** und die (x_i, y_i) **Stützpunkte**, $i = 1, ..., n$. Sind die Stützwerte y_i die Ordinaten einer gegebenen Funktion f an den Stützstellen x_i, also $y_i = f(x_i)$, so approximiert das Interpolationspolynom p die Funktion f. p stimmt an allen Stützstellen mit der Funktion f überein, weicht im Allgemeinen zwischen den Stützstellen von f ab.

Es gibt verschiedene Möglichkeiten, das Interpolationsproblem praktisch zu lösen. Ein erster Ansatz stützt sich auf die Lösung eines linearen Gleichungssystems bestehend aus n Gleichungen der Form $p(x_i) = y_i$, $i = 1, ..., n$ in den n Unbekannten $a_0, ..., a_{n-1}$. Etwas präziser führt dieser Ansatz auf das Gleichungssystem

$$p(x_1) = a_0 + a_1 x_1 + a_2 x_1^2 + ... + a_{n-1} x_1^{n-1} = y_1$$
$$p(x_2) = a_0 + a_1 x_2 + a_2 x_2^2 + ... + a_{n-1} x_2^{n-1} = y_2$$
$$\vdots \qquad\qquad \vdots \qquad\qquad \vdots$$
$$p(x_n) = a_0 + a_1 x_n + a_2 x_n^2 + ... + a_{n-1} x_n^{n-1} = y_n,$$

das man auch kürzer in Matrixform schreiben kann als

$$\begin{pmatrix} 1 & x_1 & x_1^2 & x_1^3 & ... & x_1^{n-1} \\ 1 & x_2 & x_2^2 & x_2^3 & ... & x_2^{n-1} \\ 1 & x_3 & x_3^2 & x_3^3 & ... & x_3^{n-1} \\ \vdots & \vdots & \vdots & \vdots & \vdots & \vdots \\ 1 & x_n & x_n^2 & x_n^3 & ... & x_n^{n-1} \end{pmatrix} \cdot \begin{pmatrix} a_0 \\ a_1 \\ a_2 \\ \vdots \\ a_{n-1} \end{pmatrix} = \begin{pmatrix} y_1 \\ y_2 \\ y3 \\ \vdots \\ y_n \end{pmatrix}.$$

Die Koeffizientenmatrix hat hier eine besondere Struktur. In der zweiten Spalte stehen die Stützstellen $x_1, ..., x_n$ und die anderen Spalten ergeben sich als k-te Potenzen ($k = 0, 2, 3 ..., n - 1$) dieser Werte. Matrizen dieses Typs heißen Vandermondsche Matrizen. Mathematisch lassen sich hieraus *im Prinzip* die unbekannten Parameter $a_0, ..., a_{n-1}$ ermitteln. Zur Bestimmung der Unbekannten $a_0, ..., a_{n-1}$ muss lediglich ein lineares Gleichungssystem gelöst werden. Das ist theoretisch auch möglich. Es lässt sich nämlich zeigen (siehe Aufgabe 3.5a), dass die Determinante der Koeffizientenmatrix von null verschieden ist, die Matrix somit invertierbar ist. Praktisch ist die Invertierung einer großen Matrix oder die Lösung eines großen linearen Gleichungssystems z. B. mithilfe der Gauß-Elimination aber alles andere als trivial. Matrizen wie die Vandermondesche Matrix besitzen ganz schlechte numerische Eigenschaften, die mit wachsendem n rapide zunehmen. Lässt man entsprechende Gleichungssysteme vom Computer lösen, so können gravierende numerische Fehler, hervorgerufen durch fortgesetztes Runden, entstehen. Von dieser Vorgehensweise zur Berechnung des Interpolationspolynoms ist daher strikt abzuraten.

Exkurs: Fehlerabschätzungen beim Lösen linearer Gleichungssysteme und Kondition einer Matrix

Wir wollen ein Gleichungssystem $Ax = b$ lösen, haben aber nur eine Näherung $\tilde{x} \neq x$. Welche Rückschlüsse können aus der Größe des Residuenvektors $r = b - A\tilde{x}$ auf den Fehler $z := \tilde{x} - x$ gezogen werden? Im Folgenden bezeichnen wir mit $\| A \|$ eine beliebige Matrixnorm und $\| x \|$ eine dazu entsprechende Vektornorm, z. B. die Euklidische Norm definiert durch $\| x \|_2 := \sqrt{x^T \cdot x}$ und somit $\| A \|_2 := \sup_{\|x\|_2=1} \| Ax \|_2$.

Der Fehlervektor $z = \tilde{x} - x$ erfüllt $Az = -r$ und es gilt

$$\| b \| = \| Ax \| \leq \| A \| \cdot \| x \|,$$

d. h.

$$\| x \| \geq \frac{\| b \|}{\| A \|} \quad \text{und} \quad \| z \| = \| A^{-1}r \| \leq \| A^{-1} \| \cdot \| r \|,$$

woraus sich für den **relativen Fehler** der Näherung ergibt

$$\frac{\| \tilde{x} - x \|}{\| x \|} = \frac{\| z \|}{\| x \|} \leq \| A \| \cdot \| A^{-1} \| \frac{\| r \|}{\| b \|}. \tag{3.2}$$

Definition 14 Die Zahl

$$\text{cond}\,(A) := \| A \| \cdot \| A^{-1} \|$$

heißt die **Konditionszahl** der Matrix A bezüglich der verwendeten Matrixnorm. Soll auf eine spezielle Norm hingewiesen werden, dann schreibt man $\text{cond}_k(A) = \| A \|_k \cdot \| A^{-1} \|_k$.

Die Konditionszahl cond(A) ist mindestens gleich Eins, denn es gilt stets

$$1 \leq \parallel I \parallel = \parallel AA^{-1} \parallel \leq \parallel A \parallel \cdot \parallel A^{-1} \parallel = \text{cond}(A)$$

Die Abschätzung (3.2) bedeutet konkret: Neben einem relativ kleinen Residuenvektor r, bezogen auf die Größe des Konstantenvektors b, ist die Konditionszahl ausschlaggebend für den relativen Fehler der Näherung $\tilde{x}$. Somit kann nur bei kleiner Konditionszahl aus einem relativen kleinen Residuenvektor auf einen kleinen relativen Fehler geschlossen werden. Das Rechnen mit endlicher Genauigkeit bringt mit sich, dass die Koeffizienten a_{ik} und b_i des zu lösenden Gleichungssystem im Rechner nicht exakt darstellbar sind.

Ausgehend vom linearen Gleichungssystem $Ax = b$ mit der regulären Matrix A und Lösung $x = A^{-1}b$, interessiert hier die Frage, welche Auswirkungen kleine Abweichungen in der Koeffizientenmatrix und im Vektor b auf den Lösungsvektor x haben, d. h. wir betrachten

$$(A + \Delta A)(x + \Delta x) = b + \Delta b$$

und nehmen an, dass auch die verzerrte Koeffizientenmatrix $A + \Delta A$ regulär ist. Für den Fehler lässt sich dann folgende Abschätzung errechnen. Wir verzichten auf den Beweis, der u. a. im Buch zur numerischen Mathematik von Hermann (2001) zu finden ist.

$$\frac{\parallel \Delta x \parallel}{\parallel x \parallel} \leq \frac{\parallel A \parallel \cdot \parallel A^{-1} \parallel}{1 - \parallel \Delta A \parallel \cdot \parallel A \parallel} \left(\frac{\parallel \Delta A \parallel}{\parallel A \parallel} + \frac{\parallel \Delta b \parallel}{\parallel b \parallel} \right)$$

Wenn die Störung sehr klein ist, kann der Nenner des ersten Terms durch 1 ersetzt werden, und wir erhalten für den relativen Fehler die Abschätzung

$$\frac{\parallel \Delta x \parallel}{\parallel x \parallel} \leq \parallel A \parallel \cdot \parallel A^{-1} \parallel \left(\frac{\parallel \Delta A \parallel}{\parallel A \parallel} + \frac{\parallel \Delta b \parallel}{\parallel b \parallel} \right) = \text{cond}(A) \left(\frac{\parallel \Delta A \parallel}{\parallel A \parallel} + \frac{\parallel \Delta b \parallel}{\parallel b \parallel} \right)$$

Eine Matrix wird **schlecht konditioniert** genannt, wenn cond(A) $\gg$ 1, d. h. wenn sich Störungen der Eingangsdaten stark auf die Lösungen auswirken können.

Als tragfähige Alternative zum direkten Ansatz, der zur Lösung eines linearen Gleichungssystems mit einer Vandermondschen Matrix als Koeffizientenmatrix führt, betrachten wir zwei andere Möglichkeiten, die im Folgenden näher vorgestellt und hinsichtlich ihrer numerischen Brauchbarkeit verglichen werden: **Lagrange-Polynome** und **Newton-Polynome**.

Zu n Daten (x_i, y_i), $i = 1, \ldots n$ soll ein Polynom $p(x) := a_0 + a_1 x + a_2 x^2 + \ldots + a_{n-1} x^{n-1}$ vom Grade $\leq n - 1$ gefunden werden, sodass

$$p(x_i) = y_i, i = 1, \ldots, n$$

gilt. Die Menge **aller** Polynome vom Grade kleiner oder gleich $n - 1$ bezeichnen wir mit $\mathcal{P}_{n-1}$. Gibt es denn überhaupt ein solches Polynom, und – falls ja – kann es mehrere solcher Polynome geben? Die letzte Frage beantwortet folgender

Satz 5 Falls es überhaupt ein Interpolationspolynom $p \in \mathcal{P}_{n-1}$ gibt, dann ist es eindeutig bestimmt.

Beweis 5 Wir nehmen an, es gäbe zwei verschiedene Polynome p und $q \in \mathcal{P}_{n-1}$. Dann hätte das Polynom $g = p - q \in \mathcal{P}_{n-1}$ einen Grad $\leq n - 1$ mit den n Nullstellen $x_i, i = 1, ..., n$. Nun kann man aber jedes vom Nullpolynom verschiedene Polynom $g(x)$ mit einer Nullstelle bei, sagen wir, $x = a$ faktorisieren in der Form $g(x) = (x - a) \cdot g_1(x)$, wobei $g_1(x)$ ein Polynom von kleinerem Grad als $g(x)$ ist. Hat $g(x)$ insgesamt n Nullstellen, so lassen sich somit n Linearfaktoren abspalten. Dann hat g aber einen Grad $\geq n$ – ein Widerspruch, da $g = p - q$ höchstens den Grad $n - 1$ hat. Also muss g das Nullpolynom sein, d. h. $p = q$.

Die Existenz des Interpolationspolynoms p zeigen wir konstruktiv: Wir geben zwei unterschiedliche Möglichkeiten an, wie man das Interpolationspolynom p erhält.

3.3.1 Lagrange-Polynome

Wir beginnen mit ganz speziellen Polynomen $L_i \in \mathcal{P}_{n-1}, i = 1, ..., n$, die per definitionem die Eigenschaft haben, dass die L_i an der Stützstelle x_i den Wert 1 und an allen anderen Stützstellen $x_j, j \neq i$ den Wert 0 haben.

$$L_i(x_j) = \delta_{ij} := \begin{cases} 1 & \text{für } i = j \\ 0 & \text{für } i \neq j \end{cases} .$$

Die Polynome $L_i(x)$ heißen **Lagrangesche Stützpolynome** und sind durch folgende Formel definiert:

$$
\begin{aligned}
L_i(x) &:= \frac{(x - x_1) \cdot ... \cdot (x - x_{i-1})(x - x_{i+1}) \cdot ... \cdot (x - x_n)}{(x_i - x_1) \cdot ... \cdot (x_i - x_{i-1})(x_i - x_{i+1}) \cdot ... \cdot (x_i - x_n)} \\
&= \frac{\prod_{j=1, j \neq i}^{n}(x - x_j)}{\prod_{j=1, j \neq i}^{n}(x_i - x_j)}.
\end{aligned}
$$

Jedes L_i ist ganz offensichtlich ein Polynom vom Grade $n - 1$. Außerdem ist $L_i(x_j) = 0$ für alle $j \neq i$. Lediglich $L_i(x_i) = 1$, was genau den geforderten Bedingungen entspricht.

Beispiel 3.2 Für $n = 3$ gegebene Stützstellen $x_1 = 1, x_2 = 3, x_3 = 4$ errechnen sich die Langrangeschen Stützpolynome wie folgt

$$
\begin{aligned}
L_1(x) &= \frac{(x - 3)(x - 4)}{(1 - 3)(1 - 4)} = \frac{1}{6}\left(x^2 - 7x + 12\right) \\
L_2(x) &= \frac{(x - 1)(x - 4)}{(3 - 1)(3 - 4)} = -\frac{1}{2}\left(x^2 - 5x + 4\right) \\
L_3(x) &= \frac{(x - 1)(x - 3)}{(4 - 1)(4 - 3)} = \frac{1}{3}\left(x^2 - 4x + 3\right),
\end{aligned}
$$

dargestellt in Abb. 3.3.

Abb. 3.3 Beispiele für
Lagrangesche Stützpolynome

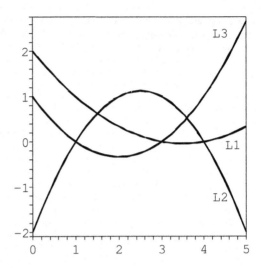

Nun ist die Lösung des Interpolationsproblems einfach mithilfe der L_i auszudrücken.

$$p(x) = \sum_{i=1}^{n} y_i L_i(x).$$

Die erhaltene Funktion $p(x)$ heißt **Lagrangesches Interpolationspolynom**.
Beispiel 3.2 (fortgesetzt)
Gesucht ist ein interpolierendes Polynom $p \in \mathcal{P}_2$ durch die drei Punkte $(1|3), (3|1), (4|6)$.
Lösung:

$$p_2(x) = 3 \cdot L_1(x) + 1 \cdot L_2(x) + 6 \cdot L_3(x) = 2x^2 - 9x + 10.$$

Dieses Beispiel deutet schon auf ein Problem hin: Für große Datenmengen ist die Berechnung der Lagrangeschen Stützpolynome sehr aufwändig und mühsam.

Im Beispiel 3.1 der Geschwindigkeitskurve des Sprinters errechnet sich mithilfe von Lagrange-Polynomen

$$p(x) = 0,00084674505711x^6 - 0,03456059216x^5 + 0,5247994903x^4 - 3,568914474x^3$$
$$+ 9,585664294x^2 + 0,048895872x$$

dargestellt in Abb. 3.4, und z. B. durch folgende Befehle in MAPLE umgesetzt

```
> with(CurveFitting):
> PolynomialInterpolation ([[0,0],[1.5,12],[2.5,21.6],[5,27],
> [9.5,28.4],[11.81],[13.5,26.667]], x,form=Lagrange);
```

Abb. 3.4 Geschwindigkeit des
Sprinters interpoliert durch ein
Polynom 6-ten Grades

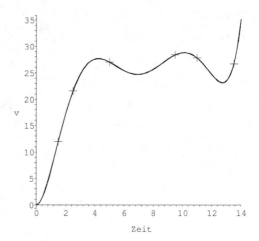

$$-0,002506265664\,x\,(x-2.5)\,(x-5)\,(x-9.5)\,(x-11)\,(x-13.5)$$
$$+0,005280366692\,x\,(x-1.5)\,(x-5)\,(x-9.5)\,(x-11)\,(x-13.5)$$
$$-0,002689075630\,x\,(x-1.5)\,(x-2.5)\,(x-9.5)\,(x-11)\,(x-13.5)$$
$$+0,001977165135\,x\,(x-1.5)\,(x-2.5)\,(x-5)\,(x-11)\,(x-13.5)$$
$$-0,001391500141\,x\,(x-1.5)\,(x-2.5)\,(x-5)\,(x-9.5)\,(x-13.5)$$
$$+0,0001760546643\,x\,(x-1.5)\,(x-2.5)\,(x-5)\,(x-9.5)\,(x-11)$$

```
> expand(%);
```

$$0,0008467450571\,x^6 - 0,03456059216\,x^5 + 0,5247994903\,x^4$$
$$- 3,568914474\,x^3 + 9,585664294\,x^2 + 0,048895872\,x$$

Es gibt kein vom Lagrangeschen Interpolationspolynom verschiedenes Polynom mit den geforderten Eigenschaften. Es sind nur verschiedene Darstellungen und Berechnungsweisen dieses Polynoms möglich. Bei der numerischen Auswertung des Lagrangeschen Interpolationspolynoms müssen – entsprechend der n-gliedrigen Summe – die Produkte im Zähler n-mal ausgewertet werden, wobei jedes Mal diese Produkte bis auf einen Faktor übereinstimmen. Durch geeignete Umformung kann man diese Rechnung wesentlich vereinfachen.

Will man zu einer gewissen Anzahl von Stützstellen eine weitere hinzunehmen, so bedeutet dies, dass man sämtliche Rechnungen völlig neu durchführen muss. Diese Eigenschaft zeigt, dass das Verfahren für die praktische Anwendung nicht immer günstig ist.

Schließlich ist der gesamte Rechenaufwand bei dieser Vorgehensweise erheblich; denn um ein Interpolationspolynom $n-1$-ten Grades aufzustellen, muss man vorher n Polynome $n-1$-ten Grades, die Lagrangeschen Stützpolynome, berechnen.

3.3.2 Newton-Polynome

Die Lagrangesche Form des Interpolationspolynoms hat den Vorteil, dass die Koeffizientenfunktionen $L_i(x)$ nur von den Stützstellen abhängen und explizit angegeben werden können. Die lineare Abhängigkeit von den Stützwerten y_i ist besonders deutlich sichtbar. Dem steht als Nachteil ein hoher Aufwand zur Berechnung von $L_i(x)$ für gegebenes x und der unübersichtliche Übergang bei zunehmenden Datenpunkten gegenüber. Kommen zu den Daten $(x_1, y_1), ..., (x_n, y_n)$ neue Daten (x_{n+1}, y_{n+1}) hinzu, müssen alle Rechnungen noch einmal von vorne durchgeführt werden. Die folgende, nach Isaac Newton benannte Berechnungsmethode des Interpolationspolynomes hat dagegen den Vorteil, dass sie ein einfaches Update erlaubt, wenn neue Daten hinzukommen. Das Resultat ist mathematisch dasselbe – nämlich das Interpolationspolynom. Newton-Polynome nehmen aber schon im Ansatz auf die Hinzunahme weiterer Interpolationsstellen Rücksicht. Dabei kann bei der Aufstellung des Newtonschen Interpolationspolynoms ein einfach zu handhabendes Rechenschema benutzt werden.

Wir illustrieren das Verfahren zuerst am Beispiel der Geschwindigkeitskurve des Sprinters, bevor wir die Methode allgemein erläutern. Das eindeutig bestimmte Interpolationspolynom durch die 7 Stützstellen (siehe Beispiel 3.1) setzen wir wie folgt an:

$$p(x) = a_0 + a_1(x - x_1) + a_2(x - x_1) \cdot (x - x_2) + ... + a_6(x - x_1) \cdot ... \cdot (x - x_6).$$

Es soll $p(x_i) = v_i$ für $i = 1, ..., 7$ gelten. Dies führt zu folgendem gestaffelten linearen Gleichungssystem für die Koeffizienten $a_0, ..., a_6$, das sich problemlos durch wiederholtes Einsetzen lösen lässt:

$$p(0) = 0 = a_0$$
$$p(1,5) = 12 = a_0 + a_1(1,5 - 0) = a_0 + 1,5a_1$$
$$p(2,5) = 21,6 = a_0 + a_1(2,5 - 0) + a_2(2,5 - 0) \cdot (2,5 - 1,5)$$
$$= a_0 + 2,5a_1 + 2,5a_2$$
$$p(5) = 27 = a_0 + 5a_1 + 5 \cdot 3,5a_2 + 5 \cdot 3,5 \cdot 2,5a_3$$
$$p(9,5) = 28,4 = a_0 + 9,5a_1 + 9,5 \cdot 8a_2 + 9,5 \cdot 8 \cdot 7a_3$$
$$+ 9,5 \cdot 8 \cdot 7 \cdot 4,5a_4$$
$$p(11) = 27,81 = a_0 + 11a_1 + 11 \cdot 9,5a_2 + 11 \cdot 9,5 \cdot 8,5a_3$$
$$+ 11 \cdot 9,5 \cdot 8,5 \cdot 6a_4 + 11 \cdot 9,5 \cdot 8,5 \cdot 6 \cdot 1,5a_5$$
$$p(13,5) = 26,667 = a_0 + 13,5a_1 + 13,5 \cdot 12a_2 + 13,5 \cdot 12 \cdot 8,5a_3$$
$$+ 13,5 \cdot 12 \cdot 8,5 \cdot 4a_4 + 13,5 \cdot 12 \cdot 8,5 \cdot 4 \cdot 2,5a_5$$
$$+ 13,5 \cdot 12 \cdot 11 \cdot 8,5 \cdot 4 \cdot 2,5 \cdot a_6.$$

Im vorliegenden Fall führt dieses Vorgehen zu folgendem Resultat (auf sechste Nachkommastelle gerundet) $a_0 = 0, a_1 = 8, a_2 = 0,64, a_3 = -0,553143, a_4 = 0,082720, a_5 = 0,018896, a_6 = 0,000847$. In MAPLE ergibt sich dies mithilfe der Eingaben

```
> with(plots): with(CurveFitting):

> PolynomialInterpolation([[0,0],[1.5,12],[2.5,21.6],[5,27],
> [9.5,28.4],[11,27.81],[13.5,26.667]], x,form=Newton);
```

$$(((((0,0008467450571\,x - 0,01889580860)(x - 9,5)$$
$$+0,08272013366)(x - 5) - 0,5531428572)(x - 2,5)$$
$$+0,6400000000)(x - 1,5) + 8,000000000)x$$

```
> expand(%);
```

$$0,0008467450571\,x^6 - 0,03456059216\,x^5 + 0,5247994903\,x^4$$
$$- 3,568914474\,x^3 + 9,585664294\,x^2 + 0,048895872\,x$$

Das allgemeine **Newtonsche Interpolationspolynom** durch n Stützpunkte $(x_i, y_i), i = 1, \ldots, n$ ist gegeben durch

$$p(x) = a_0 + a_1(x - x_1) + a_2(x - x_1)(x - x_2) + \ldots$$
$$\ldots + a_{n-1}(x - x_1)(x - x_2)\ldots(x - x_{n-1}).$$

Die n Koeffizienten a_i ergeben sich aus der Interpolationsformel $p(x_i) = y_i$ mittels der gestaffelten Gleichungen

$$p(x_1) = a_0 = y_1$$

$$p(x_2) = a_0 + a_1(x_2 - x_1) = y_2 \Leftrightarrow a_1 = \frac{y_2 - y_1}{x_2 - x_1}$$

$$p(x_3) = a_0 + a_1(x_3 - x_1) + a_2(x_3 - x_1)(x_3 - x_2) = y_3$$

$$\Leftrightarrow a_2 = \frac{\frac{y_3 - y_2}{x_3 - x_2} - \frac{y_2 - y_1}{x_2 - x_1}}{x_3 - x_1}$$

$$\ldots$$

$$p(x_n) = a_0 + a_1(x_n - x_1) + \ldots + a_{n-1}(x_n - x_1)(x_n - x_2)\ldots(x_n - x_{n-1}) = y_n$$

Moment mal, hätte für a_2 nicht herauskommen müssen, dass

$$a_2 = \frac{\frac{y_3 - y_1}{x_3 - x_1} - \frac{y_2 - y_1}{x_2 - x_1}}{x_3 - x_2} \qquad ??$$

Weisen Sie nach, dass beide Antworten äquivalent sind, und zwar (1) durch Nachrechnen und (2) durch ein inhaltliches Argument (*Kann die Reihenfolge der Daten eine Rolle beim Interpolationspolynom spielen?*).

Das Polynom $p_1(x) := y_1$ interpoliert somit offenbar bei x_1, das Polynom $p_2(x) := a_0 + a_1(x - x_1) = y_1 + \frac{y_2 - y_1}{x_2 - x_1}(x - x_1)$ interpoliert bei x_1 und x_2 etc. Man nennt das Polynom

$$p_k(x) = a_0 + a_1(x - x_1) + \ldots + a_{k-1}(x - x_1) \cdot \ldots \cdot (x - x_{k-1})$$

das k-te **Abschnittspolynom**. Nach unserer obigen Beobachtung gilt also:

- Das Abschnittspolynom p_k interpoliert an den Stellen $x_1, \ldots, x_k$.
- $p_{k+1}(x) = p_k(x) + a_k(x - x_1) \cdot \ldots \cdot (x - x_k)$
- a_{k-1} ist im Polynom p_k der Koeffizient vor der höchsten Potenz x^k (der sogenannte Leitkoeffizient).

Damit tauchen bei der Berechnung des Newton-Polynoms sukzessive Polynome auf, die mit steigendem Grad immer mehr der gegebenen Daten interpolieren. Daraus resultiert eine wichtige Eigenschaft des Newton-Polynoms: Kommen zu den gegebenen Daten weitere Daten hinzu, so geht man von dem bisher schon berechneten Newton-Polynom weiter und gewinnt einen neuen Koeffizienten für das Interpolationspolynom höheren Grades. Zum Vergleich: Im Fall der Lagrange-Polynome kann man in einem solchen Fall alles bisher Berechnete wegwerfen und muss mit den Daten noch einmal von vorne beginnen!

Nun aber zur wirklich effektiven Berechnung der Koeffizienten des Newtonschen Interpolationspolynoms! Zur einfacheren Darstellung führen wir folgende Bezeichnungen ein:

Definition 15

$$[x_i, x_{i+1}; y] = \frac{y_{i+1} - y_i}{x_{i+1} - x_i}$$

$$[x_i, x_{i+1}, x_{i+2}; y] = \frac{[x_{i+1}, x_{i+2}; y] - [x_i, x_{i+1}; y]}{x_{i+2} - x_i}$$

$$[x_i, x_{i+1}, x_{i+2}, x_{i+3}; y] = \frac{[x_{i+1}, x_{i+2}, x_{i+3}; y] - [x_i, x_{i+1}, x_{i+2}; y]}{x_{i+3} - x_i}$$

$$\ldots$$

$$[x_i, x_{i+1}, \ldots, x_{i+k}; y] = \frac{[x_{i+1}, \ldots, x_{i+k}; y] - [x_i, x_{i+1}, x_{i+k-1}; y]}{x_{i+k} - x_i}$$

Man nennt die Größe $[x_i, \ldots x_{i+k}; y]$ **Steigung der Ordnung** k mit den Stützstellen $x_i, \ldots, x_{i+k}$. Mit diesen Bezeichnungen erhalten wir nun die Koeffizienten des Newtonschen Interpolationspolynoms

$$a_0 = y_1$$

$$a_1 = [x_1, x_2; y] := \frac{y_2 - y_1}{x_2 - x_1}$$

$$a_2 = [x_1, x_2, x_3; y] := \frac{[x_2, x_3; y] - [x_1, x_2; y]}{x_3 - x_1}$$

$$\ldots$$

$$a_{n-1} = [x_1, x_2, \ldots, x_n; y] := \frac{[x_2, \ldots, x_n; y] - [x_1, \ldots, x_{n-1}; y]}{x_n - x_1}$$

Die a_i entstehen also fortlaufend durch Bildung von Quotienten aus Differenzen von vorher berechneten Ausdrücken. Sie lassen sich daher bequem nach folgendem Rechenschema ermitteln:

			x_i	y_i	1. Ordnung	2.Ordnung	3.Ordnung
			x_1	y_1			
		x_2-x_1			$[x_1,x_2;y]$		
	x_3-x_1		x_2	y_2		$[x_1,x_2,x_3;y]$	
x_4-x_1		x_3-x_2			$[x_2,x_3;y]$		$[x_1,x_2,x_3,x_4;y]$
	x_4-x_2		x_3	y_3		$[x_2,x_3,x_4;y]$	
x_5-x_2		x_4-x_3			$[x_3,x_4;y]$		$[x_2,x_3,x_4,x_5;y]$
	x_5-x_3		x_4	y_4		$[x_3,x_4,x_5;y]$	
x_6-x_3		x_5-x_4			$[x_4,x_5;y]$		$[x_3,x_4,x_5,x_6;y]$
	x_6-x_4		x_5	y_5		$[x_4,x_5,x_6;y]$	
		x_6-x_5			$[x_5,x_6;y]$		
			x_6	y_6			

Man beginnt mit den beiden Spalten für x_i und y_i. Nach links fortschreitend gewinnt man die k-te Spalte aus den Differenzen $x_{i+k}-x_i, i = 1, 2, \dots$. Nach rechts fortschreitend gewinnt man eine neue Spalte durch Quotientenbildung. Im Zähler steht die Differenz benachbarter Werte der vorhergehenden Spalte, im Nenner steht die entsprechende Differenz aus den x-Werten, die man der linken Hälfte des Schemas an entsprechender Stelle entnimmt.

Für $n = 3$ bedeutet dies

		x_1	y_1		
	x_2-x_1			$[x_1,x_2;y]$	
x_3-x_1		x_2	y_2		$[x_1,x_2,x_3;y]$
	x_3-x_2			$[x_2,x_3;y]$	
		x_3	y_3		

Will man z. B. das Newtonsche Interpolationspolynom durch die Punkte $(1,3),(3,1),(4,6)$ berechnen, so erhält man mit diesem Schema

		1	$\boxed{3}$		
	2			$\boxed{-1}$	
3		3	1		$\boxed{2}$
	1			5	
		4	6		

Die umrandeten Zahlen sind die Koeffizienten des Newton-Polynoms. Es ergibt sich somit

$$p(x) = 3 - 1(x - 1) + 2(x - 1)(x - 3) = [2(x - 3) - 1](x - 1) + 3$$

3.3.3 Maximale Geschwindigkeit und Beschleunigung des Sprinters

Wenden wir uns den zu Beginn des Kapitels gestellten Fragen nach maximaler Geschwindigkeit und maximaler Beschleunigung des Sprinters zu, so können wir über unsere Polynominterpolation eine Antwort errechnen, indem wir die Nullstellen der Ableitungen unseres Interpolationspolynoms untersuchen. Dabei müssen wir uns aber bewusst sein, dass wir nur an den Stützstellen über exakte Werte für die Geschwindigkeit des Läufers verfügen. Im vorliegenden Fall nutzen wir wiederum MAPLE, um die 1. und 2. Ableitung und deren Nullstellen zu erhalten.

```
> data:=([[0,0],[5,12],[15,21.6], [30,27], [75, 28.4],
  [85, 27.81],  [100, 26.667]]);
```
$$data := [[0,0],[5,12],[15,21.6],[30,27],[75,28.4],[85,27.81],[100,26.667]]$$

```
> f:=x->PolynomialInterpolation(data, x, form=Newton);
> f1:=x->diff(f(x),x);
```

Das Ergebnis, dargestellt in Abb. 3.5, lautet

$$f'(x) = 0,0488958741 + 19,17132857 \cdot x - 10,70674341 \cdot x^2 + 2,099197961 \cdot x^3$$
$$- 0,1728029607 \cdot x^4 + 0,005080470336 \cdot x^5$$

```
> plot(f1(x),x=0 ... 100);
```

Zur Berechnung der Stellen maximaler Geschwindigkeit benötigen wir die Nullstellen dieser Funktion. MAPLE liefert die fünf reellen Nullstellen der 1. Ableitung

```
> solve(f1(x)=0,x);
```

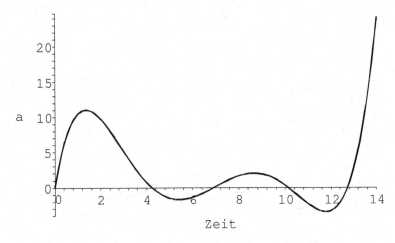

Abb. 3.5 1. Ableitung der Polynominterpolation der Geschwindigkeit des Sprinters: Beschleunigung versus Zeit

$-0, 002546844277, 4, 232493690, 6, 926141047, 10, 12310777, 12, 73398603$

bei ungefähr $x_1 = 0, x_2 = 4, 23, x_3 = 6, 92, x_4 = 10, 12, x_5 = 12, 73$

Auch für die 2. Ableitung arbeiten wir mit MAPLE.

```
> f2:=x->diff(f1(x),x);
```

und erhalten (siehe Abb. 3.6)

$$f''(x) = 19, 17132858 - 21, 41348681x + 6, 297593877x^2$$
$$- 0, 6912118424x^3 + 0, 02540235167x^4$$

Da $f''(4, 23) < 0$ und $f''(10, 12) < 0$ liegen an diesen beiden Stellen lokale Maxima des Interpolationspolynoms vor.

Die 2. Ableitung besitzt vier Nullstellen bei $x_4 = 1, 366, x_5 = 5, 431, x_6 = 8, 648, x_7 = 11, 766$. Wir entnehmen dem Graphen, dass die anfangs sehr hohe Beschleunigung schnell nachlässt. Nach 4,23 Sekunden und nach 10,12 Sekunden verliert der Läufer wieder an Geschwindigkeit. Nach 6,92 Sekunden setzt er zu einem Zwischenspurt an und zum Zeitpunkt 12,73 Sekunden zum Endspurt. Basierend auf der Polynominterpolation der Geschwindigkeitskurve ziehen wir den Schluss, dass der Sprinter seine Gesamtzeit verbessern kann, wenn er die nach 6,92 Sekunden erreichte Geschwindigkeit halten oder sogar noch steigern kann, was ihm ja zum Schluss hin auch gelingt, anstatt nach 6,92 Sekunden etwas nachzulassen. Er sollte daher seine Ausdauer etwas trainieren. Allerdings ist bei dieser Schlussfolgerung Vorsicht geboten! Das Interpolationspolynom stimmt an den Stützstellen exakt mit den Daten überein, kann aber außerhalb der Stützstellen nicht unerheblich von der wahren, jedoch nicht bekannten Geschwindigkeitskurve abweichen!

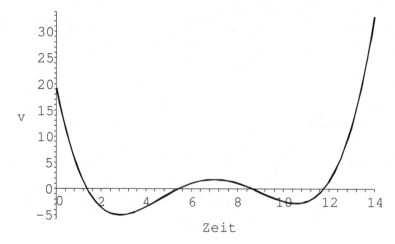

Abb. 3.6 2. Ableitung der Polynominterpolation der Geschwindigkeit des Sprinters: Veränderung der Beschleunigung

3.3.4 Interpolationsfehler

Gegeben sei eine Funktion f. Diese soll durch das Interpolationspolynom $p \in \mathcal{P}_{n-1}$ vom Grade höchstens $n-1$ approximiert werden, das durch die Stützpunkte $(x_i, f(x_i))$, $i = 1, ..., n$ bestimmt ist. Nach Konstruktion ist $p(x_i) = f(x_i)$, $i = 1, ..., n$. Außerhalb der Stützstellen stimmen Funktion f und Interpolationspolynom jedoch im Allgemeinen nicht überein. Wie groß ist der Interpolationsfehler? Insbesondere interessiert, ob mit zunehmender Zahl der Stützstellen der Interpolationsfehler gegen 0 geht. Im Allgemeinen lässt sich dies nicht sagen. Wenn wir jedoch an die Funktion f bestimmte Differenzierbarkeitsbedingungen stellen, lässt sich der maximale Interpolationsfehler bestimmen. Wir setzen

$$R_n(x) = f(x) - p(x).$$

Dann ist $R_n(x_i) = 0$, $i = 1, ..., n$. Wir fragen nun nach dem Wert, den die Funktion R_n – das Restglied – an Stellen annimmt, die zum Definitionsbereich von f gehören und die von den Stützstellen x_i verschieden sind.

Satz 6 Es sei f eine n-mal stetig differenzierbare Funktion auf dem Intervall $I = [a, b] \subset \mathbb{R}$. Es seien $x_1, x_2, ..., x_n \in I$ paarweise verschiedene Stützstellen und p das Interpolationspolynom vom Höchstgrad $n - 1$ mit

$$p(x_i) = f(x_i), i = 1, ..., n.$$

Dann gilt für alle $x \in I$

$$R_n(x) = \frac{f^{(n)}(\xi_x)}{n!}(x - x_1)(x - x_2)...(x - x_n) \text{ für ein } \xi_x \in I.$$

Beweis 6 Wir setzen $\omega(x) = (x - x_1) \cdot (x - x_2) \cdot ... \cdot (x - x_n)$. Man beachte, dass $x \in I$ beliebig gewählt, aber für unsere Überlegungen dann fest ist. Ohne Beschränkung der Allgemeinheit kann man $x \neq x_i$, $i = 1, ..., n$ annehmen. Wir betrachten die Hilfsfunktion

$$F(z) = f(z) - p(z) - \frac{f(x) - p(x)}{\omega(x)} \cdot \omega(z)$$

und setzen $c = \dfrac{f(x) - p(x)}{\omega(x)}$. Für unsere Überlegungen ist c konstant, da x fest ist. Für F gilt

$$F(x_i) = f(x_i) - p(x_i) - c\omega(x_i) = 0, i = 1, ..., n,$$

da an den Stützstellen Funktion f und Interpolationspolynom p übereinstimmen und $\omega(x_i) = 0$. Außerdem gilt

$$F(x) = f(x) - p(x) - c\omega(x) = 0$$

wegen der Konstruktion von c.

Die Funktion F besitzt in I somit wenigstens $n+1$ verschiedene Nullstellen $x_1, \ldots, x_n, x$. Dies ergibt n Teilintervalle von I, an deren Endpunkten F den Wert 0 annimmt. Nach dem Satz von Rolle muss F' in jedem dieser Teilintervalle wenigstens einmal Null werden. F' besitzt also in I wenigstens n verschiedene Nullstellen. Mit der gleichen Schlussweise erhält man: F'' muss in I wenigstens $n-1$ verschiedene Nullstellen besitzen etc. Schließlich folgt, dass $F^{(n)}$ in I wenigstens eine Nullstelle besitzen muss; diese bezeichnen wir mit ξ_x.

Jetzt differenzieren wir F n-mal und setzten $z = \xi_x$, d. h.

$$F^{(n)}(z) = f^{(n)}(z) - p^{(n)}(z) - cn! = f^{(n)}(z) - cn!.$$

da die n-te Ableitung des Polynoms p vom Grade höchstens $n-1$ das Nullpolynom ergibt und $\omega(z) = z^n + \ldots$ ist. Für $z = \xi_x$ ergibt sich

$$0 = f^{(n)}(\xi_x) - cn!$$

und hieraus nach Definition von c

$$R_n(x) = f(x) - p(x) = c\omega(x) = \frac{f^{(n)}(\xi_x)}{n!}\omega(x).$$

Das Restglied gibt den so genannten Interpolationsfehler oder Abbruchfehler an. Dieser Fehler entsteht dadurch, dass man sich den Wert von f an der Stelle x mittels des Interpolationspolynoms p berechnet. Oft wendet man das Resultat dieses Satzes in der pessimistischen Form an

$$|R_n(x)| \leq \sup_{\xi \in I} |f^{(n)}(\xi)| \frac{|(x-x_1)(x-x_2)\ldots(x-x_n)|}{n!}$$

$$\leq K \frac{(b-a)^n}{n!} \to 0 \text{ mit } n \to \infty,$$

wobei K eine obere Schranke der n-sten Ableitung von f ist, $|f^{(n)}(x)| \leq K$. Mit diesem Satz haben wir eine punktweise Konvergenzeigenschaft der Interpolationspolynome auf einem kompakten Intervall bewiesen: Steigt die Zahl der Stützstellen und sind die Ableitungen von f alle beschränkt, so konvergiert für jedes x das Interpolationspolynom an der Stelle x gegen die Funktion f, d. h. $p_n(x) \to f(x)$ mit $n \to \infty$. Denn wenn für alle $x \in [a, b]$ und für alle $n \in \mathbb{N}$

$$|f^{(n)}(x)| \leq K \text{ für alle } n \in \mathbb{N},$$

so folgt

$$|R_n(x)| \leq \frac{K(b-a)^n}{n!} \to 0 \quad \text{für } n \to \infty.$$

Wie aber steht es mit der gleichmäßigen Konvergenz? Schmiegt sich bei steigender Anzahl von Datenpunkten das Interpolationspolynom notwendigerweise dicht an die zu interpolierende Funktion an? Dies ist im Allgemeinen nicht der Fall, und hierin liegt ein entscheidender Nachteil der Approximation mittels Polynome. Carl Runge (1901) gab folgendes instruktive Beispiel:

Man betrachte die Funktion

$$f(x) = \frac{1}{1 + x^2}, \quad x \in [-5, 5]$$

mit den Stützstellen $x_i = -5 + \frac{10(i-1)}{n-1}, i = 1, ..., n$ und eine Folge von Polynomen p_n, die die Funktion f an den Stützstellen interpolieren. Runge konnte beweisen, dass die maximale Differenz zwischen der Funktion f und dem Interpolationspolynom gegen unendlich geht

$$\|f - p_n\|_\infty := \max_{x \in [-5, 5]} |f(x) - p_n(x)| \to^{n \to \infty} \infty.$$

Abb. 3.7 illustriert das Resultat von Runge. Mit wachsendem n haben die Interpolationspolynome (vom Grade $n - 1$) am Rande des Intervalls $[-5, 5]$ zunehmend größere Schwankungen. Dies ist verursacht durch den wachsenden hohen Grad des Interpolationspolynoms. Für festes x nähert sich zwar das Interpolationspolynom der Funktion $f(x)$ punktweise immer mehr an. Die Abweichungen zu $f(x)$ treten in einem immer kleineren Intervall nahe $+5$ oder -5 auf, werden dort jedoch immer größer.

Abb. 3.7 Runge-Funktion (durchgezogene Linie) und Polynominterpolationen vom Grad 5 (Linie aus Punkt-Strich), 10 (gestrichelte Linie) und 12 (gepunktete Linie)

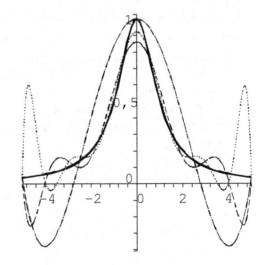

Aufgaben zu Kap. 3:

3.1 Gegeben die Funktion

$$f(x) = \log_{10} x - \frac{x-1}{x}.$$

Berechnen Sie für die folgenden Stützstellen (a)-(d) die Werte der interpolierenden Polynome an der Stelle $x = 5,25$ und vergleichen Sie das Ergebnis mit $f(5,25)$.

	x_1	x_2	x_3	x_4	x_5
(a)	1	2	4	8	10
(b)	2	4	8	10	
(c)	4	8	10		
(d)	2	4	8		

3.2 Bestimmen Sie die Koeffizienten $a_0, a_1, ..., a_n$ eines Polynoms vom kleinstmöglichen Grade, so, dass der Graph des durch $p(x) = a_0 + a_1 x + ... + a_n x^n$ definierten Polynoms durch die angegebenen Punkte geht.
(a) $(0|3), (2|11), (3|18)$
(b) $(-1|1), (0|2), (1|3), (2|16)$
(c) $(-2|11), (-1|0), (1|2), (2|15), (3|76)$

3.3 Es sei s definiert durch $s(x) = a + b \sin(x) + c \cos(x)$ für $x \in \mathbb{R}$. Bestimmen Sie Koeffizienten a, b, und c, sodass der Graph von s durch die Punkte $(0/1), (\frac{\pi}{2}/5)$ und $(\pi/3)$ geht. Berechnen Sie das Interpolationspolynom durch diese drei Punkte. Plotten Sie s und das Interpolationspolynom. Wo auf dem Intervall $[0, \pi]$ ist die Abweichung zwischen s und Interpolationspolynom am größten?

3.4 Wenn $g(x)$ die Funktion $f(x)$ an den Stützstellen $x_0, x_1, ..., x_{n-1}$ interpoliert und wenn $h(x)$ die Funktion $f(x)$ an den Stützstellen $x_1, x_2, ..., x_n$ interpoliert, dann interpoliert die Funktion

$$g(x) + \frac{x_0 - x}{x_n - x_0}[g(x) - h(x)]$$

die Funktion $f(x)$ an den Stützstellen $x_0, x_1, ..., x_n$. Beweisen Sie diese Aussage. Man beachte, dass $g(x)$ und $h(x)$ keine Polynome sein müssen.

3.5 Eine Matrix heißt Vandermondesche Matrix, wenn sie die Form hat

$$
V = \begin{pmatrix}
1 & x_0 & x_0^2 & x_0^3 & \cdots & x_0^n \\
1 & x_1 & x_1^2 & x_1^3 & \cdots & x_1^n \\
1 & x_2 & x_2^2 & x_2^3 & \cdots & x_2^n \\
\vdots & \vdots & \vdots & \vdots & \vdots & \vdots \\
1 & x_n & x_n^2 & x_n^3 & \cdots & x_n^n
\end{pmatrix}
$$

a. Zeigen Sie, dass für die Determinante gilt

$$
|V| = \Pi_{r>s}(x_r - x_s)
$$

b. Die Konditionszahl einer Matrix A ist definiert als $\text{cond}(A) = \|A\| \cdot \|A^{-1}\|$, wobei $\|.\|$ irgendeine Matrixnorm bezeichnet. Bei einer hohen Konditionszahl ist die Lösung eines LGS der Form $Ax = b$ numerisch sehr instabil, d. h. leichte Verzerrungen in den Koeffizienten der Matrix A oder des Vektors b können zu erheblich abweichenden Lösungen $\tilde{x}$ führen. Überprüfen Sie an selbst gewählten Beispielen unter Einsatz von Software wie z. B. MAPLE, dass die Konditionszahl einer Vandermondeschen Matrix hoch ist.

3.6 Bestimmen Sie die das Newtonsche Interpolationspolynom durch die gegebenen Punkte

(a) $(1|2), (3|6)$

(b) $(-1|-3), (0|2), (2|12), (3|29)$

(c) $x_i = i^2, y_i = 0, i = 1, \dots n$.

3.7 Es sei $\omega(x) = \Pi_{i=1}^{n}(x - x_i)$. Zeigen Sie, dass sich das Interpolationspolynom darstellen lässt in der Form

$$
p(x) = \omega(x) \sum_{k=1}^{n} \frac{A_k}{x - x_k}
$$

für geeignet gewählte Konstanten $A_k, k = 1, \dots, n)$, die sich aus den Stützstellen berechnen lassen. Bestimmen Sie A_k. Führen Sie die Darstellung konkret aus für die Stützpunkte $(1/3), (3/1), (4/6)$.

3.8 Man zeige, dass für die Lagrangeschen Stützpolynome gilt

$$
\sum_{i=1}^{n} L_i(x) \equiv 1
$$

3.9 Führen Sie eine Modellierung der Geschwindigkeitskurve des Sprinters (Beispiel 3.1) mithilfe von Polynominterpolationen durch, wobei die zurückgelegte Strecke (und nicht wie im Text die Zeit) die unabhängige Variable bildet.

3.4   Splines

Splinefunktionen haben ihren Namen aus dem Schiffbau. Eine lange, dünne Latte (Straklatte, engl. *Spline*), die an einzelnen Punkten durch Nägel fixiert wird, biegt sich genau wie ein kubischer Spline mit natürlichen Randbedingungen.

Die Spline-Interpolation approximiert beliebige Funktionen anhand von Stützstellen und verschiedenen Bedingungen durch Funktionen – die Splines –, die stückweise aus Polynomen zusammengesetzt sind. Ein Vorteil gegenüber anderen Näherungsverfahren wie z. B. Polynomen ist, dass Splines nicht so stark oszillieren. Splines sind stückweise Polynome auf Teilintervallen, die an den Stützstellen glatt verbunden sind. Man unterscheidet zwischen linearen, quadratischen und kubischen Splines, wobei die kubischen Splines die für Anwendungen wichtigsten sind. Splines höheren Grades finden kaum Anwendung. Lineare Splines sind identisch mit linearen Interpolationen der Datenpunkte und wurden schon in Abschn. 3.1 behandelt.

Nach der linearen Interpolation könnte man als nächstes an quadratische Polynome auf Teilintervallen denken, den quadratischen Splines. Für Interpolationszwecke sind quadratische Splines in der Praxis jedoch kaum gefragt. Die 2. Ableitungen sind an den Stützstellen häufig unstetig oder Null, wodurch sie dann zu Wendepunkten der Splines werden. Das führt zu stark oszillierenden Funktionen, die in der Regel für Approximationen nicht geeignet sind.

Wenn von Splines die Rede ist, sind fast immer **kubische Splines** gemeint. Ein kubischer Spline ist eine glatte Kurve, die durch die Stützpunkte $(x_1, y_1), ..., (x_n, y_n)$ im Koordinatensystem geht. Jedes Teilstück ist ein Polynom dritten Grades $s_i(x) = a_i x^3 + b_i x^2 + c_i x + d_i$ auf den Intervallen $[x_i, x_{i+1}]$ mit geeigneten Koeffizienten a_i, b_i, c_i und $d_i, i = 2, ..., n$. Zu jedem Abschnitt gibt es somit 4 Unbekannte. Hat man n Stützstellen und somit $n - 1$ Abschnitte, so sucht man $n - 1$ abschnittsweise definierte Polynome dritten Grades. Es treten dabei $4(n - 1) = 4n - 4$ Unbekannte auf, die man durch Lösen eines Gleichungssystems bestimmen muss. *Glatte Kurve* bedeutet dabei im mathematischen Sinne, dass die Kurve zweimal stetig differenzierbar sein soll. Dadurch lassen sich Knicke an den Anschlussstellen vermeiden, wie sie bei linearen Splines auftreten. Alle gegebenen Stützpunkte stellen Nahtstellen zwischen den kubischen Teilkurven dar, in denen jeweils beide Funktionswerte, beide 1. und auch 2. Ableitungen der zusammentreffenden Teilkurven übereinstimmen müssen. Die Abschnittspolynome müssen die folgenden Anschluss- und Randbedingungen erfüllen:

Anschlussbedingungen

1. $s_i(x_i) = y_i$ und $s_i(x_{i+1}) = y_{i+1}$ für $i = 1, ... n - 1$, d. h. der Spline enthält die Stützstellen und ist an den Stützstellen stetig.
2. $s'_{i-1}(x_i) = s'_i(x_i)$ für $i = 2, ..., n - 1$, d. h. die an den Stützstellen zusammentreffenden Teilpolynome haben dort die gleiche Steigung.
3. $s''_{i-1}(x_i) = s''_i(x_i)$ für $i = 2, ..., n - 1$, d. h. die an den Stützstellen zusammentreffenden Teilpolynome haben dort die gleiche Krümmung.

Man erhält hieraus $4n - 6$ Gleichungen. Zum Lösen des Systems mit $4n - 4$ Unbekannten fehlen also noch zwei Gleichungen. Diese erhält man aus zusätzlichen Bedingungen, den **Randbedingungen**. Man unterscheidet hierbei drei verschiedene Arten:

1. **Natürliche Randbedingungen:** Die 2. Ableitung des Splines am Anfangs- und Endpunkt wird Null gesetzt: $s_1''(x_1) = 0, s_{n-1}''(x_n) = 0$.
2. **Vorgabe von Randableitungen:** Die 1. Ableitung am Anfangs- und Endpunkt wird fest vorgegeben: $s_1'(x_1) = c, s_{n-1}'(x_n) = d$.
3. **Periodizitätsforderung:** Die 1. und 2. Ableitung sowie die eigentlichen Werte sollen am Anfangs- und Endpunkt gleich sein:
   $s_1(x_1) = s_{n-1}(x_n), s_1'(x_1) = s_{n-1}'(x_n), s_1''(x_1) = s_{n-1}''(x_n)$.

Die Gesamtkurve notieren wir mit s, d. h.

$$s(x) := s_i(x) \text{ für } x \in [x_i, x_{i+1}].$$

Die natürlichen Randbedingungen sowie die Vorgabe von Randableitungen führen zu einer Gesamtkurve $s(x)$ mit minimalen Krümmungseigenschaften (siehe unten). Bei Approximationen ist das krümmungsfreie Auslaufen der Kurve an den Endpunkten oft gar nicht angemessen, weil es nicht zu der zu approximierenden Funktion passt. Dann sind andere Vorgaben zu empfehlen. Will man eine Funktion $f(x)$ auf einem Intervall $[a, b]$ durch Splines approximieren und kennt man die Ableitung von f an der ersten und letzten Stützstelle, so ist es sinnvoll, diese Werte als Vorgabe für die Randableitungen des Splines zu nehmen. Mithilfe eines leistungsfähigen CAS lassen sich Splines angenehm berechnen und auch plotten. In MAPLE wird zuerst das Paket zum Kurvenanpassen (with CurveFitting) aufgerufen, um dann den Spline zu berechnen, wobei als Argumente zunächst die Daten, dann eine Bezeichnung für die Funktionsvariable, der Grad des Splines und eine Behandlung der Endpunkte eingegeben wird. Bei Letzterem sind die Eingaben endpoints=natural, periodic oder auch einfach nur endpoints = [a,b] zulässig, wobei dann die 1. Ableitungen an den beiden Endpunkten die Werte $s'(x_1) = a, s'(x_n) = b$ annehmen.

Abb. 3.8 zeigt die Splineinterpolation zu den Daten des Sprinters aus Beispiel 3.1. Man beachte, dass die resultierende Kurve deutlich geschmeidiger verläuft als die Polynominterpolation in Abb. 3.4.

```
> with(CurveFitting)
```

$v := t-> spline([0, 1.5, 2.5, 5, 9.5, 11, 13.5], [0, 12, 21.6, 27, 28.4, 27.81, 26.667],$
$t, cubic);$

$\qquad v := t \rightarrow \text{spline}([0, 1.5, 2.5, 5, 9.5, 11, 13.5], [0, 12, 21.6, 27, 28.4,$
$\qquad 27.81, 26.667], t, cubic)$
```
> plot(v(t),t=0..13.5);
```

Abb. 3.8 Kubischer Spline für
die Geschwindigkeitsdaten des
Sprinters

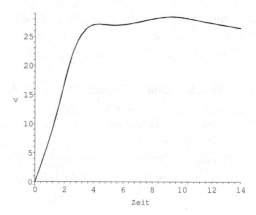

Unsere Ausgangsfragen im gegebenen Sachkontext von Beispiel 3.1 bezogen sich u. a.
auf die maximale Geschwindigkeit und die maximale Beschleunigung des Sprinters.
Nach welchen zurückgelegten Strecken bzw. zu welchen Zeitpunkten wurden diese Werte
erreicht?

Basierend auf einer Splineinterpolation gehen wir der Frage nach, wann der Läufer
seine maximale Geschwindigkeit und seine maximale Beschleunigung erreicht hat. Zu
welchen Zeitpunkten hat er wieder Geschwindigkeit verloren?

Wir berechnen jetzt die Ableitung der Geschwindigkeitskurve und lassen sie uns vom
Programm zeichnen (siehe Abb. 3.9).

```
> v1:=t->diff(v(t),t);

    > v1(t);
```

$$v1 := t \rightarrow \text{diff}(v(t), t)$$
$$\frac{d}{dt} v(t)$$

```
    > plot(v1(t),t=0..13.5);
```

Abb. 3.9 1. Ableitung des
kubischen Splines:
Beschleunigung versus Zeit

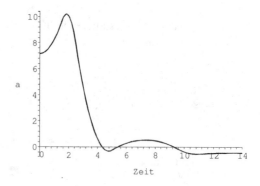

Abb. 3.10 2. Ableitung des kubischen Splines: Veränderung der Beschleunigung

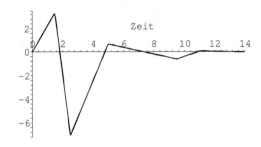

Über die Nullstellen der 1. Ableitung berechnen wir die Zeitpunkte maximaler Geschwindigkeit.

```
> solve(v1(t)=0,t);
```
$$4.337877689, \ 5.383538942, \ 9.322971443$$

Zur Prüfung, ob die lokalen Extrema Minima oder Maxima sind, bilden wir die 2. Ableitung der Splineapproximation. Diese ist bei kubischen Splines immer eine abschnittsweise lineare Funktion. Abb. 3.10 zeigt die 2. Ableitungskurve, aus der wir schließen können, dass der Läufer nach 4,34 Sekunden und nach 9,33 Sekunden eine (lokal) maximale Geschwindigkeit besaß. Auch hier muss darauf hingewiesen werden, dass dies Schätzwerte basierend auf Approximationen sind, da die Geschwindigkeit nicht kontinuierlich gemessen wurde. Da Splines im Vergleich zu Polynomen hohen Grades wenig oszillieren, ist den hier per Spline-Approximation erhaltenen Schätzwerten wohl mehr zu trauen als den entsprechenden auf Polynomapproximationen basierenden Werten.

Eine Trainingsempfehlung könnte lauten: Der Sportler könnte seine Zeit verbessern, wenn er die nach 9 Sekunden erreichte Geschwindigkeit bis zum Ende durchhält. Er sollte also noch an seiner Ausdauer arbeiten!

3.4.1 Minimaleigenschaft

Die wohl bedeutendste Eigenschaft von (kubischen) Splines ist die Tatsache, dass sie unter allen die Daten glatt interpolierenden Funktionen die kleinste Krümmung – gemessen im Integral über die 2. Ableitung – haben. Um diese Aussage zu beweisen, führen wir zunächst für auf dem Intervall (a, b) zweimal stetig differenzierbare Funktionen f eine Norm ein

$$\|f\|_2 := \sqrt{\int_a^b [f''(x)]^2 \mathrm{d}x}.$$

Satz 7 Für zweimal stetig differenzierbare Funktionen $f(x)$ auf dem Intervall (a, b) und einen interpolierenden Spline $s(x)$ mit den Stützstellen $a = x_1 < \ldots < x_n = b$ gilt

$$\|f - s\|_2^2 = \|f\|_2^2 - 2\left\{\left[f'(x) - s'(x)\right] s''(x)\big|_a^b\right\} - \|s\|_2^2.$$

Beweis 7 Für die Norm $||.||_2$ gilt

$$||f - s||_2^2 \quad = \quad \int_a^b [f''(x) - s''(x)]^2 \mathrm{d}x$$

$$= \quad \int_a^b [f''(x)]^2 - 2f''(x)s''(x) + [s''(x)]^2 \mathrm{d}x$$

$$= \quad ||f||_2^2 - 2\int_a^b f''(x)s''(x)\mathrm{d}x + ||s||_2^2$$

$$\overset{\text{Addition der 0}}{=} \quad ||f||_2^2 - 2\int_a^b f''(x)s''(x)\mathrm{d}x$$

$$+ 2\int_a^b [s''(x)]^2 \mathrm{d}x - 2\int_a^b [s''(x)]^2 \mathrm{d}x + ||s||_2^2$$

$$= \quad ||f||_2^2 - 2\int_a^b [f''(x) - s''(x)]s''(x)\mathrm{d}x - ||s||_2^2.$$

Nun untersuchen wir das mittlere Integral etwas näher. Wir zerlegen es zunächst in Teilsummen

$$\int_a^b [f''(x) - s''(x)]s''(x)\mathrm{d}x = \sum_{i=1}^n \int_{x_{i-1}}^{x_i} [f''(x) - s''(x)]s''(x)\mathrm{d}x$$

und wenden zweimal partielle Integration an

$$\int_{x_{i-1}}^{x_i} [f''(x) - s''(x)]s''(x)\mathrm{d}x = [f'(x) - s'(x)]s''(x)\big|_{x_{i-1}}^{x_i} - \int_{x_{i-1}}^{x_i} [f'(x) - s'(x)]s'''(x)\mathrm{d}x$$

$$= [f'(x) - s'(x)]s''(x)\big|_{x_{i-1}}^{x_i} - [f(x) - s(x)]s'''(x)\big|_{x_{i-1}^+}^{x_i^-}$$

$$+ \int_{x_{i-1}}^{x_i} [f(x) - s(x)]s^{(iv)}(x)\mathrm{d}x.$$

Die 3. Ableitungen eines kubischen Splines sind an den Stützstellen im Allgemeinen unstetig. Daher bedeutet die Bezeichnung $(...)\big|_{x_{i-1}^+}^{x_i^-}$, dass in der Differenz die rechts- bzw. linksseitigen Grenzwerte zu nehmen sind. Da wir einen interpolierenden Spline betrachten, gilt wegen der Übereinstimmung von f und s an den Stützstellen

$$[f(x) - s(x)]s'''(x)\big|_{x_{i-1}^+}^{x_i^-} = 0.$$

Nun sind die 4. Ableitungen $s^{(iv)}$ eines Splines Null und f', s', s'' sind stetig an den Stützstellen. Damit folgt nach Summation

$$\sum_{i=1}^n [f'(x) - s'(x)]s''(x)\big|_{x_i}^{x_{i+1}} = [f'(x) - s'(x)]s''(x)\big|_a^b$$

und der Satz ist bewiesen.

Satz 8 Minimumeigenschaft von Splines

Die Voraussetzungen des vorangegangenen Satzes seien gegeben. Dann gilt für jeden kubischen Spline s

$$||s||_2^2 \le ||f||_2^2,$$

d. h. der kubische Spline ist diejenige zweimal differenzierbare Funktion auf (a, b) mit kleinster Norm.

Bemerkung: Diese Aussage gilt sowohl für einen natürlichen Splines als auch für einen Spline mit Vorgabe der Ableitung an den Rändern als $s'(a) = f'(a), s'(b) = f'(b)$.

Beweis 8 Im vorangegangenen Satz verschwindet bei Splines der mittlere Term. Da eine Norm immer positiv ist, folgt somit $0 \le ||f||_2^2 - ||s||_2^2$.

3.4.2 Konvergenzverhalten von Splines

Einer der Nachteile der Polynominterpolation war ihr schlechtes Konvergenzverhalten. Auch bei einem immer feiner werdenden Netz von Stützstellen konvergieren Interpolationspolynome nur punktweise, aber nicht gleichmäßig gegen die zu approximierende Funktion, wie wir am Beispiel der Runge-Funktion gesehen haben.

Bei Splines stellt sich die Frage der Konvergenz anders, weil z. B. bei kubischen Splines der Polynomgrad auf den Teilintervallen immer konstant 3 bleibt. Das führt zu einem wesentlich günstigeren Konvergenzverhalten. Man kann zeigen, dass interpolierende Splines unter schwachen Voraussetzungen an die zu approximierende Funktion f und an die Abstände zwischen den Stützstellen gleichmäßig gegen f konvergieren.

Satz 9 Es sei f eine zweimal stetig differenzierbare Funktion auf einem Intervall $[a, b]$. s_n sei eine Folge von interpolierenden kubischen Splines definiert auf n Stützstellen. Wenn der maximale Abstand zwischen zwei Stützstellen mit $n \to \infty$ gegen 0 konvergiert, dann konvergiert die Folge der Splinefunktionen gleichmäßig gegen f

$$\sup_{x \in [a,b]} |s_n(x) - f(x)| \to 0 \text{ mit } n \to \infty.$$

Zum Beweis dieses Satzes verweisen wir auf Standardliteratur aus der Numerik. Zur Illustration schauen wir uns in Abb. 3.11 verschiedene Spline-Approximationen an die Runge-Funktion $f(x) = \dfrac{1}{1 + x^2}$ an und erinnern an die Probleme einer Polynominterpolation bei gleichmäßig enger werdenden Stützstellen $x_i = -5 + \dfrac{10(i-1)}{n-1}, i = 1, ..., n$.

Sind Interpolationen für die Theorieentwicklung eher wertlos, da der ausschließliche Blick auf die Daten „blind" macht? Interpolationen, vor allem mit Splines, können dazu

Abb. 3.11 Runge-Funktion (durchgezogene Linie) und kubische Splineinterpolationen mit 5 (Linie aus Punkt-Strich), 10 (gestrichelte Linie) und 12 (gepunktete Linie) Stützstellen

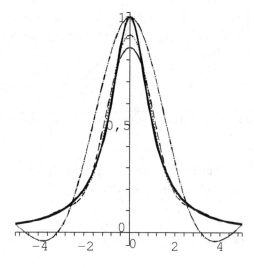

dienen, Funktionswerte zwischen den vorliegenden Datenpunkten anzunähern. Außerdem kann in Situationen, in denen noch kein aus der Theorie deduziertes Modell vorhanden ist, ein per Interpolation erhaltenes Modell einen Hinweis darauf geben, welches durch (Kombination von) Standardfunktionen beschriebene Modell zu den vorliegenden Daten passen.

Weitere Aufgaben zu Kap. 3:

3.10 Gegeben seien die Stützpunkte

$(-4|0), (-3|0), (-2|0), (-1|0), (0|1), (1|0), (2|0), (3|0), (4|0)$. Berechnen Sie (unter Einsatz des Computers, z. B. mit MAPLE)

  (a) das Newtonsche Interpolationspolynom durch diese 9 Punkte,

  (b) die natürliche Spline-Funktion dritten Grades durch diese 9 Punkte.

Plotten Sie die Graphen beider Funktionen.

3.11 Gegeben sei von der Rungefunktion $f(x) = \dfrac{1}{1+x^2}$ die folgende Wertetabelle

i	1	2	3	4	5
x_i	-1	0	1	2	3
y_i	0,5	1	0,5	0,2	0,1

Gesucht ist

  (a) das Newtonpolynom 4. Grades $p_4(x)$ und sein Wert an der Stelle 0,8,

  (b) die zugehörige natürliche Spline-Funktion $s(x)$ und ihr Wert für $x = 0,8$,

(c) die zugehörige Spline-Funktion $s(x)$ mit vorgegebenen Werten der 1. Ableitung an den Rändern $s'(-1) = f'(-1) = 0,5; f'(3) = s'(3) = -0,06$ und ihr Wert für $x = 0,8$.

3.12 (a) Bestimmen Sie alle Werte von a, b, c, d und e, für die die folgende Funktion ein kubischer Spline ist:

$$f(x) = \begin{cases} a(x-2)^2 + b(x-1)^3, & x \in (-\infty, 1] \\ c(x-2)^2, & x \in [1, 3] \\ d(x-2)^2 + e(x-3)^3, & x \in [3, \infty) \end{cases}$$

(b) Bestimmen Sie solche Werte der Parameter, dass der kubische Spline aus (a) die folgende Tabelle interpoliert.

x	0	1	4
y	26	7	25

3.13 Welche Eigenschaften eines natürlichen kubischen Splines besitzt die folgende Funktion und welche nicht?

$$f(x) = \begin{cases} (x+1) + (x+1)^3, & x \in [-1, 0] \\ 4 + (x-1) + (x-1)^3, & x \in (0, 1] \end{cases}$$

3.14 Zeigen Sie, dass eine auf den Stützstellen $x_1, x_2, ..., x_n$ gebildete Spline-Interpolationsfunktion vom Grade 1 (linearer Spline) in der Form

$$S(x) = ax + b + \sum_{i=1}^{n-1} c_i |x - x_i|$$

dargestellt werden kann.

3.15 Bestimmen Sie, ob der natürliche kubische Spline, der die Tabelle

x	0	1	2	3
y	1	1	0	10

interpoliert, mit der folgenden Funktion übereinstimmt:

$$f(x) = \begin{cases} 1 + x - x^3, & x \in [0, 1] \\ 1 - 2(x-1) - 3(x-1)^2 + 4(x-1)^3, & x \in [1, 2] \\ 4(x-2) + 9(x-2)^2 - 3(x-2)^3, & x \in [2, 3] \end{cases}$$

3.16 Zur 2π-periodischen Funktion $f(x) = 4 + 3\cos(x) - 2\sin(2x) + \sin(5x)$ ist die periodische Spline-Interpolierende $s(x)$ zu bestimmen und zusammen mit $f(x)$ graphisch darzustellen. Verwenden Sie als Stützstellen

     a. $x_k = 2\pi k/5, k = 0, 1, \ldots, 5,$

     b. $x_k = \pi k/5, k = 0, 1, \ldots, 10,$

     c. $x_k = \pi k/6, k = 0, 1, \ldots, 12.$

3.17 Führen Sie eine Modellierung der Geschwindigkeitskurve des Sprinters (Beispiel 3.1) mithilfe von Splines durch, wobei die zurückgelegte Strecke (und nicht wie im Text die Zeit) die unabhängige Variable bildet.

3.18 Gegeben sind n Punkte $(x_1, y_1), \ldots, (x_n, y_n)$.

     a. Wie könnte man in Analogie zu kubischen Splines sinnvollerweise Anschlussbedingungen für quadratische Splines definieren? Führen Sie Randbedingungen ein, die die so definierten quadratischen Splines eindeutig definieren.

     b. Berechnen Sie (per Papier und Bleistift) einen quadratischen Spline, der die Punkte $(-1|2), (0|1)$ und $(1|2)$ interpoliert.

     c. Offensichtlich interpoliert die quadratische Funktion $f(x) = x^2 + 1$ auch die Daten $(-1|2), (0|1), (1|2)$. Unterscheidet sich f von Ihrer Lösung zu (c)? Wenn ja, worin?

Die Grenzen des Wachstums

4

Inhaltsverzeichnis

© Springer-Verlag GmbH Deutschland 2018
J. Engel, *Anwendungsorientierte Mathematik: Von Daten zur Funktion*,
Mathematik für das Lehramt, https://doi.org/10.1007/978-3-662-55487-6_4

4.1   Einleitung

In Kap. 2 verfolgten wir einen Ansatz zur Modellbildung, bei dem der Funktionstyp schon von vornherein vorgegeben war. Überlegungen bzw. etablierte Theorien aus dem Sachkontext gaben Anlass, einen bestimmten Typus funktionaler Abhängigkeit von vornherein anzunehmen. Die Kurvenanpassung bestand dann lediglich darin, passende Parameter zu finden, sodass sich die Modellfunktion möglichst gut den Daten anpasst. In manchen Anwendungssituationen hat man allerdings keinen sachbezogenen Anlass, a priori eine parametrisierte Funktionenklasse wie z. B. die Menge aller Parabeln oder aller Exponentialfunktionen etc. anzunehmen, man kann jedoch durch sachanalytische Überlegungen bestimmte Annahmen über das lokale Änderungsverhalten des untersuchten Vorganges begründen. Das heißt, man kann aus der Kenntnis des jetzigen Zustands des Systems begründete Aussagen über den Zustand des Systems zum nächst folgenden Zeitpunkt herleiten. Mit einigen derartigen Situationen befassen wir uns in diesem Kapitel. Im Mittelpunkt stehen dabei Fragen der Populationsdynamik und so genannte Wachstumsprozesse. Unter Populationsdynamik versteht man den Zweig der Biologie bzw. Ökologie, der sich mit dem Anwachsen und Schrumpfen von Populationen befasst. Die Terminologie in diesem Kapitel ist von Überlegungen aus der Populationsdynamik geprägt. Sie wird auch in ähnlich strukturierten Situationen angewandt, selbst wenn es dabei gar nicht mehr um das Wachstum von Populationen (zumindest im engeren Sinne) geht. Die Grundfrage der Populationsdynamik lautet: Wie verändert sich eine Menge von Individuen (Menschen, tierische Lebewesen, pflanzliche Organismen etc.) in Bezug auf die Populationsgröße im Laufe der Zeit. Der einfachste Modellansatz lautet:

Neue Populationsgröße = alte Populationsgröße + Änderung.

Damit ist klar, dass die Änderung auch negativ sein kann und der Begriff „Wachstum" auch ein Schrumpfen oder Zerfallen mit einschließt.

> Das Phänomen des Wachstums ist in Natur, Gesellschaft und Wirtschaft von einer derart eminenten Bedeutung und Tragweite, daß es für den Analysisunterricht geradezu ein Pflichtprogramm ist, die qualitativen Aspekte von Wachstumserscheinungen so klar wie möglich der Erfahrung und dem Verständnis zugänglich zu machen
>
> Heinrich Winter (1994)

Der Wert der im Folgenden behandelten einfachen Wachstumsmodelle liegt vor allem darin, dass sie als Baustein für komplexere Wachstumsmodelle verwendet werden können. Mathematisch unterscheidet man zwischen bezüglich der Zeit stetiger und diskreter Modellierung. Während im diskreten Fall Änderungen immer nur in fest vorgegebenen Zeittakten registriert werden, wird im stetigen Fall der Populationsumfang als differenzierbare Funktion $x(t), t \geq 0$ der stetig sich ändernden Variablen „Zeit" aufgefasst, wobei $t \mapsto x(t)$ die Anzahl der Lebewesen einer Population zur Zeit t angibt. Dies ist nicht nur eine technische Unterscheidung, sondern es führt in einigen Fällen wie z. B.

beim logistischen Wachstum zu qualitativ sehr unterschiedlichen Lösungen. Differenzen- und Differenzialgleichungen können als die Sprache der Mathematik zur Beschreibung von Wachstums- und Zerfallsvorgängen angesehen werden, die sich insbesondere zur Modellierung von Wechselwirkungen und dynamischen Prozessen eignet.

Die stetige Modellierung von Wachstumsprozessen baut auf der Theorie der Differenzialgleichungen auf. In manchen Situationen gibt es jedoch gute Gründe, die Modellierung nur an (abzählbar) vielen diskreten Punkten zu betrachten. Hiermit lassen sich insbesondere Populationen angemessen modellieren, die nicht überlappende Generationen haben wie z. B. einjährige Pflanzen oder Insektenpopulationen mit nur einer Generation pro Jahr. Im diskreten Fall sind wir an der abzählbaren Folge von Zuständen und nicht an einem Kontinuum interessiert. Diskrete Modellierungen können mithilfe von Differenzengleichungen ausgedrückt werden. In vielen Fällen ist eine diskrete Modellierung auch eine gute Approximation einer stetigen Modellierung, d. h. die mit den beiden Ansätzen erzielten Resultate liegen oft nahe beieinander.

4.2 Diskrete Modellierung von Wachstumsprozessen

Das Besondere an einer diskreten Modellierung von Wachstumsvorgängen besteht darin, Änderungen nur zu fest vorgegebenen Zeittakten (z. B. jede Minute, jeden Tag, jeden Monat etc.) und nicht in einem zeitlichen Kontinuum zu betrachten. Eine zentrale Rolle nimmt daher der Begriff der Zahlenfolge ein.

Definition 16 Eine Vorschrift, die jeder natürlichen Zahl $n \in \mathbb{N}_0$ eine reelle Zahl $x_n \in \mathbb{R}$ zuordnet, heißt **Folge**, Schreibweise: $(x_n)_{n\in\mathbb{N}_0}$ oder kürzer (x_n). Die einzelnen reellen Zahlen x_n heißen **Folgenglieder**.

Folgen können **explizit** durch eine direkte Berechnungsvorschrift der einzelnen Folgenglieder oder **rekursiv** durch Vorgabe einer Vorschrift, wie aus einem Folgenglied sein Nachfolger zu berechnen ist, definiert werden. Zusätzlich muss bei einer rekursiven Beschreibung noch das Anfangsglied x_0 vorgegeben sein. Lässt sich diese Vorschrift durch eine Funktion $y = f(x)$ ausdrücken, so sind alle Folgenglieder einer rekursiv definierten Folge bestimmt durch

$$x_1 = f(x_0), \quad x_2 = f(x_1) = f(f(x_0)), \quad x_3 = f(x_2) = f(f(f(x_0))), \quad \ldots$$

oder kürzer

$$x_{n+1} = f(x_n) = f^{n+1}(x_0), n \in \mathbb{N}_0.$$

Man bezeichnet f dann auch als **Iterator** und die Gleichung $x_{n+1} = f(x_n)$ als **Iterationsvorschrift**.

Oft wird zur Bestimmung des jeweils nächsten Folgenglieds die Differenz $x_{n+1} - x_n$ zum nächsten Folgenglied und nicht direkt das nächste Folgenglied x_{n+1} in Abhängigkeit vom aktuellen Folgenglied angegeben. Dann entsteht eine **Differenzengleichung**

$$x_{n+1} - x_n = \tilde{f}(x_n).$$

Jede Iterationsvorschrift lässt sich als Differenzengleichung umschreiben und umgekehrt. Man muss lediglich auf beiden Seiten der Iterationsvorschrift das Vorgänger-Folgenglied x_n subtrahieren. Leider ist der Sprachgebrauch bezüglich einer Unterscheidung der Begriffe „Iterationsvorschrift" und „Differenzengleichung" nicht sehr genau. So werden Iterationsvorschriften häufig auch als Differenzengleichungen bezeichnet. Mathematisch sind die beiden Objekte ja auch äquivalent.

Den Quotienten von Populationswerten zu zwei aufeinander folgenden Zeitpunkten bezeichnet man als **Wachstumsfaktor**, die prozentuale Zunahme zwischen zwei Zeitpunkten als **Wachstumsrate**

$$\text{Wachstumsfaktor} = \frac{x_{n+1}}{x_n} = 1 + \frac{\tilde{f}(x_n)}{x_n}$$

$$\text{Wachstumsrate} = \frac{x_{n+1}}{x_n} - 1 = \frac{\tilde{f}(x_n)}{x_n}$$

4.2.1   Lineares Wachstum

Ein einfacher Fall von Wachstum liegt vor, wenn sich die Bevölkerung zu jedem Zeitpunkt um einen festen additiven Betrag k vermehrt. Hat die Population zum Zeitpunkt $n = 0$ den Umfang x_0, so gilt dann

$$x_1 = x_0 + k, \quad x_2 = x_1 + k = x_0 + 2k,$$
$$x_3 = x_2 + k = x_0 + 3k$$

oder allgemein

$$x_{n+1} = x_n + k,$$

was gerade bedeutet, dass sich die Population zum Zeitpunkt $n + 1$ aus der Population zum Zeitpunkt n durch Addieren der Zahl k ergibt. Diese einfache Gleichung lässt sich sofort explizit lösen. Es ist nämlich

$$x_{n+1} = x_n + k = x_{n-1} + 2k = \ldots = x_0 + (n + 1)k.$$

Wenn wir die Indices n als Zeitpunkte auffassen, liegen die Daten (n, x_n) alle auf einer Geraden mit Steigung k und y-Achsenabschnitt x_0 (siehe Abb. 4.1).

Abb. 4.1 Diskretes lineares
Wachstum, $k = 3, x_0 = 8$

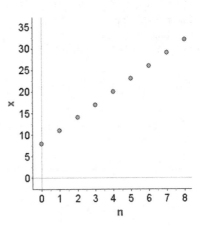

Definition 17 Eine Folge (x_n) wächst **linear**, wenn ihre Differenzenfolge (Δ_n), mit $\Delta_n = x_{n+1} - x_n$ konstant ist, d. h.

$$x_{n+1} - x_n = k, \quad n \in \mathbb{N}_0.$$

Das erste Glied x_0 heißt **Anfangswert.**

Die Glieder einer linear wachsenden Folge können rekursiv aus ihrem unmittelbaren Vorgänger errechnet werden:

$$x_{n+1} = x_n + k.$$

Beginnend mit einem Anfangswert x_0 wird bei jedem Schritt dieselbe Zahl k hinzuaddiert. Durch $x_n = x_0 + k \cdot n$ wird eine linear wachsende Folge **explizit** beschrieben.

4.2.2   Quadratisches Wachstum

Entsprechend zur Differenzenfolge (Δ_n) einer gegebenen Folge (x_n) kann man eine Differenzenfolge zweiter (und dann entsprechend auch höherer) Ordnung $(\Delta_n^{(2)})$ definieren

$$
\begin{aligned}
\Delta_n^{(2)} &= \Delta_n - \Delta_{n-1} \\
&= (x_{n+1} - x_n) - (x_n - x_{n-1}) \\
&= x_{n+1} - 2x_n + x_{n-1}.
\end{aligned}
$$

Ist die Differenzenfolge zweiter Ordnung konstant, so spricht man von **quadratischem Wachstum** (siehe Abb. 4.2).

Abb. 4.2 Quadratisches
Wachstum mit
$x_0 = 10, x_1 = 5, k = 4$

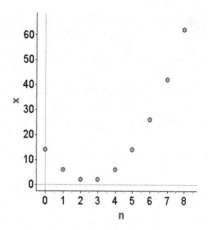

Definition 18 Eine Folge von Zahlen (x_n) wächst **quadratisch**, wenn ihre Differenzenfolge zweiter Ordnung konstant ist

$$\Delta_n^{(2)} = \Delta_n - \Delta_{n-1} = (x_{n+1} - x_n) - (x_n - x_{n-1}) \tag{4.1}$$

$$= x_{n+1} - 2x_n + x_{n-1} = k. \tag{4.2}$$

Quadratisches Wachstum lässt sich auch dadurch charakterisieren, dass die Differenzenfolge erster Ordnung (Δ_n) linear wächst. Quadratisches Wachstum kann auch explizit (d. h.
ohne Rekursionformel) dargestellt werden. Denn aus

$$x_{n+1} - x_n = x_n - x_{n-1} + k$$
$$= x_{n-1} - x_{n-2} + 2k$$
$$...$$
$$= x_1 - x_0 + nk,$$

folgt

$$x_{n+1} = x_n + nk + x_1 - x_0$$
$$= [x_{n-1} + (n-1)k + x_1 - x_0] + nk + x_1 - x_0$$
$$= x_{n-1} + [(n-1) + n]k + 2(x_1 - x_0).$$

Durch wiederholtes Einsetzen der Vorgänger erhält man schließlich

$$x_{n+1} = x_0 + (1 + 2 + ... + n)k + (n+1)(x_1 - x_0)$$
$$= x_0 + \frac{n(n+1)}{2}k + (n+1)(x_1 - x_0)$$

bzw. (ersetze $n + 1$ durch n)

$$x_n = x_0 + \frac{(n-1)n}{2}k + n(x_1 - x_0)$$

$$= \frac{k}{2}n^2 + \left(x_1 - x_0 - \frac{k}{2}\right)n + x_0.$$

Beispiel 4.1 Folgende Tabelle enthält in der zweiten Zeile eine quadratisch wachsende Folge, während in den weiteren Zeilen die Differenzenfolgen erster und zweiter Ordnung stehen.

n	0	1	2	3	4	...	...
x_n	-2	3	10	19	30		
Δ_n	5	7	9	11			
$\Delta_n^{(2)}$	2	2	2				

Die Tabelle ist leicht nach rechts festzusetzen. Von der 10 und der 19 ausgehend kommt man auch ohne den „Umweg" der Differenzenfolgen wie folgt zur 30:

$$2 \cdot 19 - 1 \cdot 10 + 2 = 30.$$

Entsprechendes gilt an anderen Stellen. Die Rekursion $x_{n+1} = 2x_n - x_{n-1} + k$ mit $k = 2$ beschreibt die Folgenglieder, siehe (4.2).

4.2.3   Freies oder exponentielles Wachstum

Ein anderer Fall von Wachstum liegt vor, wenn sich der neue Wert jeweils aus dem alten Wert ergibt, indem zum alten Wert ein festes Vielfaches q des alten Wertes mit $q > 0$ hinzuaddiert wird.

$$x_{n+1} = x_n + q \cdot x_n = (1 + q)x_n.$$

Auch diese Differenzengleichung, die uns schon in der Zinsrechnung begegnet, lässt sich leicht explizit darstellen

$$x_{n+1} = (1 + q)x_n = (1 + q)^2 x_{n-1} = \ldots = (1 + q)^{n+1} x_0 = r^{n+1} x_0 \text{ mit } r = 1 + q.$$

Definition 19 Eine Folge von Zahlen (x_n) wächst **exponentiell**, wenn ihre Differenzenfolge (Δ_n) proportional zum gegenwärtigen Bestand x_n ist, d. h.

$$x_{n+1} - x_n = q \cdot x_n. \tag{4.3}$$

Alternativ lässt sich exponentielles Wachstum beschreiben durch

$$x_{n+1} = (1 + q)x_n,$$

d. h. beim exponentiellen Wachstum wird in jedem Schritt der aktuelle Wert x_n mit demselben positiven Wachstumsfaktor $(1 + q)$ multipliziert.

Was ergibt sich, wenn man die ersten n Folgenglieder einer exponentiell wachsenden Folge aufaddiert

$$\sum_{k=0}^{n} x_k \text{ mit } x_k = x_0 q^k?$$

Satz 10

$$\sum_{k=0}^{n} x_0 q^k = x_0 \frac{q^{n+1} - 1}{q - 1} \tag{4.4}$$

und

$$\sum_{k=0}^{\infty} x_0 q^k = \frac{x_0}{1 - q} \quad \text{falls } |q| < 1. \tag{4.5}$$

Beweis 10 Zum Beweis multiplizieren wir die linke Seite von (4.4) mit dem Nenner der rechten Seite. Es bleiben gerade $x_0(q^{n+1} - 1)$ übrig. Wächst n immer mehr und ist $|q| < 1$, so nähert sich q^{n+1} immer mehr der 0, und es ergibt sich für die unendliche Summe der Ausdruck (4.5).

4.2.4 Graphische Iterationen und Spinnwebdiagramme

In vielen Fällen können die durch Rekursionsvorschrift gegebenen Iterationen graphisch mittels eines **Spinnwebdiagramms** durchgeführt werden. Mithilfe von Spinnwebdiagrammen ist es möglich, das qualitative Verhaten von iterierten Folgen graphisch darzustellen und dabei auch ohne explizite Rechnung auf den Langzeitstatus einer Anfangsbedingung unter wiederholter Anwendung der Iterationsvorschrift zu schließen. Wir illustrieren dies am Beispiel des exponentiellen Wachstums (siehe Abb. 4.3). Es gilt ja beim exponentiellen Wachstum $x_{n+1} = f(x_n)$ mit der Funktion $f(x) = (1 + q)x$. Beginnend mit einem Anfangswert x_0 erhalten wir x_1 als Bild von x_0 unter f, $x_1 = f(x_0)$. Wenn wir die Ordinate $y_0 = f(x_0) = x_1$ an der Winkelhalbierenden $y = x$ spiegeln, haben wir den Punkt x_1 auf der x-Achse markiert. x_2 erhalten wir analog: $x_2 = y_1 = f(x_1)$ wird wiederum an der Winkelhalbierenden gespiegelt und somit auf der x-Achse markiert. Auf diese Weise können wir die Iteration $x_{n+1} = x_n(1 + q)$ im Koordinatensystem darstellen und die Folgenglieder graphisch ermitteln. Noch etwas einfacher wird die Darstellung, wenn wir

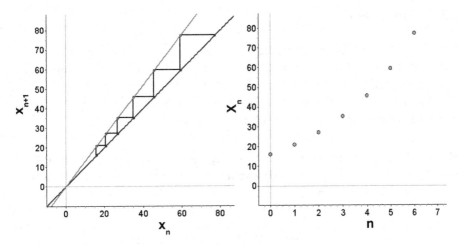

Abb. 4.3 Links: Spinnwebdiagramm für exponentielles Wachstum; rechts: exponentielles Wachstum x_n in Abhängigkeit des Zeitpunktes n, $x_{n+1} = 1{,}3x_n$, $x_0 = 16$

den an der Winkelhalbierenden gespiegelten Punkt gar nicht mehr auf der x-Achse abtragen, sondern den Streckenzug von der Winkelhalbierende zur Funktion f zeichnen. Der Verlauf des Diagramms ähnelt dann einem Ping-Pong-Spiel zwischen Graph von f und Winkelhalbierender. Mithilfe des Spinnwebdiagramms kann das Verhalten einer rekursiv definierten Folge rein graphisch bestimmt werden, ohne dass irgendwelche Rechnungen nötig sind.

Bisher haben wir $q > 0$ vorausgesetzt. Was passiert, wenn die Zuwachsrate 0 oder negativ ist? Direktes Einsetzen in (4.3) zeigt, dass im Fall $q = 0$ die Folge stagniert: $x_{n+1} = x_n = \ldots = x_0$. Für $-1 \leq q < 0$ erhalten wir einen Zerfall oder eine Abnahme, die sich dem Wert 0 nähert.

Beispiel 4.2 Radioaktiver Zerfall und Halbwertszeit: Unter der Halbwertszeit λ eines radioaktiven Materials versteht man die Zeit, nach der die Hälfte des Materials zerfallen ist. Für Plutonium beträgt die Halbwertszeit etwa 88 Jahre. Wir nehmen exponentiell abnehmendes Wachstum an. Wie viel Prozent der Substanz ist nach 20 Jahren verfallen? Wir setzen an mit

$$x_{88} = \frac{1}{2}x_0 = x_0(1-q)^{88},$$

woraus folgt, dass $q = 1 - 0{,}5^{1/88} \approx 0{,}00785$ ist. Daraus folgt für den prozentualen Anteil der Substanz nach 20 Jahren

$$\frac{x_{20}}{x_0} \cdot 100 = (1-q)^{20} \cdot 100 \approx 85{,}435,$$

d. h. nach 20 Jahren sind knapp 15% der Substanz zerfallen.

4.2.5 Begrenztes Wachstum

Während das gerade beschriebene freie Wachstum bei einem Wachstumsfaktor $q >$ 1 explodiert, beschreibt folgende Differenzengleichung **begrenztes Wachstum** (siehe Abb. 4.4, rechte Darstellung), wobei $S > x_0$ die Wachstumsschranke bezeichnet. Die Folge (x_n) nähert sich für $x_0 < S$ monoton steigend von unten an S, für $x_0 > S$ ist die Folge monoton fallend und nähert sich der Schranke S von oben.

Definition 20 Eine Zahlenfolge (x_n) wächst **begrenzt**, wenn die Glieder ihrer Differenzenfolge $\Delta_n = x_{n+1} - x_n$ proportional zum Abstand des gegenwärtigen Bestands x_n zu einem Sättigungswert S sind, d. h.

$$x_{n+1} - x_n = q \cdot (S - x_n).$$

Eine Folge (x_n) mit begrenztem Wachstum wächst monoton steigend, d. h. $x_{n+1} \geq x_n$, falls $x_0 < S$. Der Zuwachs wird aber in jedem Schritt kleiner. Der Wachstumsparameter $q > 0$ bestimmt hierbei, wie schnell sich die Population dieser Schranke S nähert. Die Folgenglieder einer beschränkt wachsenden Folge können explizit berechnet werden. Zunächst gilt

$$\begin{aligned}
x_{n+1} &= x_n + q(S - x_n) = qS + (1-q)x_n = qS + (1-q)[x_{n-1} + q(S - x_{n-1})] \\
&= qS + (1-q)[(1-q)x_{n-1} + qS] \\
&= qS[1 + (1-q)] + (1-q)^2 x_{n-1},
\end{aligned}$$

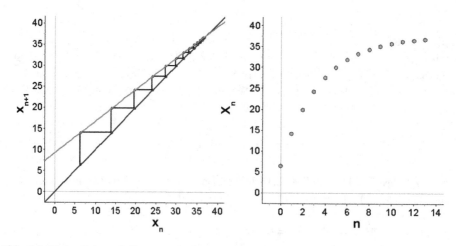

Abb. 4.4 Links: Spinnwebdiagramm für begrenztes Wachstum; rechts: begrenztes Wachstum x_n in Abhängigkeit des Zeitpunktes n für $x_{n+1} - x_n = 0,245(37,6 - x_n), x_0 = 6,4$

und somit durch wiederholte Anwendung der Rekursionsformel

$$
\begin{aligned}
x_{n+1} &= qS[1 + (1-q)] + (1-q)^2 x_{n-1} \\
&= qS[1 + (1-q) + (1-q)^2] + (1-q)^3 x_{n-2} \\
&\quad \dots \\
&= qS[1 + (1-q) + (1-q)^2 + \dots + (1-q)^n] + (1-q)^{n+1} x_0 \\
&= qS\frac{1-(1-q)^{n+1}}{q} + (1-q)^{n+1} x_0 \\
&= S - (S - x_0)(1-q)^{n+1}.
\end{aligned}
$$

Abb. 4.4 (linke Darstellung) zeigt ein Spinnweb-Diagramm für begrenztes Wachstum.

Bei der Untersuchung dynamischer Systeme ist es sowohl für das qualitative Verständnis wie auch für die analytische Lösung oft hilfreich herauszufinden, ob das System einen **Gleichgewichtspunkt** hat. Darunter versteht man einen Fixpunkt der Differenzen- bzw. Differenzialgleichung. Derartige **stationäre Lösungen** erhält man bei Differenzengleichungen, indem man $\Delta x = 0$ setzt und nach x auflöst. Im Spinnwebdiagramm sind die Fixpunkte gerade die Schnittpunkte des Iterators f mit der Winkelhalbierenden.

Im Fall von begrenztem Wachstum ergibt sich

$$
0 = q \cdot (S - x), \quad \text{d. h.} \quad x = S.
$$

Dies bedeutet: Nimmt x den Wert S an (z. B. weil schon der Anfangswert $x_0 = S$ ist), so bleibt die Folge konstant auf dem Wert S.

4.2.6 Logistisches Wachstum

Als nächsten Wachstumstypen betrachten wir ein Wachstum, bei dem der Populationszuwachs proportional zum Produkt aus dem gegenwärtigen Bestand und der noch „freien Kapazität" – gemessen als Abstand des jetzigen Bestandes zu einer Kapazitätsgrenze – ist.

$$
x_{n+1} = x_n + q \cdot x_n \cdot (S - x_n). \tag{4.6}
$$

Man nennt dieses Wachstum das (diskrete) **logistische Wachstum**.

Definition 21 Eine Zahlenfolge (x_n) wächst **logistisch**, wenn die Glieder ihrer Differenzenfolge Δ_n proportional zum Produkt aus dem gegenwärtigen Bestand x_n und dem Abstand des gegenwärtigen Bestandes x_n zu einem Sättigungswert S ist, d. h.

$$
x_{n+1} - x_n = q \cdot x_n \cdot (S - x_n).
$$

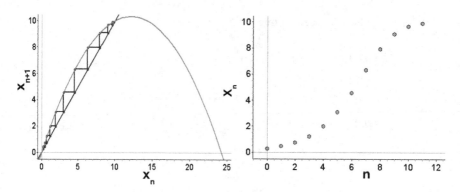

Abb. 4.5 Links: Spinnwebdiagramm für logistisches Wachstum; rechts: Logistisches Wachstum x_n in Abhängigkeit des Zeitpunktes n.

In einem gewissen Sinne vereint logistisches Wachstum die beiden vorher behandelten Wachstumsarten: Bei kleinen Populationen mit noch viel Wachstumspotenzial ist logistisches Wachsen annähernd identisch mit exponentiellem Wachstum. Ist die Population aber stark angestiegen, so ähnelt logistisches Wachsen immer mehr einem begrenzten Wachstum. Auch logistisches Wachstum lässt sich anhand eines Spinnwebdiagramms illustrieren, siehe die linke Darstellung in Abb. 4.5. Bemerkenswerterweise besitzt die logistische Differenzengleichung im Gegensatz zu allen anderen bisher betrachteten Differenzengleichungen keine explizite Lösungsformel, mit deren Hilfe man „direkt" x_n berechnen kann ohne zuerst alle Vorgänger zu berechnen. Der einzige Weg ist die Rekursionsformel (4.6).

Die logistische Differenzengleichung hat zwei stationäre Lösungen, wie sich sofort aus $0 = qx(S - x)$ ergibt:

$$x = 0 \quad \text{und} \quad x = S.$$

Hierbei ist $x = 0$ instabil, d. h. ist der Wert eines Folgenglieder auch nur minimal $\neq 0$, so bewegen sich die nachfolgenden Glieder immer weiter weg von der stationären Lösung $x = 0$. Hingegen ist $x = S$ ein stabiler Gleichgewichtspunkt. Bei verschiedenen Wachstumsvorgängen lässt sich aus theoretischen Gründen das logistische Wachstumsmodell deduzieren, wenn nämlich plausibel begründet werden kann, dass die Zustandsänderungen zwischen zwei Zeitpunkten proportional zum Produkt aus dem jetzigen Bestand und der noch freien Kapazität ist wie es z. B. in idealisierter Form auf die Verbreitung eine Gerüchtes oder einer ansteckenden Krankheit zutreffen mag. Auch lassen sich Bevölkerungsentwicklungen von Megastädten wie Sao Paulo oder Ländern (Peru, USA) oft gut mit logistischen Differenzengleichungen abbilden und provozieren interessante Diskussionen über die Güte von Bevölkerungsprognosen.

Abb. 4.6 Nordpolarmeer

Projekt 7 Rettet die Wale

Eine Population von ca. 1200 Grönlandwalen (*bowhead whale, Balaena mysticetus*) lebt in einem abgegrenzten Lebensraum des nördlichen Eismeeres (Nordpolarmeer), siehe Abb. 4.6. Da die Wale keine natürlichen Feinde haben und im bezeichneten Lebensraum ein reichhaltiges Nahrungsangebot vorfinden, werden sie sich zunächst annähernd exponentiell vermehren. Durch die Zunahme der Anzahl der Wale sinkt aber das Nahrungsangebot, da das als Nahrung dienende Plankton nicht in unbeschränktem Maße zur Verfügung steht. Die Wale können sich nicht mehr mit dem anfänglichen Zuwachsfaktor vermehren, das nördliche Eismeer bietet nur einer begrenzten Zahl G von Grönlandwalen Lebensraum. Diese Zahl liegt nach vorsichtigen Schätzungen bei 20000 Tieren. Bei Annäherung an die Sättigungsgrenze G wird der Zuwachs der Wale abnehmen.

Das Wachstum der Grönlandwalpopulation kann demnach im Anfangszustand – wenn der Bestand noch weit von der Sättigungsgrenze entfernt ist – als exponentielles Wachstum und im fortgeschrittenen Stadium – wenn sich der Bestand der Sättigungsgrenze nähert – als begrenztes Wachstum beschrieben werden. Die Vermehrung der Grönlandwale kann somit – unter den genannten Rahmenbedingungen – als logistisches Wachstum modelliert werden

$$W_{n+1} = W_n + r \cdot (G - W_n) \cdot W_n,$$

wobei W_n die Anzahl der Wale im Jahr n, $G = 20000$ die Sättigungsgrenze und $W_0 = 1200$ die Anfangspopulation bezeichnet.

Naturschützer beobachten die Tiere und ermitteln, dass die Anzahl der Tiere im ersten Beobachtungsjahr um $p = 8\,\%$ wächst.

Projekt 8

1. Stellen Sie auf der Grundlage des iterativen logistischen Wachstumsmodells die Entwicklung der Grönlandwalpopulation für einen Zeitraum von 100 Jahren dar. r ist aus dem Wachstumsfaktor des ersten Beobachtungsjahres zu berechnen. Stellen Sie den Populationsumfang in Abhängigkeit der Jahre graphisch dar. Setzen Sie Software ein.

2. Welchen Einfluss haben der Anfangsbestand und der Wachstumsfaktor im ersten Beobachtungsjahr auf die Entwicklung der Walpopulation? Wann ist der Zuwachs am größten?

3. Das bisherige Modell berücksichtigt noch nicht den Walfang, der jedoch durch ein Walfangabkommen reglementiert werden soll. Vorschlag 1 für ein Walfangabkommen gestattet einen festen Prozentsatz des gegenwärtigen Bestandes der Walpopulation pro Jahr abzufischen. Erstellen Sie ein iteratives Wachstumsmodell, das eine Abfangquote von $q = 1\%$ einbezieht. Setzen Sie dieses Modell in Software um und erstellen Sie eine Tabelle und einen Graphen für die Entwicklung der Walpopulation für 100 Jahre unter Einfluss der Abfangquote $q = 1\%$.

4. Experimentieren Sie mit der Abfangquote q. Für welche Werte von q wächst die Walpopulation weiterhin, bei welchem Wert bleibt sie konstant und wann nimmt die Walpopulation ab und stirbt allmählich aus? Ermitteln Sie rechnerisch den Grenzwert L der Grönlandwalpopulation in Abhängigkeit von q und r (Hinweis: Der Grenzwert L ist der Fixpunkt der Iteration).

5. Ein alternativer Vorschlag sieht ein Walfangabkommen vor, dass pro Jahr eine feste (absolute) Fangzahl erlaubt. Erstellen Sie wiederum auf der Grundlage der Eingangsdaten ein iteratives Wachstumsmodell, das die konstante Fangzahl von $F = 70$ einbezieht und setzen Sie dies ebenfalls in Tabelle und Graphik um.

6. Experimentieren Sie mit der Abfangzahl F. Für welche Werte von F wächst die Population weiterhin, wann bleibt die Population konstant und wann stirbt der Bestand aus? Ermitteln Sie rechnerisch den Grenzwert L der Grönlandwalpopulation in Abhängigkeit von F und r.

7. Einerseits ist der Walfang wirtschaftliche Existenzgrundlage für viele der heute im Polarkreis wohnenden Menschen wie den Inuit (Eskimos), andererseits verbieten Überlegungen der Nachhaltigkeit und der Ethik, das Überleben der Grönlandwale zu gefährden. Diskutieren Sie die beiden Vorschläge des Walfangabkommens: Prozentuale Quoten oder fest vereinbarte Fangzahlen. Welchen der beiden Vorschläge empfehlen Sie?

Informieren Sie sich zur Sache im Internet, z. B. über die Homepage der *International Whaling Commission*.

4.2.7   Zeitverzögertes Wachstum: ein Beispiel

Zu guter Letzt betrachten wir ein Beispiel von **verzögertem Wachstum**. Unser Beispiel steht in enger Beziehung zu den **Fibonacci-Zahlen**. Im Jahr 1202 hat Leonardo von Pisa, auch Fibonacci (Sohn des Bonacci) genannt, in seinem Buch „Liber abaci" folgende Aufgabe gestellt:

Ein Kaninchenpaar wirft vom zweiten Monat nach seiner Geburt an in jedem Monat ein junges Paar. Die Nachkommen verhalten sich ebenso. Wie viele Kaninchenpaare f_n leben nach n Monaten, wenn zu Beginn der Zählung genau ein Paar vorhanden war?

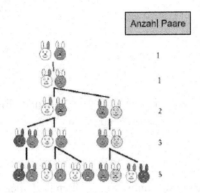

Wir treffen folgende Annahmen: Kaninchen

- sind nach einem Monat geschlechtsreif,
- haben einen Monat Tragzeit,
- sterben nie,
- gebären vom zweiten Monat an jeden Monat ein neues Paar.

Hier treten – ähnlich wie im quadratischen Wachstum – über zwei Generationen reichende Verzögerungen des Populationswachstums auf. Wir verschaffen uns einen Überblick

Monat n	0	1	2	3	4	5	6	...
Anzahl Kaninchenpaare f_n	1	1	2	3	5	8	13	...

Die auf diese Weise entstandene Folge heißt Fibonacci-Folge. Sie hat die rekursive Gleichung (Fibonacci-Gleichung)

$$f_{n+1} = f_n + f_{n-1}$$

mit den Anfangswerten $f_0 = f_1 = 1$.

Auf der Suche nach einer Lösung machen wir zunächst folgende Feststellung: Ersetzen wir in der Fibonacci-Gleichung den zweiten Summanden auf der rechten Seite f_{n-1} durch

f_n, so erhalten wir eine spezielle Gleichung für exponentielles Wachstum $f_{n+1} - f_n = f_n$, deren explizite Lösung $f_n = 2^n$ uns bekannt ist. Wir versuchen daher in der Fibonacci-Gleichung unser Glück mit einem ähnlichen Ansatz und notieren zunächst

$$f_n = q^n$$

mit unbestimmtem q. Dies in die Fibonnaci-Gleichung eingesetzt resultiert nach Division durch q^{n-1} in

$$q^2 = q + 1 \quad \text{bzw.} \quad q^2 - q - 1 = 0.$$

Diese quadratische Gleichung hat die Lösungen

$$q_{1,2} = \frac{1}{2} \pm \sqrt{\frac{1}{4} + 1} = \frac{1 \pm \sqrt{5}}{2}.$$

Man beachte: Die Zahl q_1 ist aus der Antike als der **Goldene Schnitt** bekannt.

Nach Konstruktion sind die Folgen (u_n) und (v_n) mit

$$u_n = q_1^n \quad \text{und} \quad v_n = q_2^n$$

beides Lösungen der Fibonacci-Gleichung. Nur erfüllen sie leider nicht die Anfangsbedingungen $f_0 = f_1 = 1$. Hier hilft aber folgende Beobachtung

Satz 11 Für alle $r, s \in \mathbb{R}$ ist mit (u_n) und (v_n) auch die Folge (f_n) mit $f_n = r \cdot u_n + s \cdot v_n$ eine Lösung der Fibonacci-Gleichung.

Beweis 11 Direktes Einsetzen ergibt

$$
\begin{aligned}
f_{n+1} &= r \cdot u_{n+1} + s \cdot v_{n+1} = r \cdot (u_n + u_{n-1}) + s \cdot (v_n + v_{n-1}) \\
&= (ru_n + sv_n) + (ru_{n-1} + sv_{n-1}) \\
&= f_n + f_{n-1}.
\end{aligned}
$$

Da r und s beliebig wählbar sind, haben wir eine große Menge von Lösungen der Fibonacci-Gleichung erhalten. Wir brauchen jetzt nur noch Zahlen r und s zu finden, sodass auch die Anfangsbedingungen $f_0 = f_1 = 1$ erfüllt sind. Dies führt zu dem Gleichungssystem

$$
\begin{aligned}
r \cdot q_1^0 + s \cdot q_2^0 &= r + s = 1 \\
r \cdot q_1^1 + s \cdot q_2^1 &= 1.
\end{aligned}
$$

Die Lösungen sind

$$r = \frac{1 - q_2}{q_1 - q_2} = \frac{\sqrt{5} + 1}{2\sqrt{5}}, \quad s = 1 - r = \frac{\sqrt{5} - 1}{2\sqrt{5}}.$$

Daraus ergibt sich die Lösung des Originalproblems

$$f_n = \frac{\sqrt{5} + 1}{2\sqrt{5}} q_1^n + \frac{\sqrt{5} - 1}{2\sqrt{5}} q_2^n$$

$$= \frac{1}{\sqrt{5}} \left(\frac{\sqrt{5} + 1}{2} \right)^{n+1} - \frac{1}{\sqrt{5}} \left(\frac{1 - \sqrt{5}}{2} \right)^{n+1}.$$

Irrationale Zahlen wie $\sqrt{5}$ hätte man wohl kaum in der Darstellung der Lösung vermutet, sind doch alle Fibonacci-Zahlen selbst natürliche Zahlen!

Wir untersuchen das Langzeitverhalten der Fibonacci-Zahlen. Dazu stellen wir fest dass $q_1 \approx 1,61 > 1$, während $q_2 \approx -0,62$, d.h., $|q_2| < 1$. Potenzen von q_2 werden daher betragsmäßig immer kleiner und für große Fibonacci-Zahlen gilt $f_n \approx r \cdot q_1^n$. Für große n verhält sich die Fibonacci-Folge näherungsweise wie die geometrische Folge (q_1^n) mit $q_1 =$ Goldener Schnitt. Insbesondere gilt, dass der Quotient zweier aufeinander folgender Fibonacci-Zahlen sich immer mehr dem Goldenen Schnitt annähert

$$\lim_{n \to \infty} \frac{f_{n+1}}{f_n} = q_1.$$

Abschließend betrachten wir eine Verallgemeinerung der Fibonacci-Gleichung:

Definition 22 Differenzengleichungen der Form

$$x_{n+1} = ax_n + bx_{n-1}, \quad a^2 + 4b \neq 0 \tag{4.7}$$

heißen **Lucas-Gleichungen** und ihre Lösungen heißen **Lucas-Folgen**.

Lucas-Gleichungen lassen sich mit derselben Methode lösen, die wir für die Fibonacci-Gleichung angewandt haben. Der Ansatz $x_n = q^n$ führt nach Division durch q^{n-1} zu der quadratischen Gleichung

$$q^2 = aq + b$$

mit den Lösungen

$$q_{1,2} = \frac{a}{2} \pm \sqrt{\frac{a^2}{4} + b}. \tag{4.8}$$

Auch hier gilt, dass mit q_1, q_2 auch $rq_1 + sq_2$ Lösungen der Lucas-Gleichungen sind. Nun können $r, s \in \mathbb{R}$ so gewählt werden, dass auch vorgegebene Anfangsbedingungen für x_0, x_1 erfüllt sind

$$r + s = x_0$$
$$rq_1 + sq_2 = x_1.$$

Dann ist die allgemeine Lösung der Lucas-Differenzengleichung in expliziter Form

$$x_n = rq_1^n + sq_2^n.$$

Weitere interessante Informationen zu den Fibonacci-Zahlen und deren Bedeutung finden sich im Internet: Recherchieren Sie!

Tab. 4.1 fasst die bisherigen Erkenntnisse in einer Tabelle zusammen.

Exkurs: Goldener Schnitt

Definition 23   Eine Strecke der Länge $m + M$ ist im **Goldenen Schnitt** geteilt, falls

$$\frac{m + M}{M} = \frac{M}{m}.$$

Wird eine Strecke im Goldenen Schnitt geteilt, so genügt das Teilungsverhältnis $x = \frac{m}{M}$ der Gleichung $x^2 = x + 1$, was wiederum die Lösungen hat

$$\frac{m}{M} = \frac{\sqrt{5} - 1}{2} \quad \text{und} \quad \frac{M}{m} = \frac{\sqrt{5} + 1}{2},$$

d. h. hier finden wir unsere Zahlen q_1 und q_2 wieder. Der Goldene Schnitt ist ein geometrisches Teilungsverhältnis, ästhetisch ansprechend und mit viel Mystik umgeben. Viele Bauwerke und Kunstwerke sind nach dem Goldenen Schnitt konzipiert. Es überrascht, dass dre Goldene Schnitt etwas mit den Fibonacci-Zahlen zu tun hat.

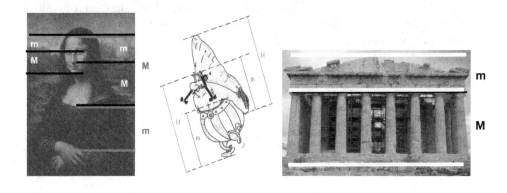

Tab. 4.1 Einfache Wachstumsmodelle in Form von Differenzengleichungen und deren explizite Lösungen

Wachstumsart	Differenzengleichung (DfGl)	Explizite Lösung
Linear	$x_{n+1} = x_n + k$	$x_n = x_0 + n \cdot k$
Quadratisch	$x_{n+1} = 2x_n - x_{n-1} + k$	$x_n = \frac{k}{2}n^2 + (x_1 - x_0 - \frac{k}{2})n + x_0$
Exponentiell	$x_{n+1} = x_n + q \cdot x_n$	$x_n = x_0 \cdot (1 + q)^n$
Begrenzt	$x_{n+1} = x_n + q \cdot (S - x_n)$	$x_n = S - (S - x_0) \cdot (1 - q)^n$
Logistisch	$x_{n+1} = x_n + q \cdot x_n \cdot (S - x_n)$	?
Fibonacci	$x_{n+1} = x_n + x_{n-1}$	$x_n = \frac{1}{\sqrt{5}} \left(\frac{1 + \sqrt{5}}{2} \right)^{n+1} - \frac{1}{\sqrt{5}} \left(\frac{1 - \sqrt{5}}{2} \right)^{n+1}$

4.2.8 Ein Mordfall

Um Mitternacht in einer lauen Sommernacht wird der polizeibekannte Schurke Ede, genannt „das Messer", tot aufgefunden. Der herbeigerufene Gerichtsmediziner stellt eine Körpertemperatur von 30°C fest. Zwei Stunden später betrug Edes Temperatur nur noch 24°C, die Umgebungstemperatur war immer noch 20°C.

Zur Aufklärung des Mordfalls (und der Prüfung der Alibis möglicher Verdächtiger) spielt der genaue Todeszeitpunkt von Ede eine wichtige Rolle. Der Gerichtsmediziner basiert seine Berechnung auf der **Newtonschen Abkühlungsregel:**

Die Geschwindigkeit der Abkühlung ist proportional zur Differenz zwischen Körper- und Umgebungstemperatur.

- Der Mediziner hat zu zwei Zeiten die Leichentemperatur gemessen:

Zeit t	Temperatur T
0 Uhr	30°
2 Uhr	24°

- Die Umgebungstemperatur betrug 20° Celsius.

Wir modellieren in Zeittakten von 1 Minute. Es bezeichne T_n die Körpertemperatur um n Minuten nach Mitternacht, also $T_0 = 30$ und $T_{120} = 24$. Als

Abkühlungsgeschwindigkeit = Änderung der Körpertemperatur pro Zeit

nehmen wir die Temperaturdifferenz zweier aufeinander folgender Minuten dividiert durch 1 Minute, d. h.

$$(T_{n+1} - T_n)/1 = T_{n+1} - T_n.$$

Nach der Newtonschen Abkühlungsregel ist dann $T_{n+1} - T_n = k \cdot (T_n - 20)$ mit einer negativen Konstante k oder

$$T_{n+1} = (1 + k) \cdot T_n - k \cdot 20.$$

Diese Rekursion ist auch aus der Rentenrechnung bekannt und es gilt

$$T_1 = (1 + k) \cdot T_0 - 20 \cdot k$$
$$T_2 = (1 + k) \cdot T_1 - 20 \cdot k = (1 + k)^2 \cdot T_0 - (1 + k) \cdot 20 \cdot k - 20 \cdot k$$
$$T_3 = (1 + k) \cdot T_2 - 20 \cdot k = (1 + k)^3 \cdot T_0 - (1 + k)^2 \cdot 20 \cdot k -$$
$$(1 + k) \cdot 20 \cdot k - 20 \cdot k.$$

Hier erkennt man die Struktur und wie es durch rekursives Einsetzen weitergeht. Allgemein gilt

$$T_n = (1 + k)^n \cdot T_0 - 20 \cdot k \sum_{i=0}^{n-1}(1 + k)^i = (1 + k)^n \cdot T_0 - 20 \cdot k \frac{(1 + k)^n - 1}{k}$$
$$= (1 + k)^n \cdot T_0 - 20 \cdot [(1 + k)^n - 1],$$

und somit, wenn man $T_{120} = 24, T_0 = 30$ einsetzt und $z = (1 + k)^{120}$ substituiert,

$$24 = 30z - 20(z - 1),$$

was auf

$$z = (1 + k)^{120} = \frac{2}{5}$$

führt, was wiederum gelöst wird von

$$k = -0,00760...\text{oder } k = -1,99239....$$

Davon ist der erste Wert der richtige, weil nur dieser zu einer monoton abnehmenden Folge von Temperaturwerten führt (siehe Abb. 4.7). Jetzt lässt sich der Todeszeitpunkt von Ede ermitteln:

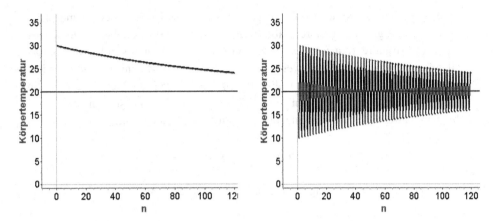

Abb. 4.7 Edes Körpertemperatur nach Mitternacht. Links: Nur die rechnerisch erhaltene Lösung $k = -0,00760$ ist sinnvoll interpretierbar; rechts: $k = -1,99239$

Wann betrug Edes Körpertemperatur $37°$? Dazu muss die Gleichung

$$37 = (1 + k)^n \cdot 30 - 20 \cdot [(1 + k)^n - 1]$$

gelöst werden, was zu $n \approx 69,5$ führt. Ede wurde etwa um 22.50 Uhr ermordet.

Aufgaben zu Kap. 4:

4.1 Vier Größen w, x, y und z haben zum Zeitpunkt 0 den Wert $w_0 = x_0 = x_1 = y_0 = z_0 = 1$. Die Veränderung der Werte über die Zeit hinweg sei gegeben durch folgende Formeln:
- $w_{n+1} = w_n + d$ für eine feste Zahl $d > 0$, z. B. $d = 20$
- $x_{n+1} = 2x_n - x_{n-1} + k$ für eine feste Zahl k, z. B. $k = 0,4$
- $y_{n+1} = y_n \cdot r$ für eine feste Zahl $r > 0$, z. B. $r = 1,08$
- $z_{n+1} = z_n + z_n \cdot q \cdot (L - z_n)$ für feste Zahlen $q, L > 0$, z. B. $q = 0,00007; L = 2000$.
  (a) Berechnen Sie die Werte w_1 bis w_5, x_1 bis x_5, y_1 bis y_5 und z_1 bis z_5 per Hand (bzw. mit Taschenrechner).
  (b) Erstellen Sie mithilfe eines Tabellenkalkulationssystems ein Arbeitsblatt zur Errechnung der Werte der vier Größen bis zum Zeitpunkt $n = 100$ und stellen Sie die Werte graphisch als Funktion der Zeit dar.
  (c) Setzen Sie andere Werte für die Parameter d, r, q und L ein, und kommentieren Sie ihre Beobachtungen.

4.2 ^{14}C-Methode zur Altersbestimmung nach Willard F. Libby (1908–1980; Nobelpreis für Chemie 1960): Das Verhältnis der Menge des durch kosmische Strahlung in Lebewesen oder Pflanzen ständig neu gebildeten radioaktiven Kohlenstoffs ^{14}C zur

Menge des stabilen Kohlenstoffs ^{12}C ist seit der letzten Eiszeit in der Atmosphäre etwa konstant geblieben. Durch Stoffwechselprozesse wird es daher so im Körper aller Lebewesen reproduziert. Durch Zerfall von ^{14}C bei Erhalt von ^{12}C in den fossilen Resten verstorbener Lebewesen verringert sich das Verhältnis mit wachsendem Alter der Fossilien. ^{14}C hat eine Halbwertszeit von $t_{0,5} = 5570$ Jahren. Wie alt ist ein Fundstück, bei dem das Verhältnis von ^{14}C zu ^{12}C um 25 % abgesunken ist?

4.3 Im Text wurde die Summenformel der geometrischen Reihe benutzt, d. h.

$$1 + q + q^2 + \dots + q^n = \frac{1 - q^{n+1}}{1 - q}$$

bzw. unter der Voraussetzung $|q| < 1$ für die unendliche Reihe

$$1 + q + q^2 + \dots = \frac{1}{1 - q}$$

(a) Beweisen Sie beide Formeln.

(b) Zeichnen Sie in ein Koordinatensystem ($0 \leq x \leq 4$) die beiden Geraden $y = x$ und $y = (1/2)x + 1$ ein. Zeichnen Sie jetzt folgenden Streckenzug ein: $(0|1) \rightarrow (1|1) \rightarrow (1|1,5) \rightarrow (1,5|1,5) \rightarrow (1,5|1,75) \rightarrow (1,75|1,75)\dots$. Welchem Punkt nähert sich der Streckenzug? Was hat dieser Punkt mit dem Grenzwert von $1 + 1/2 + 1/4 + \dots$ zu tun? Modifizieren Sie die Geraden im Koordinatensystem, sodass sich sofort der Grenzwert der Reihe $1 + q + q^2 + q^3 + \dots$ ergibt? Welche Voraussetzung muss q dabei erfüllen?

4.4 Ein Paar bestellt in einem Restaurant Kaffee und Milch. Der Kaffee ist sehr heiß. Die Frau schüttet die kalte Milch sofort in den Kaffee, der Mann erst nach 5 Minuten. Was kann man über die Temperatur des Kaffees in den beiden Tassen nach 5 Minuten sagen? Stellen Sie eine Modellgleichung auf!

4.5 Was geschieht bei beschränktem Wachstum, wenn der Anfangswert x_0 oberhalb der Sättigungsgrenze S liegt, also $x_0 > S$?

4.6 Ratensparen und Kredite: Es bezeichne $x_0 = -H$ einen Kredit, z. B. eine Hypothek auf ein Haus. Pro Jahr wird eine feste Rate R zurückgezahlt, wobei pro Jahr der konstante Zinssatz k zu entrichten ist.

(a) Stellen Sie die Differenzengleichung auf, die die Höhe des Darlehens x_{n+1} nach dem n-ten Jahr angibt.

(b) Ermitteln Sie eine stationäre Lösung! Was bedeutet Stationarität inhaltlich?

(c) Stellen Sie eine explizite Formel für x_n auf. Diese Formel ist die Grundlage der Berechnung von Bausparverträgen, Lebensversicherungen etc.

(d) Wann ist die Hypothek abgezahlt bei $k = 7\%, H = 300000$ € und $R = 24000$ €?

4.7 Zu Beginn einer Grippeepidemie sind in einer Kleinstadt mit 50000 Einwohnern 120 Menschen erkrankt. Am zweiten Tag kommen 60 Erkrankungen hinzu und am dritten Tag zählt man 88 Neuerkrankte. Aus anderen vergleichbaren Städten ist bekannt, dass man damit rechnen muss, dass insgesamt 20% der Einwohner erkranken werden. Die örtlichen Behörden wollen den mutmaßlichen Verlauf vorausberechnen.

(a) Warum ist die Wahl des logistischen Wachstumsmodells plausibel?

(b) Stellen Sie die Rekursionsgleichung für das Ausbreitungsmodell der Grippe auf. Berechnen Sie die sich hieraus ergebende Anzahl Infizierter für die ersten 20 Tage und skizzieren Sie den Verlauf.

(c) An welchem Tag ist der Zuwachs der Zahl Infizierter am größten?

(d) Für den fünften Tag sagt das Modell eine Gesamtzahl von 588 Erkrankten voraus. In Wirklichkeit sind jedoch nur 511 Personen erkrankt. Es soll nach wie vor davon ausgegangen werden, dass der tägliche Wachstumsfaktor 1,5 beträgt. Finden Sie durch Probieren heraus, wie viele Einwohner vermutlich insgesamt erkranken werden.

4.8 Betrachten Sie die Verbreitung von Windpocken in einem Kindergarten. Argumentieren Sie inhaltlich: Warum kann es sinnvoll sein, die Anzahl infizierter Kinder mithilfe des logistischen Wachstumsmodells zu modellieren?

4.9 In einem Fischzuchtbassin befinden sich zunächst 800 Fische. Zu Beginn ist mit einer Wachstumsrate von 60 % pro Jahr zu rechnen. Die Obergrenze wird von der Züchterin bei 8000 Fischen veranschlagt.

(a) Wie entwickelt sich der Bestand vermutlich, wenn man keine Fische entnimmt? Nehmen Sie logistisches Wachstum an (Warum ist das plausibel?).

(b) Wie viele Fische kann die Züchterin jedes Jahr entnehmen, wenn sie den Ausgangsbestand konstant halten will?

(c) Wie viele Fische könnte die Züchterin entnehmen, wenn sie die ersten zwei Jahre keinen Fisch verkauft und von da an den Bestand konstant halten will?

(d) Sie möchte die nächsten zehn Jahre insgesamt möglichst viele Fische verkaufen. Wie soll sie sich verhalten?

4.10(a) Ein kleiner, flacher See hat 200000 Liter Wasser. Täglich fließen 10000 Liter zu, es verdunsten aber täglich auch 4% des Wassers im See. Notieren Sie die Formel, die den Wasserbestand des Sees als Differenzengleichung angibt. Warum liegt hier begrenztes Wachstum vor?

(b) Auf welche obere Grenze strebt die Wassermenge des Sees zu?

(c) Skizzieren Sie graphisch (in einem Koordinatensystem als Spinnwebdiagramm) beginnend mit einem beliebigen Startwert x_0 die Iterationsfolge für beschränktes Wachstums für x_0 bis x_5.

4.11 Ein Bottich enthält 20 Liter Wasser und ist porös. Eine Sisiphusarbeit: Karl-Otto rennt mit einem Eimer hin und her und schüttet in Abständen von einer Minute 5 Liter in den Behälter. Leider sickert umso mehr Wasser durch die Löcher, je weiter der Bottich bereits gefüllt ist. Während Karl-Otto hin und her läuft verliert der Behälter wieder 10% seines eben noch vorhandenen Inhalts.

(a) Erstellen Sie ein Tabelle für die ersten 10 Minuten. Notieren Sie eine Rekursionsgleichung für den Vorgang.

(b) Wird der Behälter je voll? Falls nicht, wo liegt seine Grenze?

(c) Erstellen Sie mithilfe eines Tabellenkalkulationssystems eine Tabelle und eine Graphik über die ersten 50 Minuten.

(d) Variieren Sie die Aufgabe. Untersuchen Sie auch den Fall, dass mit einem vollen Bottich gestartet wird.

4.12 Badewasser kühlt mit der Zeit ab. Dieser Vorgang ist aber nicht linear. Die Abkühlungsgeschwindigkeit hängt von der Differenz zur Außentemperatur ab (Newtons Abkühlungsgesetz). Wir nehmen an, dass die Temperaturdifferenz alle 15 Minuten um 10 % schrumpft. Die Ausgangstemperatur beträgt $T(0) = 40°C$ und die Umgebungstemperatur 20°C.

(a) Erstellen Sie ein Tabelle und eine Graphik mithilfe eines Tabellenkalkulationssystems für die ersten 3 Stunden.

(b) Wie lange dauert es, bis die Temperatur auf 21°C gefallen ist?

4.13 Durch die abgewandelte Rekursionsformel $x_{n+1} = x_n + \frac{q}{S}(S-x_n)^2$ wird ebenfalls eine Spielart begrenzten Wachstums modelliert. Untersuchen Sie für $x_0 = 10$, $q = 0,3$, $S = 50$ den Wachstumsverlauf und vergleichen Sie ihn mit dem „normalen" begrenzten Wachstum.

4.14 Die Wachstumsrate der Informierten bei „Von-Mund-zu-Mund-Propaganda" kann versuchsweise durch logistisches Wachstum beschrieben werden.

(a) Einiges spricht dafür dieses Modell zu wählen. Zählen Sie mögliche Gründe auf.

(b) Es gibt aber auch gewichtige Gründe, die dagegen sprechen. Welche?

4.3   Logistische Differenzengleichung und Chaos

Schauen wir uns die logistische Differenzengleichung noch einmal etwas genauer an:

$$x_{n+1} = x_n + qx_n(S - x_n) = (1 + qS)x_n - qx_n^2. \tag{4.9}$$

Wir definieren $r = 1 + qS, z_n = \frac{q}{r}x_n, n \in \mathbb{N}$ und erhalten, indem wir Gl. (4.9) mit q/r multiplizieren

$$z_{n+1} = z_n \cdot r - \frac{q^2}{r} \cdot \frac{r^2}{q^2}z_n^2 = r \cdot z_n(1 - z_n).$$

Damit haben wir gezeigt, dass wir mittels Reskalierung der Daten (Multiplikation mit q/r) die allgemeine logistische Differenzengleichung auf die vereinfachte Gleichung

$$x_{n+1} = r \cdot x_n(1 - x_n)$$

reduzieren können. Dabei haben wir wiederum x an Stelle von z geschrieben.

Diese recht harmlos aussehende Gleichung hat es in sich. Sie ist das bevorzugte Übungsgerät der Chaosforscher. Für $0 \leq r \leq 4$ ist die quadratische Funktion $f(x) =$

$rx(1 - x)$ eine Abbildung des Einheitsintervalls $[0, 1]$ auf sich selbst, und es ist unbeschränkt möglich die Anwendung der Funktion f zu iterieren, d. h. auch $(f \circ f), (f \circ f \circ f)$ und $f \circ f \circ f \circ \ldots \circ f = f^n$ sind Abbildungen von $[0, 1]$ auf $[0, 1]$, egal mit welchem Startwert $x_0 \in [0, 1]$ man anfängt.

Beginnend mit irgendeinem Startwert $0 < x_0 < 1$, z. B. $x_0 = 0, 1$, untersuchen wir für verschiedene feste Werte von r die durch diese Gleichung gegebenen Iterationen. Wie verhalten sich die Folgenglieder $x_n = f^n(x_0)$ für große n? Konvergieren sie gegen einen festen Wert (wie etwa beim begrenztem Wachstum), divergieren sie gegen unendlich (wie beim exponentiellen Wachstum) oder zeigen sie ein ganz anderes Verhalten? Es wird sich herausstellen, dass dies ganz allein vom Wert von r abhängt und dass in einem bestimmten Bereich für r das Verhalten der Folge gar nicht mehr vorhersehbar ist.

Schauen wir uns verschiedene Entwicklungen für unterschiedliche Werte von r an. Abb. 4.8 zeigt die Entwicklung der ersten 100 Folgenglieder für $r = 1, 7, r = 2, 7, r = 3, 3$ und $r = 3, 7$.

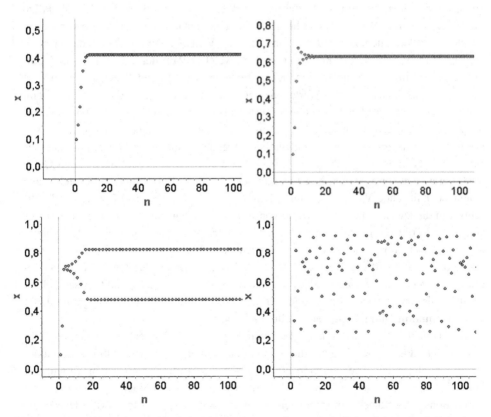

Abb. 4.8 Iterationsfolge beim logistischen Wachstum mit $r = 1, 7$ (links oben), $r = 2, 7$ (rechts oben), $r = 3, 3$ (links unten) und $r = 3, 7$ (rechts unten)

Für $r = 1,7$ ist die Lösung sehr brav: Die Folge konvergiert gegen $1 - 1/1,7 = 0,412$. Auch für $r = 2,7$ konvergiert die Folge offensichtlich: Nach einem kurzen Einschwingen nähert sie sich dem Wert $1 - 1/2,7 = 0,6296$. Für $r = 3,3$ erhalten wir einen regelmäßig oszillierenden Verlauf, während für $r = 3,7$ nur noch unregelmäßiges Chaos zu sehen ist, d. h. das Verhalten erscheint ohne Muster.

Ist $0 \leq r < 1$, so folgt unmittelbar

$$x_{n+1} = rx_n(1 - x_n) < rx_n < r^2 x_{n-1} < \ldots < r^{n+1} x_0 \to 0 \text{ mit } n \to \infty,$$

falls wir mit einem Wert $x_0 \in (0, 1)$ gestartet sind. Bei einem Start mit $x_0 = 0$ oder $x_0 = 1$ ist der Grenzwert 0 offensichtlich.

Des Weiteren ist klar, was der Grenzwert von x_n – falls er existiert – sein muss. Denn für den Grenzwert x muss $x = rx(1-x)$ gelten, was äquivalent zu $x = 0$ oder $x = 1 - 1/r$ ist.

Ist $r > 4$, so ist nicht mehr gesichert, dass die Folgenglieder x_n im Intervall $[0, 1]$ bleiben und beschränkt sind.

Der interessante und die Chaosforscher faszinierende Fall ist $3 < r \leq 4$, wie im Folgenden noch näher erläutert wird. Während für Werte von r etwas größer als 3 die Folge zwischen mehreren Werten hin und her pendelt, zeigt die Gleichung für Werte von r nahe 4 chaotisches Verhalten. Das bedeutet, dass sich das Verhalten der Population dann prinzipiell nicht mehr vorhersagen lässt. Je nachdem, welchen Wert der Parameter r annimmt, liegen also qualitativ ganz unterschiedliche Situationen vor: x_n pendelt sich auf einen Wert ein, x_n pendelt sich auf *mehrere* Werte ein oder x_n fluktuiert ohne ein erkennbares System.

Dieses seltsame Verhalten muss genauer untersucht werden. Um das Phänomen näher zu studieren, gehen wir zunächst mithilfe des Computers numerisch vor und lassen uns das Ergebnis graphisch veranschaulichen. Beginnend mit einem beliebigen Startwert $x_0 \in (0, 1)$ berechnen wir für verschiedene Werte von r, $1 < r \leq 4$ über einem Gitter 5000 Iterationen von x_n. Gitter bedeutet hier, dass wir diese Berechnungen für viele, nahe beieinander liegende Werte für r durchführen, etwa $r_i = 1 + i/100, i = 1, \ldots 300$. Wir schreiben die jeweils letzten 300 Werte von x_n zu einem gegebenen r in eine Datei. Konvergiert die Folge (x_n), dann erwarten wir nach 4700 Iterationen, dass die Folgenglieder alle ununterscheidbar sind, d. h. dem entsprechenden Wert von r wird eine einzige Zahl zugeordnet. Alterniert die Folge zwischen zwei oder mehreren Werten, so werden dem dazugehörigen r mehrere zugeordnet. Im Fall des unkontrollierten Verhaltens schließlich erhalten wir eine Vielzahl von Werten. Das auf diese Weise entstehende Diagramm heißt das **Feigenbaum-Diagramm**, dargestellt in Abb. 4.9.

Wie verhält sich x in Abhängigkeit von r? Aus dem Feigenbaum-Diagramm lesen wir ab: Für $r < 3$ geht die Population immer zu einem stabilen Fixpunkt, einem Gleichgewicht. Die Funktion $g(r) = 1 - 1/r$ gibt offensichtlich den Verlauf des Feigenbaum-Diagramms im Intervall $[1, 3]$ wieder. Für r etwas größer als 3 schwankt die Populationsgröße zunächst in einem 2er-, dann in einem 4er-, 8er- etc. Zyklus. Diese Verzweigungen oder Aufspaltungen des Grenzzyklus nennt man Bifurkation. Schließlich, bei etwa $r \approx 3,6$, ist ein Punkt erreicht, von dem ab die Ordinatenwerte x_n ziellos auf- und

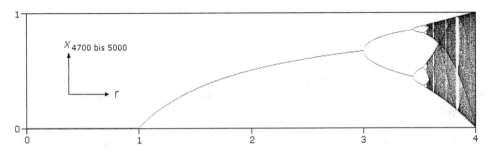
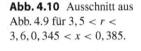

Abb. 4.9 Feigenbaum-Diagramm

Abb. 4.10 Ausschnitt aus
Abb. 4.9 für $3,5 < r <$
$3, 6, 0, 345 < x < 0, 385$.

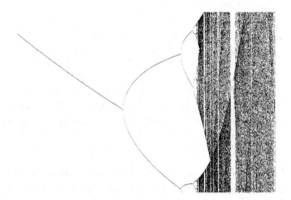

abhüpfen, d. h. die Populationsgröße variiert völlig unregelmäßig, bis schließlich alle möglichen Populationszahlen von 0 bis 1 auftreten. Das Chaos ist ausgebrochen! Wir müssen dieses Tohuwabohu im Feigenbaum-Diagramm im wahrsten Sinne des Wortes unter die Lupe nehmen.

Abb. 4.10 zeigt einen Ausschnitt aus dem Feigenbaum-Diagramm aus Abb. 4.9. Sehr bemerkenswert ist die Tatsache, dass im „chaotischen" Bereich $r > 3, 6$ auch vereinzelte Inseln der Ordnung existieren, die eine Ähnlichkeit – ganz im geometrischen Sinne – mit den geordneten Strukturen im Bereich $1 < r < 3$ aufweisen. Wenn wir mit der Lupe den Graphen z. B. zwischen $3, 5 < r < 3, 6$ und $0, 345 < x < 0, 385$ anschauen, dann finden wir plötzlich wieder Inseln der Ordnung mitten im Chaos. Wir entdecken eine Selbstähnlichkeit.

4.3.1   Exkurs: Mathematische Analyse der logistischen Differenzengleichung

Wir setzen zunächst etwas allgemeiner an und gehen von einer differenzierbaren Funktion f aus, deren Wertmenge W Teilmenge der Definitionsmenge D ist. Dann können wir die rekursiv definierte Iterationsfolge betrachten

$$\text{Starte mit } x_0 \in D, \quad x_{n+1} = f(x_n).$$

Eine Zahl $x^\star$ heißt Fixpunkt von f, wenn $x^\star = f(x^\star)$ gilt. Ein einfacher, aber dennoch wichtiger Zusammenhang zwischen Fixpunkten und Nullstellen einer Funktionsgleichung ist folgender:

$$x^\star \text{ Fixpunkt von } f, \text{ d.h. } f(x^\star) = x^\star \Leftrightarrow x^\star \text{ ist Nullstelle der Gleichung } f(x) - x = 0.$$

Satz 12 Wenn die mittels $x_{n+1} = f(x_n)$ definierte Folge (x_n) einen Grenzwert $x^\star$ besitzt, dann ist dieser Grenzwert ein Fixpunkt von f.

Beweis 12 Es gilt $x_{n+1} = f(x_n)$ für alle $n \in \mathbb{N}_0$. Bildet man auf beiden Seiten den Grenzwert für $n \to \infty$, so folgt $x^\star = f(x^\star)$.

Die Umkehrung dieses Satzes ist jedoch nicht allgemein wahr, wie das einfache Beispiel $x_0 = 1/2, x_{n+1} = x_n^2$ zeigt. 1 ist Fixpunkt der Quadratfunktion, aber nicht Grenzwert der zugehörigen Folge. Jedoch gilt die Umkehrung, wenn f noch zusätzliche Voraussetzungen erfüllt.

Satz 13 $I \subseteq D$ sei eine Teilmenge des Definitionsbereichs von f und f habe in I genau einen Fixpunkt. Weiterhin gebe es eine Zahl $M < 1$, sodass $|f'(x)| \leq M$ für alle $x \in I$. Dann gilt für jede mit $x_0 \in I$ beginnende Iteration: Die Folge (x_n) konvergiert und der Fixpunkt $x^\star$ ist ihr Grenzwert.

Beweis 13 Für jedes $n \in \mathbb{N}_0$ gibt es gemäß dem Mittelwertsatz der Differenzialrechnung ein $\xi_n \in [x_n, x^\star]$ bzw $[x^\star, x_n]$, sodass

$$|x_{n+1} - x^\star| = |f(x_n) - f(x^\star)| = |f'(\xi_n)| \cdot |x_n - x^\star| \leq M|x_n - x^\star|.$$

Daraus folgt, dass

$$|x_n - x^\star| \leq M^n |x_0 - x^\star|$$

und da $M^n \to 0$ für $n \to \infty$ folgt die Behauptung.

Jetzt wenden wir die Resultate aus den beiden Sätzen (4.3) und (4.4) auf die logistische Iteration an. Die logistische Funktion $f_r(x) = rx(1-x)$ hat die beiden Fixpunkte $x_1 = 0$ und $x_2 = 1 - 1/r$. Die Ableitung von f_r ist durch $f_r'(x) = -2rx + r$ gegeben. Man erhält jetzt sofort

$$|f_r'(x)| < 1 \Leftrightarrow x \in I_r := \left(\frac{1}{2} - \frac{1}{2r}, \frac{1}{2} + \frac{1}{2r} \right).$$

Bilden wir die 1. Ableitung an den beiden Fixpunkten x_1 und x_2, so erhalten wir

$$f_r'(0) = r, \quad f_r'(1 - 1/r) = 2 - r.$$

Ist $0 < r < 1$, so folgt aus diesen Überlegungen, dass das Einheitsintervall $[0, 1]$ immer im Intervall I_r enthalten ist, ebenso ist $x_0 \in [0, 1] \subseteq I_r$. Damit hat die zugehörige Folge immer den Grenzwert 0. Bezugnehmend auf das populationsdynamische Modell bedeutet dies, dass die Populationsgröße immer kleiner wird und die Population schließlich ausstirbt.

Ist hingegen $1 \leq r < 3$, so gilt

$$x_2 = 1 - 1/r \in I_r,$$

d. h. die zugehörige Folge hat immer den Grenzwert x_2, falls der Startwert x_0 in I_2 liegt. Diese Einsicht erhalten wir auch im Feigenbaum-Diagramm (siehe Abb. 4.9): Für $0 \leq r < 1$ wird die 0, für $1 < r < 1$ der Wert $1 - 1/r$ zugeordnet.

Lässt sich auch die Verzweigung oder *Bifurkation* an der Stelle $r = 3$ erklären? Die obigen Sätze können offensichtlich nicht direkt angewandt werden, da sie Aussagen über Grenzwerte, nicht aber über Häufungspunkte machen. Hier hilft ein kleiner Trick. Wie wir schon in Abb. 4.8 festgestellt haben, alterniert die Folge z. B. für $r = 3,3$ zwischen zwei Häufungspunkten. Wenn wir an Stelle von f_r die Verkettung $f_r^2 = f_r \circ f_r$ betrachten, dann gibt es kein Alternieren zwischen zwei Punkten mehr. Die Funktion f_r^2 besitzt offensichtlich zwei Fixpunkte, x_3 und x_4. Wir untersuchen daher Fixpunkte und zugehörige Ableitungsbedingungen der Funktion f_r^2. Es ist

$$f_r^2(x) = -r^3 x^4 + 2r^3 x^3 - (r^3 + r^2)x^2 + r^2 x.$$

Die Fixpunkte von f_r^2 sind die Nullstellen der Gleichung

$$f_r^2(x) - x = -r^3 x^4 + 2r^3 x^3 - (r^3 + r^2)x^2 + (r^2 - 1)x.$$

Um die Nullstellen dieses Polynoms 4. Grades zu errechnen, rufen wir in Erinnerung, dass die beiden Nullstellen $x_1 = 0, x_2 = 1 - 1/r$ von f_r auch Nullstellen von f_r^2 sind. Wir können somit durch die Linearfaktoren x und $[x - (1 - 1/r)]$ dividieren und erhalten

$$p_r(x) := -r^3 x^2 + r^2(r + 1)x - r(r + 1),$$

was die beiden Nullstellen

$$x_{3,4} = \frac{(r + 1) \pm \sqrt{(r - 3)(r + 1)}}{2r}$$

hat.

Wie geht es weiter? Mithilfe der Bedingung

$$|(f_r^2)'| < 1$$

ist nachzuweisen, dass x_3 und x_4 Grenzwerte von f_r im einem Bereich $3 < r < r_2$ sind, wobei r_2 durch die Bedingung $|(f_r^2)'| = 1$ definiert ist. Bei r_2 tritt dann die nächste Verzweigung auf. Dieser Wert ist recht schwer exakt zu ermitteln. Es gilt $r_2 = 1 + \sqrt{6} \approx 3,44$, d. h. bei r_2 tritt die nächste Verzweigung auf. Die Folgenglieder der logistischen Iterationsfolge alternieren ab r_2 zwischen 4 Werten. Mit ähnlichen Methoden, jetzt basierend auf f_r^4, kann untersucht werden, ab wann die nächste Verzweigung erfolgt. Der experimentell ermittelte Wert hierfür liegt bei $r_3 \approx 3,55$. Das Bemerkenswerte ist nicht nur, dass die weiteren Verzweigungen in immer kürzeren Abständen stattfinden, sondern dass die entsprechenden Werte r_k selbst einen Grenzwert haben. Es gilt

$$r_\infty := \lim_{k \to \infty} r_k = 3,569945672....$$

Überschreitet r den Grenzwert r_∞, so kann man im Feigenbaum-Diagramm beobachten, dass die Folgenglieder offensichtlich willkürlich innerhalb einer Teilmenge von $[0, 1]$ hin und her springen. Dieses völlig unvorhersehbare Verhalten ist das Kennzeichnen von „Chaos".

Man beachte dabei die Empfindlichkeit gegenüber den Anfangsbedingungen. Selbst für $r > r_\infty$ gibt es „plötzlich" wieder Inseln der Ordnung. Leichte Veränderungen der Anfangsbedingungen können aus Ordnung Chaos und aus Chaos Ordnung hervorbringen.

4.3.2 Zusammenfassung

Das Verhalten der logistischen Differenzengleichung ist sehr komplex. Je nach dem Wert des Parameters r kommt es zu Bifurkationen bis hin zum Chaos. Das komplexe Verhalten bedeutet nicht, dass das zugrunde liegende System selbst komplex ist. Dem komplexen Verhalten können einfache Regeln zugrunde liegen. Diese Modellierungsansätze können einen wichtigen Beitrag leisten, vorher nicht verstandene Phänomene wie Pest-Ausbrüche oder Chaos in Masern-Epidemien zu erklären. Das logistische Differenzengleichungsmodell ist in der Lage, bestimmte Populationsentwicklungen besser zu beschreiben als dies zuvor benutzte mathematische Modelle vermochten. Das heißt nicht unbedingt, dass sich Populationen tatsächlich genau so verhalten. Aber der Realität und in der Natur beobachteten Phänomenen wurde wieder einmal ein Stück ihrer Unerfindlichkeit genommen. Der Parameter r codiert – wie auch immer – die Umweltbedingungen für eine Spezies. Verändert man diese Bedingungen, führt dies zu Veränderungen der Populationsstärke. Je nach Veränderung erwartet man einen Anstieg oder einen Abfall. Aber auch völlig unvorhersehbare, chaotische Schwankungen treten auf. Und während über viele Jahre hinweg die Population scheinbar ohne System fluktuiert, beobachtet man innerhalb dieser Zeit Jahre, die eine stabile oder zwischen wenigen festen Werten schwankende Population hervorbringen. Eine kleine Änderung der Umweltbedingungen kann große Auswirkungen auf die Population haben. Chaos und Ordnung liegen dicht beieinander.

Weitere Aufgaben zu Kap. 4:

4.15 Betrachten Sie für unterschiedliche Werte von r die logistische Iteration

$$x_{n+1} = r \cdot x_n(1 - x_n), \quad x_0 = 0, 1$$

(a) Welche Funktion $y = f(x)$ beschreibt die Iteration $x_{n+1} = f(x_n)$? Zeichnen Sie ein Spinnwebdiagramm zunächst per Hand in ein Koordinatensystem für $r = 1, 5$.

(b) Laden Sie sich jetzt die Datei **Logistisches Chaos** von der Begleit-CD oder erstellen Sie ein Computerprogramm, das (i) die Iterationen vornimmt (ii) ein Spinnwebdiagramm zeichnet.

(c) Experimentieren Sie mit dem Startwert x_0 für

  (i) $r = 1, 5$

  (ii) $r = 2, 7$

  (iii) $r = 3, 0$

  (iv) $r = 3, 7$

  Beschreiben Sie Ihre Beobachtungen.

4.16 Untersuchen Sie mithilfe eines Tabellenkalkulationssystems die Funktion $f(x) = r \cdot x \cdot (1 - x)$ für $r = 2, 95; r = 3, 1; r = 3, 5; r = 3, 6$ auf Fixpunkte. Überprüfen Sie die Folge, die durch $x_{n+1} = f(x_n)$ und $x_1 = 0, 5$ definiert ist, auf Konvergenz und Häufungspunkte.

4.17 Um die Sensibilität eines chaotischen Systems im Hinblick auf kleine Rundungsfehler zu prüfen, führen Sie folgendes Experiment durch (Tabellenkalkulation benutzen): Gehen Sie von der logistischen Differenzengleichung $x_{n+1} = r \cdot x_n \cdot (1 - x_n)$ aus.

(a) Beginnend mit z. B. $x_0 = 0, 5$ führen Sie 500 Iterationen durch, d. h. berechnen Sie $x_1, ..., x_{500}$.

(b) Runden Sie x_{10} auf eine bestimmte Kommastelle (z. B. 6. Nachkommastelle), und rechnen Sie dann basierend auf x_{10} nach obiger Rekursionsformel Werte $x^{\star}_{11}, ..., x^{\star}_{500}$ (Die $x^{\star}$- Werte unterscheiden sich von den x-Werten nur darin, dass das 10. Folgenglied gerundet wurde).

(c) Modifizieren Sie die Berechnungsvorschrift in der Formel in die mathematisch äquivalente Form $x^{\star\star}_{n+1} = r \cdot x^{\star\star}_n - r \cdot x^{\star\star}_n{}^2, x^{\star\star}_0 = x_0$ und berechnen Sie $x^{\star\star}_1, ... x^{\star\star}_{500}$.

Plotten Sie die drei erhaltenen Folgen $x, x^{\star}, x^{\star\star}$ gegen den Index von 490 bis 500 und kommentieren Sie.

4.4 Diskrete Modellierungen gekoppelter Populationen

Bisher haben wir immer isoliert einzelne Populationen betrachtet. In vielen interessanten Situationen wirken mehrere Populationen aufeinander ein. Die Entwicklung von zwei oder mehreren Populationen ist gekoppelt. In manchen Situationen werden durch biologische oder physikalische Prozesse aus den Angehörigen der einen Populationen Mitglieder einer anderen Population: Junge werden alt, Alte sterben; Gesunde werden krank, Kranke werden gesund; aus Schülern werden Studenten; aus Studenten werden Berufstätige, bevor aus diesen Rentnern werden. In anderen Situationen, die wir betrachten werden, koexistieren mehrere Populationen und ihr Zusammenwirken kann beiden Populationen nützen, beiden schaden oder nur einer Population zum Nutzen sein.

Wir modellieren zunächst ein Problem aus der Epidemiologie, bei dem aus Mitgliedern der Population der Gesunden in Folge von Ansteckungen Angehörige der Population der Kranken werden, bevor diese wiederum gesunden und danach immun werden.

4.4.1 Masernepidemien

Die Krankheit Masern ist eine durch das Masernvirus hervorgerufene, hoch ansteckende Infektionskrankheit, die vor allem Kinder betrifft. Neben den typischen roten Hautflecken (Masern-Exanthem) ruft die Erkrankung Fieber und einen erheblich geschwächten Allgemeinzustand hervor.

Es können außerdem in manchen Fällen lebensbedrohliche Komplikationen wie Lungen- und Hirnentzündungen auftreten. Man weiß aus Erfahrung, dass es etwa alle zwei Jahre zu regelrechten Masernepidemien kommt (siehe den Bericht aus der Ärzte-Zeitung vom 1.6. 2005 in Abb. 4.11). Abb. 4.12 zeigt die Intensität und zeitliche Häufigkeit von

Ärzte Zeitung, 01.06.2005

Starker Anstieg bei Masern

Bislang 383 Erkrankungen - vor allem in Hessen

BERLIN (eb). Die Zahl der Masernerkrankungen hat in Deutschland im Vergleich zum Vorjahr erheblich zugenommen. Das meldet das Robert-Koch-Institut in Berlin in seinem aktuellen Epidemiologischen Bulletin.

Bis zur 18. Kalenderwoche wurden demnach 383 Masernkranke gemeldet; 2004 waren es zur selben Zeit nur 51. Der Anstieg hängt mit den Masernausbrüchen in Hessen zusammen. Dort sind seit Jahresbeginn 250 Erkrankungen gemeldet worden; ein 14jähriges Mädchen war an den Folgen gestorben (wie berichtet).

Abb. 4.11 Pressebericht zur Masernepidemie

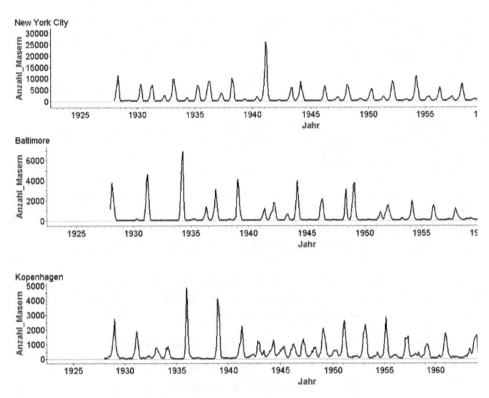

Abb. 4.12 Intensität und zeitliche Häufigkeit von Masernepidemien in New York City, Baltimore und Kopenhagen

Masern in New York City, Baltimore und Kopenhagen zwischen 1925 und 1960. Bemerkenswert an der Epidemie ist, dass in den Zeiten zwischen dem massiven Auftreten die Krankheit fast völlig zum Abklingen zu kommen scheint. Ähnliche Verläufe findet man auch in anderen Ländern, wobei Masernepidemien in Entwicklungsländern in höherer Frequenz und Intensität auftreten. Kann Mathematik helfen, die hier beobachteten Phänomene zu erklären?

Betrachten wir ein einzelnes Kind, das noch nicht mit Masern infiziert ist. Solch ein Kind wollen wir **empfänglich** nennen. Sofort nach der Infektion gibt es eine latente Periode von einer Woche (die Inkubationszeit), in der das Kind keine anderen Kinder anstecken kann, und in dem es auch noch keine Krankheitsanzeichen hat. Das Virus hat sich noch nicht hinreichend vermehrt. Nach dieser Woche ist das Kind **infektiös** und kann andere Kinder anstecken. Diese Zeit dauert ebenfalls eine Woche. Nach dieser Zeit erscheinen die typischen roten Pusteln und das Kind erholt sich wieder. Dann kann dieses Kind nicht mehr angesteckt werden und ist immun gegen das Masernvirus. Wir haben somit die drei Populationen:

Empfänglich $\longrightarrow$ Infektiös $\longrightarrow$ Immun.

Zur Modellierung des Krankheitsverlaufes in der Bevölkerung müssen einige zum Teil stark vereinfachende Annahmen getroffen werden. Wir gehen von einer Stadt aus, in der folgende Annahmen gelten:

- Sowohl die Inkubationszeit als auch die infektiöse Zeit dauert genau eine Woche.
- Ansteckung soll nur an Wochenenden stattfinden. Damit bleibt die Anzahl von empfänglichen und infektiösen Kindern die ganze Woche über konstant.
- In jeder Woche gibt es eine konstante Anzahl B von Geburten. Wir betrachten eine Stadt mit wöchentlich $B = 120$ Geburten.
- Jedes infektiöse Kind steckt einen festen Bruchteil aller empfänglichen Kinder an. Wir gehen davon aus, dass pro Woche ein infektiöses Kind ein weiteres Kind pro Woche ansteckt. Aus dem Zahlenmaterial konnte man daraus den Wert $f = 0,3 \cdot 10^{-4}$ für den konstanten Bruchteil ermitteln.
- Zu Beginn gibt es 20 infektiöse und 30000 empfängliche Kinder in dieser Stadt.

Da es jeweils eine Woche dauert, bis ein Kind infektiös wird bzw. sich die Pusteln zeigen, liegt unserem zu erstellendem Modell eine Zeitskala mit Schritten von einer Länge von einer Woche zugrunde. Wir führen folgende Größen ein

$$I_n = \text{Anzahl der infektiösen Kinder in der } n\text{-ten Woche}$$
$$E_n = \text{Anzahl der empfänglichen Kinder in der } n\text{-ten Woche}$$
$$M_n = \text{Zahl der immunen Kinder in der } n\text{-ten Woche}$$

Ein Zahlenbeispiel:
Nehmen wir einmal an, es gäbe in der 3. Woche 50 infektiöse, 10000 empfängliche und 30 immune Kinder. Wenn jedes infektiöse Kind genau drei Kinder ansteckt und pro Woche 200 Kinder geboren werden, so gibt es in der vierten Woche 150 infektiöse, 80 immune und 10050 empfängliche Kinder.

Allgemeiner Lösungsansatz:
Wir überlegen, wie viele empfängliche Kinder *ein* infektiöses Kind in der $(n + 1)$-ten Woche ansteckt. Gemäß den oben formulierten Annahmen gibt es E_n empfängliche Kinder. Daher lautet die Antwort für ein infektiöses Kind $f \cdot E_n$. Nun gibt es aber I_n viele infektiöse Kinder. Diese zusammen stecken $f \cdot I_n \cdot E_n$ Kinder an.

Wie viele Kinder sind in der $(n + 1)$-sten Woche empfänglich? Nun, das sind gerade die Empfänglichen aus der Vorwoche vermindert um die Zahl derer, die sich infiziert haben. Hinzu kommen aber noch die Neugeborenen. Hingegen ergibt sich die Zahl der immunen Kinder der $(n + 1)$-ten Woche, indem man zu den immunen Kindern der Vorwoche noch die infektiösen Kinder der Vorwoche hinzuzählt, da sie inzwischen gesundet sind. Zusammen ergibt sich somit

$$I_{n+1} = f \cdot E_n \cdot I_n$$
$$E_{n+1} = E_n - f \cdot E_n \cdot I_n + B$$
$$M_{n+1} = M_n + I_n$$

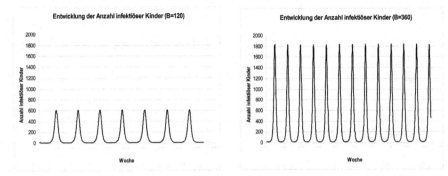

Abb. 4.13 Entwicklung der Anzahl infektiöser Kinder bei 120 (links) bzw. 360 (rechts) Geburten pro Woche

mit den Anfangsbedingungen $I_0 = 20, E_0 = 30000, M_0 = 0$.

In unserem Fall ist das zu lösende System also

$$I_n = 0,3 \cdot 10^{-4} \cdot E_{n-1} \cdot I_{n-1}$$
$$E_n = E_{n-1} - 0,3 \cdot 10^{-4} \cdot E_{n-1} \cdot I_{n-1} + 120.$$

Wir sind mit den Daten unserer Stadt gestartet, in der es pro Woche 120 Geburten gibt. Nun wollen wir den Einfluss der Geburtenrate studieren und legen dazu die Rate $B = 360$ für eine vergleichbare Stadt in einem Entwicklungsland zugrunde, in dem die Geburtenrate weitaus höher ist. Wie ändert sich dadurch der Verlauf der Anzahl der infektiösen Kinder? In Abb. 4.13 sehen wir die zeitliche Entwicklung der Anzahl infizierter Kinder. Wir erkennen in der Simulation dieselbe Struktur, die sich auch schon in den realen Daten in Abb. 4.12 gezeigt hat. Auf Zeiten des fast völligen Verschwindens von Masern folgen in regelmäßigen Abständen epidemieartige Ausbrüche der Krankheit. Vergleicht man die beiden Graphen in Abb. 4.13, so entpuppt sich der zunächst harmlos erscheinende Parameter B in der Simulation als sehr einflussreiche Größe! Die Masernepidemien in der Vergleichsstadt aus dem Entwicklungsland sind unvergleichbar heftiger als in der Stadt, mit der wir unsere Überlegungen begonnen haben. Das git nicht – wie eine stereotype Wahrnehmung von Entwicklungsländern vielleicht zunächst vermuten lässt – aufgrund mangelnder Hygiene oder eines desolaten Gesundheitssystems, sondern lediglich aufgrund der höheren Geburtenrate!

4.4.2 Populationen in Wechselwirkung

Wir untersuchen jetzt die Entwicklung zweier wechselwirkender Populationen (x_n) und (y_n). Dabei werden wir die folgenden drei Hauptfälle unterscheiden

1. Populationen in Symbiose (*win-win*)
2. Räuber-Räuber-Modelle (*loose-loose*)

3. Räuber-Beute-Modelle (*win-loose*)

Gekoppelte Populationen führen auf Systeme von Differenzengleichungen bzw. Differenzialgleichungen.

Populationen in Symbiose

Das wechselseitig fördernde Zusammenleben zweier Populationen wird im einfachsten Fall durch ein Gleichungssystem der folgenden Form beschrieben:

$$x_{n+1} = x_n + ay_n$$
$$y_{n+1} = y_n + bx_n.$$

Hierin sind a und b positive Konstanten, die die gegenseitige Beeinflussung beschreiben. Durch Elimination von (y_n) kann man aus dem System eine einzelne Differenzengleichung 2. Ordnung für die Folge der (x_n) gewinnen. Es ist

$$
\begin{aligned}
x_{n+1} &= x_n + a \cdot y_n \\
&= x_n + a(bx_{n-1} + y_{n-1}) \\
&= x_n + abx_{n-1} + ay_{n-1} \\
&= x_n + abx_{n-1} + x_n - x_{n-1} \\
&= 2x_n + (ab-1)x_{n-1}
\end{aligned}
\tag{4.10}
$$

und ganz analog

$$y_{n+1} = 2y_n + (ab-1)y_{n-1}.$$

Dies aber sind zwei Lucas-Gleichungen (4.7), die von $x_n = q^n$ mit $q_{1,2} = 1 \pm \sqrt{ab}$ gelöst werden. Mittels $x_n = rq_1^n + sq_2^n$ werden dann $r, s \in \mathbb{R}$ bestimmt, sodass vorgegebene Anfangsbedingungen erfüllt sind.

Beispiel 4.3 Es sei $x_0 = 80, y_0 = 100, a = 0,0625, b = 0,04$. Einsetzen in obige Formeln (4.10) führt zu folgenden Werten in den ersten Zeiteinheiten (gerundet auf 3. Dezimalstelle)

n	0	1	2	3	4	5	6	7	8
x	80	86,25	92,7	99,36	106,26	113,41	120,82	128,52	136,51
y	100	103,2	106,65	110,36	114,33	118,58	123,12	127,95	133,09

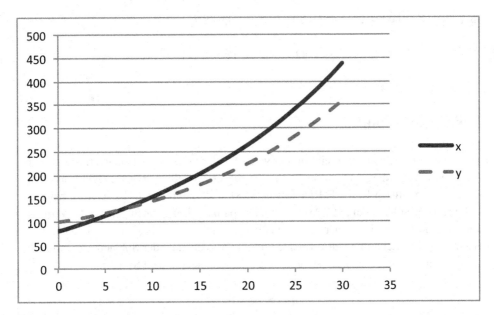

Abb. 4.14 Populationsdynamik symbiotischer Populationen

Abb. 4.14 zeigt den Graphen der zeitlichen Entwicklung der beiden Populationen über die ersten 30 Zeiteinheiten hinweg. Man beachte, dass die Parameter a und b beide Populationen in gleicher Weise beeinflussen, und dass Population x trotz des geringeren Startwertes Population y schon nach 7 Schritten überholt hat.

Eine explizite Formel für x_n und y_n ergibt sich wie folgt: Zunächst erhalten wir

$$q_1 = 1 + \sqrt{0,0625 \cdot 0,04} = 1,05, q_2 = 1 - \sqrt{0,0625 \cdot 0,04} = 0,95$$

und somit für x

$$r + s = x_0 = 80$$
$$1,05r + 0,95s = x_1 = 86,25,$$

was zu den Lösungen $r = 102,5, s = -22,5$ führt. In expliziter Darstellung erhalten wir somit

$$x_n = 102,5 \cdot 1,05^n - 22,5 \cdot 0,95^n.$$

Analog erhält für die Darstellung von y (die Werte für q_1, q_2 gelten unverändert)

$$r + s = y_0 = 100$$
$$1,05r + 0,95s = y_1 = 103,2,$$

was von $r = 82$ und $s = 18$ gelöst wird. Hieraus folgt

$$y_n = 82 \cdot 1,05^n + 18 \cdot 0,95^n.$$

Das Schlachtenproblem

Das Schlachtenproblem beschreibt in sehr vereinfachter Form die Schlachtverluste zweier widerstreitender Armeen. Die diskrete Version dieses Modells wurde von dem britischen Quäker und Pazifisten Lewis F. Richardson (1881–1953) entwickelt. Es seien x_n bzw. y_n die Anzahl der Soldaten in jeder Armee zum Zeitpunkt n. Bezeichnen a und b die Verlustraten (in dem Sinne, dass jeder Soldat aus der x-Armee in der Lage ist, a Soldaten aus der y-Armee pro Zeiteinheit zu vernichten, und entsprechend jeder Soldat der y-Armee b Soldaten der x-Armee tötet), so bekommt man das folgende lineare System:

$$x_{n+1} = x_n - ay_n$$
$$y_{n+1} = y_n - bx_n.$$

Ein Vergleich mit dem symbiotischen Modell zeigt, dass der Unterschied nur in den Vorzeichen der Koeffizienten a, b besteht. Mathematisch liegen Krieg und Frieden nahe beieinander. Das System ist daher genauso zu behandeln. Beispielsweise ergeben sich für $x_0 = 200$, $y_0 = 150$ und $a = b = 0,1$ für x die Werte $r = 25$ und $s = 175$, während für y sich $r = -25$, $s = 175$ ergibt. Also ist

$$x_n = 25 \cdot 1,1^n + 175 \cdot 0,9^n$$
$$y_n = -25 \cdot 1,1^n + 175 \cdot 0,9^n$$

Der Prozess endet spätestens, wenn eine der beiden Variablen x_n oder y_n den Wert Null oder einen anderen Schwellenwert erreicht hat.

Räuber-Beute-Modelle

Die meisten Organismen müssen ihre Nährstoffe von anderen Organismen erhalten. Das Populationswachstum erfolgt daher zwangsläufig auf Kosten und meist zum Nachteil anderer Populationen. Diese Beziehung zwischen Schädigern und Geschädigten wird als **Räuber-Beute-Systeme** bezeichnet. Historisch sind solche Systeme unabhängig voneinander von dem österreichisch-amerikanischen Mathematiker Alfred James Lotka 1925 und dem italienischen Mathematiker und Physiker Vito Volterra 1926 untersucht worden, und

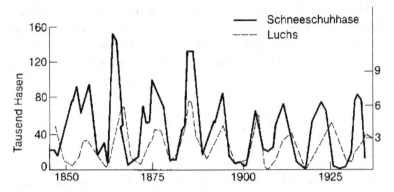

Abb. 4.15 Anzahl von Schneeschuhhasen und Luchsen, indiziert durch die Anzahl der Felle, die die Hudson Bay Company zwischen 1845 und 1935 erhalten hat

zwar anhand der Populationen von Schneeschuhhasen und Luchsen in Kanada bzw. Haien und Speisefischen in der italienischen Adria.

Abb. 4.15 zeigt den zeitlichen Verlauf der Populationen von Luchsen und Hasen, gemessen an den Fangaufzeichnungen der Hudson Bay Company, die über 90 Jahre lang geführt wurden. Danach schwankten der Eingang von Fellen von Luchsen (Räuber) und Schneeschuhhasen (Beute) mit einer Periode von 9,6 Jahren. Wir beobachten das zyklische Ansteigen und Fallen der jeweiligen Populationen, wobei auf eine hohe Zahl Hasen stets eine wachsende Zahl von Luchsen folgt, woraus in der Folgezeit die Zahl der Hasen drastisch fällt, gefolgt von sinkenden Zahlen von Luchsen, bevor beide Populationen wiederum aufs Neue ansteigen. Die Mathematik kann durch geeignete Modellierung ein erhellendes Licht auf die beobachteten Phänomene werfen.

Wir modellieren ein sehr vereinfachtes Ökosystem, in dem nur Schneeschuhhasen und Luchse leben. Wir vereinfachen weiterhin und nehmen an, dass die Hasen unbeschränkte Wiesen und Wälder zur Verfügung haben, in denen sie genügend Nahrung finden, egal wie viele Hasen es gibt. Dann ist das Wachstum der Hasen exponentiell und lässt sich durch die folgende Differenzengleichung beschreiben:

$$x_{n+1} = x_n + ax_n = (1 + a)x_n, a > 0.$$

Nun leben in unserem Ökosystem aber auch Luchse, die sich von Hasen ernähren. Gäbe es keine Hasen, dann verhungerten die Luchse und stürben mehr und mehr aus, d. h.

$$y_{n+1} = y_n - cy_n = (1 - c)y_n.$$

Zum Glück der Luchse sind sie aber nicht vom Aussterben bedroht solange es Hasen gibt, die sie fressen können. Wie viele Hasen frisst ein *einzelner* Luchs in einer Zeiteinheit? Nun, in einer ersten Näherung ist es plausibel anzunehmen, dass dies proportional zur Anzahl der Hasen ist, d. h. bx_n. Jetzt gibt es aber nicht nur einen Luchs, sondern die Population zum Zeitpunkt n besteht aus y_n Luchsen. Diese fressen dann zusammen $b \cdot x_n \cdot y_n$ Hasen. Ebenso ist der Zuwachs der Luchse proportional zur Anzahl der Begegnungen zwischen den y_n Luchsen und den x_n Hasen. Daher verbessern wir unser Modell zu

$$x_{n+1} = x_n(1 + a) - b \cdot x_n \cdot y_n$$
$$y_{n+1} = y_n(1 - c) + d \cdot x_n \cdot y_n$$

Umgesetzt in einem Tabellenkalkulationsprogramm ergibt sich, basierend auf einer Parameterwahl von $x_0 = 150$, $y_0 = 50$, $a = 0,0832$, $b = 0,00207$, $c = 0,06$, $d = 0,00049$ die Darstellung in Abb. 4.17, die den Verlauf der beiden Populationen über $n = 600$ Zeitpunkte zeigt. Die periodische Struktur wie auch die Phasenverschiebung, die ja die Populationsentwicklung der wirklichen Hasen und Luchse (siehe Abb. 4.15) charakterisierten, finden wir auch in diesem Modell wieder. Des Weiteren ist bemerkenswert, dass sich die Schwingungen nicht exakt wiederholen, sondern sich gegenseitig aufzuschaukeln scheinen. Dies wird insbesondere im **Phasendiagramm** in Abb. 4.16 deutlich. Hier ist die Entwicklung der Räuberpopulation (vertikale Achse) gegen die Beutepopulation (horizontale Achse) aufgetragen. Charakteristisch ist das expandierende Verhalten: Die Populationen scheinen sich spiralförmig immer weiter aufzuschaukeln. Dieses Verhalten hängt mit den hier speziell gewählten Parametern a, b, c und d zusammen. Bei anderer Wahl der Parameter kann sich die Spirale im Phasendiagramm auch nach innen zusammen ziehen. In diesem Fall spricht man von einem Attraktor, der einem stabilen Gleichgewicht entspricht.

Abb. 4.16 Phasendiagram der Populationsentwicklungen von Füchsen (vertikale Achse) und Hasen (horizontale Achse)

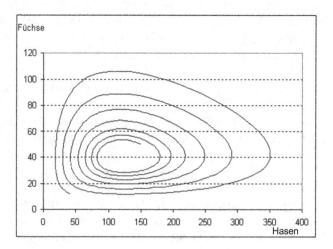

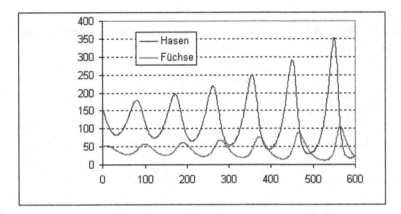

Abb. 4.17 Simulierte Daten eines Räuber-Beute-Systems basierend auf dem Lotka-Volterra-Modell

Wie lässt sich ein Gleichgewichtszustand in einem Räuber-Beute-Modell ermitteln? Dazu müssen wir $x^\star = x_{n+1} = x_n$ und $y^\star = y_{n+1} = y_n$ setzen. Dabei erhalten wir

$$a = by^\star \qquad c = dx^\star,$$

d. h.,

$$x^\star = \frac{c}{d} \quad , \quad y^\star = \frac{a}{b}$$

sind Gleichgewichtszustände. Im Beispiel errechnet sich ein Gleichgewichtszustand bei $x^\star \approx 122, y^\star \approx 40$.

Projekt 9 Integrierter Pflanzenschutz am Weihnachtsbaum

Ein Weihnachtsmann stellt zu seinem Entsetzen fest, dass alle Nordmanntannen seiner Weihnachtsbaumkolonie von Sitkaläusen befallen sind. Soll er nun zu Pestiziden greifen oder den lieben Marienkäferchen, den natürlichen Feinden der Sitkaläuse, die Arbeit überlassen? Diese Frage lässt sich an Hand eines Räuber-Beute-Modells beantworten, im vorliegenden Fall angewandt auf das Beutetier Sitkalaus und auf ihren natürlichen Feind, den Marienkäfer.

Gäbe es für die Sitkaläuse keine natürlichen Feinde, so würden sie sich – stark vereinfacht – exponentiell vermehren. Gäbe es für die Marienkäfer keine Beutetiere, so würden sie mangels Futter zugrunde gehen. Treffen nun Sitkaläuse und Marienkäfer aufeinander, geschieht – wer hätte es gedacht? – Folgendes: Die Zahl der Sitkaläuse verringert sich und die Marienkäfer bleiben wohlgenährt am Leben.

Wir bezeichnen mit x_n die Anzahl der Sitkaläuse und mit y_n die Anzahl der Marienkäfer zur Zeit n.

Wenn es für die Sitkaläuse keine natürlichen Feinde gäbe, so würde sich ihre Populationsentwicklung mit der Gleichung

$$x_{n+1} = x_n + \alpha x_n$$

mit einem Parameter $\alpha > 0$ berechnen lassen.

Das Zusammentreffen der Sitkaläuse mit den Marienkäfer, das sich als Produkt von x_n und y_n darstellt, lässt die Sitkalauspopulation weiter schrumpfen, also

$$x_{n+1} = x_n + \alpha x_n - \beta x_n y_n$$

mit einem Parameter $\beta > 0$.

Betrachtet man die Marienkäfer isoliert, so kann man feststellen, dass sie mangels Futter nach demselben Gesetz sterben, wie die Sitkaläuse sich vermehren. In einer Formel ausgedrückt sieht das so aus:

$$y_{n+1} = y_n - \gamma y_n$$

mit einem Parameter $\gamma > 0$.

Anders ist es, wenn sie auf die Sitkaläuse treffen und somit Nahrung haben:

$$y_{n+1} = y_n - \gamma y_n + \delta x_n y_n$$

mit einem Parameter $\delta > 0$.

Beim Einsatz von Pestiziden verringert sich sowohl das Wachstum der Läuse als auch das Wachstum der Marienkäfer. Bei beiden Differenzengleichungen kommt daher der Giftterm $-\varepsilon x_n$ bei den Läusen und $-\varepsilon y_n$ bei den Marienkäfern hinzu mit dem selben Giftfaktor $\varepsilon > 0$. Wir nehmen also an, dass die Marienkäfer in der gleichen Weise unter dem Pestizid leiden wie die Sitkaläuse.

Aufgabe:

1. Stellen Sie zum Text ein passendes Differenzengleichungsmodell für das Räuber-Beute Modell (hier Sitkaläuse versus Marienkäfer) mit und ohne Pestizideinsatz auf. Wählen Sie als Parameter

Anfangswert Läuse	$x_0 = 500$
Anfangswert Marienkäfer	$y_0 = 100$
Vermehrung Läuse	$\alpha = 0,04$
Verminderung Läuse	$\beta = 0,0002$
Schrumpfen Marienkäfer	$\gamma = 0,035$
Vermehrung Marienkäfer	$\delta = 0,0001$
Pestizid-Wirkung	$\varepsilon = 0,03$

2. Erstellen Sie mithilfe einer Tabellenkalkulation eine Tabelle und einen Graph für die Entwicklung der Zahl der Käfer ohne Pestizide, Läuse ohne Pestizide sowie der Käfer und Läuse mit Pestizideinsatz über 1000 Zeiteinheiten. Berechnen Sie die durchschnittliche Größe der vier Populationen.
   Experimentieren Sie und variieren Sie den Parameter ε! Beschreiben Sie qualitativ Ihre Beobachtungen!
3. Empfehlen Sie den Einsatz von Pestiziden oder sprechen Ihre Modellierungen für den integrierten Pflanzenschutz, d. h., die Käfer halten die Plage durch die Läuse im Schach? Für welchen Bereich von ε haben Ihre Aussagen Geltung?

Internet-Seiten

Zu Themen der dynamischen Modellierung mit (möglichem) Schulbezug gibt es eine ganze Reihe von sehr interessanten Internetseiten. Recherchieren Sie!

Weitere Aufgaben zu Kap. 4:

4.18 Untersuchen Sie die Dynamik zweier gekoppelter Populationen, die kooperieren, einzeln jedoch aussterben würden,

$$x_{n+1} = (1-a)x_n + by_n, y_{n+1} = (1-c)y_n + dx_n, 0 < a, b, c, d < 1.$$

Unter welchen Bedingungen an die Parameter hat dieses System einen Gleichgewichtspunkt? Wählen Sie Startwerte x_0, y_0 für die beiden Populationen und setzen Sie das Modell mit einem Tabellenkalkulationssystem um. Experimentieren Sie mit den Parametern und beschreiben Sie Ihre Beobachtungen. Erstellen Sie eine explizite Formel für die beiden Populationen. Welches Grenzverhalten ergibt sich, falls das System einen Gleichgewichtspunkt besitzt?

4.19 Untersuchen Sie die Dynamik eines Systems zweier Populationen mit folgenden Differenzengleichungen

$$x_{n+1} = (1+a)x_n - by_n, \quad y_{n+1} = (1-c)y_n + dx_n,$$

wobei $a, b, c, d > 0$.

(a) Interpretieren Sie die beiden Gleichungen.

(b) Wählen Sie $a = 0,2, b = 0,28, c = 0,25, d = 0,29$ sowie $x_0 = 200, y_0 = 40$ und berechnen Sie mit einem Tabellenkalkulationssystem den Verlauf der Populationsgrößen für die ersten 160 Zeiteinheiten.

(c) Verändern Sie jetzt b und d ganz allmählich, beschreiben und interpretieren Sie Ihre Beobachtungen.

4.20 (a) Erstellen Sie mithilfe eines Tabellenkalkulationssystems ein Arbeitsblatt für ein Räuber-Beute-Modell, wobei Sie von den Formeln eines einfachen Volterra-Modells ausgehen und zunächst die Parameter wie folgt setzen: $a = 0,06, b = 0,003, c = 0,05, d = 0,0003$ sowie als Ausgangswerte $x_0 = 200, y_0 = 50$. Stellen Sie in einem Diagramm sowohl die Abhängigkeit von x und y von n dar wie auch ein (Phasen-)Diagramm, das die Population der Beutetiere gegen die Population der Räuber aufträgt.

(b) Variieren Sie vorsichtig die Einflussgrößen. Suchen Sie qualitativ verschiedene Verlaufsformen.

(c) Erweitern Sie das Modell und bauen Sie mindestens einen bisher nicht berücksichtigten Aspekt in die Rekursionsgleichungen ein.

(d) Suchen Sie nach Informationen zu `Volterra`, `Räuber-Beute-Modell` und `Schweinezyklus` im Internet.

4.21 Eine erste Verfeinerung des oben beschriebenen Räuber-Beute-Modells schränkt das Wachstum der Beutetiere dahin gehend ein, dass in Abwesenheit von Räubern ihr Wachstum als logistisch (und nicht exponentiell) angenommen wird. Stellen Sie die Modellgleichungen für eine verfeinertes Räuber-Beute-Modell auf.

4.5   Stetige Modellierungen von Wachstumsprozessen

Im bisherigen Teil von Kap. 4 haben wir die Veränderungen der Populationen immer in festen (diskreten) Zeittakten betrachtet. Neben der meist leichteren Zugänglichkeit vom Mathematischen her gibt es, wie wir gesehen haben, tatsächlich Situationen, in denen eine diskrete Modellierung angemessener ist als ein stetiges Erfassen von Veränderungen. Das gilt nicht nur für die Finanzmathematik, in der Zinsberechnungen und Aufschläge nur zu bestimmten Zeitpunkten und nicht kontinuierlich erfolgen. Bei bestimmten Insektenarten kommt es vor, dass eine Elterngeneration nach der Eiablage ausstirbt, noch bevor die nächste Generation schlüpft. Man nennt dies „nicht-überlappende Generationen". Es ist vermeintlich nicht schwer, Differenzengleichungen aufzustellen, sie zu interpretieren und zu verstehen. Die einfachen Rechnungen sind zwar immens, können aber z. B. mithilfe eines Tabellenkalkulationssystems an den Computer delegiert werden. Ich sage vermeintlich, weil wir in Abschn. 4.2 gesehen haben, welche komplexen Strukturen bei der (diskreten) logistischen Differenzengleichung auftreten können. Eine Modellierung über Differenzengleichungen ist besonders dann angemessen, wenn die modellierte Größe eine Anzahl einer Menge wie z. B. eine Populationsgröße angibt. In Situationen, in denen die zu modellierende Größe sich kontinuerlich ändert wie z. B. der Holzbestand in kg eines Waldes, ist jedoch eine stetige Modellierung von Wachstumsprozessen von der Sache her angemessener, weil Änderungen stetig erfolgen. Der Übergang von diskreten zu stetigen Modellen erfolgt, indem die Zeittakte immer enger beieinander liegen. Aus der Analysis ist bekannt, dass für eine Funktion $x(t)$ – zweifache Differenzierbarkeit vorausgesetzt – Differenzenquotient und Differenzialquotient für kleines Δ sehr nahe beieinander liegen

$$\frac{\Delta x}{\Delta t} = \frac{x_{t_2} - x_{t_1}}{t_2 - t_1} = \frac{dx}{dt} + \mathrm{O}(\Delta t),$$

wobei $\mathrm{O}(\Delta)$ das auf Edmund Landau (1877–1938) zurückgehende Symbol bezeichnet, das eine qualitative Abschätzung von Termen bei Grenzprozessen erlaubt. Eine Funktion $g(t)$ ist demnach von der Ordnung $\mathrm{O}(t)$, falls $|g(t)| \leq C \cdot t$ für eine Konstante C und betragsmäßig genügend kleine Werte von t. Eine Funktion der Ordnung $\mathrm{O}(t)$ geht also für kleine t mindestens so schnell gegen 0 wie die Funktion $h(t) = t$. Oft kommt man bei einer diskreten Modellierung – von Rundungsfehlern abgesehen – zum gleichen Ergebnis wie bei einer stetigen Modellierung eines Sachverhaltes. Allerdings – und dies haben wir im chaotischen Bereich der logistischen Differenzengleichung in Abschn. 4.3 näher untersucht – kommt man mit beiden Ansätzen nicht immer zum (ungefähr) gleichen Ergebnis, sondern es können auch systematische Diskrepanzen zwischen den auf unterschiedlichen Ansätzen basierenden Lösungen bestehen (Bürker 2007).

In vielen Situationen erfolgen Änderungen nicht nur am Anfang (oder Ende) eines vorgegebenen Zeittaktes, sondern kontinuierlich. Eine angemessene Modellierung sucht dann nach einer differenzierbaren Funktion $x(t)$, die den Stand der Population zum Zeitpunkt t erfasst. Wie könnte die Änderung, im kontinuierlichen Fall, ausgedrückt durch die 1. Ableitung $x'(t)$, modelliert werden? Im allereinfachsten Fall ist die Änderung konstant

$$x'(t) = k. \tag{4.11}$$

Das Resultat ist **lineares Wachstum**, beschrieben durch eine lineare Funktion mit Steigung k und y-Achsenabschnitt c

$$x(t) = k \cdot t + c,$$

wie eine einfache Integration der Gl. (4.11) ergibt. In den allermeisten Fällen ist die Annahme der konstanten Änderungsrate aber sehr unrealistisch. Der Populationszuwachs hängt auch vom gegenwärtigen Populationsumfang ab. Je größer eine Population, umso mehr Nachwuchs wird sie in der Regel auch haben. Eine erste Idee besteht daher darin, die zeitliche Änderung der Population mit der Größe der Population selbst zu koppeln. Ist die Population bereits sehr groß, dann soll auch ein großes Wachstum vorliegen. Das entspricht immerhin der Erfahrung, denn viele Lebewesen produzieren schließlich auch mehr Nachwuchs als kleine Gruppen. Drücken wir diese Überlegungen mit einer mathematischen Formel aus, dann erhalten wir folgende Differenzialgleichung

$$\frac{dx}{dt} = x'(t) = kx(t), \quad k \in \mathbb{R}. \tag{4.12}$$

Hierbei ist k ein Proportionalitätsfaktor, der dem unterschiedlichen Verhalten verschiedener Lebewesen Rechnung tragen soll.

Gl. (4.12) ist ein Beispiel für eine Differenzialgleichung. Etwas genauer handelt es sich um eine Differenzialgleichung erster Ordnung, weil neben der Funktion $x(t)$ nur die 1. Ableitung $x'(t)$ vorkommt. Allgemeiner gilt

Definition 24   Eine Gleichung der Form

$$x'(t) = f(t, x(t)), \tag{4.13}$$

wobei f eine differenzierbare Funktion zweier Variabler ist, heißt **Differenzialgleichung** erster Ordnung.

Differenzialgleichungen höherer Ordnung beziehen sich auf höhere Ableitungen und sind entsprechend definiert, z. B. ist

$$x''(t) = f(t, x, x')$$

die allgemeine Version einer Differenzialgleichung zweiter Ordnung, wobei jetzt f eine Funktion dreier Variabler ist.

Besitzen solche Differenzialgleichungen immer Lösungen, und wie findet man sie? Unter nicht weiter dramatischen Regularitätsbedingungen an die Funktion f wie z. B. Differenzierbarkeit, lässt sich zeigen, dass die lineare Differenzialgleichung erster Ordnung immer eine Lösung besitzt. Setzt man darüber hinaus noch voraus, dass die gesuchte Lösung durch einen bestimmten vorgegebenen Punkt $(t_0 \mid x_0)$ gehen soll, d. h. $x(t_0) = x_0$, so ist die Lösung sogar eindeutig. Oft gibt man einen Wert der Funktion an der Stelle $t = 0$ vor. Die Aufgabe, die Lösung einer Differenzialgleichung mit vorgegebenem Anfangswert $x(t_0) = x_0$ zu finden, bezeichnet man als **Anfangswertproblem**.

Im vorliegenden Fall (4.12) haben wir Glück, weil wir eine sehr einfache Form einer Differenzialgleichung haben, die es erlaubt, die Veränderlichen t und x zu „trennen". Damit lassen sich die Terme der Gleichung so sortieren, dass alle Terme, die nur von x abhängen, auf der linken Seite stehen, während alle Terme, die nur von t abhängen, auf die rechte Seite gebracht werden. Wir notieren die folgenden Gleichungen mithilfe des Differenzialkalküls, d. h. wir schreiben $\dfrac{dx}{dt}$ anstatt $x'(t)$. Die Notation wird damit einfacher und eleganter.

Die Proportionalitätskonstante k hängt weder von x noch von t ab, kann daher auf jeder Seite der Gleichung stehen.

$$\frac{dx}{dt} = kx \Rightarrow \frac{dx}{x} = k\,dt. \tag{4.14}$$

Nun integrieren wir beide Seiten dieser Gleichung.

Da wir davon ausgehen können, dass Populationsgrößen $x(t)$ niemals negativ sind, d. h. $x(t) \geq 0$, lautet das Ergebnis der Integration von (4.14)

$$\ln(x) = kt + C.$$

Nach Exponieren erhalten wir somit **freies** oder **exponentielles Wachstum**.

$$x(t) = K \exp(kt)$$

mit $K = \exp(C)$. Soll die Population zum Zeitpunkt $t_0 = 0$ gerade den Anfangswert x_0 haben, so ergibt sich, wegen $x(0) = x_0 = K \exp(0) = K$ als Lösung des Anfangswertproblems

$$x(t) = x_0 \exp(kt).$$

Warum ist $[\ln(x)]' = \dfrac{1}{x}$?
Die Ableitung der Exponentialfunktion ist wiederum die Exponentialfunktion (siehe S. 72): $[\exp(x)]' = \exp(x)$. Nun wenden wir die Kettenregel auf die Identität

$$x = \exp[\ln(x)]$$

an und erhalten

$$1 = \exp[\ln(x)] \cdot [\ln(x)]' = x \cdot [\ln(x)]',$$

woraus die Behauptung sofort folgt. Damit ist auch klar, dass die Logarithmusfunktion eine Stammfunktion von $f(x) = 1/x$ ist. Hierbei denkt man zunächst an Werte $x > 0$, da nur für solche Werte der Logarithmus definiert ist. Eine Symmetrieüberlegung ergibt jedoch sofort, wie man auch für $x < 0$ eine Stammfunktion von $f(x) = 1/x$ erhält. Es gilt nämlich allgemein

$$\int_{x_0}^{x} \frac{1}{t}\, dt = \ln|x| + C.$$

Wie schon das lineare Wachstumsmodell, so ist auch exponentielles Wachstum unbegrenzt. Insbesondere nimmt es keine Rücksicht auf bekannte Tatsachen und Zusammenhänge: Bakterien in einer Petrischale vermehren sich nicht mehr so gut, wenn die

Population eine gewisse Dichte erreicht hat und z. B. die Nahrung knapp wird, während das Wachstum größer ist, wenn genügend Platz in der Schale ist. Begrenzende Faktoren wie knappe Verfügbarkeit von Nahrung, Lebensraum und Nistplätzen, Stress, der zu Krankheiten führt, etc. führen dazu, dass sich das Wachstum verlangsamt, wenn die Population zu groß geworden ist, und schließlich sogar versiegt, wenn eine Kapazitätsgrenze erreicht ist.

Eine einfache Art diesen Effekt zu modellieren, besteht darin, die Änderungsrate der Population als proportional zum Abstand der Populationsgröße von der Kapazitätsgrenze S anzunehmen:

Begrenztes Wachstum

$$\frac{dx}{dt} = x'(t) = k[S - x(t)], \quad k, S \in \mathbb{R}, x(t) \leq S$$

$$x(0) = x_0.$$

Auch dieses Anfangswertproblem lässt sich leicht lösen zu

$$x(t) = S + [x_0 - S] \cdot \exp(-kt),$$

wie sich durch Nachrechnen sofort bestätigen lässt.

4.5.1 Exkurs: Lösen von Differenzialgleichungen

1. **Methode „Trennen der Variablen"**
   Wie löst man Differenzialgleichungen (DGL)? Nun, in vielen Fällen bedarf es sehr weit entwickelter mathematischer Methoden, um Differenzialgleichungen zu lösen. Die allermeisten Differenzialgleichungen besitzen nicht einmal eine explizite Lösung und können bestenfalls mit komplizierten numerischen Verfahren annäherungsweise gelöst werden. Es gibt allerdings auch eine Klasse von DGL, die sich ohne große Probleme lösen lässt. Zu dieser Klasse gehören fast alle DGL, die uns hier begegnen: Differenzialgleichungen der Form

$$dx = \frac{f(t)}{g(x)} \, dt \qquad (4.15)$$

mit zwei Funktionen f, g (wobei $g(x) \neq 0$ im betrachteten Intervall) lassen sich mithilfe der Methode der „Trennung der Variablen" lösen. Dazu formen wir die Gl. (4.15) um zu

$$g(x) \, dx = f(t) \, dt$$

und suchen zwei Stammfunktionen F, G zu f und g. Es folgt, dass

$$G(x) = F(t) \quad \text{bzw.} \quad x(t) = G^{(-1)}(F(t)),$$

vorausgesetzt die Stammfunktion G lässt sich invertieren.

Beispiel 4.4   Gesucht ist die Lösung der Differenzialgleichung

$$x' = \frac{t + \frac{1}{2}t^2}{x}$$

In Differenzialschreibweise erhalten wir nach Trennung der Variablen

$$dx \cdot x = \left(t + \frac{1}{2}t^2\right) dt$$

und nach Integration

$$\frac{1}{2}x^2(t) = \frac{1}{2}t^2 + \frac{1}{6}t^3 + C_1.$$

Somit

$$x(t) = \sqrt{t^2 + \frac{t^3}{3} + C_2}, \quad C_2 = 2C_1.$$

2. **Lineare inhomogene Differenzialgleichungen**
Eine Differenzialgleichung der Form

$$x'(t) + ax(t) = b; \quad a, b \in \mathbb{R} \tag{4.16}$$

heißt **lineare Differenzialgleichung** 1-ter Ordnung. Diese Gleichung heißt **inhomogen**, solange $b \neq 0$. Leider lässt sich auf eine inhomogene Differenzialgleichung die gerade eben eingeführte Methode des „Trennens der Variablen" nicht anwenden. Zur Lösung von (4.16) wählen wir einen anderen Weg. Die zu (4.16) gehörende **homogene Differenzialgleichung** hat auf der rechten Seite eine 0 anstatt b und lautet

$$x'(t) + ax(t) = 0.$$

Ihre Lösung $x_h(t)$ kann mit „Trennen der Variablen" hergeleitet werden, und es ergibt sich

$$x_h(t) = C \exp(-at).$$

Aber wie findet man eine Lösung der inhomogenen DGL (4.16)?
Wir machen folgende Beobachtung: Addieren wir eine beliebige Lösung $x_h(t)$ der homogenen DGL $x'(t) + ax(t) = 0$ zu einer speziellen Lösung der inhomogenen DGL, so

erhalten wir wiederum eine Lösung der inhomogenen DGL. Unter einer speziellen Lösung verstehen wir dabei eine Lösung mit einem konkret vorgegebenen Anfangswert. Sogar *jede* Lösung der inhomogenen DGL kann als Summe einer Lösung x_h der homogenen DGL und einer speziellen Lösung der inhomogenen DGL dargestellt werden. *Eine* spezielle Lösung der inhomogenen Gleichung ist aber leicht zu erhalten: Die konstante Funktion $x_1(t) = \dfrac{b}{a}$ hat als Ableitung die Nullfunktion und erfüllt somit die Gleichung

$$x_1'(t) + a \cdot x_1(t) = b.$$

Somit ist die allgemeine Lösung der inhomogenen DGL

$$x(t) = x_h(t) + x_1(t) = C \exp(-at) + \frac{b}{a}.$$

Soll das Anfangswertproblem für die inhomogene DGL mit $x(0) = x_0$ gelöst werden, d. h. soll zusätzlich $x(0) = x_0$ gelten, so muss die Konstante C so gewählt sein, dass

$$x_0 = x(0) = C + \frac{b}{a}$$

gilt. Wir erhalten als Lösung der inhomogenen DGL mit der Anfangsbedingung $x(0) = x_0$

$$x(t) = \left(x_0 - \frac{b}{a} \right) \exp(-at) + \frac{b}{a}.$$

Dieses Verfahren erinnert an das Lösen von linearen Gleichungssystemen. Will man $\mathbf{Ax} = \mathbf{b}$ lösen, wobei $\mathbf{A}$ eine (m, n)-Matrix, $\mathbf{x}$ ein n-dimensionaler und $\mathbf{b}$ ein m-dimensionaler Vektor ist, so lässt sich die Lösungsmenge dieses inhomogenen linearen Gleichungssystems wie folgt charakterisieren: Jede Lösung lässt sich darstellen als Summe aus einer speziellen Lösung des inhomogenen Systems plus einer allgemeinen Lösung des homogenen Gleichungssystems $\mathbf{Ax} = \mathbf{0}$. Die Begründung der Korrektheit dieses Vorgehens bei Differenzialgleichungen ist analog zur linearen Algebra: Ist x_1 eine spezielle und x_2 eine allgemeine Lösung der inhomogenen DGL, so ist $x_1 - x_2$ eine Lösung der homogenen DGL, da

$$(x_1 - x_2)' + a(x_1 - x_2) = x_1' + ax_1 - (x_2' + ax_2) = b - b = 0.$$

Beim begrenzten Wachstumsmodell liegt eine Gleichung der Form (4.16) mit $a = k, b = kS$ vor.

Beispiel 4.5 Um die Lösung des Anfangswertproblems

$$x' - 2,5x = 10, \quad x(0) = 5$$

zu bestimmen, betrachten wir zunächst die homogene DGL

$$x' - 2,5x = 0,$$

die

$$x_h(t) = C \exp(2,5t)$$

als allgemeine Lösung hat. Als spezielle Lösung der inhomogenen DGL nehmen wir

$$x_1(t) = -\frac{10}{2,5} = -4.$$

Damit ergibt sich als Lösung für die inhomogene DGL

$$x(t) = -4 + C \exp(2,5t).$$

Jetzt ist nur noch C so zu wählen, dass $x(0) = 5$, was für $C = 9$ erfüllt ist.

3. Methode: Variation der Konstanten

Wie lösen wir inhomogene lineare DGL, bei denen die „rechte Seite" noch von t abhängt, d. h.

$$x'(t) + ax(t) = b(t)? \tag{4.17}$$

Hier versagt im Allgemeinen die gerade beschriebene Methode, weil es nicht mehr so einfach möglich ist, eine spezielle Lösung der inhomogenen DGL zu finden. Jetzt hilft ein Trick, der mit dem Namen „Variation der Konstanten" bezeichnet wird. Wir machen den Ansatz

$$x(t) = c(t) \cdot x_h(t),$$

wobei

$$x_h(t) = \exp(-at)$$

eine Lösung der homogenen Differenzialgleichung $x'(t) + ax(t) = 0$ ist. Wenn dies eine Lösung von (4.17) ist, dann gilt

$$x'(t) + ax(t) = c'(t)x_h(t) + c(t)x_h'(t) + ac(t)x_h(t) = b(t),$$

also, da $x_h'(t) = -ax_h(t)$,

$$c'(t) = \frac{b(t)}{x_h(t)} = b(t) \exp(at).$$

Bezeichnen wir mit $B_e(t)$ eine Stammfunktion von $b(t) \exp(at)$, d. h.

$$c(t) = B_e(t) + C_1$$

für eine Konstante C_1, so erhalten wir als Lösung für die inhomogene Gl. (4.17)

$$x(t) = [B_e(t) + C_1] \exp(-at).$$

Der Wert der Konstanten ergibt sich aus der Anfangsbedingung $x(0) = x_0$ als $C_1 = x_0 - B_e(0)$. Das Ganze funktioniert nur, falls es gelingt, eine Stammfunktion $B_e(t)$ von $b(t) \exp(at)$ zu finden, was in nicht wenigen Fällen z. B. mittels partieller Integration möglich ist.

Beispiel 4.6 Gesucht ist die Lösung der inhomogenen linearen Differenzialgleichung erster Ordnung

$$x'(t) + 0, 1x(t) = 5t, \quad x(0) = 20. \tag{4.18}$$

Die dazugehörige homogene DGL hat die Lösung

$$x_h(t) = c \exp(-0, 1t).$$

Basierend auf der Idee „Variation der Konstanten" machen wir den Ansatz

$$x(t) = c(t)x_h(t) = c(t) \exp(-0, 1t)$$

und erhalten durch Einsetzen in (4.18)

$$c'(t) \exp(-0, 1t) - 0.1 \cdot c(t) \exp(-0, 1t) + 0, 1c(t) \exp(-0, 1t) = 5t,$$

d. h. da sich der zweite und dritte Term gerade aufheben,

$$c'(t) = 5t \exp(0, 1t).$$

Diese Gleichung lösen wir mittels partieller Integration gemäß $\int u'v = uv - \int uv'$ mit $v(t) = 5t$ und $u'(t) = \exp(0, 1t)$: Wir erhalten

$$c(t) = 50t \exp(0, 1t) - \int^t 50 \exp(0, 1s) \, \mathrm{d}s = 50t \exp(0, 1t) - 500 \exp(0, 1t) + C_1$$
$$= 50(t - 10) \exp(0, 1t) + C_1.$$

Damit ergibt sich als Lösung für (4.18)

$$x(t) = [50(t - 10) \exp(0, 1t) + C_1] \exp(-0, 1t).$$

Da nach Voraussetzung $x(0) = 20$, ergibt sich für die Integrationskonstante $C_1 = 520$ und somit vereinfacht sich die Lösung zu

$$x(t) = 50(t - 10) + 520 \exp(-0, 1t).$$

4.5.2 Logistisches Wachstum

Auch wenn die sachbegründeten Überlegungen, die zu freiem und zu beschränktem Wachstum führten, plausibel erscheinen mögen, so stehen sie doch oft im Widerspruch zueinander. So sinnvoll die Annahme von fallenden Populationszuwächsen nahe der Kapazitätsgrenze in vielen Situationen ist, so ist es oft angemessen, bei kleineren Populationen für das Wachstum größere Zuwächse anzunehmen. Beide Ideen werden – wie Sie es schon im diskreten Fall kennen gelernt haben – im **logistischen Modell** vereint, bei dem man davon ausgeht, dass der Zuwachs proportional zum Bestand *und* zur freien Kapazität, d. h. zum Produkt dieser beiden Größen ist. Ist in diesem Modell die Population zu groß, so soll wegen Überbevölkerung die Zunahme gebremst werden. Unterschreitet die Population eine gewisse Grenze, dann ist wieder genug Platz zum Wachstum da und die Population wird größer. In einer Formel lässt sich dies z. B. wie folgt ausdrücken

$$\frac{dx}{dt} = kx(S - x), \qquad k, S \in \mathbb{R}, S > 0 \tag{4.19}$$
$$x(0) = x_0.$$

Für $k > 0$ gilt dann: Ist $x < S$, so wächst die Population. Für $x = S$ ist $\frac{dx}{dt} = 0$ und die Population ändert sich nicht. Für $x > S$ ist $\frac{dx}{dt} < 0$, d. h. die Population nimmt ab. Beachten Sie allerdings, dass – vorausgesetzt $x_0 < S$ – die Population stets unterhalb von S bleibt. S ist somit eine Obergrenze, die im logistischen Differenzialgleichungsmodell niemals von der Population überschritten werden kann. Wie verhält es sich, wenn schon zu Beginn $x_0 > S$? Nun, dann nimmt die Population monoton ab und nähert sich „von oben" dem Grenzwert S. Wir haben zwei Gleichgewichtszustände, in denen die Populationsänderung 0 ist: Das ist einmal der Fall, wenn die Population $x = 0$ ist. Dies ist ein instabiles Gleichgewicht. Denn eine kleine Änderung kann recht bald wieder zu einer deutlichen Zunahme der Population führen. Der andere Gleichgewichtszustand liegt vor, wenn die Population die Sättigungsgrenze erreicht hat. Eine leichte Änderung der Population etwa durch äußere Einflüsse veranlasst das System, sich wieder dem Zustand S anzunähern. Für $x = S$ liegt also ein stabiles Gleichgewicht vor.

Nun zur Lösung von Gl. (4.19): Nach dem Prinzip der Trennung der Variablen und einer Partialbruchzerlegung

$$\frac{1}{x(S - x)} = \frac{1}{Sx} + \frac{1}{S(S - x)}$$

formen wir Gl. (4.19) um. Wir erhalten

$$\frac{dx}{x(S-x)} = \frac{dx}{Sx} + \frac{dx}{S(S-x)} = k\,dt,$$

was sich jetzt integrieren lässt zu

$$\frac{1}{S}\ln x - \frac{1}{S}\ln(S-x) = kt + c$$

$$\ln\frac{x}{S-x} = Skt + Sc$$

$$\frac{x}{S-x} = \exp(Skt)\cdot\exp(Sc)$$

$$x(t) = \frac{S\exp(Sc)\exp(Skt)}{1 + [\exp(Skt)\exp(Sc)]}$$

Mit der Anfangsbedingung $x(0) = x_0$ bedeutet dies

$$\exp(Sc) = \frac{x_0}{S-x_0}$$

und wir erhalten als Lösung des Anfangswertproblems

$$x(t) = \frac{Sx_0}{x_0 + [S-x_0]\exp(-Skt)}.$$

Für $S = 100, x_0 = 10, k = 0,03$ ist die Lösung in Abb. 4.18 gezeigt. Wie erwartet sehen wir einen raschen Anstieg der Population, bis die Nähe des Wertes $S = 100$ das Wachstum rasch abbremst.

Die Voraussetzung für logistisches Wachstum ist – neben der konstanten Reproduktionsrate k – eine feste Sättigungsgrenze oder Kapazität sowie eine isoliert lebende

Abb. 4.18 Logistisches Wachstum

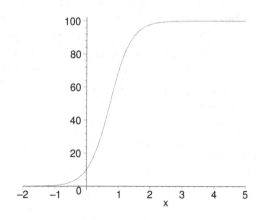

Population ohne Zu- und Abwanderungen wie z. B. Fische in einem Teich, Wasserflöhe im Aquarium, Bakterien in einer Petrischale oder Kerbtiere in einem Baumstumpf. Aber selbst diese Populationen leben nie unabhängig von anderen, sie werden nur in unserem Denken in der Modellbildung als isoliert angesehen.

Mithilfe qualitativer Analysemethoden lassen sich auch Angaben über die Eigenschaften der Lösung von Differenzialgleichungen machen, ohne diese explizit zu lösen. Für die allermeisten Differenzialgleichungen ist es ohnehin nicht möglich, eine explizite Lösung in geschlossener Form anzugeben. Eine Stütze dabei kann das Erstellen von **Richtungsfeldern** sein, in die dann Lösungskurven entsprechend ihrem Anfangswert einzulegen sind. Eine Gleichung der Form $x'(t) = f(x, t)$ besagt ja gerade, dass zu jedem Punkt $(t|x)$ im $x - t$ Koordinatensystem die Steigung der gesuchten Funktion x' als $f(x, t)$ festgelegt ist. Daher werden beim Richtungsfeld an jeden Punkt $P(t|x)$ im $x - t$ Koordinatensystem Richtungspfeile mit der Steigung $x'(t)$ eingezeichnet. Ohne technische Hilfsmittel ist das Erstellen von derartigen Richtungsfeldern sehr mühsam. Hierbei kann ein Computeralgebrasystem wie MAPLE von großem Nutzen sein, weil Richtungsfelder automatisch erzeugt und somit für die Analyse genutzt werden können. Der qualitative Verlauf der Lösungskurven kann im Richtungsfeld gut abgelesen werden. Abb. 4.19 zeigt das Richtungsfeld der logistischen Differenzialgleichung $x'(t) = 0,01 \cdot x(t) \cdot [100 - x(t)]$ mit drei in das Richtungsfeld eingezeichneten Lösungen durch die Punkte $(1|10), (1|30)$ und $(1|60)$.

Wir haben bei der Modellierung mithilfe des logistischen Wachstumsmodells impliziert, dass bei kleinem Bestand annähernd exponentielles Wachstum vorliegen soll und für $x(t) \approx S$ das Wachstum gegen Null, die Populationsgröße also gegen die Kapazitätsgrenze S strebt. Zur Illustration solcher Überlegungen ist das **Phasendiagramm**

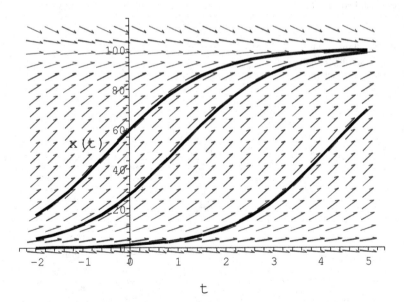

Abb. 4.19 Richtungsfeld einer logistischen Differenzialgleichung

der Differenzialgleichung ein adäquates und einfaches Hilfsmittel. Dazu stellt man die Wachstumsänderung $x'(t)$ gegen die Populationsgröße $x(t)$ dar. Eine Analyse zeigt, dass logistisches Wachstum durch eine quadratische Funktion mit den Nullstellen $x = 0$ und $x = S$ im Phasendiagramm dargestellt ist: Aus der Differenzialgleichung

$$x'(t) = k \cdot x(t) \cdot [S - x(t)]$$

wird dabei die **Phasenfunktion**

$$y = \phi(x) = kx(S - x),$$

was durch eine Parabel repräsentiert wird. Die Wachstumsgeschwindigkeit steigt zunächst monoton im Intervall [0, S/2] („beschleunigtes Wachstum"), fällt dann aber monoton („gebremstes Wachstum"). Der Übergang von beschleunigtem zu gebremsten Wachstum bei Überschreiten der halben Kapazitätsgröße gibt der logistischen Wachstumskurve den typischen S-förmigen Verlauf. Im Vergleich dazu hat das freie Wachstum im Phasendiagramm eine steigende Ursprungsgerade $y = kx$, begrenztes Wachstum wird durch eine fallende Gerade $y = k(S-x)$ und lineares Wachstum durch eine konstante Funktion $y = k$ dargestellt, siehe Abb. 4.20.

Neben der Wachstumsgeschwindigkeit ist auch eine genauere Untersuchung der Wachstumsintensität $I(t) = x'(t)/x(t)$ interessant, d. h. der Wachstumsgeschwindigkeit relativ zur vorhandenen Populationsgröße. Hierbei zeigt sich, warum man beim linearen Wachstum trotz konstanter Zuwächse von „erlahmendem Wachstum" spricht. Abb. 4.21 zeigt Intensitätsfunktionen der vier hier betrachteten Wachstumsfunktionen.

Abb. 4.20 Phasendiagramm einer linearen, exponentiellen, begrenzten und logistischen Wachstumsfunktion

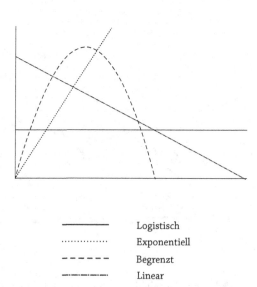

Logistisch

Exponentiell

Begrenzt

Linear

Abb. 4.21 Intensität einer linearen, exponentiellen, begrenzten und logistischen Wachstumsfunktion

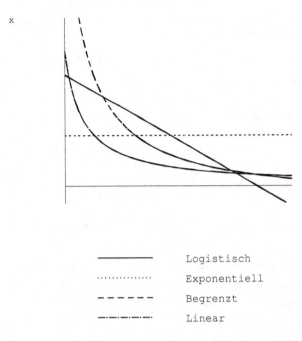

```
————————    Logistisch

·············    Exponentiell

— — — — —    Begrenzt

—·—·—·—·—    Linear
```

Tab. 4.2 Phasenfunktion und Intensitätsfunktion von Wachstumsfunktionen

Wachstumsfunktion	Phasenfunktion $\phi(x)$	Intensität $I(x)$
linear	k	k/x
exponentiell	kx	k
begrenzt	$k(S-x)$	$\dfrac{k(S-x)}{x}$
logistisch	$kx(S-x)$	$k(S-x)$

Tab. 4.3 gibt für die vier betrachteten Arten des linearen, exponentiellen, begrenzten und logistischen Wachstums die jeweilige Differenzialgleichung (DGL) und Differenzengleichung (DfGl) an, einschließlich ihrer expliziten Lösungen.

4.5.3 Weitere Wachstumsformen

Neben den bisher behandelten Wachstums- und Zerfallsprozessen gibt es noch viele weitere Formen, die als Bausteine für komplexere Vorgänge nützlich sind. Viele dieser Prozesse können mittels der Gleichung

$$dx(t) = k(t) \cdot x(t)dt$$

Tab. 4.3 Einfache Wachstumsmodelle in Form von Differenzengleichungen und Differenzialgleichungen und deren explizite Lösungen

Wachstumsart	Differenzialgleichung (DGl)	Differenzengleichung (DfGl)
linear	$x'(t) = k$	$x_{n+1} = x_n + k$
	$x(t) = x_0 + kt$	$x_n = x_0 + n \cdot k$
exponentiell	$x'(t) = k \cdot x(t)$	$x_{n+1} = x_n + k \cdot x_n$
	$x(t) = x_0 \cdot \exp(kt)$	$x_n = x_0 \cdot (1 + k)^n$
begrenzt	$x'(t) = k \cdot (S - x(t))$	$x_{n+1} = x_n + k \cdot (S - x_n)$
	$x(t) = S - (S - x_0) \cdot \exp(-kt)$	$x_n = S - (S - x_0) \cdot (1 - k)^n$
logistisch	$x'(t) = k \cdot x(t) \cdot (S - x(t))$	$x_{n+1} = x_n + k \cdot x_n \cdot (S - x_n)$
	$x(t) = \dfrac{S \cdot x_0}{x_0 + (S - x_0) \cdot \exp(-Skt)}$	

beschrieben werden, d. h. der Wachstumsfaktor k ist jetzt – im Gegensatz zum exponentiellen Wachstum – nicht konstant, sondern selbst eine Funktion von t. Alle Differenzialgleichungen dieser Form können mittels der Methode der Trennung der Variablen direkt gelöst werden, vorausgesetzt lediglich, dass $k(t)$ eine integrierbare Funktion von t ist. Bei exponentiellen Wachstum ist $k(t) \equiv k$, bei beschränktem Wachstum $k(t) = k\left(\dfrac{S}{x(t)} - 1\right)$ und beim logistischen Wachstum ist $k(t) = k[S - x(t)]$.

Beim **vergifteten Wachstum** wird das vorhandene freie Wachstum durch wachstumsbremsende Wirkungen gehemmt, bis es zu einem Aussterben der Population kommt. Das folgende Beispiel stammt aus der Pharmakokinetetik und handelt von der Wirkweise von Arzneistoffen im menschlichen Körper. Eine Bakterienkultur bestehe zu Beginn aus 1 Millionen Bakterien und vermehre sich stündlich mit einer Wachstumsrate $k = 0,2$. Um die toxische Wirkung eines neuen Antibiotikums zu untersuchen, setzt man nach und nach der Bakterienkultur eine zunehmende Menge A des Antibiotikums zu. Solange kein Antibiotikum zugefügt wird, erfolgt die Vermehrung der Bakterien ungestört, d. h. erfüllt die Differenzialgleichung

$$x'(t) = 0,2x(t).$$

Um die Bakterien zu bekämpfen, wird stündlich eine Menge von 1.5 Milligramm Antibiotikum gespritzt, das für die Bakterien giftig ist, d. h. die Menge applizierter Antibiotika ist $A(t) = 1,5t$, wobei t die Zeit in Stunden angibt. Die durch das Antibiotikum bewirkte Wachstumsgeschwindigkeit $x'(t)$ wird die Population reduzieren und in etwa proportional zur Anzahl der Bakterien $x(t)$ und zur Menge des Antibiotikums $A(t)$ sein. Dies führt zu dem Ansatz

$$x'(t) = 0,2 \cdot x(t) - c \cdot A(t)x(t) = (0,2 - c \cdot 1,5t) \cdot x(t), \tag{4.20}$$

bzw.

$$\frac{\mathrm{d}x}{x} = (0,2 - 1,5ct)\,\mathrm{d}t.$$

Die Gleichung kann man direkt durch Integration lösen und man erhält

$$x(t) = x(0)\exp(0,2t - 0,75ct^2).$$

Die Konstante c spezifiziert, wie stark das Antibiotikum wirkt. Es ist also ein medikamentenspezifischer Parameter, eventuell variiert er auch von Patient zu Patient. Der Wert von c kann durch einen zusätzlichen Messwert bestimmt werden.

Allgemein gilt: Jede Differenzialgleichung der Form

$$x'(t) = (k - b \cdot t) \cdot x(t)$$

mit $k, b > 0$ beschreibt **vergiftetes Wachstum**. Die explizite Lösung lautet

$$x(t) = d \cdot \exp\left(kt - \frac{1}{2}bt^2\right)$$

mit $d \in \mathbb{R}$. Abb. 4.22 zeigt ein Richtungsfeld mit drei eingezeichneten Lösungen der Differenzialgleichung (4.20) für vergiftetes Wachstum mit den jeweiligen Anfangswerten $x(0) = 10, x(0) = 30$ und $x(0) = 60$. Die Konstante c wurde dabei auf $c = 0,3$ gesetzt.

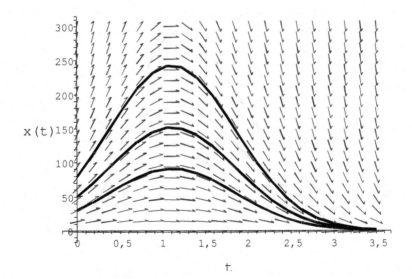

Abb. 4.22 Richtungsfeld von vergiftetem Wachstum

Es gibt aber auch Prozesse, bei denen eine Population selbst Gifte (z. B. Stoffwechsel-rückstände) produziert, die sich im Laufe der Zeit schädlich auf das Wachstum auswirken. Dies tritt beim **Wachstum mit Selbstvergiftung** auf. Wir erläutern es an einem konkreten Sachverhalt. Beim Vergären von zuckerhaltigen Lösungen durch Hefebakterien entsteht u. a. Alkohol. Dieser wirkt als Gift für die Bakterien und hemmt mit der Zeit ihre Ver-mehrung. Wird der Alkohol nicht abgebaut, so sind die folgenden Annahmen für eine Modellierung sinnvoll:

Anfangs, wenn der Alkoholgehalt noch gering ist, entwickelt sich der Bestand $x(t)$ an Bakterien nahezu ungestört exponentiell; damit gilt angenähert $x'(t) = k \cdot x(t)$ mit $k > 0$. Die Menge des produzierten Alkohols wird sich ungefähr proportional zur Menge der Bakterien entwickeln, d. h. er wird ebenfalls angenähert exponentiell in der Form $A(t) = b \cdot \exp(kt)$ mit $b > 0$ sein. Die durch den Alkohol bewirkte Wachstumsgeschwindigkeit x' des Bestandes wird negativ und in etwa proportional zur Anzahl der Bakterien $x(t)$ und zur Giftmenge $A(t)$ sein. Das führt auf den Ansatz

$$\frac{x'(t)}{x(t)} = k - c \cdot \exp(kt).$$

Diese Differenzialgleichung hat – wie sich sofort durch Integration ergibt – die Lösung

$$x(t) = d \cdot \exp\left(kt - \frac{c}{k}\exp(kt)\right).$$

Abb. 4.23 zeigt ein Richtungsfeld mit Lösungskurven für selbstvergiftetes Wachsen zu drei verschiedenen Anfangswerten.

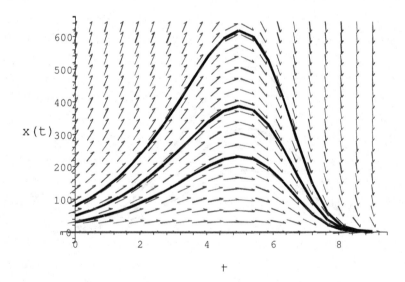

Abb. 4.23 Richtungsfeld von selbstvergiftetem Wachstum

Beispiel 4.7 Beim Brauen von Bier werden einer Mischung aus Hopfen, Malz und Wasser anfangs Hefebakterien zugesetzt, und zwar 8 Millionen auf 1ml Mischung. Zu Beginn vermehren sich die Hefebakterien täglich mit einer Wachstumskonstanten $k = 0,5$. Der entstehende Alkohol tötet die Bakterien ab. Wenn $x(t)$ die Zahl der Bakterien in ml Mischung nach t Tagen angibt, so genügt $x(t)$ der Differenzialgleichung

$$x'(t) = [0,5 - c\exp(0,5t)]x(t).$$

Mit $x(0) = 8$ und $x(4) = 40$ erhält man die Lösung

$$x(t) = K\exp(0,5t - 2c\exp(0,5t))$$

mit $K \approx 8,5043, c = 0,0306$.

Weitere Aufgaben zu Kap. 4:

4.22 Betrachten Sie das Wachstumsmodell, gegeben durch die Differenzengleichung

$$x_{n+1} = x_n + \frac{1}{3}(100 - x_n) \quad x_0 = 1. \tag{4.21}$$

    (a) Stellen Sie diese Formel (4.21) in expliziter Form dar.
    (b) Charakterisieren Sie qualitativ in ein paar Worten das mit (4.21) gegebene Wachstum. Was passiert für $n \to \infty$?
    (c) Wie sieht eine entsprechende Formel für ein zu (4.21) analoges Differenzialgleichungsmodell aus?
    (d) Welche Lösung hat die Differenzialgleichung?

4.23 Lösen Sie die folgenden Differenzialgleichungen
    (a) $x' = 4tx$ (b) $x' = x^2 \cdot t$
    (c) $x' = 4x + 2$ (d) $x'x - t^2 = 3$
    Zeichnen Sie das jeweilige Richtungsfeld (falls ein CAS verfügbar).

4.24 Eine Population entwickele sich näherungsweise gemäß

$$z'(t) = (0,5 - 0,1 \cdot t)z. \tag{4.22}$$

    (a) Bestimmen Sie die Funktion $z(t)$ mit $z(0) = 10$ durch Lösen der Differenzialgleichung (4.22).
    (b) Wann erreicht die Population ihren maximalen Wert? Ab wann gilt $z(t) \le 1$?
    (c) Stellen Sie eine zu (4.22) analoge Differenzengleichung auf mit $z_0 = 10$ und berechnen Sie die nächsten 5 Folgenglieder z_1 bis z_5.

4.25 Im tropischen Regenwald lebt isoliert ein 5000 Menschen zählender Indianerstamm. Einer seiner Bewohner wird mit einer ungefährlichen, aber sehr ansteckenden Grippe infiziert. Durch gegenseitige Ansteckung in den darauf folgenden Wochen zählt man nach 4 Wochen bereits 300 Kranke.

(a) Um die Ausbreitung der Grippe zu modellieren, gehen wir von logistischem Wachstum der Anzahl K der Erkrankten aus. Was spricht für diese Annahme?

(b) Bestimmen Sie die Funktion $K(t)$. Nach welcher Zeit ist die Hälfte der Stammesbewohner krank? Welche Bedeutung hat dieser Zeitpunkt für die weitere Ausbreitung der Krankheit?

(c) Wie groß ist in den ersten 2 Monaten die mittlere Zunahme an Erkrankten pro Woche?

4.26 In einer Stadt von 750 000 Einwohnern wird die Verbreitung von Mobiltelefonen untersucht. Umfragen von Marktforschern ergaben, dass etwa 60% der Bevölkerung als potenzielle Mobiltelefonbesitzer infrage kommen. Vor zwei Jahre besaßen 5000 Personen ein Mobiltelefon. In diesem Jahr sind es bereits 32 000. Die Funktion f zähle die Besitzer eines Mobiltelefons in Abhängigkeit der Zeit t. Bestimmen Sie die Funktion f sowohl mithilfe des begrenzten wie auch des logistischen Wachstums. Welche Gründe sprechen für die jeweilige Modellierung?

4.27 Die Differenzialgleichung

$$G'(t) = (0,1 - 0,02t)G(t)$$

mit $G(0) = 1$ beschreibt ein Wachstum mit Selbstvergiftung. Bestimmen Sie die Lösung dieser DGL durch Trennung der Variablen. Begründen Sie mithilfe der DGL oder deren Lösung folgende Aussagen:

- Der Graph von G steigt zunächst bis zu einem Maximum an und fällt dann wieder ab.
- Für große t nähert sich der Graph von G der t-Achse an.

4.6   Stetige Modellierung gekoppelter Systeme

4.6.1   Epidemien

In Abschn. 4.3 haben wir Epidemien diskret modelliert. Da die Übergänge von gesundem zu krankem Zustand und von krankem Zustand zu Immunität jedoch wohl kaum in festen Zeittakten sondern kontinuierlich erfolgen, wird eine stetige Modellierung hier angemessener sein. Das Folgende ist eine stetige Version von Abschn. 4.4.1. Es bezeichne $G(t)$ die Anzahl der gesunden Menschen zur Zeit t aus einer Bevölkerung, $K(t)$ die Anzahl der an einer ansteckenden Krankheit Leidenden und k die Kontaktrate. Unter ganz ähnlichen

Annahmen wie in Abschn. 4.4. sind dann folgende Formeln plausibel:

$$G_{neu} = G_{alt} - (K_{neu} - K_{alt}), \quad K_{neu} = K_{alt} + k \cdot K_{alt} \cdot G_{alt}.$$

Denn die Zahl der Gesunden zum neuen Zeitpunkt ergibt sich aus den Gesunden zum alten Zeitpunkt minus denjenigen, die im jetzt betrachteten Zeitabschnitt krank geworden sind. Wie viele Personen erkranken neu? Nun, hier nehmen wir an, dass diese Zahl proportional zur Zahl der Erkrankten und proportional zur Zahl der Gesunden ist. Bilden wir in diesem diskreten Ansatz den Grenzübergang bei immer kürzeren Zeittakten, so ergeben sich die Differenzialgleichungen

$$G'(t) = -K'(t) \quad , \quad K'(t) = k \cdot K(t) \cdot G(t)$$

mit den Startbedingungen: $G(0) = G_0, K(0) = K_0$.

Falls die Gesamtpopulation P ist, d. h. $G + K = P$, so führt dies auf die logistische Differenzialgleichung

$$K'(t) = k \cdot K(t)[P - K(t)],$$

die als Lösung hat

$$K(t) = \frac{x_0 P}{x_0 + (P - x_0) \exp(-kPt)}.$$

Nach und nach werden alle Gesunden krank sein! Ein solches Modell ist meist zu grob und berücksichtigt nicht die Immunität von genesenden Erkrankten.

Deshalb wird eine Verbesserung des Modells vorgenommen: Kann man von der Krankheit gesunden und dann immun sein (oder sterben – diese beiden Möglichkeiten werden hier nicht auseinander gehalten), so führen wir noch eine weitere Größe $I(t)$ ein, die die Zahl der Immunen bezeichnet. Es gilt dann:

$$G(t) + K(t) + I(t) = P$$

für alle Zeitpunkte t.

Der Übergang von Krankheit zu Immunität wird durch einen Parameter h gesteuert. Kranke werden jetzt zusätzlich nach Ausheilung mit einer Rate h immun. Damit ergeben sich folgende mathematischen Beziehungen ($I(t_0) = 0$):

$$G'(t) = -k \cdot G(t) \cdot K(t)$$
$$K'(t) = k \cdot G(t) \cdot K(t) - h \cdot K(t)$$
$$I'(t) = hK(t),$$

wobei zusätzlich $G, K, I \geq 0, G(t) + K(t) + I(t) = P$. Dieses System von drei Differenzialgleichungen hat folgende Lösung, wie sich durch Nachrechnen bestätigen lässt

$$G(t) = G(t_0) \exp[-k/h \cdot I(t)]$$
$$K(t) = P - I(t) - G(t_0) \exp(-k/h \cdot I(t)),$$

und für $I(t)$ erhalten wir die Differenzialgleichung

$$I'(t) = h \cdot \left[P - I(t) - G(t_0) \exp(-kI(t)) \right],$$

die leider keine explizite Lösung in einer geschlossenen Form hat. Man muss zur Lösung auf numerische Verfahren zurückgreifen, die eine approximative Lösung liefern. Da $G(t)$ wie auch $K(t)$ gegen 0 konvergieren, bedeuten die Lösungen, dass die Krankheit zum Stillstand kommt und alle Personen immun werden.

4.6.2   Population in Wechselwirkung: Stetige Version

In Abschn. 4.4.2 untersuchten wir einfache Differenzengleichungsmodelle für verschiedene Szenarien von Populationen in Wechselwirkung.

1. Populationen in Symbiose: Die Anwesenheit jeder der Populationen fördert das Wachstum der anderen (*win-win*).
2. Populationen in Konkurrenz (Räuber-Räuber): Die Anwesenheit jeder der Populationen behindert das Wachstum der anderen (*loose-loose*).
3. Ausbeutung: Die Koexistenz behindert die eine Population und fördert die andere, z. B. indem die eine Population der anderen als Nahrung dient (*win-loose*).

Im einfachsten Fall ist die Veränderung der einen Population proportional zum Zustand der anderen Population. Das Vorzeichen des Proportionalitätsfaktors legt fest, welcher der obigen Fälle vorliegt. Wir setzen gleich etwas allgemeiner an und erlauben für die Veränderung auch den Einfluss der gegenwärtigen Population.

$$x'(t) = (1 - a)x(t) + c \cdot y(t), a \leq 1, c \in \mathbb{R}$$
$$y'(t) = (1 - b)y(t) + d \cdot x(t), b \leq 1, d \in \mathbb{R}. \tag{4.23}$$

Sind $c > 0, d > 0$, so liegt ein Fall von Symbiose vor: Die Vermehrung jeder der beiden Populationen hängt direkt von der anderen Population ab. Ist hingegen $a = b = 0, c < 0, d < 0$, so vermindern sich beide Populationen gegenseitig bis die schwächere Population ganz ausgestorben ist und die andere auch mehr oder minder stark reduziert wurde. Sind $a, b < 0$, so entwickeln sich beide Population gemäß dem freien Wachstum, falls der Einfluss der anderen Population ausgeschaltet werden kann, d. h. $c = 0, d = 0$. Ein interessanter Fall ist $a > 0, b > 0, c > 0, d > 0$: Beide Populationen sind zum Überleben aufeinander angewiesen. Für sich alleine würde jede Population aussterben, aber durch Kooperation ($c, d > 0$) ist ein gemeinsames Überleben möglich.

Wie löst man derartige Systeme von Differenzialgleichungen? Aus (4.23) ist klar, dass im Fall $c = d = 0$ die Lösung einfach ist, weil dann beide Differenzialgleichungen isoliert voneinander gelöst werden können. Was aber kann man im allgemeinen Fall tun?

Wir schreiben zunächst (4.23) in Matrixform

$$\begin{pmatrix} x' \\ y' \end{pmatrix} = A \begin{pmatrix} x \\ y \end{pmatrix}$$

mit der Matrix

$$A = \begin{pmatrix} (1-a) & c \\ d & (1-b) \end{pmatrix}.$$

Wenn A eine Diagonalmatrix ist, dann ist das System leicht zu lösen, weil dann beide Differenzialgleichungen unabhängig voneinander gelöst werden können. Hat A keine Diagonalgestalt, so kann man versuchen, durch geschickte Basistransformation A als Produkt dreier Matrizen darzustellen

$$A = S \cdot D \cdot S^{-1},$$

wobei D eine Diagonalmatrix ist. Matrizentheorie sagt uns, dass dies immer möglich ist, wenn es eine Basis (hier des $\mathbb{R}^2$) aus Eigenvektoren, d. h. Vektoren $\mathbf{v}$ mit $A\mathbf{v} = \lambda \mathbf{v}$, gibt. Die Transformationsmatrix besteht dann gerade aus den Eigenvektoren, und die Diagonalmatrix D hat als Diagonaleinträge die Eigenwerte von A, d. h. die reellen Zahlen λ zu den dazugehörigen Eigenvektoren gemäß $A\mathbf{v} = \lambda \mathbf{v}$. Im vorliegenden Fall einer 2×2 Matrix A suchen wir nach zwei Eigenvektoren $\mathbf{v}_1, \mathbf{v}_2$ mit dazugehörigen Eigenwerten λ_1, λ_2. Mit

$$S = (\mathbf{v}_1 \quad \mathbf{v}_2)$$

und

$$D = \begin{pmatrix} \lambda_1 & 0 \\ 0 & \lambda_2 \end{pmatrix}$$

erhalten wir dann

$$\begin{pmatrix} x' \\ y' \end{pmatrix} = A \begin{pmatrix} x \\ y \end{pmatrix}$$

$$= SDS^{-1} \begin{pmatrix} x \\ y \end{pmatrix}.$$

Definieren wir zwei Funktionen $u(t), v(t)$ durch

$$\begin{pmatrix} u \\ v \end{pmatrix} = S^{-1} \begin{pmatrix} x \\ y \end{pmatrix},$$

so ergibt sich für die Funktionen u, v das System von Differenzialgleichungen

$$\begin{pmatrix} u' \\ v' \end{pmatrix} = \begin{pmatrix} \lambda_1 & 0 \\ 0 & \lambda_2 \end{pmatrix} \begin{pmatrix} u \\ v \end{pmatrix},$$

das offensichtlich gelöst wird von

$$u(t) = \exp(\lambda_1 t), v(t) = \exp(\lambda_2 t).$$

Die ursprünglichen Lösungen für $x(t), y(t)$ erhalten wir durch Rücktransformation

$$\begin{pmatrix} x \\ y \end{pmatrix} = S \begin{pmatrix} u \\ v \end{pmatrix}.$$

Beispiel 4.8   Betrachten wir als rechnerisches Beispiel den Fall $a = 0, c = 1, b = 1, d = 2$, oder

$$x'(t) = x(t) + y(t)$$
$$y'(t) = 2x(t),$$

mit den Anfangswerten $x(0) = 50, y(0) = 200$. Die x Population wird sich auch ohne y Population am Leben erhalten können, die andere Population trägt aber auch noch zu ihrer Weiterentwicklung positiv bei, während die y-Population ganz auf die andere Population angewiesen und dafür vom Zustand der x-Population doppelt so stark profitiert. Mit

$$A = \begin{pmatrix} 1 & 1 \\ 2 & 0 \end{pmatrix}$$

und

$$S = \begin{pmatrix} 1 & -\frac{1}{2} \\ 1 & 1 \end{pmatrix}$$

ergibt sich

$$S^{-1}AS = \begin{pmatrix} 2 & 0 \\ 0 & -1 \end{pmatrix}.$$

Daraus folgt zunächst $u(t) = C_1 \exp(2t), v(t) = C_2 \exp(-t)$ mit geeignet gewählten Konstanten C_1 und C_2. Somit erhalten wir als Lösung des ursprünglichen Systems

$$x(t) = C_1 \exp(2t) - C_2 \frac{1}{2} \exp(-t)$$
$$y(t) = C_1 \exp(2t) + C_2 \exp(-t).$$

Das Beachten der Anfangsbedingungen $x(0) = 50, y(0) = 200$ führt zu den beiden Gleichungen

$$50 = C_1 - \frac{C_2}{2}$$
$$200 = c_1 + C_2,$$

was zu $C_1 = C_2 = 100$ führt. Die Lösung ist in Abb. 4.24 dargestellt.

4.6.3   Der Kampf ums Dasein: Räuber-Beute-Modelle

Wir verfeinern die Modelle des letzten Abschnitts. Wir gehen wiederum von zwei Populationen aus, die – wären sie unabhängig – frei wachsen bzw. exponentiell aussterben würden. Die wechselseitige Wirkung ist jetzt aber proportional zum *Produkt* des aktuellen Bestandes beider Populationen. Historisch sind solche Systeme von Volterra und Lotka am Beispiel von Sardinen und Haien in der Adria und von Hasen und Luchsen in Kanada untersucht worden. Eine diskrete Version dieser Räuber-Beute Modelle wurde schon in

Abb. 4.24 Lösung des symbiotischen Systems

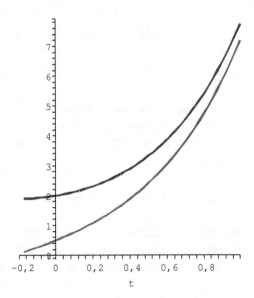

Abschn. 4.4.2 behandelt. Die Zahl der Beutetiere, die ein Räuber fangen kann, wird als proportional zur Anzahl der Beutetiere angenommen. Die Höhe der Verluste der Beutetiere ist dann proportional zum Produkt der Zahl der Räuber und der Beutetiere. Ähnliches gilt für die Verwertung der Beute zum Wohle der Räuber: Auch dies wird als proportional zum Produkt der beiden Populationen angenommen. Wir gehen wiederum von zwei Populationen aus:

- Räuberpopulation zur Zeit t: $R = R(t)$
- Beutepopulation zur Zeit t : $B = B(t)$.

Wir machen die vereinfachenden Modellannahmen, das sich die Räuber ausschließlich von den Beutetieren ernähren und dass die Beutetiere keine weiteren Feinde außer den Räubern haben. Zusätzlich nehmen wir an, dass die Beutetiere über ein unbegrenztes Nahrungsangebot verfügen. Gäbe es keine Räuber, dann könnte die Zahl der Beutetiere unbegrenzt (d. h. exponentiell) wachsen. Gäbe es keine Beutetiere, so würden die Räuber aufgrund von Nahrungsmangel allmählich aussterben. Gäbe es also keine Koppelung zwischen den beiden Populationen, so würden sie sich nach dem folgenden Gesetz entwickeln

$$B' = \quad \alpha B \qquad \text{freies Wachstum, da keine Feinde}$$
$$R' = -\beta R \qquad \text{exponentieller Zerfall, da keine Nahrung.}$$

Unter Einbeziehung der Wechselwirkung zwischen den beiden Populationen stellen wir ein verbessertes Modell auf:

$$B' = \quad \alpha B - \gamma B \cdot R \qquad \text{Dezimierung der Beute durch Räuber}$$
$$R' = -\beta R + \delta B \cdot R \qquad \text{Wachstum der Räuber durch Beutefang.} \qquad (4.24)$$

Die Konstanten α, β, γ und δ lassen sich dabei wie folgt interpretieren:

- α = Reproduktionsrate der Beutetiere
- β = Bedarf der Räuber nach Nahrung
- γ = Jagdgeschick der Räuber bzw. Ungeschick der Beutetiere, Räuber zu vermeiden
- δ = Beuteverwertung.

Hier liegt ein System von Differenzialgleichungen vor, das so explizit nur sehr schwer zu lösen ist. Unter weiteren vereinfachenden Annahmen lässt sich jedoch eine Lösung herleiten. Zunächst suchen wir nach stationären Lösungen, d. h. Lösungen für $R(t)$ und $B(t)$, bei denen die Populationsentwicklung stabil ist und sich nicht mehr ändert. Mathematisch bedeutet dies, dass die ersten Ableitungen B' und $R' = 0$ sein müssen. Setzen wir $B' = R' = 0$, so erhalten wir außer der trivialen, aber uninteressanten Lösung $B_s = R_s = 0$

als einzige stationäre Lösung

$$\begin{pmatrix} B_s \\ R_s \end{pmatrix} = \begin{pmatrix} \frac{\beta}{\delta} \\ \frac{\alpha}{\gamma} \end{pmatrix}.$$

Die allgemeinen Lösungen erhalten wir als Abweichungen von der stationären Lösung wie folgt: Wir setzen

$$b(t) = B(t) - B_s \quad \text{und} \quad r(t) = R(t) - R_s.$$

Durch Differenzieren dieser Gleichung und Einsetzen in (4.24) erhalten wir als Differenzialgleichungssystem der Abweichungen

$$b' = \alpha B - \gamma BR = \alpha \left(b + \frac{\beta}{\delta} \right) - \gamma \left(b + \frac{\beta}{\delta} \right) \left(r + \frac{\alpha}{\gamma} \right)$$

$$= -\frac{\gamma\beta}{\delta} r - \gamma br$$

und

$$r' = -\beta R + \delta BR = -\beta \left(r + \frac{\alpha}{\gamma} \right) + \delta \left(b + \frac{\beta}{\delta} \right) \left(r + \frac{\alpha}{\gamma} \right)$$

$$= \frac{\alpha\delta}{\gamma} b + \delta br.$$

Dieses System für $b(t)$ und $r(t)$ ist nichtlinear und nicht einfach zu lösen. Wir machen folgende Vereinfachung: Wir beschränken uns auf „kleine" Abweichungen vom Gleichgewichtspunkt

$$|b(t)|, |r(t)| \ll 1.$$

Dann sind die Produkte $|b(t) \cdot r(t)|$ „sehr klein" und können näherungsweise weggelassen werden. Damit können wir das System zu einem linearen System vereinfachen, das die Form hat

$$b' = -\frac{\gamma\beta}{\delta} r$$

$$r' = \frac{\alpha\delta}{\gamma} b.$$

Nochmaliges Differenzieren der ersten Gleichung führt zu

$$b'' = -\frac{\gamma\beta}{\delta} \cdot \frac{\alpha\delta}{\gamma} b = -\alpha\beta b,$$

und somit auf die Differenzialgleichung 2. Ordnung

$$b'' + \alpha\beta b = 0.$$

Diese Differenzialgleichung 2. Ordnung beschreibt eine Schwingung. Sie hat als Lösung

$$b(t) = C \cdot \cos(\sqrt{\alpha\beta}t + d)$$

mit Konstanten $C, d \in \mathbb{R}$, was durch Probe leicht verifiziert werden kann. Für die entsprechende Funktion der Räuber ergibt sich dann

$$r(t) = \frac{\delta}{\gamma}\sqrt{\frac{\alpha}{\beta}} \cdot C \sin(\sqrt{\alpha\beta}t + d).$$

Das dazugehörige Phasendiagramm $t \to (B(t), R(t))$ ist hier eine Ellipse (Abb. 4.26) Damit ergibt sich für das Originalsystem die Näherungslösung

$$B(t) = B_s + C \cdot \cos(\sqrt{\alpha\beta}t + d),$$

$$R(t) = R_s + \frac{\delta}{\gamma}\sqrt{\frac{\alpha}{\beta}} \cdot C \sin(\sqrt{\alpha\beta}t + d)$$

Die Funktionen $B(t)$ und $R(t)$ oszillieren somit um B_s und R_s mit einer Periodenlänge $\frac{2\pi}{\sqrt{\alpha\beta}}$, und beide Kurven sind gegeneinander phasenverschoben. Die „Räuber-Kurve" ist verzögert, und zwar um 1/4 einer Periodenlänge. Abb. 4.25 zeigt eine prototypische Lösung für $R(t)$ und $B(t)$ sowie in Abb. 4.26 das dazugehörige Phasendiagramm.

Bei allen Vereinfachungen, die bei dieser Modellierung getroffen werden mussten, ist bemerkenswert, dass die Struktur unserer mathematischen Lösung sich deutlich in den Mustern realer Daten wiederfindet. Am Beispiel der Populationen von Luchsen und Schneeschuhhasen in Kanada konnte sowohl das periodische Schwingungsverhalten der beiden Populationen wie auch der zeitverzögerte Effekt bei der Räuberpopulation beobachtet werden (siehe Abb. 4.15).

Beispiel 4.9 In einem Wildrevier leben etwa 200 Füchse (Räuber) und 1000 Hasen (Beute) im Gleichgewichtszustand. Wie ändert sich der Wildbestand, wenn das Verhältnis zwischen Räubern und Beute „aus dem Gleichgewicht gerät"? Zum Zeitpunkt $t = 0$ betrage die Zahl der Hasen 1050, die der Füchse 180. Es bezeichne $r(t)$ die von 200 abweichende Zahl an Füchsen zur Zeit t (gemessen in Monaten) und $b(t)$ entsprechend die von der Zahl 1000 abweichende Anzahl an Hasen. Die Vermehrung der Räuber ist abhängig vom Nahrungsangebot. Die Wachstumsgeschwindigkeit r' nehmen wir als proportional zum Überschuss an Beutetieren an. Umgekehrt hängt die Veränderungsrate der Zahl der Beutetiere b' proportional vom Überschuss der Räuber ab, allerdings mit negativem Proportionalitätsfaktor, da eine Zunahme der Räuber zu einer Abnahme der Beutetiere führt. Nehmen wir mal konkret an, dass die Populationsentwicklungen durch die beiden Differenzialgleichungen

t

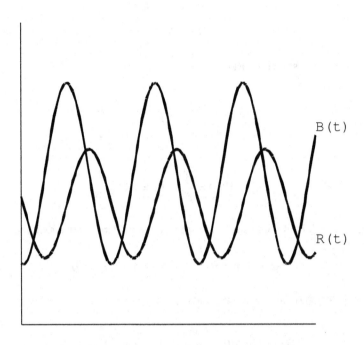

Abb. 4.25 Approximativer Verlauf der Lösungen eines stetigen Räuber-Beute-Systems

Abb. 4.26 Phasendiagramm
zur stetigen Lösung des
Räuber-Beute-Systems

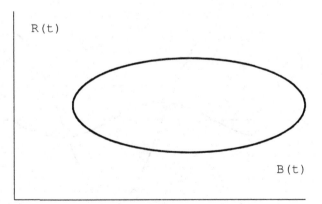

$$r'(t) = 0,02 \cdot b(t)$$
$$b'(t) = -0,5 \cdot r(t)$$

beschrieben werden, so heißt das, dass

$$\frac{\gamma \beta}{\delta} = 0,5, \quad \frac{\alpha \delta}{\gamma} = 0,02$$

sowie

$$B_S = 1000 = \frac{\beta}{\delta}, \quad R_S = 200 = \frac{\alpha}{\gamma}.$$

Aus diesen vier Gleichungen lassen sich sofort die vier Parameter errechnen

$$\alpha = 0,1, \beta = 0,1, \gamma = 0,0005, \delta = 0,0001.$$

Als Lösungen für $b(t)$ und $r(t)$ erhalten wir

$$b(t) = C \cos(0,1t + d), r(t) = \frac{C}{5} \sin(0,1t + d).$$

Um die Parameter C und d zu ermitteln, benötigen wir weitere Informationen. In diesem Beispiel haben wir die Anfangswerte $R(0) = 180, B(0) = 1050$ gegeben. Daher folgt

$$b(0) = 50 = C \cos(d), \quad r(0) = -20 = \frac{C}{5} \sin(d),$$

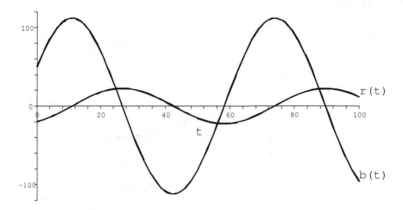

Abb. 4.27 Population von Räuber und Beutetier: Abweichungen vom Gleichgewichtspunkt

woraus folgt, dass $C = 111, 8, d = 1, 107$. Die Populationen der Hasen und Füchse wird somit mittels folgender Funktionen beschrieben:

$$B(t) = 1000 + 111, 8 \cos(0, 1t + 1, 107), R(t) = 200 + 22, 4 \sin(0, 1t + 1, 107).$$

Abb. 4.27 zeigt die Funktionen $b(t)$ und $r(t)$, die den Verlauf der jeweiligen Abweichungen vom Gleichgewicht repräsentieren.

Weitere Aufgaben zu Kap. 4:

4.30 In einem Dorf leben 200 Katzen und 2500 Mäuse im Gleichgewicht. Die Funktionen $b(t)$ und $r(t)$ beschreiben die Schwankungen der Populationen um diese Gleichgewichtswerte. Die Populationsentwicklungen sind durch ein Räuber-Beute-Modell beschrieben, das annäherungsweise durch die Differenzialgleichungen $r'(t) = 0, 01 \cdot b(t)$ und $b'(t) = -0, 25r(t)$ charakterisiert ist. Lösen Sie die Differenzialgleichungen unter den Zusatzbedingungen $R(0) = 210, B(0) = 2300$. Erstellen Sie Schaubilder.

Verrauschte Signale und funktionale Modelle

5

Inhaltsverzeichnis

5.1 Einleitung

In unseren bisherigen Überlegungen haben die Modelle meistens mehr oder weniger gut zu den vorliegenden Daten gepasst. Falls wir dennoch Diskrepanzen zwischen Modell und Daten vorfanden, haben wir diesen Differenzen keine besondere Aufmerksamkeit geschenkt. In Kap. 2 haben wir Kurvenanpassungen stets per Augenmaß durchgeführt. Bei vielen Anwendungen ist es aber so, dass es zwar ein brauchbares funktionales Modell für den untersuchten Zusammenhang zwischen zwei vorliegenden Variablen gibt, dennoch treten – aufgrund weiterer externer Einflüsse (so genannter Störvariabler) – nicht

© Springer-Verlag GmbH Deutschland 2018
J. Engel, *Anwendungsorientierte Mathematik: Von Daten zur Funktion*,
Mathematik für das Lehramt, https://doi.org/10.1007/978-3-662-55487-6_5

unerhebliche Abweichungen zwischen Modell und konkret vorliegenden Daten auf. Der Zusammenhang zwischen den beiden Variablen ist dann ein idealisierter Zusammenhang, und die konkret erhobenen Messungen sind von einer Reihe anderer Einflussfaktoren gestört und verzerrt.

Denken wir z. B. an den Fettgehalt und die Kalorienzahl von Mahlzeiten. Hier ist es plausibel anzunehmen, dass zwischen diesen beiden Größen „Fettgehalt" und „Kalorienzahl" ein Zusammenhang besteht. Es bedarf hierbei nicht viel Phantasie, um sich diese Abhängigkeit proportional vorzustellen. Der Datensatz **Mahlzeit** besteht aus konkreten Kalorienzahlen und Fettgehalt aus einer Auswahl von Mahlzeiten. Schauen wir uns die Daten an, so bemerken wir, dass der Zusammenhang nicht strikt deterministisch ist: Die Kalorienzahl einer Mahlzeit lässt sich nicht exakt aus dem Fettgehalt berechnen. Abb. 5.1 zeigt das Streudiagramm von Fettgehalt (in g) und den Kalorienzahl (in kcal) von 16 Mahlzeiten mitsamt einer eingepassten Geraden (der Regressionsgeraden, siehe unten) mit der Gleichung

$$\text{Kalorienzahl} = 11,82 \cdot \text{Fettgehalt} + 163,85.$$

Offensichtlich geht die Gerade nicht exakt durch alle Punkte, einige Mahlzeiten haben mehr Kalorien als man aufgrund ihres Fettgehalts vielleicht erwarten würde, andere haben eher weniger Kalorien.

Eine einfache mathematische Darstellung obiger Überlegungen beruht auf der Annahme, die Daten setzen sich additiv zusammen aus einem Funktionsterm, den zu

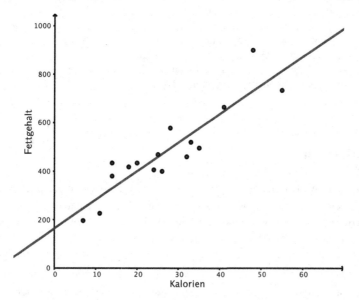

Abb. 5.1 Streudiagramm einschließlich Regressionsgerade zu Fettgehalt und Kalorienzahl von 16 Mahlzeiten

bestimmen unser vordringliches Interesse gilt, und einem zusätzlichen Term, der die Abweichungen vom Modell erfasst, d. h.

$$y_i = f(x_i) + r_i, i = ..., n. \tag{5.1}$$

Genauso sind wir ja schon in Kap. 2 vorgegangen. Während wir in Kap. 2 die Anpassung einer Funktion per Augenmaß vorgenommen haben, wenden wir uns in diesem Kapitel dem Verhältnis zwischen Modell f und Abweichungen r intensiver zu und suchen nach einem mathematischen Verfahren, um gemäß eines Kriteriums optimale Kurvenanpassungen vornehmen zu können. Diese Überlegungen laufen auf die Bestimmung optimaler Parameter hinaus, die eine Funktion aus einer vorgegebenen Funktionenklasse spezifizieren. Der Mathematisierungsschritt im Modellbildungskreislauf (siehe S. 10) besteht darin, im „Nebel der Datenwolke" Strukturen ausfindig zu machen und diese Strukturen funktional auf der mathematischen Modellebene zu beschreiben. Ein Konzept, das diesen Suchprozess leiten kann, beschreibt die Beziehung zwischen Daten und Modell als

$$\begin{aligned}
\text{Daten} &= \text{Modell } + \text{ Residuum} \\
&= \text{Muster } + \text{ Abweichung} \\
&= \text{Anpassung } + \text{ Rest} \\
&= \text{Signal } + \text{ Rauschen} \\
&= \text{Struktur } + \text{ Zufall.}
\end{aligned}$$

Bezogen auf Gl. (5.1) bedeutet dies Folgendes:
Wir deuten die Daten $(x_1, y_1), ..., (x_n, y_n)$ als bestimmt durch ein Signal f, ausgewertet an der Stelle x_i zu $f(x_i)$, und einem Rauschen r_i, das eine Störung des Signals verursacht. Die Aufgabe besteht darin, aus den verrauschten Daten das Signal f zu rekonstruieren. Eine Analogie zum (inzwischen historischen) terrestrischen Empfang von Fernsehen (Antennenfernsehen) mag helfen: Da die Sendereichweiten aufgrund der Erdkrümmung und Abschattung durch landschaftliche Gegebenheiten und Gebäude sehr begrenzt ist, ist der Empfang an manchen geographischen Orten schlecht. Das gesendete Bild ist verrauscht, und der Zuschauer ist gefordert, auf dem „verschneiten" Bildschirm das Fernsehbild zu dechiffrieren.

Da wir systematische Trends in den Daten dem Signal zurechnen, besteht das Rauschen nur aus unsystematischen Abweichungen. Genau nach dieser Logik haben wir auch schon in Kap. 2 Modellfunktionen verbessert, wenn im Residuendiagramm regelhafte Muster zu erkennen waren. Die dann verbleibenden Residuen – die ohne Muster und Struktur um die horizontale Achse streuen – können in der Regel mithilfe derselben Mathematik beschrieben werden, mit der um 0 streuende Zufallsvorgänge charakterisiert werden. Die Abweichungen sind im Einzelnen nicht vorhersehbar oder bestimmt, folgen aber dennoch bestimmten Gesetzmäßigkeiten, die mithilfe der Wahrscheinlichkeitstheorie als zufälliger Prozess beschrieben und untersucht werden können. Mal verzerrt das Rauschen das

Signal nach oben, mal nach unten, aber im Mittel hat es keinen nennenswerten Einfluss. Bei diesen Überlegungen treten somit neben Funktionsbetrachtungen, wie wir sie in den letzten Kapiteln gemacht haben, noch stochastische Überlegungen hinzu.

Diese Überlegungen formalisieren wir etwas genauer. Wir fassen unsere zwei Größen als Zufallsvariable auf, die wir – wie in der Stochastik üblich – mit großen Buchstaben X und Y notieren, während wir mit kleinen Buchstaben konkrete Realisierungen dieser Zufallsvariablen (also Zahlenwerte, die diese Variable annehmen) bezeichnen.

Zusammenhänge zwischen empirisch beobachteten Variablen X und Y sind in der Regel selten einfach. Gerade im Bereich der Humanwissenschaften lässt sich das Ideal des Experiments der Physik, das die Konstanthaltung aller anderen Einflüsse fordert, nur in seltenen Fällen aufrecht erhalten. Denken wir z. B. an die Anstrengungen bei der Vorbereitung auf eine Klausur und das tatsächlich erzielte Ergebnis. Gewiss besteht zwischen diesen beiden Variablen (Anstrengungen, d. h. Lerneifer und Vorbereitungszeit, und dem schließlichen Abschneiden) ein funktionaler Zusammenhang. Man wird hier vielleicht eine monotone Abhängigkeit erwarten können: Je mehr man sich anstrengt, desto höher ist die Erwartung auf ein besseres Abschneiden in der Klausur, aber die präzise funktionale Abhängigkeit ist nicht so leicht zu bestimmen. Auf das tatsächliche Abschneiden eines konkreten Kandidaten wirken schließlich noch viele andere Faktoren ein, die gar nicht unter dessen Kontrolle stehen oder die sich einer präzisen Beobachtbarkeit und Messbarkeit entziehen wie Tagesform, zufällig in der Klausur gestellte Fragen etc.

Funktionale Zusammenhänge geben einen klaren Einblick in die Struktur von Abhängigkeiten zwischen Variablen. Diese Abhängigkeiten sind funktional, aber nicht zwingend kausal. Die funktionale Abhängigkeit beschreibt eine Assoziation zwischen zwei oder mehreren Variablen, die zunächst nichts darüber aussagt, ob eine Variable die andere kausal verursacht oder ob beide von einer dritten Variablen verursacht sind. Eine vorschnelle Schlussfolgerung von Assoziation auf Kausalität aufgrund stochastischer Zusammenhänge ist ein oft vollzogener Fehlschluss, der wohl eher dem Bereich der fundamentalen Irrtümer zuzuordnen ist. Die bei Funktionen übliche Terminologie von abhängiger und unabhängiger Variabler ist daher irreführend, weil sie Kausalität suggeriert. Günstiger ist hier die in der Stochastik übliche Sprechweise von **Prädiktor** X und **Responz** Y, der das Konzept der Vorhersage von Y zu gegebenem Wert $X = x$ zugrunde liegt.

In vielen Anwendungen wirken auf die zu studierende Variable Y außer der Variablen X noch eine Vielzahl anderer Einflussgrößen $U_1, U_2, \ldots$ ein, die im Prozess der Datenerhebung nicht konstant gehalten werden können. Für die angestrebte Untersuchung des funktionalen Zusammenhanges zwischen X und Y sind diese anderen Größen Störungen, die oft nicht weiter von Interesse sind, und es ist nur von untergeordneter Bedeutung, ob diese Störvariablen konkret benennbar, d. h. identifizierbar und messbar sind oder nicht. Eine funktionale Modellierung der Form $y = g(x, u_1, u_2, \ldots)$ wäre dann – die Verfügbarkeit aller Störvariablen vorausgesetzt – eigentlich die präzisere Mathematisierung. Das resultierende funktionale Modell ist aber wegen seiner Hochdimensionalität äußerst schwer zu überschauen – ein Konflikt zu den Prinzipien mathematischer Modellierung wie z. B. Ockhams Rasiermesser (siehe Seite 100). Die verfügbare Information auf der Basis der

n Beobachtungen würde in den seltensten Fällen ausreichen, um etwas über die hochdimensionale Funktion g auszusagen. Das ist eine Folge dessen, was in der amerikanischen Literatur *the curse of dimensionality* genannt wird. Bellman (1961) prägte diesen Begriff, um das schnelle Anwachsen der Schwierigkeit von Schätzproblemen bei linearem Anwachsen der Dimension zu beschreiben. Als geometrische Illustration des „Fluches der Dimension" betrachten wir folgendes Beispiel: Im Einheitsintervall liegen 4 Punkte recht dicht beieinander. Selbst wenn wir sie möglichst weit auseinanderlegen wollen, so gibt es immer mindestens zwei Punkte, deren Abstand höchstens 0,25 beträgt. Im Einheitsquadrat können wir die 4 Punkte so legen, dass der geringste Abstand zwischen zwei Punkten maximal 1 beträgt. Betrachten wir in drei Dimensionen einen Einheitswürfel, der 4 Punkte enthält. Hier können wir die Punkte so legen, dass der geringste Abstand von je zwei Punkten maximal $\sqrt{5}/2$ beträgt.

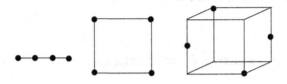

In Verallgemeinerung dieses Gedankenspiels auf höhere Dimensionen lässt sich feststellen: Liegen 4 gleichmäßig gestreute Beobachtungen im Einheitsintervall der reellen Linie noch sehr dicht aufeinander, so haben 4 Punkte im 10-dimensionalen Einheitswürfel die Einsamkeit von Oasen in der Wüste. Darin konstituiert sich das mathematische Problem des „leeren Raumes" oder des „Fluches der Dimensionalität."

Wenn das erklärte Interesse des Anwenders allerdings hauptsächlich dem Zusammenhang zwischen den beiden Variablen X und Y gilt, interessiert eine genaue Modellierung des Zusammenhangs zwischen den U-Variablen und Y gar nicht weiter. Eine Einschränkung auf den funktionalen Zusammenhang zwischen X und Y ist dann eine Idealisierung einer in Wirklichkeit komplexeren Beziehung. Die Stochastik bietet mit dem Begriff der Zufallsvariablen ein elegantes Instrumentarium, den Zusammenhang zwischen Prädiktor und Responz zu modellieren. Dabei wird der Y-Wert additiv zerlegt in einen Term, der nur vom Prädiktor und nicht von den Störgrößen abhängt, und einen zweiten zufälligen Term, der ausschließlich von den Störungen abhängt. Die Aufgabe besteht dann darin, aus den Beobachtungen $(x_1, y_1),..., (x_n, y_n)$ einen funktionalen, deterministischen Teil herauszufiltrieren, der den mittleren Responzwert oder Trend angibt (zu gegebenem Wert von X), während alle Störeinflüsse in einem zweiten, zufälligen und trendfreien Term zusammengefasst sind. Ist der Funktionsbegriff zunächst als deterministische Zuordnung in die Mathematik eingeführt und wird Stochastik z. B. beim Würfelexperiment als Zufall ohne Trend erlebt, so müssen jetzt Funktionen und Zufall zusammen gedacht werden. Formal lässt sich das mithilfe von Zufallsgrößen wie folgt darstellen

$$Y = f(X) + \varepsilon,$$

wobei die Zufallsgröße ε das Rauschen repräsentiert und einen Erwartungswert von 0 hat

$$E\varepsilon = 0.$$

Wie können wir aus vorliegenden Daten, die wir als Realisierungen von Zufallsvariablen auffassen, den funktionalen Zusammenhang zwischen diesen Zufallsvariablen rekonstruieren? Ein erster Zugang besteht darin, dass wir von vornherein annehmen, dass die zugrunde liegende Funktion f einer bestimmten Funktionenklasse angehört. Im einfachsten Falle ist diese Klasse die Menge aller linearen Funktionen. Unsere Überlegungen führen dann zum Anpassen einer Geraden in ein Streudiagramm.

Im Folgenden behandeln wir zunächst die Anpassung von Geraden in ein Streudiagramm mit linearem Trend bevor wir uns in Abschn. 5.7 der Frage zuwenden, was im Fall von Daten zu tun ist, die keine lineare Struktur aufweisen.

5.2   Prinzip der kleinsten Quadrate: Regressionsgerade

Am Neujahrstag des Jahres 1801 entdeckte der italienische Astronom Giuseppe Piazzi den Asteroiden Ceres. 40 Tage lang konnte er die Bahn verfolgen, dann verschwand Ceres hinter der Sonne. Im Laufe des Jahres versuchten viele Wissenschaftler anhand von Piazzis Beobachtungen die Bahn zu schätzen. Die meisten Rechnungen waren unbrauchbar. Als einzige war die Berechnung des 24jährigen Carl Friedrich Gauß genau genug, um dem deutschen Astronomen von Zach zu ermöglichen im darauf folgenden Dezember den Asteroiden wiederzufinden. Gauß erlangte dadurch Weltruhm. Sein Verfahren publizierte er erst 1809 im zweiten Band seines Werkes *Theoria Motus Corporum Coelestium in sectionibus conicis solem ambientium*. Gauß löste ein Problem der Kurvenanpassung mithilfe der Methode der kleinsten Quadrate. 1829 konnte Gauß eine Begründung liefern, wieso sein Verfahren im Vergleich zu den anderen so erfolgreich war: Die Methode der kleinsten Quadrate ist in einer breiten Hinsicht optimal, also besser als andere Methoden.

Während Gauß das viel schwierigere Problem der Anpassung einer elliptischen Kurve löste, suchen wir nach einer Geraden, die sich möglichst gut den Daten anpasst. Da eine Gerade durch zwei Punkte festgelegt ist, ist klar, dass es bei mehr als zwei Punkten in der Regel kaum eine Gerade gibt, die exakt durch *alle* Punkte $(x_1, y_1),...,(x_n, y_n)$ geht. Was heißt dann „möglichst gute Anpassung"? Stellen wir uns für einen Moment vor, wir hätten schon eine Gerade gefunden $y = mx + b$. Wir greifen einen beliebigen Beobachtungspunkt (x_i, y_i) heraus. Ihm entspricht auf der Geraden der Punkt $(x_i, \hat{y}_i)$ mit $\hat{y}_i = mx_i + b$. In der Regel ist $\hat{y}_i \neq y_i$, es sei denn, der Punkt liegt selbst schon exakt auf unserer Geraden. Vergleicht man den beobachteten Punkt (x_i, y_i) mit dem durch die Gerade angepassten Punkt $(x_i, \hat{y}_i)$, so erhält man als Differenz das Residuum oder Fehlerglied

$$r_i = y_i - \hat{y}_i = y_i - mx_i - b. \tag{5.2}$$

Die Residuen $r_i, i = 1,...,n$ messen die Abstände der beobachteten Punktwolke von den angepassten Punkten längs der y-Achse. Je größer die Residuen insgesamt sind, umso schlechter ist die Güte der Anpassung der gesuchten Geraden an die Punktwolke. Als globales Maß für die Güte der Anpassung muss man eine Funktion wählen, die die n Fehlerabweichungen $r_1,...,r_n$ sinnvoll zu einer einzigen Zahl zusammenfasst, sodass unterschiedliche Geraden miteinander verglichen werden können. Ein Maß wie $\sum_{i=1}^{n} r_i$ wäre dabei wenig sinnvoll, da sich hier positive und negative r_i gegeneinander aufheben könnten. Für welches Maß für die Güte der Anpassung soll man sich entscheiden?

Beispiel 5.1 Betrachten wir zur Illustration die vier Datenpunkte

x	1	3	4	5
y	2	3	6	5
$r = y - 4$	-2	-1	2	1

mit der konstanten Geraden $y = \frac{1}{4}\sum_{i=1}^{4} y_i = 4$ als (schlecht!) eingepasster Geraden, so ist klar, dass die Summe der Residuen zwar 0 ist. Von einer zufriedenstellenden Anpassung kann aber keine Rede sein, wie ein Blick auf Abb. 5.2 sofort zeigt.

Um zu verhindern, dass sich positive und negative r_i's gegenseitig aufheben, könnte man statt der r_i selbst ihre Absolutbeträge $|r_i|$ oder ihre Quadrate r_i^2 nehmen und dann folgende Maße betrachten

$$\sum_{i=1}^{n} |r_i| \text{ oder } \sum_{i=1}^{n} r_i^2. \tag{5.3}$$

Einen Ausdruck wie $\max |r_i|$ zu minimieren wäre ein durchaus sinnvolles Ziel. Dies würde nämlich bedeuten, dass die maximale betragsmäßige Abweichung so gering wie möglich sein soll. Zunächst sind hier bei der Betrachtung von Kriterien der mathematischen Phantasie kaum Grenzen gesetzt.

Abb. 5.2 Vier Punkte im Streudiagramm mit konstanter Funktion $y = 4$

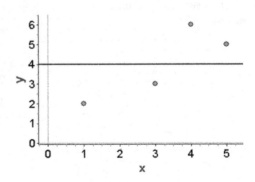

Allerdings gilt zu bedenken: Der Absolutbetrag ist eine für Minimierungsaufgaben recht unhandliche mathematische Funktion. Dagegen lassen sich quadratische Funktionen leichter minimieren. Außerdem sprechen auch gravierende geometrische Gründe für das quadratische Abstandsmaß, das der Euklidischen Abstandsmetrik zwischen zwei Punkten in der Ebene oder im Raum entspricht. Eine tiefer gehende Begründung des Kleinste-Quadrate-Kriteriums beruht auf dem Gauß-Markov Theorem, das den kleinste-Quadrate Schätzer als besten linearen erwartungstreuen Schätzer (BLUE – *best linear unbiased estimator*) in einem linearen Modell mit unkorrelierten Fehlertermen kennzeichnet (Luenberger, 1968, S. 86). Daher legen wir folgendes Optimalitätskriterium zu Grunde:

Ziel: Es soll

$$S(m, b) = \sum_{i=1}^{n}(y_i - \hat{y}_i)^2 = \sum_{i=1}^{n}(y_i - mx_i - b)^2$$

möglichst klein werden. Dies wird in der Literatur als **Problem der kleinsten Quadrate** bezeichnet. Die resultierende Gerade heißt **Kleinste-Quadrate-Gerade**, in Kurzform **kQ-Gerade**. Abb. 5.3 illustriert die Problemstellung, angewandt auf den Datensatz aus Beispiel 5.2: Gesucht ist diejenige Gerade, bei der die Summe der vier Quadratflächen so klein wie möglich ist.

Alternativ könnten auch andere Maße betrachtet werden, z. B. die Summe der absoluten Abstände

$$\sum_{i=1}^{n} \mid y_i - mx_i - b \mid,$$

oder die **Median-Median-Gerade** (Engel & Theiss, 2001). Die Summe quadratischer Abstände ist mathematisch leicht handhabbar und interpretierbar innerhalb der Euklidischen

Abb. 5.3 Gesucht ist eine Gerade, sodass die Summe der vier Quadratflächen so gering wie möglich ist

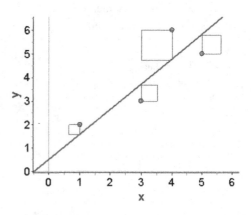

Geometrie. Man beachte, dass von der Kleinste-Quadrate-Geraden nicht die Summe der quadrierten geometrischen Abstände, repräsentiert durch das Lot von den Datenpunkten auf die Gerade, minimiert wird, sondern die Summe der quadrierten vertikalen Abstände zwischen Daten und Gerade.

In Abb. 5.3 wird das Prinzip der kleinsten Quadrate veranschaulicht. Wir sehen eine Gerade im Streudiagramm, den jeweiligen vertikalen Abstand zwischen Datenpunkt und Gerade sowie jeweils ein Quadrat über diesem Abstand. Wir können problemlos die Gerade so legen, dass bestimmte Quadrate verschwinden, nämlich indem die Gerade durch den entsprechenden Punkt läuft. Allerdings zahlen wir dafür den Preis, dass andere Quadrate dafür größer werden. Das erklärte Ziel besteht darin, die *Summe* aller Quadratflächen zu minimieren.

Zweck: Häufig ist eine der beiden Variablen leichter oder kostengünstiger zu erheben als die andere Variable. Die günstig zu erhebende Variable nimmt man als „Prädiktor" x, die andere Variable als „Responz" y. Mithilfe der best-angepasstesten Geraden $y = mx + b$ werden neue Responz-Werte y zu gegebenen Prädiktor-Werten x vorhergesagt.

Problem: Bestimme m und b sodass $S(m, b)$ möglichst klein ist.

Es muss eine Funktion von zwei Variablen minimiert werden. Dieses Problem lässt sich auf unterschiedlichste Weise lösen, z. B mithilfe multivariater Analysis oder auch mittels Vektorgeometrie. Wir präsentieren hier eine elementarmathematische Lösung, die auch schon Schülern der Sekundarstufe I zugänglich ist. In Abschn. 5.6 zeigen wir, wie das Problem mittels Linearer Algebra gelöst weden kann.

Um die von zwei Variablen abhängige Funktion $S(m, b)$ zu minimieren, machen wir zunächst folgende vereinfachende Annahme, von der wir in einem zweiten Schritt zeigen werden, dass sie immer erfüllt ist.

Ausgleichsbedingung: Die Summe aller Abweichungen soll 0 sein, d. h. $\sum_{i=1}^{n}(\hat{y}_i - y_i) = 0$. Das ist sinnvoll. Die Näherung soll so sein, dass die Summe aller Residuen r_i null ist. Mit $\bar{y} = \sum_{i=1}^{n} y_i/n$ und $\bar{x} = \sum_{i=1}^{n} x_i/n$ als arithmetische Mittel der x_i bzw. y_i bedeutet dies, dass

$$\bar{y} = m \cdot \bar{x} + b,$$

d. h. der „Schwerpunkt" der Daten $(\bar{x}, \bar{y})$ liegt auf der gesuchten Geraden und $b = \bar{y} - m\bar{x}$.

Damit reduziert sich das obige Minimierungsproblem auf die Minimierung der nur noch von einer Variablen abhängigen quadratischen Funktion

$$S(m) = \sum_{i=1}^{n}[(y_i - \bar{y}) - m(x_i - \bar{x})]^2.$$

Dieses Minimierungsproblem lässt sich auch ohne Differenzialrechnung einfach lösen: Ausmultiplizieren der Klammer unter der Summe ergibt

$$S(m) = \sum_{i=1}^{n}(y_i - \overline{y})^2 - 2m \sum_{i=1}^{n}(y_i - \overline{y})(x_i - \overline{x}) + m^2 \sum_{i=1}^{n}(x_i - \overline{x})^2$$
$$= s_{yy} - 2ms_{xy} + m^2 s_{xx},$$

wobei zur Vereinfachung der Formeln die Ausdrücke s_{xx}, s_{xy} und s_{yy} eingeführt wurden, die wie folgt definiert sind

$$s_{xx} = \sum_{i=1}^{n}(x_i - \overline{x})^2, \, s_{xy} = \sum_{i=1}^{n}(x_i - \overline{x})(y_i - \overline{y}), \, s_{yy} = \sum_{i=1}^{n}(y_i - \overline{y})^2.$$

Mithilfe quadratischer Ergänzung führt dies zu

$$S(m) = s_{xx}\left(m - \frac{s_{xy}}{s_{xx}}\right)^2 - \frac{s_{xy}^2}{s_{xx}} + s_{yy}.$$

Daraus ergibt sich, dass S minimal wird für $m = \dfrac{s_{xy}}{s_{xx}}$ und

$$S_{\min} = s_{yy} - \frac{s_{xy}^2}{s_{xx}^2}.$$

Auf die heuristisch motivierte Annahme, dass die Ausgleichsgerade durch den Schwerpunkt $(\overline{x}, \overline{y})$ gehen soll (bzw. – was dazu äquivalent ist – dass die Summe der Abweichungen Null ist $\sum(\hat{y}_i - y_i) = 0$), kann verzichtet werden. Wir zeigen nämlich: Soll die Summe der quadratischen Abstände $S(m, b)$ minimiert werden, dann **muss** die resultierende Gerade durch den Schwerpunkt $(\overline{x}, \overline{y})$ gehen. Als Beweis dienen folgende Überlegungen:

$$S(m, b) = \sum_{i=1}^{n}(y_i - mx_i - b)^2$$
$$= \sum_{i=1}^{n}[(y_i - \overline{y} - m(x_i - \overline{x})) - (b - \overline{y} + m\overline{x})]^2$$
$$= \sum_{i=1}^{n}[(y_i - \overline{y}) - m(x_i - \overline{x})]^2$$
$$\quad - 2(b - \overline{y} + m\overline{x})\sum_{i=1}^{n}\left[y_i - \overline{y} - m(x - \overline{x})\right] + n(b - \overline{y} + m\overline{x})^2$$
$$= \sum_{i=1}^{n}[y_i - \overline{y} - m(x_i - \overline{x})]^2 + n(b - \overline{y} + m\overline{x})^2,$$

da für den mittleren Term gilt

$$\sum_{i=1}^{n} \left[(y_i - \overline{y}) - m(x_i - \overline{x}) \right] = \sum_{i=1}^{n} y_i - n\overline{y} - m(\sum_{i=1}^{n} x_i - n\overline{x}) = 0.$$

Wir haben somit $S(m, b)$ in zwei Summanden zerlegt. Im ersten Summanden taucht b gar nicht auf, und der Term ist identisch mit dem oben schon untersuchten Ausdruck, d. h. der erste Term ist minimal, wenn $m = \frac{s_{xy}}{s_{xx}}$. Der zweite Term ist als quadratischer Ausdruck immer ≥ 0. Er lässt sich jedoch stets zu 0 machen, wenn $b = \overline{y} - m\overline{x}$, d. h. der zweite Term ist genau dann minimal, wenn der Schwerpunkt $(\overline{x}, \overline{y})$ auf der gesuchten Geraden liegt.
Wir fassen zusammen:

Satz 14   Gegeben n Beobachtungen $(x_i, y_i), i = 1, ..., n$. Die Kleinste-Quadrate–Gerade $y = mx + b$ ist gegeben durch

$$m = \frac{s_{xy}}{s_{xx}}, b = \overline{y} - m\overline{x}. \tag{5.4}$$

Die Kleinste-Quadrate–Gerade wird in der Literatur auch als **Regressionsgerade**, die Prädiktorvariable als **Regressor** und die Responzvariable als **Regressand** bezeichnet.

Beispiel 5.2   Während es leicht ist, die Anzahl der Stockwerke eines Hochhauses zu zählen, ist die genaue Höhenbestimmung – zumindest für einen Passanten – recht schwierig. Die Datei **Wolkenkratzer** enthält Informationen über Anzahl der Stockwerke und Höhe von 77 Hochhäusern in deutschen Großstädten. Abb. 5.4 zeigt ein Streudiagramm mitsamt eingepasster Regressionsgeraden, wobei die jeweilige Anzahl der Stockwerke auf der horizontalen Achse abgetragen wurde.
Es errechnet sich $s_{xx} = 6072, 1, s_{xy} = 20153, 8$[Meter], $\overline{x} = 33, 2, \overline{y} = 131, 6$[Meter] und daher $m = 3, 53$[Meter] und $b = 21$[Meter]. Als Regressionsgerade erhalten wir

$$y = 3, 32x + 21, 44.$$

Wir sehen ein Hochhaus mit 42 Stockwerken. Wie groß schätzen wir seine Höhe? Einsetzen ergibt $y = 3, 32 \cdot 42 + 21 = 164, 2$. Unsere beste Schätzung beträgt etwa 164 Meter.

Das folgende Beispiel kommt aus der Wahlforschung. Haben Sie sich schon einmal gefragt, wie Wahlforscher nach politischen Wahlen zu Aussagen über Wählerwanderungen kommen? Vom Gesamtergebnis sind ja, zumindest ohne zusätzliche Wählerbefragungen, zunächst nur die gesamten Gewinne bzw. Verluste der einzelnen Parteien bekannt. Wenn Partei A 4 % gewonnen und Partei B 7 % verloren hat, dann sind ja zunächst viele Szenarien denkbar: 4 % der Wähler von Partei B sind zu Partei A übergelaufen, jedoch kein Altwähler

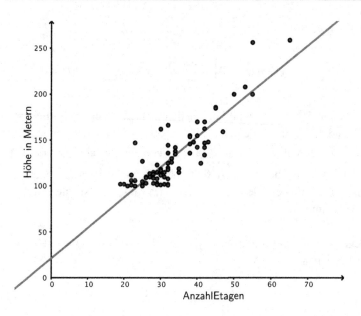

Abb. 5.4 Höhe und Anzahl der Etagen von 77 Hochhäusern in Deutschland, mitsamt Kleinster-Quadrate-Geraden

von A hat diesmal B gewählt. Ebenso denkbar wäre jedoch auch, dass 7 % Altwähler von B Partei A gewählt haben, und 3 % der Altwähler von A diesmal Partei B ihre Stimme gegeben haben. Und bei diesen Überlegungen haben wir andere Parteien oder die Gruppe der Nichtwähler der Einfachheit halber ignoriert. Mit Sicherheit wissen wir nur, dass Partei A 4 % der Stimmen von Partei B gewonnen hat, es ist aber quasi für jede Zahl x denkbar, dass 4+x% von B nach A und x% von A nach B gewechselt haben. Wahlforscher geben uns nach Wahlen aber recht zuversichtlich präzise Werte für die Wählerwanderungen an. Diese Werte sind nicht exakt, sondern es sind Schätzungen, zu denen man mittels linearer Regression kommt.

Beispiel 5.3 Es gebe nur zwei Parteien A und B und 10 gleichgroße Wahlbezirke. Der Stimmenanteil von Partei A in zwei aufeinander folgenden Wahlen x_i (letzte Wahl) und y_i, (diese Wahl) $i = 1,..., 10$ in den 10 Bezirken sei wie folgt:

Bezirk	1	2	3	4	5	6	7	8	9	10
x_i	30 %	57 %	40 %	45 %	55 %	28 %	33 %	52 %	56 %	65 %
y_i	35 %	52 %	38 %	47 %	61 %	35 %	37 %	50 %	60 %	61 %

1. Wir bestimmen die Regressionsgerade und erhalten $y = 0,799x + 10,8$.
2. Mithilfe des Resultats aus a) lässt sich ermitteln (Schätzwerte), wie viele Wähler ihre Partei gewechselt haben: Es sei a% der Prozentsatz der Altwähler von A, die zu B

übergegangen sind, und $b\%$ der Prozentsatz der Altwähler von B, die diesmal Partei A gewählt haben. Dann errechnet sich der diesmalige Stimmenanteil für Partei A wie folgt

$$y = (1 - a\%)x + b\%(1 - x).$$

Ein Koeffizientenvergleich liefert jetzt das Resultat: $b = 10,8\%$, $1 - a\% - b\% = 0,799$, d. h. $a = 9,3\%$.

10,8 % der Wähler haben von Partei B zu Partei A gewechselt, 9,3 % in umgekehrter Richtung von A zu B.

5.3 Eigenschaften der Regressionsgeraden

Wir wollen nun einige Eigenschaften der linearen Regression diskutieren. Generell ist vorab festzuhalten, dass die Regressionsgerade $\hat{y}_i = mx_i + b$ nur sinnvoll im Bereich $[x_1, x_n]$ der x-Werte zu interpretieren ist.

Für die Beobachtungen $x_1, ..., x_n$ und $y_1, ..., y_n$ können wir als Lageparameter das jeweilige arithmetische Mittel $\bar{x}$ bzw. $\bar{y}$ berechnen. Damit erhalten wir mit $(\bar{x}, \bar{y})$ den Lageparameter „arithmetisches Mittel" des 2-dimensionalen Merkmals. Physikalisch stellt $(\bar{x}, \bar{y})$ den Schwerpunkt der bivariaten Daten $(x_1, y_1), ..., (x_n, y_n)$ dar. Wir wissen aus dem letzten Abschnitt, dass der Punkt $(\bar{x}, \bar{y})$ auf der Regressionsgeraden liegt.

Betrachten wir die Residuen

$$\begin{aligned} r_i = y - \hat{y}_i \quad &, i = 1, ..., n \\ &= y_i - (mx_i + b) \\ &= (y_i - \bar{y}) + m(x_i - \bar{x}), \end{aligned}$$

so erhalten wir für ihre Summe

$$\begin{aligned} \sum_{i=1}^{n} r_i &= \sum_{i=1}^{n} (y_i - \bar{y}) + m \sum_{i=1}^{n} (x_i - \bar{x}) \\ &= 0 + m \cdot 0 = 0. \end{aligned}$$

Das wussten wir auch schon vorher, weil die Regressionsgerade gemäß unserer Herleitung ja gerade so angelegt war. Die Regressionsgerade ist also fehlerausgleichend in dem Sinne, dass die Summe der negativen Residuen (absolut genommen) gleich der Summe der positiven Residuen ist. Die durch die Regression angepassten Werte $\hat{y}_i$ haben das gleiche arithmetische Mittel wie die Originaldaten y_i:

$$\bar{\hat{y}} = \frac{1}{n} \sum_{i=1}^{n} \hat{y}_i = \frac{1}{n} \left[n\bar{y} + m(n\bar{x} - n\bar{x}) \right] = \bar{y}.$$

Die Regressionsgerade wird oft verwendet, um mithilfe eines x-Wertes den dazu passenden y-Wert zu schätzen oder vorherzusagen. In vielen Anwendungssituationen ist es nämlich so, dass eine der beiden Variablen leichter zu bestimmen ist als die andere. Wenn der Zusammenhang zwischen den beiden Variablen sich dann mittels einer linearen Funktion beschreiben lässt, geht man dann so vor: Zunächst wird ein Datensatz $(x_1, y_1), ..., (x_n, y_n)$ erhoben, mit dessen Hilfe die Regressionsgerade ermittelt wird. Um das y-Merkmal für weitere Daten zu schätzen, genügt jetzt das leichter zu ermittelnde x-Merkmal zu erheben. Dann erhält man den Wert des dazugehörigen y-Merkmals mittels

$$y = mx + b.$$

Die Festlegung, welches Merkmal Prädiktor und welches Responz ist, hängt ganz vom Sachkontext ab, ist also keine innermathematische Frage.

Wir wollen jetzt überlegen, wie sich die Gerade ändert, wenn wir die Rolle der beiden Variablen tauschen, d. h. x und y vertauschen.

Gegeben eine Geradengleichung der Form

$$y = mx + b,$$

so erhalten wir bekanntlich die Umkehrfunktion (die hier natürlich auch wiederum eine Gerade ist) durch Vertauschen von x und y, d. h.

$$x = my + b$$

bzw. nach y aufgelöst (vorausgesetzt $m \neq 0$)

$$y = \frac{1}{m}x - \frac{b}{m} = \tilde{m}x + \tilde{b}.$$

Die Umkehrfunktion hat somit die Steigung

$$\tilde{m} = \frac{1}{m}.$$

Wenn wir bei der linearen Regression die Rolle von Prädiktor und Responz vertauschen, erhalten wir auch eine lineare Beziehung der beiden Variablen. Wie verhalten sich die jeweiligen Steigungen der beiden Regressionsgeraden zueinander?

Passen wir nach dem Kleinsten-Quadrate-Prinzip eine Gerade in das Streudiagramm der Daten $(y_1, x_1),...,(y_n, x_n)$ an (geänderte Reihenfolge beachten!), so erhalten wir mit genau denselben Rechnungen wie in Abschn. 5.1 eine Gerade

$$x = m'y + b'$$

mit

$$m' = \frac{s_{yx}}{s_{yy}}, b' = \overline{x} - m'\overline{y},$$

wobei

$$s_{yx} = \sum_{i=1}^{n} (x_i - \overline{x})(y_i - \overline{y}) = s_{xy}, s_{yy} = \sum_{i=1}^{n} (y_i - \overline{y})^2.$$

Man beachte, dass im Allgemeinen weder $m = m'$ noch die für die Umkehrfunktion zu erwartende Beziehung $m = \frac{1}{m'}$ gilt.

Geometrisch lässt sich diese Diskrepanz leicht verständlich machen, wenn wir uns das Kriterium vor Augen halten, nach dem wir die Kleinste-Quadrate-Gerade gesucht haben: Im ersten Fall haben wir die Summe der Quadrate der Differenzen zwischen beobachteten und linear eingepassten y-Werten minimiert, im zweiten Fall, nach Vertauschen von x und y, die Quadrate der Differenzen zwischen beobachteten und eingepassten x-Werten. Bezogen auf das $(x_1, y_1),...,(x_n, y_n)$ Streudiagramm, werden im einen Fall Quadrate über den vertikalen Abständen und im zweiten Fall Quadrate über den horizontalen Abständen minimiert. Kein Wunder, dass wir dann ein anderes Ergebnis erhalten! Im nächsten Abschnitt studieren wir diese Beziehung genauer.

Der Regressionseffekt, oder: Wie kommt der Name Regression zustande?
Wir betrachten folgende Beispiele:

1. In einem Projekt zur Förderung rechenschwacher Kinder wurden alle Schüler einer Grundschule getestet. Die Kinder mit einem niedrigen Testwert wurden in einem speziellen Programm gefördert. Als sie nach einem Jahr wieder getestet wurden, stellte die Untersuchungsleiterin mit Befriedigung fest, dass die speziell geförderten Kinder gegenüber ihren Schulkameraden aufgeholt hatten.
2. In einem Schulbezirk wurden alle Zweitklässler getestet, um Kinder für ein Hochbegabten-Förderprogramm auszuwählen. Als zwei Jahre später wieder alle Kinder getestet wurden, stellte man mit Erstaunen fest, dass sich die Gruppe der Hochbegabten im Vergleich zu den restlichen Schülern verschlechtert hatte.

Lässt sich aus den Testergebnissen auf einen Erfolg der Förderung rechenschwacher Kinder und das Versagen des Programms für die Hochbegabten schließen?

Folgendes ist eine bei vielen Studien oft beobachtete Tatsache, in denen Personen zweimal (z. B. vor und nach einer Intervention) getestet werden: Diejenigen, die beim ersten Test sehr gut abgeschnitten haben, sind zwar beim Wiederholungstest oft immer noch gut, aber nicht mehr ganz so gut wie beim ersten Mal. Bei den im ersten Test schlecht abschneidenden Personen ist der Trend genau umgekehrt. Sie sind beim zweiten Test oft immer noch unterdurchschnittlich, aber verbessert gegenüber dem ersten Ergebnis. Dieses Phänomen ist als **Regressionseffekt** (oder Regression zur Mitte hin) bekannt. Es ist Ursache für viele Missverständnisse und Fehlinterpretationen bei Interventionsstudien. Der Regressionsbegriff geht auf Sir Francis Galton (1822-1911), einem Vetter von Charles Darwin, zurück, der den Zusammenhang der Körpergrößen zwischen Vätern und ihren Söhnen untersuchte. Galton beobachtete, dass große Väter zwar immer noch überdurchschnittlich große Söhne haben, die aber in der Tendenz nicht mehr ganz so groß wie ihre Väter sind. Entsprechendes gilt für kleine Väter, deren Söhne zwar immer noch eher klein, aber größer als ihre Väter sind. Galton sprach von einer Rückentwicklung zur Mitte hin und führte damit den Regressionsbegriff ein.

Wir können den Regressionseffekt experimentell erforschen: Denken Sie an das Abschneiden von Schülern in zwei verschiedenen Mathematikarbeiten. Das Abschneiden des i-ten Schülers in den beiden Klausuren $y_i^{(1)}$ und $y_i^{(2)}$, $i = 1, ..., n$ hängt von seinen Fähigkeiten x_i ab, aber auch noch von anderen Faktoren wie Tagesform, welche Fragen in der Arbeit gestellt wurden, was gerade gestern gelernt wurde etc. Da wir diese anderen Faktoren nicht näher bestimmen oder messen können, sehen wir sie als Glück bzw. Pech an. Das einfachste Modell lautet jetzt:

Klausurergebnis = Fähigkeit + Glück, d. h.

$$y_i^{(1)} = x_i + e_i^{(1)}$$
$$y_i^{(2)} = x_i + e_i^{(2)}.$$

Diese Formeln bringen zum Ausdruck, dass bei der zweiten Klausur die Fähigkeit des i-ten Schülers dieselbe ist wie bei der ersten Arbeit, er aber kaum dasselbe Glück zweimal hintereinander haben wird. Diejenigen Schüler, die bei der ersten Klausur am besten abgeschnitten haben, hatten ein so gutes Ergebnis, weil sie kompetent sind, aber auch weil sie das Quäntchen Glück hatten. Bei der zweiten Klausur sind diese Schüler immer noch genauso kompetent, aber sie werden sich nicht unbedingt ein zweites Mal auf ihr Glück verlassen können und schneiden daher etwas schlechter ab. Andere gute Schüler, die beim ersten Versuch nicht ganz so viel Glück hatten, sind bei der zweiten Klausur vielleicht eher vom Glück gesegnet und schneiden besser als die Klassenbesten der ersten Klausur ab. Ebenso verhält es sich am unteren Ende der Skala.

Die bei der ersten Arbeit schlechtesten Schüler sind vielleicht wirklich schlecht, sie hatten aber möglicherweise obendrein auch noch Pech und haben deswegen die allerschlechteste Arbeit geschrieben. Beim zweiten Anlauf leiden sie immer noch unter fehlender Kompetenz, sind aber nicht unbedingt ein weiteres Mal wiederum vom Pech verfolgt. Sie bewegen sich daher ebenso wie die Klassenbesten im ersten Durchgang auf die Mitte zu. Genau dies ist mit der Regression zur Mitte hin gemeint.

Im Folgenden erläutern wir, wie der Regressionseffekt durch Simulationen erfahren und erkundet werden kann.

Handlungsbezogene Aktivität zum Regressionseffekt:
Wir benötigen dazu zwei Sätze von Spielkarten bestehend jeweils aus 52 Karten mit den Werten 1 (Ass) bis 13 (König). Kartensatz A repräsentiert das „wahre Können", Satz B die „zufälligen Einflüsse". Vom Kartensatz A entfernen wir die vier Karten mit der 7 und erzeugen zwei Teil-Kartensätze:

- A1 („die wahren niedrigen Werte") besteht aus den 24 Karten Ass (1), 2 bis 6 jeweils in Kreuz, Piek, Herz und Karo;
- A2 („die wahren hohen Werte") besteht aus den Karten 8 bis König (13). Kartensatz B bleibt unverändert.

Die Lerngruppe (mindestens 20 Personen) wird halbiert in eine Gruppe G1, die Personen mit niedrigem „wahrem Können", und eine zweite Gruppe G2 mit „hohem wahren Können". Jede Person aus G1 zieht eine Karte aus dem Kartenstapel A1 und eine Karte aus dem Stapel B, während jeder aus Gruppe G2 eine Karte aus A2 und aus B zieht. Die Karten werden nach jeder Ziehung sofort wieder auf den Stapel gelegt, der gleich gemischt wird, bevor die nächste Person eine Karte zieht. Die beiden Kartenwerte aus A- und B-Stapel werden addiert und als „beobachteter Testwert" des ersten Zeitpunktes notiert. Wie man sich leicht überlegen kann, treten hierbei wegen des Glücksfaktors aus Stapel B leicht Überlappungen auf, d. h. einige Personen mit „niedrigem wahren Können" erzielen wegen einer hohen B-Karte ein höheres Gesamtergebnis als andere mit „hohem wahren Können" (also mit hoher A-Karte), die aber eine niedrige B-Karte gezogen haben. Wir identifizieren die zwei Extremgruppen, die aus den 4 oder 5 Personen mit den niedrigsten bzw. höchsten beobachteten Testwerten bestehen.

Jetzt führen wir den „Wiederholungstest" durch: Dazu ziehen alle Personen eine Karte vom Kartensatz B („Zufallseinfluss") und addieren den erhaltenen Wert zu ihrem früheren A-Wert hinzu. Vergleichen wir die Testergebnisse zum ersten Zeit-punkt mit dem Ergebnis beim Wiederholungstest, so ergibt sich (tendenziell) eine verringerte Differenz der Mittelwerte der Extremgruppen, was zu der fälschlichen Schlussfolgerung Anlass geben könnte, irgendeine „Intervention" zugunsten der Schwachen sei erfolgreich gewesen. Wenn ein Streudiagramm bestehend aus den beiden Testergebnissen erstellt wird und die Regressionsgerade errechnet wird, wird diese mit sehr hoher Wahrscheinlichkeit eine Steigung kleiner als 1 haben.

Computersimulation des Regressionseffekts

Wir können diesen Effekt mit einer Computersimulation studieren. Definieren Sie dazu eine Variable x mit z. B. 20 Werten, die sich gleichmäßig im Intervall $[0, 4]$ verteilen,

$$x_i = \frac{i - 0,5}{5}, i = 1,...,20.$$

Diese Variable repräsentiert den „wahren" Wert, z. B. das reine Können in einem mathematischen Teilbereich, der i-ten Versuchsperson. Gemessen werden kann aber nur ein Wert y_i, der das durch andere als zufällig angesehene Faktoren verzerrte Können darstellt

$$y_i^{(1)} = x_i + r_i^{(1)}.$$

Im Computerprogramm wird die Verzerrung $r_i^{(1)}$ mittels Zufallsgenerator, z. B. als Realisierung einer normalverteilten Zufallsvariablne mit Mittelwert 0 und noch zu wählender Varianz σ^2, umgesetzt. Eine zweite Messung – der *Wiederholungstest* – wird jetzt repräsentiert, indem der Zufallsgenerator erneut aufgerufen wird und somit neue Werte $r_i^{(2)}$ für die Verzerrung generiert

$$y_i^{(2)} = x_i + r_i^{(2)}.$$

Schließlich plotten wir $y_i^{(2)}$ versus $y_i^{(1)}$ in einem Streudiagramm und berechnen die Regressionsgeraden.

Die Varianz σ^2 steuert den Einfluss des Zufallsfaktors, d. h. im Extremfall von $\sigma^2 = 0$ sind beide Messungen exakt gleich und stimmen exakt mit dem „wahren" Wert überein. Die Regressionsgerade im Streudiagramm ist dann exakt die Winkelhalbierende, und es ist kein Regressionseffekt zu beobachten. Bei großen σ^2 hingegen unterscheiden sich die Messwerte $y_i^{(1)}$ und $y_i^{(2)}$ erheblich. Die Regressionsgerade wird in der Tendenz mit wachsendem σ^2 immer flacher. Detaillierte Erläuterungen zur Umsetzung dieser Idee in FATHOM finden sich im Kap. 8.

Aufgaben zu Kap. 5:

5.1 Eine Alternative zur Kleinsten-Quadrate-Geraden ist die **Median-Median-Gerade** (siehe Abb. 5.5). Man erhält sie wie folgt:

a. Zuerst wird das Streudiagramm entlang der horizontalen Achse in drei gleich-große Gruppen geteilt. Ist die Anzahl der Beobachtungen n nicht durch 3 teilbar, so werden drei balancierte Gruppen gebildet, d. h. ist $n = 3 \cdot k + 1$ so wird die mittlere Gruppe eine Beobachtung mehr als die beiden Randgruppen haben, im Fall $n = 2k + 2$ hat die mittlere Gruppe eine Beobachtung weniger.

b. Jetzt werden Gruppenmediane und Medianzentren gebildet:

$$(\tilde{x}_j, \tilde{y}_j) = (\text{Median}\{x_i\}_j, \text{Median}\{y_i\}_j), j \in \{L, M, R\},$$

wobei $\text{Median}\{x_i\}_j$ die Mediane der 3 Gruppen (Links, Mitte, Rechts) bezeichnen:

$$(\tilde{x}_L, \tilde{y}_L), (\tilde{x}_M, \tilde{y}_M), (\tilde{x}_R, \tilde{y}_R).$$

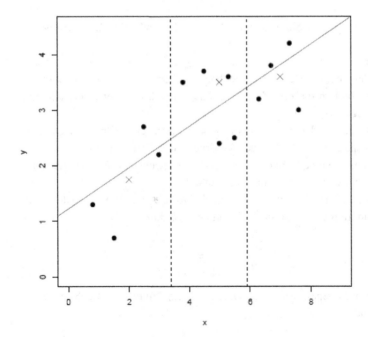

Abb. 5.5 Illustration der Median-Median-Geraden: Daten (fette Punkte), die drei Medianzentren (Kreuz)

c. Als nächstes bestimmt man den Anstieg der Geraden durch die *äußeren* Medianzentren:

$$m = \frac{\tilde{y}_R - \tilde{y}_L}{\tilde{x}_R - \tilde{x}_L}.$$

d. Der y-Achsenabschnitt der resistenten Gerade errechnet sich als Mittelwert aus
den 3 Gruppengeraden, d. h. der Geraden mit Steigung m durch die jeweiligen
Gruppenmediane:

$$b = \frac{1}{3} (b_L + b_M + b_R) \; wobei \; b_j = \tilde{y}_j - m\tilde{x}_j, j \in \{L, M, R\}.$$

Nehmen Sie den Datensatz **Mahlzeit** und bestimmen Sie die Median-Median-
Gerade. Man beachte, dass sich die Median-Median-Gerade auch ganz ohne
Rechnung aus den Daten konstruieren lässt.

5.2 Bei einem Golfturnier erzielten die Frauen eines amerikanischen College die folgenden Schlagzahlen (Datensatz **Golfturnier**)

Spielerin	1	2	3	4	5	6	7	8	9	10	11	12
Runde 1	89	90	87	95	86	81	102	105	83	88	91	79
Runde 2	94	85	89	89	81	76	107	89	87	91	88	80

Untersuchen Sie die Daten auf das Vorliegen eines Regressionseffektes. Erklären Sie!

5.3 Gegeben seien Daten $(x_1, y_1), ..., (x_n, y_n)$, die eine proportionale Struktur besitzen,
d. h. der (idealisierte) Zusammenhang zwischen den beiden Variablen ist nicht nur
linear, sondern die den Zusammenhang charakterisierende Gerade geht zusätzlich
durch den Ursprung.

a. Es soll eine Ursprungsgerade $y = mx$ nach dem Kleinsten-Quadrate-Kriterium
angepasst werden. Welcher Ausdruck muss dazu minimiert werden?

b. Leiten Sie eine Formel für die nach dem Kleinsten-Quadrate-Kriterium optimale
Steigung m der Ursprungsgeraden her.

5.4 Weisen Sie nach, dass das arithmetische Mittel $\bar{x} := 1/n \sum_{i=1}^{n} x_i$ der n Zahlen $x_1, ..., x_n$
die Funktion $g(z)$ minimiert, die gegeben ist durch

$$g(z) = \sum_{i=1}^{n} (x_i - z)^2.$$

Welcher Lageparameter der Daten $x_1, ..., x_n$ minimiert die Summe der absoluten
Abstände

$$h(z) = \sum_{i=1}^{n} |x_i - z|?$$

5.5 Erstellen Sie mit einer Software Ihrer Wahl ein Programm, das den Regressionseffekt simuliert.

5.6 *„Skispringer"*

Bei Skispringwettbewerben hat in der Regel jeder Teilnehmer zwei Versuche. Recherchieren Sie nach Daten über die Flugweiten beim Skispringen und stellen Sie in einem Streudiagramm die Weiten des ersten Durchgangs gegen die Weiten beim zweiten Durchgang dar. Legen Sie eine Regressionsgerade in das Streudiagramm. Lässt sich ein Regressionseffekt feststellen?

5.7 Analysieren Sie die Ergebnisse zweier aufeinander folgender Klassenarbeiten im Fach Mathematik! Haben sich die Extremgruppen (Schüler, die in der ersten Arbeit besonders schlecht bzw. besonders gut waren) aufeinander zu bewegt?

5.8 Als Teil ihrer Ausbildung mussten Piloten zwei Landungen vornehmen, die von den Ausbildern bewertet wurden. Die Ausbilder besprachen ihre Bewertungen mit den Piloten nach jeder Landung. Eine statistische Analyse ergab, dass Piloten, deren erste Landung schlecht war, sich beim zweiten Mal verbesserten, während Piloten mit guter erster Landung beim zweiten Versuch schlechter wurden. Daraus wurde die Schlussfolgerung gezogen, dass schlechte Piloten nach Kritik ihre Landungen verbessern, während Lob eher dazu beiträgt, dass sich die Leistungen verschlechtern. Die Ausbilder wurden daher aufgefordert, alle Landungen – egal ob gut oder schlecht – zu kritisieren (Kahneman, Slovic & Tversky, 1982). Kommentieren Sie diese Schlussfolgerung!

5.9 Statistiker bevorzugen meist das Kleinste-Quadrate-Kriterium $\sum e_i^2$ vor $\sum |e_i|$, wenn eine Gerade an Daten angepasst werden soll. Tatsächlich sind Summen von quadratischen Funktionen mathematisch einfacher zu handhaben als Summen von Betragsfunktionen.

   a. Stellen Sie $y = (x-2)^2$ und $y = |x-2|$ graphisch dar. Vergleichen Sie Verlauf, Symmetrie, Minimum.

   b. Vergleichen Sie entsprechend $y = (x+3)^2 + (x-2)^2$ und $y = |x+3| + |x-2|$.

   c. Betrachten Sie nun die Summen von mehr als zwei Funktionen. Welchen Vorteil haben quadratische Funktionen, wenn das Minimum der Summe interessiert?

   d. Passen Sie dem (fiktiven) Datensatz $\{(1,1); (5,1)\}$ eine Ursprungsgerade an, indem Sie

     i. $\sum e_i^2$

     ii. $\sum |e_i|$

    minimieren.

   e. Vergleichen und kommentieren Sie beide Anpassungsmethoden.

5.10 Welche Auswirkungen auf die Steigung und den y-Achsenabschnitt einer linearen Regressionsgerade hat eine lineare Transformation der x-Werte, d. h. $x^\star = T(x) = ax + b$? Welche Auswirkung hat eine lineare Transformation der y-Werte, d. h. $y^\star = S(y) = cy + d$?

5.11 Die Formeln für Steigung m und y-Achsenabschnitt der Regressionsgeraden lassen sich auch direkt mithilfe bivariater Analysis herleiten, indem die partiellen Ableitungen von $S(m, b)$ Null gesetzt werden. Weisen Sie die Formeln (5.4) auf diese Weise nach.

5.4   Korrelation

Wenn man eine Gerade in ein Streudiagramm einpassen will, so ist es hinsichtlich des Mathematischen oft willkürlich, welche Variable als x auf die horizontale Achse und welche als y auf die vertikale Achse abgetragen wird. Für das resultierende Ergebnis einer linearen Regression spielt es aber offensichtlich eine Rolle – wie wir im letzten Abschnitt gesehen haben –, welches Merkmal als Prädiktor und welches als Responz gewählt wurde. Vertauschen wir die Rollen von x und y, d. h. versuchen wir eine Gerade in ein Streudiagramm der Daten $(y_1, x_1), \ldots, (y_n, x_n)$ einzupassen, so erhalten wir nach genau denselben Überlegungen wie oben folgendes Resultat: Die Gerade hat die Steigung

$$m' = \frac{s_{xy}}{s_{yy}}.$$

Offensichtlich gilt die für Steigung von Gerade und Umkehrgerade zu erwartende Beziehung

$$m = \frac{s_{xy}}{s_{xx}} = \frac{s_{yy}}{s_{xy}} = \frac{1}{m'}$$

nur dann, falls

$$\frac{s_{xy}^2}{s_{xx} \cdot s_{yy}} = 1.$$

Diese Überlegungen führen zu folgender

Definition 25   Die Zahl

$$r = \frac{s_{xy}}{\sqrt{s_{xx} \cdot s_{yy}}} = \frac{\sum_{i=1}^{n}(x_i - \bar{x})(y_i - \bar{y})}{\sqrt{s_{xx} \cdot s_{yy}}} = \sum_{i=1}^{n}\left(\frac{x_i - \bar{x}}{\sqrt{s_{xx}}}\right) \cdot \left(\frac{y_i - \bar{y}}{\sqrt{s_{yy}}}\right) \qquad (5.5)$$

heißt **Korrelationskoeffizient**[1].

---

[1] Zu Ehren von Karl Pearson (1857 – 1936) und in Abgrenzung zu anderen Zusammenhangsmaßen wird r genauer als Pearsonscher Korrelationskoeffizient bezeichnet.

Wir illustrieren, was der Korrelationskoeffizient bedeutet. In einem ersten Schritt werden die Daten $(x_1, y_1), \ldots, (x_n, y_n)$ *normalisiert*, d. h. wir ziehen das arithmetische Mittel ab und dividieren durch das Streuungsmaß $\sqrt{s_{xx}}$ bzw. $\sqrt{s_{yy}}$

$$x_i^\star = \frac{x_i - \bar{x}}{\sqrt{s_{xx}}} \quad \text{bzw.} \quad y_i^\star = \frac{y_i - \bar{y}}{\sqrt{s_{yy}}}.$$

Die normalisierten Werte $x_i^\star, y_i^\star, i = 1, \ldots, n$ haben beide das arithmetische Mittel 0 und das Streumaß 1 (nachprüfen!), d. h.

$$\overline{x^\star} = \frac{1}{n} \sum_{i=1}^{n} x_i^\star = 0, \overline{y^\star} = \frac{1}{n} \sum_{i=1}^{n} y_i^\star = 0$$

$$s_{x^\star x^\star} = \sum_{i=1}^{n} (x_i^\star - \overline{x^\star})^2 = 1 = s_{y^\star y^\star} = \sum_{i=1}^{n} (y_i^\star - \overline{y^\star})^2.$$

Den Korrelationskoeffizienten r erhält man gemäß Definition (25), indem man die normalisierten Werte multipliziert und aufaddiert. Geometrisch lässt sich dies als Summe von orientierten Flächen deuten. Zur Illustration betrachten wir den künstlichen aus 5 Punkten bestehenden Datensatz

x	-1	1	1,5	4	6
y	3	-3	8	10	1

$x^\star$	-0,605	-0,238	-0,147	0,311	0,678
$y^\star$	-0,076	-0,646	0,399	0,589	-0,266
$x^\star \cdot y^\star$	0,046	0,154	-0,059	0,183	-0,180

Abb. 5.6 zeigt ein Streudiagramm der 5 Originaldaten (links) sowie die normalisierten Daten (rechts).

Der Korrelationskoeffizient ergibt sich durch Aufsummieren der Flächeninhalte der vom Ursprung und den normalisierten Datenpunkten bestimmten Quadrate, wobei der Flächeninhalt von Rechtecken im 2. und 4. Quadranten negativ zu verrechnen ist.

Der Korrelationskoeffizient ist „symmetrisch" in den beiden Variablen, d. h. bei Vertauschen von x und y ändert er sich nicht. Es gilt stets

Satz 15

a.) Der Korrelationskoeffizient liegt immer zwischen -1 und 1: $-1 \leq r \leq 1$.

b.) Die Datenpunkte liegen genau dann exakt auf einer Geraden, wenn $r = 1$ oder $r = -1$. Im ersten Fall hat die Regressionsgerade eine positive Steigung, im zweiten Fall ist die Gerade fallend.

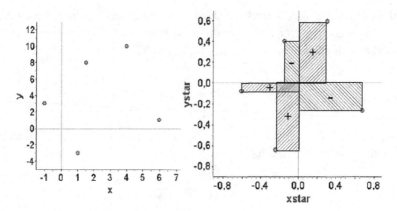

Abb. 5.6 Berechnung des Korrelationskoeffizienten: Originaldaten (links), normierte Daten (rechts). r ist die Summe der orientierten Flächeninhalte

Beweis 15 Der Korrelationskoeffizient lässt sich stets auch darstellen als

$$r = \sum_{i=1}^{n} \left(\frac{x_i - \bar{x}}{\sqrt{s_{xx}}} \right) \cdot \left(\frac{y_i - \bar{y}}{\sqrt{s_{yy}}} \right). \tag{5.6}$$

Da Quadrate und somit auch Summen von Quadraten nie negativ sein können, ist für $n > 1$ stets die folgende Ungleichung gültig

$$\sum_{i=1}^{n} \left[\frac{x_i - \bar{x}}{\sqrt{s_{xx}}} + \frac{y_i - \bar{y}}{\sqrt{s_{yy}}} \right]^2 \geq 0. \tag{5.7}$$

Multiplizieren wir das Binom in der eckigen Klammer aus, so folgt daraus wegen

$$\sum_{i=1}^{n} \left(\frac{x_i - \bar{x}}{\sqrt{s_{xx}}} \right)^2 = \sum_{i=1}^{n} \left(\frac{y_i - \bar{y}}{\sqrt{s_{yy}}} \right)^2 = 1$$

die Ungleichung

$$1 + 2r + 1 \geq 0,$$

woraus unmittelbar

$$r \geq -1$$

folgt. Ersetzen wir in (5.7) in der Klammer das Pluszeichen durch ein Minuszeichen, d. h.

$$\sum_{i=1}^{n} \left[\frac{x_i - \bar{x}}{\sqrt{s_{xx}}} - \frac{y_i - \bar{y}}{\sqrt{s_{yy}}} \right]^2 \geq 0, \tag{5.8}$$

so ist diese Summe von Quadraten ebenso nie negativ und es folgt ganz analog, dass

$$1 - 2r + 1 \geq 0 \quad , \text{d. h.} \quad r \leq 1.$$

Wann ist $r = +1$? Offensichtlich genau dann, wenn der Ausdruck in (5.8) gleich Null ist, d. h. wenn für alle i

$$\frac{x_i - \bar{x}}{\sqrt{s_{xx}}} = \frac{y_i - \bar{y}}{\sqrt{s_{yy}}}.$$

Das ist genau dann der Fall, wenn für alle i

$$y_i = \sqrt{\frac{s_{yy}}{s_{xx}}} x_i - \sqrt{\frac{s_{yy}}{s_{xx}}} \bar{x} + \bar{y},$$

d. h. die Punkte $(x_1, y_1), \ldots, (x_n, y_n)$ liegen auf einer Geraden mit der positiven Steigung $\sqrt{\frac{s_{yy}}{s_{xx}}}$. Entsprechend zeigt man, dass $r = -1$ äquivalent damit ist, dass alle Punkte $(x_1, y_1), \ldots, (x_n, y_n)$ auf einer Geraden mit negativer Steigung liegen.

Der Korrelationskoeffizient misst die Stärke des Zusammenhangs zwischen den beiden Merkmalen X und Y. Ist $|r|$ nahe 1, so lässt sich der Wert von Y gut durch den Wert von X vorhersagen. Ist hingegen $r \approx 0$, so lässt sich über den Wert von Y bei bekanntem $X = x$ kaum etwas aussagen. Ist $r > 0$, so heißen die beiden Merkmale **positiv korreliert**, für $r < 0$ heißen sie **negativ korreliert**. Ist $r = 0$, so heißen sie **unkorreliert**. Positiv korrelierte Variable X und Y lassen sich wie folgt charakterisieren: Überdurchschnittlich große Y-Werte treten in der Tendenz mit überdurchschnittlich großen X-Werten auf, Y-Werte unterhalb des Durchschnitts mit unterdurchschnittlichen X-Werten. Eine analoge Charakterisierung gilt für negativ korrelierte Werte, d. h. überdurchschnittlich große Y-Werte treten tendenziell mit unterdurchschnittlichen X-Werten auf.

   Es gibt wohl kaum eine andere statistische Kenngröße, die so oft verwendet und zugleich so oft falsch interpretiert wird wie der Korrelationskoeffizient. Ein weit verbreiteter Irrtum besteht im Rückschluss von einem hohen Korrelationskoeffizienten (Betrag von r nahe 1) auf kausale Beziehungen zwischen den beiden betrachteten Variablen. Wenn zwei Merkmale X und Y hoch korreliert sind, dann *kann* es sein, dass das Merkmal X das Merkmal Y verursacht, es kann ebenso gut sein, dass Y die Ursache von X ist. Oft ist es aber so, dass X und Y eine gemeinsame Ursache Z haben, die für die Korrelation zwischen X und Y verantwortlich ist.

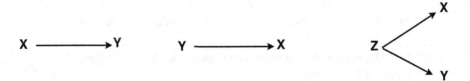

Abb. 5.7 Der Korrelationskoeffizient erfasst nur die Stärke des *linearen* Zusammenhangs zwischen den Daten. Für die exakt auf einer Parabel liegenden Daten errechnet sich $r = 0$

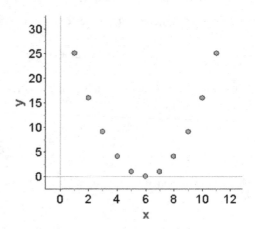

Beispielsweise lässt sich eine hohe Korrelation zwischen der Mathematikleistung von Schülern und ihrer Schuhgröße feststellen. Bedeutet dies, dass Kinder mit den Füßen denken? Oder dass intellektuelle Aktivität von Kindern das Wachstum der Füße anregt? Mitnichten. Beide Variable, Mathematikleistung wie Schuhgröße, sind stark altersabhängig. Je länger Kinder in die Schule gehen, desto besser (zumindest in der Tendenz!) können sie mathematische Aufgaben lösen und umso größer sind ihre Füße!

Wodurch mag aber die zu beobachtende hohe Korrelation unter Erwachsenen zwischen Körpergröße und Einkommen zustande kommen?[2] Des Weiteren sind auch manche Korrelationen reine Zufallsprodukte. Wenn man lange genug sucht, wird man immer auch Korrelationen finden, die völlig zufällig zustande gekommen sind und auch durch eine verborgene Drittvariable nicht erklärt werden können.

Oft wird übersehen, dass der Korrelationskoeffizient nur die Stärke eines *linearen* Zusammenhanges misst. Die 11 (künstlichen) Daten in Abb. 5.7 haben einen sehr starken, sogar einen deterministischen Zusammenhang: Der Wert von y ist durch den Wert von x determiniert. Die Punkte liegen nämlich alle exakt auf einer Parabel ($x_i = i, y_i = (x_i - 6)^2, i = 1,..., 11$). Als Korrelationskoeffizient errechnet sich jedoch $r = 0$.

Weitere Aufgaben zu Kap. 5:

5.12 Betrachten Sie die Daten von den 30 englischen Ehepaaren (Datei **Paare**).

    a. Berechnen die den Korrelationskoeffizienten zwischen den Körpergrößen der Männer und der Frauen.

    b. Angenommen, die Körpergröße wäre nicht in Millimetern, sondern in Inch (Zoll; 1 Inch = 2,54 cm) gemessen worden. Welchen Einfluss hätte das auf r?

---

[2]Die verursachende Variable ist das Geschlecht: Frauen sind in der Tendenz kleiner als Männer und haben ein geringeres Jahreseinkommen.

5.13 Schauen Sie sich die Formel (5.5) für den Korrelationskoeffizienten r an.

    a. Ändert sich der Wert von r, wenn man x und y vertauscht?

    b. Wie wirkt sich eine lineare Transformation T der Variablen x und y auf den Wert von r aus?

$$x_T = ax + b \quad , y_T = cy + d, \qquad a, c \neq 0.$$

    c. Welchen Wert hat r, wenn s_{xx} oder s_{yy} gleich null ist? Wie liegen die Punkte dann im Streudiagramm?

Folgende Aufgabe dient zur Illustrierung der Aussage, dass vom Korrelationskoeffizient nur die Stärke eines *linearen* Zusammenhanges erfasst wird.

5.14 Öffnen Sie den Datensatz **Anscombe**. Diese künstlichen Daten umfassen 11 Fälle und wurden von F. J. Anscombe (1972) konstruiert. Die Daten bestehen aus den Variablen $\mathbf{x}, \mathbf{y_1}, \mathbf{y_2}, \mathbf{y_3}, \mathbf{x_4}$ und $\mathbf{y_4}$. Plotten Sie $\mathbf{x}$ gegen $\mathbf{y_1}, \mathbf{y_2}$ und $\mathbf{y_3}$ sowie $\mathbf{x_4}$ gegen $\mathbf{y_4}$. Berechnen Sie jeweils die Regressionsgerade und den Korrelationskoeffizienten. Was fällt auf? Erklären Sie!

5.15 Die Regressionsgerade von Streudiagrammdaten $(x_1, y_1),...,(x_n, y_n)$ habe die Steigung m. Nach Vertauschen der Variablen habe die Regressionsgerade die Steigung m'. In welcher Beziehung stehen m und m',

    a. wenn der Korrelationskoeffizient $r = 1$?

    b. wenn der Korrelationskoeffizient $r = -1$?

    c. wenn der Korrelationskoeffizient $r = 0$?

5.5   Varianzanalyse

Wenn mehrere Beobachtungen eines Sachverhaltes gemacht werden, dann sind diese in der Regel nie völlig identisch. Daten sind unterschiedlich, sie variieren von Beobachtung zu Beobachtung. Die Unterschiedlichkeit der Responzwerte $y_1,..., y_n$ hat verschiedene Ursachen: Die einzelnen y_i's „gehören" zu verschiedenen x_i's. Aber – außer im Fall einer perfekten Geradenanpassung – kann die Prädiktorvariable die Responzvariable nie vollständig erklären. Wir unterscheiden zwei Gründe für die Variabilität in den Daten: Ein Teil der Varianz kann durch die Regression erklärt werden, d. h. durch die jeweiligen Werte von x_i. Aber es bleibt immer noch ein Rest unerklärter Varianz – es sei denn man hätte eine perfekte Anpassung an die Daten.

In der Varianzanalyse werden die Gründe für die Verschiedenheit der Daten genauer untersucht und quantifiziert. Wir gehen aus von einem Streudiagramm mit einer linearen Struktur, in das eine Regressionsgerade eingepasst wurde. Wie gut passt sich die Gerade den Daten an? Wir wollen nun ein Maß für die Güte der Anpassung der Regressionsgeraden an die Punktwolke $(x_1, y_1),...,(x_n, y_n)$ herleiten. Die Regressionsgerade ist ein

Hilfsmittel, mit dem wir Werte der Responzvariablen y aufgrund der Kenntnis der Prädik-torvariablen x voraussagen wollen. Wären nur die Daten $y_1,...,y_n$ verfügbar und läge keine Kenntnis der dazugehörigen Werte $x_1,...,x_n$ vor, so wäre in den meisten Fällen die plausi-belste Vorhersage für einen neuen Wert der Responz das arithmetische Mittel $\bar{y}$. Basierend auf unseren Beobachtungen $(x_1, y_1),...,(x_n, y_n)$ und der Regressionsgerade sagen wir y_i an der Stelle x_i mittels $\hat{y}_i = mx_i + b$ voraus. Wir vergleichen die Voraussage der y_i-Werte durch $\bar{y}$ mit der Vorhersage durch $\hat{y}_i = mx_i + b$. Das heißt, in einem Fall beziehen wir in die Vorhersage die Kenntnis der jeweiligen x_i-Werte mit ein, im anderen Fall ignorie-ren wir die x_i-Beobachtungen und sagen einen neuen y-Wert lediglich auf der Grundlage des arithmetischen Mittels der y-Werte voraus. Um wie viel verbessert das Einbeziehen der Prädiktoren x_i unsere Vorhersage? Als Grundlage für den Vergleich nehmen wir die Summe der Quadrate der Vorhersagefehler und vergleichen

$$\sum_{i=1}^{n} r_i^2 = \sum_{i=1}^{n}(y_i - \hat{y}_i)^2$$

mit

$$\sum_{i=1}^{n}(y_i - \bar{y})^2.$$

Es gilt der

Satz 16

$$\sum_{i=1}^{n}(y_i - \bar{y})^2 = \sum_{i=1}^{n}(y_i - \hat{y}_i)^2 + \sum_{i=1}^{n}(\hat{y}_i - \bar{y})^2. \tag{5.9}$$

Beweis 16 Wir gehen aus von den Residuen

$$r_i = y_i - \hat{y}_i = (y_i - \bar{y}) - (\hat{y}_i - \bar{y}),$$

quadrieren beide Seiten und summieren anschließend über $i = 1,...,n$ auf. Dies führt zu

$$\sum_{i=1}^{n}(y_i - \hat{y}_i)^2 = \sum_{i=1}^{n}(y_i - \bar{y})^2 - 2\sum_{i=1}^{n}(y_i - \bar{y})(\hat{y}_i - \bar{y}) + \sum_{i=1}^{n}(\hat{y}_i - \bar{y})^2.$$

Für den gemischten Term erhalten wir

$$2\sum_{i=1}^{n}(y_i - \bar{y})(\hat{y}_i - \bar{y}) = 2\sum_{i=1}^{n}(y_i - \bar{y})m(x_i - \bar{x}), \text{ da } \hat{y}_i = mx_i + b, b = \bar{y} - m\bar{x}$$

$$= 2ms_{xy}$$

$$= 2m^2 s_{xx}, \text{ da } m = s_{xy}/s_{xx}$$

$$= 2 \sum_{i=1}^{n} (mx_i - m\bar{x})^2$$

$$= 2 \sum_{i=1}^{n} [(mx_i + b) - (m\bar{x} + b)]^2$$

$$= 2 \sum_{i=1}^{n} (\hat{y}_i - \bar{y})^2.$$

Damit gilt

$$\sum_{i=1}^{n} (y_i - \hat{y}_i)^2 = \sum_{i=1}^{n} (y_i - \bar{y})^2 - \sum_{i=1}^{n} (\hat{y}_i - \bar{y})^2,$$

oder anders geschrieben

$$\sum_{i=1}^{n} (y_i - \bar{y})^2 = \sum_{i=1}^{n} (\hat{y}_i - \bar{y})^2 + \sum_{i=1}^{n} (y_i - \hat{y}_i)^2.$$

Die Quadratsumme auf der linken Seite von Gl. (5.9) ist unser bekanntes s_{yy} und misst die totale Variabilität der y-Messreihe bezogen auf das arithmetische Mittel $\bar{y}$, d. h. wie weit sich die y_i's von ihrem Mittelwert $\bar{y}$ unterscheiden. Sie wird auch als SQ_{Total} (SQ=Summe der Quadrate) bezeichnet.

$$SQ_{Total} = \sum_{i=1}^{n} (y_i - \bar{y}_i)^2 = s_{yy}$$

Die beiden Quadratsummen auf der rechten Seite haben folgende Bedeutung:

$$SQ_{Rest} = \sum_{i=1}^{n} (y_i - \hat{y}_i)^2$$

misst die Abweichung (längs der y-Achse) zwischen den Beobachtungen und den eingepassten Werten. Bei perfekter Geradenanpassung ist $SQ_{Rest} = 0$. Die andere Quadratsumme

$$SQ_{Regression} = \sum_{i=1}^{n} (\hat{y}_i - \bar{y})^2$$

misst den durch die Regression erklärten Anteil an der Gesamtvariabilität. Damit lautet die fundamentale Formel der **Varianzzerlegung**

$$SQ_{Total} = SQ_{Regression} + SQ_{Rest}. \tag{5.10}$$

Nach Division durch SQ_{Total} erhalten wir

$$1 = \frac{SQ_{\text{Regression}}}{SQ_{\text{Total}}} + \frac{SQ_{\text{Rest}}}{SQ_{\text{Total}}}. \tag{5.11}$$

Diese Gleichung lässt sich wie folgt interpretieren: Die Werte $y_1,..., y_n$ unterscheiden sich, und zwar aus zwei verschiedenen Gründen. Zum einen gehören sie zu unterschiedlichen x_i-Werten, zum anderen wirken noch andere Einflüsse auf sie ein, die nicht vom linearen, durch die Regressionsanalyse erfassten Trend aufgenommen werden. Der erste Summand auf der rechten Seite von (5.11) gibt den Anteil der Varianz der y-Werte wieder, die durch den linearen Trend erklärt werden, der zweite Term den restlichen Anteil der Varianz.

Zur Illustration folgen zwei künstlich gewählte Beispiele, bei denen für Zwecke der Illustration der Fehlerterm Null ist.

Beispiel 5.4 Wir betrachten zwei künstliche Beispiele, die zwei Extremfälle illustrieren (siehe Abb. 5.8).

a.) Es sei $y_i = 2x_i, +3, x_i = (i - 1)/10, i = 1,..., 11$, d.h. die Daten liegen perfekt auf der Geraden $y = 2x + 3$. Dann ist $\hat{y}_i = y_i$ und somit $SQ_{\text{Rest}} = 0$ und $SQ_{\text{Total}} = SQ_{\text{Regression}}$, d.h. alle Variabilität in den Daten wird mittels der linearen Regression erklärt. Das sollte uns nicht verwundern, denn die Daten sind ja perfekt linear.

b.) Es sei $y_i = \sin(2\pi x_i), x_i = (i - 1)/10, i = 1,..., 16$. Hier errechnet sich $\bar{y} = 0, 192$ und $s_{xy} = 0$ weshalb die Regressionsgerade eine Parallele zur horizontalen Achse ist mit $y = 0, 192$. Daher ist $\hat{y}_i = 0, 192$ für alle $i = 1,..., 16$. In diesem Fall ist $SQ_{\text{Total}} = SQ_{\text{Rest}}$, während $SQ_{\text{Regression}} = 0$. Die Daten haben keinerlei lineare (sondern sinusförmige) Struktur. Basierend auf der Regressionsgeraden, hier $y = 0, 192$, verrät uns eine Kenntnis der x_i überhaupt nichts über die zugehörigen $y_i's$. Mittels linearer Regression lässt sich die Variabilität der y-Daten überhaupt nicht erklären. Alle Variabilität wird dem „Rest" zugemessen.

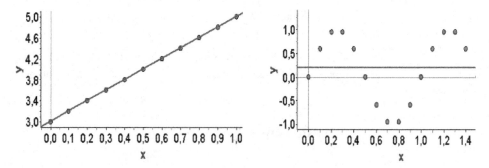

Abb. 5.8 Beispiel mit perfekter (links) und unmöglicher (rechts) linearer Vorhersage

Bei den allermeisten Anwendungen liegt der Anteil der durch die Regression (d. h. also den identifizierten funktionalen Trend) erfassten Variabilität irgendwo zwischen 0 und 100 Prozent.

Deuten wir dieses Resultat am Beispiel 5.2 der Hochhäuser: Die Hochhäuser sind unterschiedlich hoch. Diese Variabilität wird von SQ_{Total} gemessen. Warum sind sie unterschiedlich hoch? Ein offensichtlicher Grund ist die Tatsache, dass die Häuser unterschiedlich viele Etagen haben. Die Anzahl der Etagen sagt viel aus über die Unterschiedlichkeit der Höhen der Hochhäuser, ein Maß dafür ist $SQ_{\text{Regression}}$. Allerdings erklärt die Zahl der Stockwerke die Unterschiedlichkeit der Höhen noch nicht vollständig. Es bleibt noch ein unerklärter Rest. Das ist SQ_{Rest}.

Ausgehend von Gl. 5.11 definiert man folgendes Maß für die Güte der Anpassung:

Definition 26

$$R = \frac{SQ_{\text{Regression}}}{SQ_{\text{Total}}} = 1 - \frac{SQ_{\text{Rest}}}{SQ_{\text{Total}}}.$$

R heißt Bestimmtheitsmaß und es gilt $0 \leq R \leq 1$. In Beispiel 5.5 a.) ist $R = 1$, in Beispiel 5.5 b.) $R = 0$.

Satz 17 Das Bestimmtheitsmaß R und der Korrelationskoeffizient r stehen in folgendem Zusammenhang:

$$R = r^2$$

Beweis 17 Es gilt

$$SQ_{\text{Rest}} = \sum_{i=1}^{n} [y_i - (mx_i + b)]^2$$

$$= \sum_{i=1}^{n} [(y_i - \bar{y}) - m(x_i - \bar{x})]^2$$

$$= s_{yy} - 2m s_{xy} + m^2 s_{xx}$$

$$= s_{yy} - \frac{(s_{xy})^2}{s_{xx}},$$

und somit

$$SQ_{\text{Regression}} = s_{yy} - SQ_{\text{Rest}}$$

$$= \frac{(s_{xy})^2}{s_{xx}}$$

und damit

$$R = \frac{SQ_{\text{Regression}}}{s_{yy}} = \frac{(s_{xy})^2}{s_{xx} s_{yy}} = r^2.$$

Beispiel 5.5 In einer kleinen Firma arbeiten 5 männliche und 5 weibliche Angestellte, die alle dieselbe Art von Arbeit tun. Ihr Jahresgehalt in € sowie Jahre Berufserfahrung kann folgender Tabelle entnommen werden:

Frauen	Gehalt (€)	37 000	28 400	32 000	35 800	34 800
	Berufserfahrung	21	7	10	12	15
Männer	Gehalt (€)	28 200	42 800	39 200	52 400	56 300
	Berufserfahrung	9	19	16	27	30

Zwei Fakten fallen unmittelbar auf: Die Jahresgehälter unterscheiden sich deutlich, und – zumindest auf den ersten Blick – scheinen die Frauen klar diskriminiert zu werden: Ihr durchschnittliches Jahreseinkommen liegt bei 33600€, während die Männer im Durchschnitt 43780€ verdienen. Wir können die Unterschiedlichkeit der Gehälter messen, indem wir die Summe der quadrierten Abweichungen vom arithmetischen Mittel berechnen. Der mathematische Ausdruck hierfür ist das schon bekannte

$$s_{yy} = \sum_{i=1}^{n} (y_i - \overline{y})^2.$$

Im Beispiel errechnet sich für die Gehälter der Männer $s_{yy} = 495728000$ und für die Frauen $s_{yy} = 47440000$. Die Angestellten verfügen jedoch auch über unterschiedlich lange Berufserfahrungen. Könnten die unterschiedlichen Jahre an Berufserfahrungen als Erklärung für die Gehaltsunterschiede dienen? Dazu führen wir eine Regressionsanalyse durch. In Abb. 5.9 sind die Daten mitsamt Regressionsgeraden eingezeichnet, und zwar getrennt nach Männern und Frauen. Es errechnet sich für die Regressionsgeraden

$$y = 1310x + 17300 \text{ für die Männer}$$
$$y = 556x + 26400 \text{ für die Frauen.}$$

Berücksichtigt man jetzt die unterschiedlichen Jahre an Berufserfahrung, so reduziert sich die Variabilität der Gehälter erheblich. Berechnet man

$$\sum_{i=1}^{5} r_i^2 = \sum_{i=1}^{5} (y_i - \hat{y}_i)^2$$

für die Gehälter von Männern und Frauen, so ergibt sich ein Wert von 2208166 bei den Männern und 12180702 bei den Frauen. Die Variabilität der Gehälter lässt sich also zum großen Teil durch die unterschiedlichen Berufsjahre erklären. In relativen Größen ausgedrückt errechnen wir bei den Männern ein Bestimmtheitsmaß von

$$R = 1 - \frac{2208166}{495728000} \approx 0,99555$$

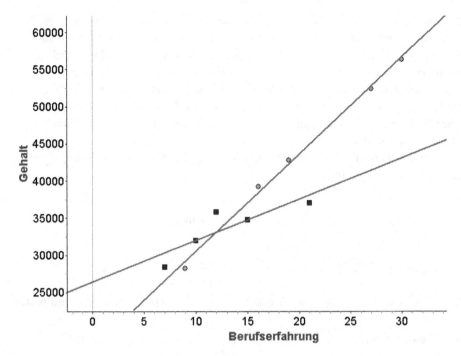

Abb. 5.9 Jahreseinkommen versus Berufserfahrung getrennt nach Männern (Kreis) und Frauen (Quadrat) mitsamt Regressionsgeraden

und bei den Frauen von

$$R = 1 - \frac{12180702}{47440000} \approx 0,74324.$$

Über alle Angestellten, ohne Unterscheidung nach Geschlecht, ergibt sich eine Regressionsgerade von

$$y = 1174x + 192000$$

und ein Bestimmtheitsmaß von $R \approx 0,91733$, d. h. die unterschiedliche Entlohnung ist durchaus mit den unterschiedlichen Jahren an Berufserfahrung zu erklären.

5.6   Regression und Lineare Algebra

Wir leiten jetzt die Formeln für die Kleinste-Quadrate-Gerade aus Abschn. 5.1 ein weiteres Mal her, und zwar mit Methoden der Linearen Algebra, d. h. mithilfe von Vektoren, Matrizen und dem Euklidischen Abstandsbegriff. Dies tun wir nicht um einer wiederholten

Herleitung eines inzwischen ja schon bewiesenen Resultates wegen (obwohl es durchaus lohnt, sich hier der Vernetzungen von Stochastik und Linearer Algebra – auch im Hinblick auf den Mathematikunterricht der Sekundarstufe II – bewusst zu sein). Der entscheidende Vorteil der folgenden Überlegungen besteht in ihrer eleganten Verallgemeinerbarkeit auf mehrdimensionale Regressionsprobleme, d. h. also auf Anwendungen, bei denen mehrere Prädiktorvariablen zur Verfügung stehen, die linear in die Vorhersage einer Responzvariablen Y eingehen. Es geht dann um das Anpassen einer optimalen Hyperebene in eine mehrdimensionale Datenwolke.

Zunächst stellen wir uns dieselbe Frage wie in Abschn. 5.1, d. h. unser Ausgangspunkt ist das Minimierungsproblem

$$\sum_{i=1}^{n} (y_i - b_0 - b_1 x_i)^2 = \min_{b_0, b_1}! \tag{5.12}$$

Zu gegebenen n Datenpaaren $(x_1, y_1), ..., (x_n, y_n)$ gehen wir jetzt wie folgt vor: Wir stecken alle beobachteten y-Werte in einen Vektor $\mathbf{y} = \begin{pmatrix} y_1 \\ \vdots \\ y_n \end{pmatrix}$ und definieren die **Designmatrix** $\mathbf{X}$ der Dimension $(n, 2)$

$$\mathbf{X} = \begin{pmatrix} 1 & x_1 \\ \vdots & \vdots \\ 1 & x_n \end{pmatrix}.$$

Das Ziel besteht ja darin, eine Steigung b_1 und einen y-Achsenabschnitt b_0 zu finden, sodass die eingepassten Werte

$$\hat{y}_i = b_0 + b_1 x_i \quad , \quad i = 1, ...n$$

möglichst nahe an den beobachteten Werten $y_i\, (i = 1, ..., n)$ liegen. Fassen wir die einzelnen $\hat{y}_i$ als Komponenten zum Vektor $\hat{\mathbf{y}}$ zusammen, so bedeutet dies

$$\hat{\mathbf{y}} = b_0 \mathbf{e} + b_1 \mathbf{x} = \mathbf{X}\,\mathbf{b}, \tag{5.13}$$

wobei $\mathbf{e} = \begin{pmatrix} 1 \\ \vdots \\ 1 \end{pmatrix}, \mathbf{x} = \begin{pmatrix} x_1 \\ \vdots \\ x_n \end{pmatrix}$ und $\mathbf{b} = \begin{pmatrix} b_0 \\ b_1 \end{pmatrix}$.

b_0 und b_1 und somit $\hat{\mathbf{y}}$ sind so zu wählen, dass der Vektor $\mathbf{y} - \hat{\mathbf{y}}$ so klein wie möglich wird. Da $\hat{\mathbf{y}}$ in der von den beiden Vektoren $\mathbf{x}$ und $\mathbf{e}$ erzeugten Ebene liegt, ist also $\hat{\mathbf{y}}$ so zu wählen, dass der Abstand zu $\mathbf{y}$ so klein wie möglich wird. Da das Lot die kürzeste Verbindung eines Punktes zu einer Ebene ist, bedeutet dies geometrisch, dass der Differenzvektor

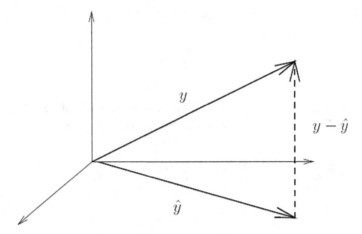

Abb. 5.10 Der Projektionsvektor $\hat{\mathbf{y}}$ steht senkrecht auf dem Differenzvektor $\mathbf{y} - \hat{\mathbf{y}}$

$\mathbf{y} - \hat{\mathbf{y}}$ senkrecht auf der von $\mathbf{x}$ und $\mathbf{e}$ erzeugten Ebene steht. In anderen Worten: Der Vektor $\hat{\mathbf{y}}$ ist die Projektion des Vektors $\mathbf{y}$ auf die von den beiden Spalten der Designmatrix $\mathbf{X}$ aufgespannte Ebene. Das ist genau dann der Fall, wenn (siehe Abb. 5.10)

$$\mathbf{y} - \hat{\mathbf{y}} \perp \begin{pmatrix} x_1 \\ \vdots \\ x_n \end{pmatrix} \quad \text{und } \mathbf{y} - \hat{\mathbf{y}} \perp \begin{pmatrix} 1 \\ \vdots \\ 1 \end{pmatrix}.$$

Zusammenfassend bedeutet dies, dass der Differenzvektor orthogonal auf den beiden Zeilen der Designmatrix $\mathbf{X}$ steht, d. h.

$$\mathbf{X}^T (\hat{\mathbf{y}} - \mathbf{y}) = \begin{pmatrix} 0 \\ 0 \end{pmatrix}$$

$\mathbf{X}^T$ steht dabei für die transponierte Matrix von $\mathbf{X}$.

Daraus ergibt sich sofort mittels (5.13)

$$\mathbf{X}^T \mathbf{X} \mathbf{b} = \mathbf{X}^T \mathbf{y}.$$

Das Produkt $\mathbf{X}^\mathbf{T} \mathbf{X}$ errechnet sich unmittelbar als

$$\mathbf{X}^\mathbf{T} \mathbf{X} = \begin{pmatrix} n & \sum_{i=1}^{n} x_i \\ \sum_{i=1}^{n} x_i & \sum_{i=1}^{n} x_i^2 \end{pmatrix}$$

mit der Determinanten

$$\text{Det}(\mathbf{X}^\mathbf{T} \mathbf{X}) = n \sum_{i=1}^{n} x_i^2 - \left(\sum_{i=1}^{n} x_i \right)^2 = n \sum_{i=1}^{n} (x_i - \overline{x})^2 = n s_{xx},$$

wobei $\bar{x}$ gerade das arithmetische Mittel ist

$$\bar{x} = \frac{1}{n} \sum_{i=1}^{n} x_i.$$

Daraus folgt, dass die Matrix $\mathbf{X}^T\mathbf{X}$ genau dann singulär ist, wenn alle x_i identisch sind, d. h. $x_i = \bar{x} = 1/n \sum_{i=1}^{n} x_i, i = 1,\dots,n$. Nun gilt für s_{xx} (Definition siehe Abschn. 5.1)

$$s_{xx} = \sum_{i=1}^{n}(x_i - \bar{x})^2 = \sum_{i=1}^{n} x_i^2 - 2\bar{x} \sum_{i=1}^{n} x_i - n\bar{x}^2 = \sum_{i=1}^{n} x_i^2 - n\bar{x}^2 > 0,$$

und analog

$$s_{xy} = \sum_{i=1}^{n}(x_i - \bar{x})(y_i - \bar{y}) = \sum_{i=1}^{n} x_i y_i - n\bar{x}\bar{y}.$$

Somit folgt unter Anwendung der Cramerschen Regel

$$(\mathbf{X}^T\mathbf{X})^{-1} = \frac{1}{\mathrm{Det}(\mathbf{X}^T\mathbf{X})} \begin{pmatrix} \sum_{i=1}^{n} x_i^2 & -\sum_{i=1}^{n} x_i \\ -\sum_{i=1}^{n} x_i & n \end{pmatrix}$$

$$= \frac{1}{s_{xx}} \begin{pmatrix} \sum_{i=1}^{n} x_i^2 / n & -\bar{x} \\ -\bar{x} & 1 \end{pmatrix}.$$

Damit errechnet sich die Lösung von (5.12) als

$$\mathbf{b} = (\mathbf{X}^T\mathbf{X})^{-1}\mathbf{X}^T\mathbf{y}.$$

Wegen

$$X^T\mathbf{y} = \begin{pmatrix} 1 & \cdots & 1 \\ x_1 & \cdots & x_n \end{pmatrix} \begin{pmatrix} y_1 \\ \vdots \\ y_n \end{pmatrix} = \begin{pmatrix} \sum y_i \\ \sum x_i y_i \end{pmatrix}$$

ergibt sich

$$\begin{pmatrix} b_0 \\ b_1 \end{pmatrix} = \frac{1}{s_{xx}} \begin{pmatrix} \frac{1}{n} \sum_{i=1}^{n} x_i^2 & -\bar{x} \\ -\bar{x} & 1 \end{pmatrix} \cdot \begin{pmatrix} n\bar{y} \\ \sum x_i y_i \end{pmatrix}$$

$$= \begin{pmatrix} \bar{y} - \frac{s_{xy}}{s_{xx}}\bar{x} \\ \sum_{i=1}^{n} x_i y_i - n\bar{x} \cdot \bar{y} \end{pmatrix},$$

da

$$\bar{y} - \frac{s_{xy}}{s_{xx}}\bar{x} = \frac{\bar{y}\sum_{i=1}^{n}(x_i - \bar{x})^2 - \bar{x}\sum_{i=1}^{n}(x_i - \bar{x})(y_i - \bar{y})}{s_{xx}}$$

$$= \frac{\bar{y}\left(\sum_{i=1}^{n}x_i^2 - n\bar{x}^2\right) - \bar{x}\left(\sum_{i=1}^{n}x_i y_i - n\bar{x}\bar{y}\right)}{s_{xx}}$$

$$= \frac{\bar{y}\sum_{i=1}^{n}x_i^2 - \bar{x}\sum_{i=1}^{n}x_i y_i}{s_{xx}},$$

was genau den in Abschn. 5.1 hergeleiteten Formeln entspricht. Damit ist die beste lineare Voraussage von Y zu gegebenem Wert x der Prädiktorvariable

$$\hat{y}(x) = \hat{m}(x) = b_0 + b_1 x = (1 \quad x)\left(\mathbf{X}^{\mathbf{T}}\mathbf{X}\right)^{-1}\mathbf{X}^T\mathbf{y}.$$

In Vektornotation ergibt sich jetzt eine Verallgemeinerung auf die **Anpassung eines Polynoms** beliebigen Grades k sowie eine Verallgemeinerung auf multivariate lineare Regression. Wir betrachten die Aufgabe, an eine Punktwolke $(x_1, y_1),...,(x_n, y_n)$ ein Polynom vom Grade k so anzupassen, dass die Summe der quadrierten Abstände minimal wird. Hier ist k in der Regel deutlich kleiner als $n - 1$, sodass eine Polynominterpolation wie in Kap. 3 nicht möglich ist. Wir fassen wiederum die Abszissen zu einem Vektor $\begin{pmatrix} y_1 \\ y_2 \\ \vdots \\ y_n \end{pmatrix}$ zusammen und führen jetzt folgende **Designmatrix** ein:

$$\mathbf{X} = \begin{bmatrix} 1 & x_1 & ... & x_1^k \\ \vdots & \vdots & & \vdots \\ 1 & x_n & ... & x_n^k \end{bmatrix}.$$

Ziel ist es, Koeffizienten $b_0, b_1,...,b_k$ zu finden, sodass für

$$\hat{y}_i = b_0 + b_1 x_i + b_2 x_i^2 + ... + b_k x_i^k \quad , i = 1,...n,$$

die Summe der quadrierten Abstände zu den beobachteten Abszissen y_i minimal wird

$$\sum_{i=1}^{n}(y_i - \hat{y}_i)^2 = \text{minimal!}$$

In Vektornotation bedeutet dies, dass $\hat{\mathbf{y}} = \begin{pmatrix} \hat{y}_1 \\ \hat{y}_2 \\ \vdots \\ \hat{y}_n \end{pmatrix}$ im von den Spalten der Matrix

X erzeugten Vektorraum liegt und der Vektor $\mathbf{y} - \hat{\mathbf{y}}$ senkrecht zu den Zeilenvektoren der Matrix **X** steht. Abb. 5.10 gilt auch für diese Situation uneingeschränkt, wobei die Projektionsfläche jetzt eine $k + 1$-dimensionale Hyperebene ist.

In Matrixschreibweise formuliert ist dann das folgende Minimierungsproblem zu lösen

$$(\mathbf{y} - \mathbf{X}\,\mathbf{b})^T\,(\mathbf{y} - \mathbf{X}\,\mathbf{b}) = \min_{b_0,\dots,b_k}\,! \tag{5.14}$$

Jetzt ist **b** ein $(k + 1)$ dimensionaler Vektor. Genauso wie oben errechnet sich die Lösung dieses Optimierungsproblems als

$$\mathbf{b} = \left(\mathbf{X}^T\mathbf{X}\right)^{-1}\mathbf{X}^T\mathbf{y}, \tag{5.15}$$

vorausgesetzt, die Matrix $\mathbf{X}^T\mathbf{X}$ ist invertierbar. Man beachte, dass die Matrix $\mathbf{X}^T\mathbf{X}$ vom Typ $(k + 1, k + 1)$ ist. In der Regel hat man viele Beobachtungen (n groß) und der Grad k des anzupassenden Polynoms ist klein (z. B. 2 oder 3), d. h. die Matrix $\mathbf{X}^T\mathbf{X}$ ist nicht sehr groß.

Das Regressionspolynom k-ten Grades errechnet sich jetzt als

$$y = p(x) = b_0 + b_1 x + \dots + b_k x^k.$$

Beispiel 5.6 Bei einer Untersuchung des Straßenverkehrs wurde die Anhaltestrecke s (in Metern) von Autos in Abhängigkeit von der Geschwindigkeit v (in km/h) gemessen. Gesucht ist das Regressionspolynom zweiten Grades.

v	7	12	16	17	19	21	23	24	25
s	0,6	1,2	5,5	5,2	6,1	5,8	8,6	7,9	12,1
v	27	29	30	32	35	37	38	40	
s	15,2	13,2	20,7	19,5	20,1	23,5	28,3	32,9	

Mit

$$X^T :=$$

$$\begin{pmatrix} 1 & 1 & 1 & 1 & 1 & 1 & 1 & 1 & 1 & 1 & 1 & 1 & 1 & 1 & 1 & 1 & 1 \\ 7 & 12 & 16 & 17 & 19 & 21 & 23 & 24 & 25 & 27 & 29 & 30 & 32 & 35 & 37 & 38 & 40 \\ 49 & 144 & 256 & 289 & 361 & 441 & 529 & 576 & 625 & 729 & 841 & 900 & 1024 & 1225 & 1369 & 1444 & 1600 \end{pmatrix}$$

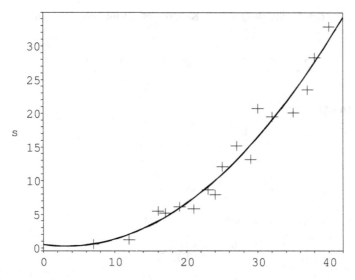

Abb. 5.11 Regressionspolynom zweiten Grades: Länge des Bremsweges in Abhängigkeit von der Geschwindigkeit eines Autos

ergibt sich für

$$\mathbf{b} = \left(\mathbf{X}^T\mathbf{X}\right)^{-1}\mathbf{X}^T\mathbf{y} = \begin{pmatrix} 0,50002354 \\ -0,142344046 \\ 0,02252799773 \end{pmatrix}$$

und somit lautet das Regressionspolynom zweiten Grades

$$f(x) = 0,50002354 - 0,142344046x + 0,02252799773x^2.$$

Abb. 5.11 zeigt die Daten mitsamt eingepasstem Regressionspolynom.

Ganz analog geht man vor, wenn man eine Hyperebene an eine mehrdimensionale Punktwolke anpassen will. Wir betrachten das k-dimensionale **multivariate Regressionsproblem**: Gegeben seien n Beobachtungen, die jeweils aus k Prädiktoren und einer Responz bestehen

$$(x_{11}, \ldots x_{1k}, y_1), \ldots, (x_{n1}, \ldots x_{nk}, y_n).$$

Gesucht ist eine Hyperebene der Form

$$y = b_0 + b_1x_1 + \ldots + b_kx_k,$$

die sich im Sinne des Kleinsten-Quadrate-Kriteriums optimal den Daten anpasst, d. h.

$$\sum_{i=1}^{n}(y_i - b_0 - b_1 x_{i1} - b_2 x_{i2} - \ldots - b_k x_{ik})^2 = \min_{b_0, b_1, \ldots b_k} !$$

Mithilfe der **Designmatrix**

$$\mathbf{X} = \begin{bmatrix} 1 & x_{11} & \ldots & x_{1k} \\ \vdots & \vdots & & \vdots \\ 1 & x_{n1} & \ldots & x_{nk} \end{bmatrix}.$$

ergibt sich hier wiederum die Lösung

$$\mathbf{b} = \left(\mathbf{X}^T \mathbf{X}\right)^{-1} \mathbf{X}^T \mathbf{y},$$

vorausgesetzt die Matrix $\mathbf{X}^T \mathbf{X}$ ist invertierbar.

5.7   Nichtlineare Zusammenhänge: Der Transformationsansatz

Die in den vorangegangenen Abschnitten entwickelten Überlegungen sind eine mathematische Theorie zur Modellierung linearer Zusammenhänge zwischen zwei Größen. Linearität ist ein wichtiger Spezialfall funktionaler Abhängigkeit, der auch in vielen Situationen lokal – d. h. über kurze Zeitspannen oder kurze Veränderungen der einen Variablen – das Verhalten zumindest annäherungsweise charakterisiert. Schließlich basiert die Grundidee der Differenzialrechnung auf der Feststellung, dass sich differenzierbare Funktionen lokal linear verhalten

$$f(x_0 + h) \approx f(x_0) + h f'(x_0).$$

Über kurze Zeitspannen und sehr kleine Veränderungen von x mag somit eine lineare Modellierung für viele Situationen angemessen sein. Will man Abhängigkeiten über mittlere oder größere Intervalle hinweg modellieren, so wird man zur Kenntnis nehmen müssen, dass das Leben oft nichtlinear ist. In Kap. 2 haben wir schon derartige Situationen betrachtet. Im Prinzip gibt es zwei unterschiedliche Vorgehensweisen für nichtlineare Situationen:

1. **Transformation-Rücktransformation:**
   Eine nahe liegende Idee, Daten mit nichtlinearer Struktur zu modellieren, besteht darin, die Daten durch eine angemessene Transformation zu linearisieren, dann auf

die transformierten Daten Techniken der Geradenanpassung anzuwenden, um schließlich das erhaltene Resultat wieder zurück zu transformieren. Dabei schließt man von der besten Geradenanpassung an die transformierten Daten zurück auf eine Anpassung einer Funktion an die ursprünglichen Daten.

2. **Nichtlineare Regression:**
   Man sucht direkt nach Parametern, mit denen ein gegebenes Optimalitätskriterium wie z. B. die Summe der Abweichungsquadrate minimiert wird.

Bevor wir in die Details gehen und uns in diesem Abschnitt dem Transformationsansatz zuwenden, muss betont werden, dass die Schwierigkeit gegenüber der linearen Regression in der Nichtlinearität bezüglich der Parameter liegt, und nicht in einem nichtlinearen Zusammenhang bezüglich der Funktionsvariablen x und y begründet ist. Wir haben ja gerade am Ende des letzten Abschnitts auch Polynome – also nichtlineare Funktionen höheren Grades – mit der Methode der linearen Regression in ein Streudiagramm einpassen können.

Beispiel 5.7

a.) Will man in ein Streudiagramm, gegeben durch $(x_1, y_1),...,(x_n, y_n)$, eine Funktion vom Typ $y = ax^2 + b$ nach dem Kleinste-Quadrate-Prinzip einpassen, so sucht man nach Werten für die Parameter a, b, für die

$$S(a,b) = \sum_{i=1}^{n}[y_i - (ax_i^2 + b)]^2$$

minimal wird. Dies ist aber äquivalent zum Einpassen einer Geraden $y = ax + b$ in ein Streudiagramm der Daten $(x_1^2, y_1),\ldots,(x_n^2, y_n)$. Wir erhalten beide Male dieselben Werte für die Parameter a und b. Dies ist in Abb. 5.12 illustriert. Die Summe der quadrierten Abweichungen ist gleich, egal ob wir die Parabel $y = 1,7x^2 + 3,3$ in das ursprüngliche Streudiagramm oder die Gerade $y = 1,7x + 3,3$ in das Streudiagramm mit quadrierten Abszissen einpassen.

b.) Auch eine „volle" Anpassung eines Polynoms k-ter Ordnung kann mit Methoden der linearen Regression erfolgen. Sind allerdings mehr als zwei Parameter zu schätzen, muss auf eine mehrdimensionale lineare Regression zurückgegriffen werden (siehe Beispiel 5.6 in Abschn. 5.5).

In vielen Situation möchten wir allerdings eine Funktion anpassen, die in den zu bestimmenden *Parametern* nichtlinear ist. Dann ist die Methode der linearen Regression nicht ohne Weiteres anwendbar. Wir stellen in diesem Abschnitt die Methode der Linearisierung durch geeignete Transformation der Daten vor. In Abschn. 5.9 betrachten wir als Alternative die nichtlineare Regression mittels direkter Minimierung eines Optimalitätskriteriums. Hier betrachten wir den Fall, dass sich komplexere funktionale Zusammenhänge durch eine Reskalierung der Achsen auf einfachere Zusammenhänge zurückführen lassen.

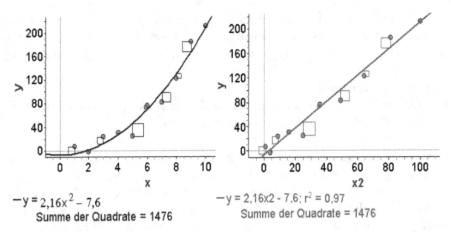

$-y = 2{,}16x^2 - 7{,}6$
Summe der Quadrate = 1476

$-y = 2{,}16x2 - 7{,}6;\ r^2 = 0{,}97$
Summe der Quadrate = 1476

Abb. 5.12 Links: Parabelanpassung (ohne Linearterm); Rechts: Geradenanpassung in Streudiagramm derselben Daten, wobei die x-Daten quadriert wurden. Man beachte, dass die Summe der Abweichungsquadrate in beiden Fällen identisch ist

Es seien S und T zwei bijektive Transformationen der reellen Achse (oder zumindest von Teilmengen von $\mathbb{R}$), die so gewählt wurden, dass der Zusammenhang zwischen $x^{\star}$ und $y^{\star}$ durch die (in irgendeinem Sinne, z. B. lineare) einfachere Funktion $y^{\star} = g(x^{\star})$ beschrieben ist.

$$x \mapsto x^{\star} = T(x), y \mapsto y^{\star} = S^{-1}(y).$$

Das bedeutet für den Zusammenhang $y = f(x)$ zwischen den ursprünglichen Variablen, dass

$$y = S(y^{\star}) = (S \circ g \circ T)(x) = S(g(T(x))) = f(x),$$

d. h. $f = S \circ g \circ T$. Bei geeigneter Wahl von S und T lassen sich damit schwierig zu durchschauende funktionale Zusammenhänge auf einfachere zurückführen, indem man die Daten transformiert und zunächst ein Modell für die transformierten Daten sucht. Durch Rücktransformation erhält man dann ein Modell für die ursprünglichen Daten.

Wir illustrieren die Methode der Linearisierung an einem schon vertrauten Beispielen.

Beispiel 5.8 Mooresches Gesetz
In Kap. 2 hatten wir schon das Mooresche Gesetz kennen gelernt: Sie erinnern sich an die Geschichte mit den Transistoren auf einem Computerchip, die sich nach der Voraussage von Gordon Moore aus dem Jahre 1965 alle zwei Jahre verdoppeln soll. Wir hatten in Kap. 2 das Problem gelöst, indem wir nach Augenmaß eine Exponentialfunktion angepasst haben. Jetzt arbeiten wir präziser. Abb. 5.13 zeigt ein Streudiagramm des Logarithmus

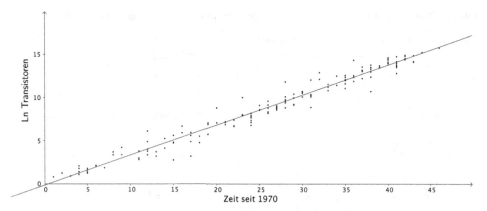

Abb. 5.13 Logarithmus der Anzahl der Transistoren auf einem Computerchip versus Zeit mitsamt Regressionsgeraden

der Anzahl der Transistoren pro Chip versus Zeit zwischen 1965 und 2016 sowie die eingepasste Kleinste-Quadrate-Gerade.

$$\ln(\text{KTransistoren}) = 0,34815 \cdot \text{Zeit} - 0,13,$$

wobei Zeit das Kalenderjahr minus 1970 ist.

Für die Originaldaten folgt hieraus

$$\text{KTransistoren} = 1,416^{(\text{Jahr}-1970)}/1,1388.$$

Hieraus wiederum errechnet sich eine Verdoppelungszeit von

$$t_D = \ln(2)/\ln(1,416) \approx 1,991 [\text{Jahren}].$$

Man beachte, dass wir in den letzten drei Beispielen die Kurvenanpassung (nach Linearisierung der Daten) nach dem Kleinste-Quadrate-Prinzip vorgenommen haben, während in Kap. 2 in ähnlichen Situationen die Kurvenanpassung nach Augenmaß erfolgte.

Wie finden wir passende Transformationen, die Daten mit nichtlinearer Struktur linearisieren? Das hängt von der Art des ursprünglichen funktionalen Zusammenhanges ab und ist auch nicht in jeder Situation möglich.

Tabelle 5.1 gibt zu einer Auswahl von Funktionen passende Transformationen an, die den ursprünglich nichtlinearen Zusammenhang $y = f(x)$ in eine lineare Struktur $y^\star = \alpha + \beta x^\star$ überführen.

Tab. 5.1 Transformationen, die ursprüngliche nichtlineare Zusammenhänge linearisieren

Modellfunktion $y = f(x)$	Transformation von x und y	Zusammenhang der Parameter
Potenz $y = ax^b$	$x^* = \log(x)$ $y^* = \log(y)$	$\alpha = \log(a), \beta = b$
Exponentiell $y = ae^{bx}$	$x^* = x$ $y^* = \log(y)$	$\alpha = \log(a), \beta = \log(b)$
Antiproportional 1 $y = b + \dfrac{a}{x}$	$x^* = x$ $y^* = x \cdot y$	$\alpha = b, \beta = a$
Antiproportional 2 $y = \dfrac{1}{ax + b}$	$x^* = x$ $y^* = \dfrac{1}{y}$	$\alpha = a, \beta = b$
Gebrochen linear $y = \dfrac{x}{ax + b}$	$x^* = x$ $y^* = \dfrac{x}{y}$	$\alpha = a, \beta = b$
Logarithmisch $y = a\log(x) + b$	$x^* = \log(x)$ $y^* = y$	$\alpha = a, \beta = b$
Reziprok Logarithmisch $y = \dfrac{1}{a\log(x) + b}$	$x^* = \log(x)$ $y^* = \dfrac{1}{y}$	$\alpha = a, \beta = b$
Reziprok exponentiell $y = ae^{b/x}$	$x^* = \dfrac{1}{x}$ $y^* = \log(y)$	$\alpha = \log(a), \beta = b$
Logistisch (S bekannt!) $y = \dfrac{y_0 S}{y_0 + (S - y_0)e^{-kSx}}$	$x^* = x$ $y^* = \ln\left(\dfrac{1}{y} - \dfrac{1}{S}\right)$	$k = -\dfrac{\beta}{S}, y_0 = \dfrac{S}{1 + Se^\alpha}$

Projekt 10 Keine Angst vor wilden Tieren

Biologen und Artenschützer interessieren sich dafür, wie es den Alligatoren in Florida geht. Verständlicherweise wollen sie nicht selbst in die Sümpfe steigen, und die Alligatoren wiegen. Es erweist sich als relativ einfach, die Länge von Alligatoren mithilfe von Luftaufnahmen zu schätzen. Können wir die Länge verwenden, um etwas über das Gewicht von Alligatoren zu sagen?

Die Datei **Alligator** enthält Daten von 25 Alligatoren, die man in Zentral-Florida gefangen hat. Die Daten bestehen aus dem Gewicht (in kg) und der Länge (in cm) der Tiere.

1. Öffnen Sie die Datei und plotten Sie die Daten. Welche Variable sollte man als x-Variable wählen? Bedenken Sie dabei, welche Variable durch das Modell zur

Vorhersage benutzt wird und welche Variable vorhergesagt werden soll. Plotten und beschreiben Sie die Daten. Wieso ist eine Parabel kein passendes Modell, egal welche Parameter Sie wählen?

2. Passen Sie eine andere Potenzfunktion der Form $y = ax^n, n \in \mathbb{N}$ an. Welche Potenz n scheint am besten geeignet? Welche Parameter ergeben eine gute Anpassung?

3. Definieren Sie eine neue Variable $z = x^n$, n wie in Teil 2). Hat das Streudiagramm von y versus z einen linearen Trend? Bestimmen Sie im $z - y$ Streudiagramm die Kleinste-Quadrate-Gerade. Steigung und Achsenabschnitt der Kleinsten-Quadrate Geraden im $z - y$ Streudiagramm können genutzt werden, um geeignete Parameter im $x - y$ Streudiagramm zu bestimmen. Welche Funktion im $x - y$ Diagramm erhält man damit? Plotten Sie diese Funktion in das unter 2. erstellte Streudiagramm zusätzlich zu der unter 2. erstellten Funktion. Berechnen Sie die Summe der Abweichungsquadrate.

4. Jetzt wählen wir einen neuen Ansatz zur Anpassung einer Funktion an die Daten. Logarithmieren Sie Länge und Gewicht und bestimmen Sie die Kleinste-Quadrate-Gerade für die logarithmierten Daten.

5. Welcher funktionale Zusammenhang lässt sich daraus nach Rücktransformation zwischen Länge und Gewicht herleiten?

6. Wenn Sie bis hierher gekommen sind, sollten Sie mindestens zwei konkurrierende Modelle besitzen. Für welches Modell entscheiden Sie sich? Begründen Sie inhaltlich! Kriterien könnten z. B. sein: die Interpretierbarkeit des Modells, die Güte der Anpassung, Betrachtung des jeweiligen Residuendiagramms etc.

Weitere Aufgaben zu Kap. 5:

5.16 Gegeben Daten $(x_1, y_1), ..., (x_n, y_n)$ in einem Koordinatensystem.

    a. Zeigen Sie: Der Cosinus des Winkels zwischen den Vektoren $\mathbf{y} - \bar{y}\mathbf{e}$ und $\mathbf{x} - \bar{x}\mathbf{e}$ ist gerade der Korrelationskoeffizient r, wobei

$$\mathbf{y} = (y_1, ..., y_n), \mathbf{x} = (x_1, ..., x_n), \mathbf{e} = (1, 1, ..., 1)$$

und

$$\bar{x} = \frac{1}{n} \sum_{i=1}^{n} x_i, \bar{y} = \frac{1}{n} \sum_{i=1}^{n} y_i.$$

b. Offensichtlich folgt aus (a), dass $-1 \leq r \leq 1$. Angenommen es gelte jetzt $r = \pm 1$. Zeigen Sie, dass dann

$$y_i = m(x_i - \overline{x}) + \overline{y}$$

für alle $i = 1, \dots n$.

c. Jetzt sei $r = 0$. Zeigen Sie, dass dann $\sum x_i y_i = n\overline{x} \cdot \overline{y}$ folgt.

5.17 Gegeben seien Daten $(x_1, y_1), \dots, (x_n, y_n)$, die ungefähr einer Potenzfunktion der Form $y = ax^b$ folgen. Um die unbekannten Parameter a und b mithilfe der linearen Regression zu schätzen, werden die Daten linearisiert.

a. Welche Transformationen der beiden Variablen führen zu einer linearen Struktur? Notieren Sie den funktionalen Zusammenhang zwischen $x_i^\star$ und $y_i^\star$.

b. Die Kleinste-Quadrate-Methode zur Geradenanpassung habe im Kontext von Aufgabe (a) die Geradengleichung $y = -0.5x + 3$ ergeben. Was ergibt sich daraus für das Schätzen der Parameter a und b?

5.18 Der Datensatz **Säugetiere** enthält Informationen über die (mittlere) Herzschlagfrequenz (Anzahl der Herzschläge pro Minute) und die mittlere Lebenserwartung für 35 Säugetiere. Plotten und linearisieren Sie die Daten durch eine geeignete Transformation. Passen Sie mit der Kleinste-Quadrate-Methode eine Gerade in das Streudiagramm der transformierten Daten. Welcher funktionale Zusammenhang ergibt sich dabei für die Ausgangsdaten zwischen Herzschlag und Lebensdauer von verschiedenen Lebewesen? Ein Mensch hat etwa 72 Herzschläge pro Minute. Wie hoch wäre gemäß dem entwickelten Modell die menschliche Lebenserwartung?

5.19 Wie lange dauert es, bis eine neu geschlüpfte Kohlweißling-Larve sich verpuppt, um sich zum Schmetterling zu wandeln? Dies hängt von der Umgebungstemperatur ab. Aber wie? Der Datensatz **Kohlweißling** enthält für 8 Kohlweißlinge Informationen über Dauer im Larvenstadium (in Tagen) und die durchschnittliche Temperatur (in Grad Celsius).

Plotten Sie die Daten in einem Streudiagramm.

a. Logarithmieren Sie beide Variable und berechnen Sie die k-Q Gerade der logarithmierten Daten. Welches Modell ergibt sich dadurch für die ursprünglichen Daten?

b. Wie ändert sich die Lage der Messpunkte, wenn man nicht die Anzahl der Tage, sondern deren Kehrwert gegen die Temperatur aufträgt? Passen Sie die Kleinste-Quadrate-Gerade ein.

c. Jetzt stehen zwei unterschiedliche Modelle zur Verfügung. Für welches entscheiden Sie sich? Begründen Sie!

d. Übertragen Sie das Resultat aus (b) in das ursprüngliche Streudiagramm und bringen Sie die Funktionsgleichung in die Form:

Dauer des Larvenstadiums = constant/ (Temperatur - Schwellentemperatur)

e. Die Konstanten „Schwellentemperatur" und „constant" variieren von Schmetterlingsart zu Schmetterlingsart. Bestimmen und interpretieren Sie sie für Kohlweißlinge.

5.20 Die Datei **Spritverbrauch.ftm** enthält Daten über den Spritverbrauch in Liter pro 100 km eines PKW bei unterschiedlichen Geschwindigkeiten. Finden Sie ein passendes funktionales Modell.

a. Passen Sie die Parameter in diesem Beispiel experimentell an, d. h. durch Ausprobieren per Schieberegler, falls Sie keine geeignete Linearisierung finden. Eventuell finden Sie Modelle, die zu Teilabschnitten passen.

b. Führen Sie eine bivariate (zwei Prädiktoren) Regression durch mit den beiden Prädiktoren $x_1 = v$ und $x_2 = 1/v$, wobei v die Geschwindigkeit bedeutet.

c. Für welches der beiden Modelle aus (a) oder (b) entscheiden Sie sich?

5.21 Gegeben seien Daten $(x_1, y_1), ..., (x_n, y_n)$, die eine proportionale Struktur besitzen, d. h. der (idealisierte) Zusammenhang zwischen den beiden Variablen ist nicht nur linear, sondern die den Zusammenhang charakterisierende Gerade geht zusätzlich durch den Ursprung.

a. Es soll eine Ursprungsgerade $y = mx$ nach dem Kleinsten-Quadrate-Kriterium angepasst werden. Welcher Ausdruck muss dazu minimiert werden?

b. Leiten Sie eine Formel für die nach dem Kleinsten-Quadrate-Kriterium optimale Steigung m der Ursprungsgeraden her.

5.22 Für die Forstwirtschaft ist es von Bedeutung, das Holzvolumen von Fichten aufgrund des Brusthöhendurchmessers (1,3 m Höhe) zu schätzen. Die Datei **Holzvolumen** enthält Daten über den Brusthöhendurchmesser und das Volumen (Vol) von 24 Fichten.

a. Welcher Grad von Polynomanpassung scheint für die vorliegenden Daten sinnvoll? Argumentieren Sie inhaltlich.

b. Führen Sie (mithilfe von Software) eine entsprechende Polynomanpassung durch.

c. Plotten Sie Daten und Regressionspolynom. Erstellen Sie auch ein Residuendiagramm. Stützen die Daten Ihre inhaltlich begründeten Überlegungen in Teil (a)?

5.23 Welche Auswirkungen auf Steigung und y-Achsenabschnitt einer linearen Regressionsgerade hat eine lineare Transformation der x-Werte, d. h. $x^* = T(x) = ax + b$? Welche Auswirkung hat eine lineare Transformation der y-Werte, d. h. $y^* = S(y) = cy + d$?

Bearbeiten Sie die nächste Aufgabe, falls Sie FATHOM verfügbar haben.

5.24 Erstellen Sie wie folgt eine Simulation mit FATHOM. Definieren Sie eine aus 50 Fällen bestehende Kollektion mit den Merkmalen x, y, z und ε

- $x_i = 1 + \dfrac{\text{index} - 0,5}{50}, i = 1, ..., 50$: 50 Werte zwischen 1 und 2,
- $\varepsilon_i = \texttt{ZufallNormal}(0; 1), i = 1, ..., 50$: 50 Realisierungen einer normalverteilten Zufallsgröße,

- $y = ax^b + \sigma \varepsilon$: 50 Werte einer Responzvariable. Wählen Sie a, b und die Varianz des Residuums σ jeweils über einen Regler und setzen sie $a = 1, b = 2,5, \sigma = 0,5$,
- $z = ax^{b+\sigma \varepsilon}$: 50 Werte einer Responzvariablen mit gleichem Signal wie in der vorangegangenen Aufgabe, aber mit anderer Struktur des Rauschens. a, b und σ sind wie in der vorangegangenen Aufgabe zu wählen.

Erstellen Sie ein x, y sowie ein x, z Streudiagramm. Versuchen Sie in beiden Streudiagrammen die Parameter a und b zu schätzen

a. durch eine geeignete Linearisierung der Daten,

b. indem sie eine Funktion der Form $f(x) = cx^d$ anpassen und per Regler so lange die Parameter variieren, bis Sie eine gute Anpassung gefunden haben.

Erstellen Sie in beiden Fällen für beide Anpassungen Kleinste-Quadrate-Summen (Abweichungsquadrate zeigen). Welche Schlüsse ziehen Sie aus Ihrem Resultat, wenn Sie die beiden Methoden (Linearisierung mit Geradenanpassung und direkte Kleinste-Quadrate-Minimierung) miteinander vergleichen. In welchem der beiden Szenarien y versus x oder z versus x ist welche der beiden Methoden die Überlegenere?

Variieren Sie die Parameter a und b und erneuern Sie den Zufallseinfluss, indem Sie die Tastenkombination STRG-Y drücken. Welche Schussfolgerungen ziehen Sie?

5.8   Funktionsanpassung logistischer Modelle

In Kap. 4 hatten wir im Kontext von Differenzen- und Differenzialgleichungen logistische Modelle untersucht. Will man eine logistische Funktion an die Daten anpassen, so sind noch die zugrunde liegenden Parameter zu bestimmen. Die weitere Vorgehensweise dabei hängt davon ab, ob wir uns im diskreten oder im stetigen Modell befinden.

Parameterschätzen im diskreten Modell

Es sei daran erinnert, dass der logistische Wachstumsprozess folgendem Gesetz genügt:

$$x_{k+1} = x_k + qx_k(S - x_k). \tag{5.16}$$

Will man ein Problem mithilfe der logistischen Funktion modellieren und liegen die Daten $x_1, ..., x_n$ vor, so müssen noch geeignete Werte für die Parameter q, S und x_0 gefunden werden. Wir nehmen zunächst als Anfangswert den ersten beobachteten Wert und legen Zweifel an seiner korrekten Messung vorerst beiseite. Um Werte für die Wachstumsrate q und die Sättigungsgrenze S zu erhalten, kann man zunächst mithilfe eines Schiebereglers experimentieren bis man eine zufrieden stellende Anpassung erhält. So sind wir ja in Kap. 2 vorgegangen. Objektiver ist es aber, die Parameter aus den Daten zu schätzen. Eine

Möglichkeit hierfür ist Folgendes: Aus (5.16) folgt unmittelbar

$$\frac{x_{k+1}}{x_k} = 1 + qS - qx_k, k = 0,...,n-1.$$

Daher berechnen wir aus den Daten die Populationszuwächse, d. h. die jeweiligen Quotienten $\frac{x_{k+1}}{x_k}$ und tragen sie in einem Streudiagramm gegen x_k auf. Ist für die ursprünglichen Daten das (diskrete) logistische Modell angemessen, so ist für den Zusammenhang zwischen den Zuwächsen und dem aktuellen Bestand ein lineares Modell angemessen. Per Kleinster-Quadrate-Methode bestimmen wir die optimale Gerade $y = mx + b$ im Streudiagramm Zuwächse versus aktueller Bestand und erhalten somit als Schätzer für die Parameter

$$q = -m \quad \text{und} \quad S = \frac{b-1}{q}.$$

Jetzt lassen wir doch Zweifel am Startwert x_0 zu, für den wir ja zunächst den ersten beobachteten Wert x_0 gewählt hatten. Mit den soeben bestimmten Werten für q und S betrachten wir die Summe der quadrierten Abstände zwischen Modell und Daten in Abhängigkeit des Startwertes. Als Startwert unseres Modells nehmen wir denjenigen Wert, der diese Summe von Quadraten minimiert.

Beispiel 5.9 Bevölkerung der USA: diskrete Modellierung
Die Datei **USPopulation** enthält Daten über die Entwicklung der Einwohnerzahl der USA zwischen 1790 und 1940. Die Variable **Jahr** besteht aus den Jahreszahlen und **Population** gibt die mittlere Bevölkerungszahl im jeweiligen Jahr an.

Wir plotten den jeweiligen Populationszuwachs (d. h. den Quotienten zweier aufeinander folgender Populationszahlen) versus Population in einem Streudiagramm. Die Kleinste-Quadrate-Gerade hat eine Steigung $m = -0,00223$ und einen y-Achsenabschnitt $b = 1,365$, woraus sich sofort für die Parameter die Werte $q = 0,00223$ und $S = 163,657$ ergeben. Die Bevölkerungszahl der USA im Jahre 1790 war 2,92 Millionen. Variiert man diesen Startwert x_0 in der Rekursionsgleichung, so lässt sich die Summe der quadrierten Abstände zwischen Daten und Modell bei einer Wahl von $x_0 = 3,9224$ noch leicht von 10,951 auf 10,904 verringern. Abb. 5.14 zeigt die Geradenanpassung im Streudiagramm der Zuwächse und die Daten mit eingepasster logistischer Wachstumsfunktion. Wie man sieht, passt das logistische Wachstumsmodell mit den geschätzten Parametern sehr gut zu den vorliegenden Daten.

Parameterschätzen im stetigen Modell

Aus der Gleichung der logistischen Funktion

$$x(t) = \frac{x_0 S}{x_0 + (S - x_0) \exp(-Skt)} \tag{5.17}$$

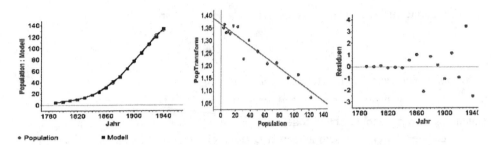

Abb. 5.14 Links: Bevölkerungsentwicklung der USA zwischen 1780 und 1940 mitsamt eingepasster logistischer Funktion; Mitte: Streudiagramm der Zuwächse und Regressionsgeraden; Rechts: Residuendiagramm

erhält man mittels direkter Umformung

$$\log\left(\frac{1}{x(t)} - \frac{1}{S}\right) = -Skt + \log\left(\frac{S - x_0}{x_0 S}\right).$$

Wir gehen von Daten $(t_1, x_1),...,(t_n, x_n)$ aus, für die ein logistisches Modell angemessen ist, d. h. die zumindest annäherungsweise durch Gl. (5.17) beschrieben werden können.

Führt man Daten x_i durch eine Logarithmus-Transformation über in neue Daten

$$x_i \to x_i^{\star} = \log\left(\frac{1}{x_i} - \frac{1}{S}\right), \quad i = 0,...,n,$$

so haben die so erhaltenen $x^{\star}$ eine lineare Struktur, d. h.

$$x_i^{\star} \approx m \cdot t_i + b, \quad i = 1,...,n.$$

Steigung und Achsenabschnitt lassen sich mit Kleinste-Quadrate-Methoden ermitteln. Der Zusammenhang mit den ursprünglichen Parametern k und x_0 ist gegeben durch

$$m = -S \cdot k, \quad b = \log\left(\frac{S - x_0}{x_0 S}\right),$$

d. h. k und x_0 lassen sich errechnen als

$$k = -\frac{m}{S}, \quad x_0 = \frac{S}{1 + S \exp(b)}.$$

Die so beschriebene Methode hat noch einen Nachteil: Wir haben so getan, als wäre die Sättigungsgrenze S bekannt. Das kann in manchen Problemstellungen auch tatsächlich der Fall sein. So können nicht mehr Leute krank werden als durch die Größe der Population vorgegeben ist. In vielen Anwendungsbeispielen ist die Sättigungsgrenze S aber nicht von vornherein bekannt. Dann kann eine Möglichkeit darin bestehen, die hier beschriebene Transformation in Abhängigkeit von S so lange durchzuführen, bis das resultierende Streudiagramm eine lineare Struktur besitzt. Eine dynamisch verlinkte Software wie FATHOM oder GEOGEBRA bietet hierfür eine komfortable Umgebung. S wird per Schieberegler eingeführt, mittels der von S abhängigen obigen Transformation werden $x^\star$ Daten definiert und im Streudiagramm dargestellt. Jetzt wird solange S variiert, bis die Daten im Streudiagramm eine „optimale" lineare Struktur haben. Der sich dabei ergebende Wert für S wird als Sättigungsgrenze genommen. Optimalität kann z. B. mit dem Kleinsten-Quadrate-Kriterium gemessen werden, d. h. die Summe der Quadrate der Abweichungen zwischen Modell und Daten soll minimal werden.

Beispiel 5.10 Algenpest

Auf einem See mit einer Oberfläche von 2000m^2 breitet sich im Sommer eine Algenpest aus. Die von Algen bedeckte Fläche ersieht man aus folgender Tabelle (siehe auch Datei **Algenpest**):

Zeit t in Tagen	0	5	10	20	25	35	40
Bedeckte Fläche F (in m^2)	150	280	500	1140	1460	1830	1910

Wir wollen ein logistisches Modell anpassen (Warum ist das sinnvoll?) und fragen nach geeigneten Parametern. Die Kapazitätsgrenze liegt bei $S = 2000$m^2, aber wie lassen sich Anfangswert x_0 und Wachstumsrate k aus den Daten schätzen?

Dazu transformieren wir die Daten zu

$$F_i^\star = \ln\left(\frac{1}{F_i} - \frac{1}{S}\right),$$

plotten $(t_1, F_1^\star), ..., (t_7, F_7^\star)$ und passen in dieses Streudiagramm die Kleinste-Quadrate-Gerade an, siehe linke Darstellung von Abb. 5.15. Aus der Regressionsgeraden mit der Gleichung

$$F^\star = -0,141t - 5,08$$

errechnet sich

$$k = -\frac{m}{S} = \frac{0,141}{200} = 0,000071$$

$$x_0 = \frac{S}{1 + S\exp(b)} = \frac{200}{1 + 200\exp(-5,08)} = 148,6.$$

Die rechte Darstellung von Abb. 5.15 zeigt die Ursprungsdaten mitsamt eingepasster logistischer Wachstumskurve, deren Parameter aus Steigung und Achsenabschnitt im transformierten Modell errechnet wurden.

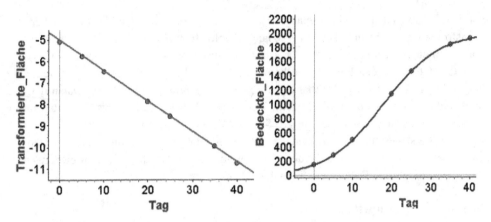

Abb. 5.15 Links: Parameterschätzen im linearisierten Modell; rechts: eingepasste logistische Wachstumskurve

Beispiel 5.11 Bevölkerung der USA: stetige Modellierung

Wir passen jetzt ein stetiges logistisches Wachstumsmodell an die Daten zur Bevölkerungsentwicklung der USA zwischen 1790 und 1940 an. Die Daten finden sich in der Datei **USPopulation**. Wir können hier keine sachbegründete Obergrenze S festlegen. Daher wählen wir den oben beschriebenen Weg der dynamischen Anpassung der Transformation. Wir transformieren die Daten zu

$$x_i^\star = \ln\left(\frac{1}{x_i} - \frac{1}{S}\right),$$

wobei wir jetzt den Wert der Sättigungsgrenze S per Schieberegler so bestimmen, dass das Streudiagramm $(t_i, x_i^\star)$ eine möglichst lineare Struktur hat. Die Stärke der linearen Struktur messen wir mittels der Summe der Abweichungsquadrate. Mit dynamisch-interaktiver Software lässt sich diese Vorgehensweise leicht umsetzen, und wir erhalten hier einen in diesem Sinne optimalen Wert für $S = 188, 12$

Mit diesem Wert für die Sättigungsgrenze S gehen wir bei der Schätzung von x_0 und k in der gleichen Weise vor wie im vorangegangenen Beispiel der Algenpest. Wir transformieren die Populationswerte x_i zu $x_i^\star$, ermitteln Steigung m und Achsenabschnitt b der Regressionsgerade im Streudiagramm $(t_i, x_i^\star), i = 1..., n$ und schließen daraus auf x_0 und k im logistischen Wachstumsmodell. Mit den vorliegenden Daten errechnet sich $m = -0,00223, b = 1,365$ und somit $k = 0,0001683, x_0 = 3,8798$. Die resultierende logistische Funktion

$$x(t) = \frac{729,86}{3,88 + 184,24\exp(-0,03166t)}$$

mitsamt den Originaldaten ist in der Abb. 5.16 dargestellt.

Abb. 5.16 Modellierung der
US-Population zwischen 1780
und 1940 mit dem stetigen
logistischen Modell

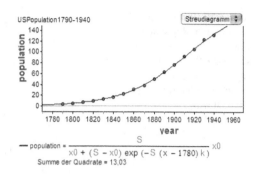

5.9 Grundzüge der nichtlinearen Regression

In vielen Situationen ist es nicht möglich, die Daten durch eine Transformation in eine lineare Struktur zu überführen. Vermutet man, dass die Daten $(x_1, y_1),...,(x_n, y_n)$ einem Funktionstyp der Form $y = f(x, \theta)$ mit unbekanntem p-dimensionalem Parametervektor $\theta \in \mathbb{R}^p$ folgen, so liegt es in Verallgemeinerung der linearen Regression nahe, den unbekannten Parameter durch Minimierung eines Kleinste-Quadrate-Kriteriums zu schätzen. Auch wenn diese Idee eine direkte Weiterführung der Geradenanpassung ist, sind – je nach Funktionenklasse – die hier verlangten Berechnungen zur Bestimmung des optimalen Parameters recht kompliziert. Im Allgemeinen ist hier ein Weiterkommen auf die Unterstützung durch leistungsfähige Software angewiesen, mit deren Hilfe die unbekannten Parameter geschätzt werden können.

Problemstellung
Gegeben sind Daten $(x_1, y_1),...,(x_n, y_n)$, an die eine Funktion der Form $y = f(x, \boldsymbol{\theta})$ mit unbekanntem p-dimensionalem Parameter $\boldsymbol{\theta} = (\theta_1,...,\theta_p)$ anzupassen ist. Als Kriterium für die Güte der Anpassung wählen wir das Kleinste-Quadrate-Kriterium (siehe Abb. 5.17). Es soll also folgende Funktion minimiert werden

$$S(\boldsymbol{\theta}) = \sum_{i=1}^{n}[y_i - f(x_i, \boldsymbol{\theta})]^2 = \min_{\boldsymbol{\theta}}. \tag{5.18}$$

Geometrisch lässt sich $S(\boldsymbol{\theta})$ als p-dimensionale Fläche interpretieren, deren absolutes Minimum gefunden werden soll. Für Funktionen mit maximal zwei unbekannten Parametern lässt sich die Minimierung von $S(\boldsymbol{\theta})$ anschaulich graphisch darstellen: Für einparametrige Funktionen ist das Minimum einer Kurve gesucht, für zweiparametrige Funktionen der tiefste Punkt einer Fläche im Raum. Für Funktionen mit mehr als zwei Parametern versagt jedoch die räumliche Vorstellung.

Notwendige Bedingung zur Erfüllung (5.18) ist, dass $\widehat{\boldsymbol{\theta}}$ Nullstelle der partiellen Ableitungen von $S(\boldsymbol{\theta})$ nach θ_i ist

$$\left.\frac{\partial S(\boldsymbol{\theta})}{\partial \theta}\right|_{\widehat{\theta}} = \mathbf{0}. \tag{5.19}$$

Abb. 5.17 Prinzip der
nichtlinearen Regression:
Gesucht ist der Parameter θ,
sodass die Summe der
Abweichungsquadrate
zwischen Daten y_i und $f(x_i, \theta)$
minimal wird

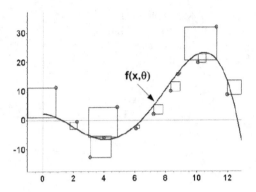

Hierbei ist natürlich vorauszusetzen, dass $S(\boldsymbol{\theta})$ nach jedem unbekannten Parameter θ_i partiell differenzierbar ist. Durch Differenzieren ergibt sich ein p-dimensionales System von Normalgleichungen. Für ganz spezielle einfache Modellfunktionen wie z. B. Geraden lassen sich explizite Ausdrücke zur Berechnung der Parameterschätzer $\widehat{\boldsymbol{\theta}}$ angeben. Im allgemeinen Fall kann das Gleichungssystem (5.19) jedoch nicht mehr analytisch gelöst werden. Eine numerische Näherung kann dann mithilfe von Algorithmen zur Bestimmung von Nullstellen von Funktionen, wie z. B. mit dem Gauß-Newton-Algorithmus, gefunden werden.

5.9.1   Spezialfall: Lineare Regression

Da Geradenanpassung ein Spezialfall der allgemeinen Kurvenanpassung ist, muss der skizzierte Weg auch für diesen einfachen Sonderfall möglich sein. Um die allgemeine Vorgehensweise bei beliebigen Funktionen zu illustrieren, skizzieren wir zunächst diesen Weg im Spezialfall von Linearität, bevor wir den allgemeinen Fall betrachten. Bei der Geradenanpassung haben wir einen 2-dimensionalen Parameter, den wir als $\boldsymbol{\theta} = (m, b)$ notieren. Zu minimieren ist die Funktion

$$S(m, b) = \sum_{i=1}^{n} [y_i - (mx_i + b)]^2.$$

Gemäß der Bedingung (5.19) ist folgende Gleichung zu lösen

$$\left. \begin{pmatrix} \dfrac{\partial S(m, b)}{\partial m} \\[2mm] \dfrac{\partial S(m, b)}{\partial b} \end{pmatrix} \right|_{(\widehat{m}, \widehat{b})} = \begin{pmatrix} 0 \\ 0 \end{pmatrix}. \tag{5.20}$$

Als Resultat erhalten wir – wie nicht anders zu erwarten – die bekannten Lösungen

$$\widehat{m} = \frac{\sum_{i=1}^{n}(x_i - \overline{x})(y_i - \overline{y})}{\sum_{i=1}^{n}(x_i - \overline{x})^2}$$

$$\widehat{b} = \overline{y} - \widehat{m}\overline{x}.$$

Um letztlich sicher zu stellen, dass auch tatsächlich ein Minimum an dieser Stelle vorliegt, muss noch gezeigt werden, dass die Matrix der zweiten partiellen Ableitungen – die Hessematrix $\mathbf{H}$ – im Punkt $(\widehat{m}, \widehat{b})$ positiv definit ist. Wir verzichten auf die Details hierzu. Alternatiy zur positiven Definitheit der Hessematrix kann man im vorliegenden Fall auch anschaulich argumentieren, dass für $S(m, b)$ als Summe von Quadraten nur ein Minimum als Extremum infrage kommen kann.

5.9.2   Der allgemeine Fall

Existiert keine direkte Lösung des Minimierungsproblem (5.18), so ist eine iterative Annäherung an den optimalen Parametervektor möglich. Ein leistungsfähiges Verfahren hierzu ist der Gauß-Newton-Algorithmus, der eine mehrdimensionale Verallgemeinerung des (einfachen) Newton-Verfahrens zur approximativen Berechnung von Nullstellen von Funktionen einer Variablen darstellt (Motulsky & Christopoulos, 2004).

1. Zunächst werden Startwerte für jeden zu schätzenden Parameter der anzupassenden Funktion benötigt. Es wird daher ein konkreter Startvektor $\widehat{\boldsymbol{\theta}}_0$ definiert.
2. Mithilfe von $\widehat{\boldsymbol{\theta}}_0$ wird die Funktion $f(x, \widehat{\boldsymbol{\theta}}_0)$ notiert.
3. Die zugehörige Summe der quadratischen Abweichungen wird nach Gl. (5.18) bestimmt

$$S(\widehat{\boldsymbol{\theta}}_0) = \sum_{i=1}^{n} \left[y_i - f(x_i, \widehat{\boldsymbol{\theta}}_0) \right]^2 .$$

4. Nun wird $\widehat{\boldsymbol{\theta}}_0$ so modifiziert, dass S verkleinert wird, sich die Modellkurve den Daten also besser anpasst. Bedingung hierfür ist folglich

$$S(\widehat{\boldsymbol{\theta}}_1) < S(\widehat{\boldsymbol{\theta}}_0). \tag{5.21}$$

   Wie genau dieser Schritt vonstatten geht, wird im nächsten Abschnitt beschrieben.
5. Schritt 2 bis 4 wird jetzt mit dem verbesserten Parameterschätzer wiederholt, sodass sich $S\left(\widehat{\boldsymbol{\theta}}_k\right)$ mit jeder Iteration verkleinert.
6. Bei Erreichen eines Abbruchkriteriums, z. B. hinreichend kleiner Differenz zwischen $S\left(\widehat{\boldsymbol{\theta}}_k\right)$ und $S\left(\widehat{\boldsymbol{\theta}}_{k+1}\right)$ bzw. zwischen $\widehat{\boldsymbol{\theta}}_k$ und $\widehat{\boldsymbol{\theta}}_{k+1}$ werden die Berechnungen beendet.
7. Zuletzt werden die Schätzwerte von $\widehat{\boldsymbol{\theta}}$ ausgegeben.

Wichtig ist, sich bewusst zu sein, dass die gelieferten Werte je nach Abbruchkriterium und Rechengenauigkeit des Algorithmus ein wenig variieren können. Zusätzlich ist zu beachten, dass es möglich ist, dass der Algorithmus fälschlicherweise zu lokalen Minima oder Sattelpunkten konvergiert oder eventuell gar keine Konvergenz aufweist.

Die Implementierung dieses Algorithmus ist nur mit Software-Einsatz praktikabel. Im Kap. 8 erläutern wir eine Implementierung im statistischen Programmsystem R. Die Gesamtprozedur zur Implementierung des Gauß-Newton-Verfahrens reduziert sich in R auf wenige Zeilen. Das folgende Verfahren liefert eine annäheruzngsweise Bestimmung von x_N (siehe Abb. 5.18)

Newton-Verfahren

Zur Illustration rufen wir das (einfache) Newton-Verfahren zur näherungsweisen Berechnung von Nullstellen reeller Funktionen einer Variablen in Erinnerung. Gegeben sei eine Funktion $y = f(x)$, die eine unbekannte Nullstelle x_N besitzt, d. h. $f(x_N) = 0$. Das folgende Verfahren liefert eine näherungsweise Bestimmung von x_N.

Wir beginnen mit einem Startwert x_0. Die grundlegende Idee besteht darin, f durch die Tangente an f im Punkt $(x_0, f(x_0))$ zu ersetzen und die Nullstelle der Tangente zu berechnen, die wir mit x_1 bezeichnen. Mit x_1 wird dann als verbesserter Näherung weitergerechnet, d. h. wir berechnen die Nullstelle der Tangente an f im Punkt $(x_1, f(x_1))$ etc. Um diese Idee zu präzisieren, stellen wir die Gleichung der Tangente an f im Punkt $(x_0 | f(x_0))$ auf

$$y - f(x_0) = f'(x_0) \cdot (x - x_0)$$

und berechnen den Schnittpunkt der Tangente mit der x-Achse

$$x_1 = x_0 - \frac{f(x_0)}{f'(x_0)}.$$

Wiederholt man diesen Vorgang mit x_1 etc., so erhält man eine Zahlenfolge

$$x_{n+1} = x_n - \frac{f(x_n)}{f'(x_n)},$$

falls $f' \neq 0$. Es lässt sich zeigen, dass x_n auch tatsächlich gegen die Nullstelle x_N konvergiert, vorausgesetzt f ist in einer Umgebung vom x_N zweimal stetig differenzierbar und vorausgesetzt, dass man mit einem Startwert x_0 in einer hinreichend kleinen Umgebung von x_N startet. Der absolute Fehler konvergiert dann quadratisch gegen 0, d. h. $x_{n+1} - x_N \leq C(x_n - x_N)^2$ für eine konstante C. Der Startpunkt x_0 muss allerdings „hinreichend nahe" an der Nullstelle liegen. Andernfalls kann es passieren, dass die Folge (x_n) divergiert oder zwischen mehreren Werten oszilliert.

Abb. 5.18 Newton-Verfahren
zur Nullstellenbestimmung
reeller Funktionen einer
Veränderlichen

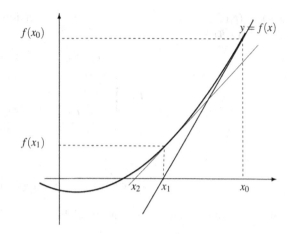

5.9.3 Der Gauß-Newton-Algorithmus

Der Gauß-Newton-Algorithmus kann als eine mehrdimensionale Verallgemeinerung des Newton-Verfahrens zur approximativen Berechnung von Nullstellen einer reellen Funktion einer Veränderlichen angesehen werden. Wie ist die iterative Verbesserung des Schätzers implementiert?

Es liege ein Schätzer $\widehat{\boldsymbol{\theta}}_k$ des unbekannten Parameters $\boldsymbol{\theta}$ vor. Ziel ist es, im Übergang zu $\widehat{\boldsymbol{\theta}}_{k+1}$ die Kriteriumsfunktion

$$S(\boldsymbol{\theta}) = \sum_{i=1}^{n} [y_i - f(x_i, \boldsymbol{\theta})]^2$$

kleiner zu machen, d. h.

$$S(\widehat{\boldsymbol{\theta}}_{k+1}) < S(\widehat{\boldsymbol{\theta}}_k).$$

Wir notieren zunächst die Residuen mit

$$r_i(\boldsymbol{\theta}) = y_i - f(x_i, \boldsymbol{\theta})$$

und approximieren die Residuen in der Umgebung von $\widehat{\boldsymbol{\theta}}_k$ durch eine lineare Funktion:

$$r_i(\boldsymbol{\theta}) \approx r_i(\widehat{\boldsymbol{\theta}}_k) + \left(\left. \frac{\partial r_i(\boldsymbol{\theta})}{\partial \boldsymbol{\theta}} \right|_{\widehat{\boldsymbol{\theta}}_k} \right)^T (\boldsymbol{\theta} - \widehat{\boldsymbol{\theta}}_k).$$

$r(\theta) = (r_1(\theta),..., r_n(\theta))$ bezeichne den Vektor der Residuen und J die Jacobimatrix der Funktion $r(\theta)$

$$\mathbf{J} := \begin{pmatrix} \dfrac{\partial r_1(\theta)}{\partial \theta_1} & \cdots & \dfrac{\partial r_1(\theta)}{\partial \theta_p} \\ \vdots & \ddots & \vdots \\ \dfrac{\partial r_n(\theta)}{\partial \theta_1} & \cdots & \dfrac{\partial r_n(\theta)}{\partial \theta_p} \end{pmatrix}.$$

Damit ergibt sich

$$\mathbf{r}(\theta) \approx \mathbf{r}(\widehat{\theta}_k) + J|_{\widehat{\theta}_k} \left(\theta - \widehat{\theta}_k\right).$$

Für die Summe der quadratischen Abweichungen gilt damit

$$\begin{aligned} S(\theta) &= r(\theta)^2 \\ &\approx \left[r(\widehat{\theta}_k) + J|_{\widehat{\theta}_k}\left(\theta - \widehat{\theta}_k\right)\right]^2 \\ &=: S_k(\theta). \end{aligned} \tag{5.22}$$

Gl. (5.22) beschreibt die k-te Näherung von $S(\theta)$. Diese soll im nächsten Schritt verbessert werden. Hierzu wird das Minimum von $S_k(\theta)$ berechnet. Der Wert, an dem dieses Minimum angenommen wird, wird als verbesserter Schätzer $\widehat{\theta}_{k+1}$ definiert. Ausmultiplikation führt zu

$$S_k(\theta) = \mathbf{r}(\widehat{\theta}_k)^2 + 2\left(J|_{\widehat{\theta}_k}\left(\theta - \widehat{\theta}_k\right)\right)^T \mathbf{r}(\widehat{\theta}_k) + \left(J|_{\widehat{\theta}_k}\left(\theta - \widehat{\theta}_k\right)\right)^2.$$

Unter Verwendung der Minimierungsbedingung (5.19) folgt

$$\left.\frac{\partial S_k(\theta)}{\partial \theta}\right|_{\widehat{\theta}_{k+1}} = 2\,\mathbf{J}|_{\widehat{\theta}_k}\,\mathbf{r}(\widehat{\theta}_k) + 2\mathbf{J}^T|_{\widehat{\theta}_k}\,\mathbf{J}|_{\widehat{\theta}_k}\,(\widehat{\theta}_{k+1} - \widehat{\theta}_k) = 0.$$

Umformen führt schließlich zum Ziel

$$\mathbf{J}^T|_{\widehat{\theta}_k}\,\mathbf{J}|_{\widehat{\theta}_k}\,(\widehat{\theta}_{k+1} - \widehat{\theta}_k) = -\,\mathbf{J}^T|_{\widehat{\theta}_k}\,\mathbf{r}(\widehat{\theta}_k)$$

$$(\widehat{\theta}_{k+1} - \widehat{\theta}_k) = -\left(\mathbf{J}^T|_{\widehat{\theta}_k}\,\mathbf{J}|_{\widehat{\theta}_k}\right)^{-1}\mathbf{J}^T|_{\widehat{\theta}_k}\,\mathbf{r}(\widehat{\theta}_k) =: \delta_k$$

$$\widehat{\theta}_{k+1} = \widehat{\theta}_k - \left(\mathbf{J}^T|_{\widehat{\theta}_k}\,\mathbf{J}|_{\widehat{\theta}_k}\right)^{-1}\mathbf{J}^T|_{\widehat{\theta}_k}\,\mathbf{r}(\widehat{\theta}_k) \tag{5.23}$$

bzw.

$$\widehat{\theta}_{k+1} = \widehat{\theta}_k + \delta_k$$

mit

$$\delta_k = -\left(\mathbf{J}^T|_{\widehat{\theta}_k}\,\mathbf{J}|_{\widehat{\theta}_k}\right)^{-1}\mathbf{J}^T|_{\widehat{\theta}_k}\,\mathbf{r}(\widehat{\theta}_k).$$

Mit diesen Iterationsschritten wird solange verfahren, bis der Korrekturterm δ_k eine vorgegebene Schranke unterschreitet. Jedoch ist zu beachten, dass die Konvergenz des Gauß-Newton-Algorithmus nicht in allen Fällen gesichert ist, insbesondere gelingt die Verringerung von $S(\widehat{\theta}_{k+1})$ gegenüber $S(\widehat{\theta}_k)$ nicht immer. Abhilfe schafft hier der modifizierte Gauß-Newton-Algorithmus, bei dem die Schrittweite λ_k eingeführt wird. Diese Variation wurde von Box und Hartley (siehe Björck, 1966, S. 343 f.) vorgeschlagen und ist auch unter dem Namen gedämpfter Gauß-Newton-Algorithmus bekannt. Der herkömmliche Gauß-Newton-Algorithmus liefert im Allgemeinen eine Abstiegsrichtung, bezüglich der die Funktion $S(\widehat{\theta})$ abnimmt. In manchen Fällen geht die Korrektur δ_k jedoch so weit über die Region hinaus, in der die lineare Näherung gültig ist, dass Bedingung (5.21) nicht mehr eingehalten werden kann. Am Ende jedes Iterationsschrittes wird daher beim gedämpften Gauß-Newton-Algorithmus ihre Gültigkeit überprüft. Ist sie verletzt, so wird die Schrittweite ins Spiel gebracht: Ausgehend von $\lambda_k = 1$ wird λ_k so lange reduziert, bis schließlich

$$S(\widehat{\theta}_k) > S(\widehat{\theta}_k + \lambda_k \delta_k)$$

gilt. Der neue Schätzer θ_{k+1} wird dann wie folgt definiert

$$\widehat{\theta}_{k+1} := \widehat{\theta}_k + \lambda_k \delta_k.$$

In der Statistik-Software R ist der modifizierte Gauß-Newton-Algorithmus in der Routine nls implementiert (siehe Kap. 8). Der modifizierte Gauß-Newton-Algorithmus konvergiert immer, solange die Matrix

$$\mathbf{J}^T\big|_{\widehat{\theta}_k} \mathbf{J}\big|_{\widehat{\theta}_k}$$

invertierbar ist. Es ist jedoch nicht garantiert, dass $S(\theta)$ auch das Minimum der quadratischen Abweichungen beschreibt, denn für mehrparametrige nichtlineare Funktionen mag die Funktion $S(\theta)$ neben dem globalen Minimum noch weitere lokale Minima haben. Da der Gauß-Newton-Algorithmus die Parameter in kleinen Schritten anpasst, kann es passieren, dass er bei ungeschickter Wahl der Startparameter in einem lokalen Minimum von $S(\theta)$, das nicht der optimalen Lösung entspricht, hängen bleibt (siehe Seber und Wild, 1989, S. 93).

5.9.4 Zur Konvergenz des Gauß-Newton-Algorithmus

Wie wir schon gesehen haben, können mit dem Gauß-Newton-Algorithmus lineare Probleme schon in einem Iterationsschritt gelöst werden. Das Verfahren konvergiert sehr schnell für leicht nichtlineare Probleme, d. h. wenn die Modellfunktion hinreichend gut durch eine lineare Funktion angenähert werden kann. Dies zeigt sich auch darin, dass, falls die ersten Iterationsschritte relativ schlecht sind, sie in der Nähe des Minimums oft jedoch weit besser werden. Allerdings kann das Verfahren sogar divergent sein, wenn das Problem stark nichtlinear ist oder wenn die Residuen relativ groß sind. Daher sollte dem Output von implementierten Programmen wie der Routine nls in R nicht blind vertraut werden. Die Ergebnisse sollten stets durch eine Analyse des Streudiagramms der Daten mit eingezeichneter Regressionsfunktion überprüft werden. Visualisierung dient auch hier zu einer wichtigen Prüfung der Plausibilität der vom Computer gegebenen Ergebnisse.

Um das Gauß-Newton Verfahren erfolgreich anwenden zu können, werden zudem gute Anfangsschätzer benötigt. Bei schlecht gewählten Anfangsschätzern können Probleme auftreten: Die Quadratsumme bei nichtlinearen Funktionen hat mitunter mehrere lokale Minima und mit dem Verfahren kann man dann leicht in einem lokalen Minimum hängen bleiben, das jedoch kein globales Minimum ist.

Um herauszufinden, ob die erhaltenen Parameterschätzer wirklich global optimale Schätzer sind, kann man zum einen die resultierenden minimalen Werte der Quadratsumme für verschiedene Anfangsschätzer vergleichen. Oft noch effektiver ist jedoch ein direkter graphischer Vergleich, indem die erhaltene Regressionsfunktion in das Streudiagramm eingezeichnet wird. Geeignete Startwerte können sich z. B. durch Vorkenntnisse über den Sachverhalt ergeben oder über bestimmte Werte einer per Augenmaß angepassten Kurve. Dabei ist eine geeignete Software, die dynamisch und interaktiv per Schieberegler die Parameter zu variieren erlaubt eine große Hilfe. Lässt sich das Regressionsproblem per Transformation linearisieren, so sind die per Linearisierung erhaltenen und dann rücktransformierten Parameter oft gute Anfangsschätzer für den Gauß-Newton-Algorithmus.

Je nach anzupassender Funktion hat der Gauß-Newton-Algorithmus unterschiedliche Konvergenzeigenschaften. Lineare Probleme können – wie oben gesehen – in nur einem Iterationsschritt exakt gelöst werden, da die Residuumsfunktion in diesem Fall mit der linearen Näherung übereinstimmt. Bei nur leicht nichtlinearen Problemen, also in Fällen, in denen die Funktion noch relativ gut durch eine lineare Funktion angenähert werden kann, konvergiert das Verfahren sehr schnell. Werden sehr stark nichtlineare Probleme oder Datensätze mit sehr großen Residuen untersucht, so ist die Konvergenz des Verfahrens zum tatsächlichen Minimum nicht gesichert (Björck, 1966, S. 343).

Ein in vielen Implementierungen des Gauß-Newton-Algorithmus verwendetes Kriterium für die Konvergenz ist die Änderung der Parameter relativ zum vorhergegangenen Wert. Das Stabilisieren der Werte des Parametervektors θ gilt dabei als Abbruchkriterium. Alternativ wird auch die relative Änderung der Quadratsumme als Abbruchkriterium benutzt. Allerdings können beide Vorgehensweisen kritisch gesehen werden, da sie tatsächlich nur ein „lack of progress" zeigen. Es gibt dabei aber keine Garantie, dass der Gauß-Newton-Algorithmus zum absoluten Minimum führt. Die Chancen dafür stehen jedoch umso besser, je besser die Modellkurve, insbesondere in der Nähe des Minimums, durch eine lineare Funktion approximiert werden kann und je näher die Startwerte der gesuchten Lösung sind.

5.9.5 Der Gauß-Newton-Algorithmus für einparametrige Funktionen

Zur Illustration betrachten wir den Gauß-Newton-Algorithmus für einparametrige Funktionen. In diesem Kontext ist die Vorgehensweise mithilfe von Schul-Analysis nachvollziehbar. Jetzt ist $\theta \in \mathbb{R}$ und die Dimension des Parameters ist $p = 1$. Die Jacobi-Matrix vereinfacht sich zu einem $(n \times 1)$-Vektor

$$\mathbf{J}|_\theta = \frac{d\mathbf{r}(\theta)}{d\theta} =: \mathbf{r}'(\theta).$$

Außerdem gilt mit $\mathbf{r}(\theta) = (\mathbf{y_1} - \mathbf{f}(\mathbf{x_1}, \theta), ..., (\mathbf{y_n} - \mathbf{f}(\mathbf{x_n}, \theta))$:

$$\mathbf{r}'(\theta) = -\frac{\mathbf{d}\,\mathbf{f}(\theta)}{\mathbf{d}\theta} =: -\mathbf{f}'(\theta).$$

Gl. (5.23) lässt sich somit vereinfachen zu

$$
\begin{aligned}
\widehat{\theta}_{k+1} &= \widehat{\theta}_k - \left(\mathbf{r}'(\widehat{\theta}_k)^T \mathbf{r}'(\widehat{\theta}_k)\right)^{-1} \mathbf{r}'(\widehat{\theta}_k)\mathbf{r}(\widehat{\theta}_k) \\
&= \widehat{\theta}_k - \frac{\mathbf{r}'(\widehat{\theta}_k)^T \mathbf{r}(\widehat{\theta}_k)}{\mathbf{r}'(\widehat{\theta}_k)^2} \\
&= \widehat{\theta}_k + \frac{\mathbf{f}'(\widehat{\theta}_k)^T \mathbf{r}(\widehat{\theta}_k)}{\mathbf{f}'(\widehat{\theta}_k)^2} \\
&= \widehat{\theta}_k - \frac{\sum_{i=1}^n f_i'(x, \widehat{\theta}_k)\left(f_i(x, \widehat{\theta}_k) - y_i\right)}{\sum_{i=1}^n f_i'(x, \widehat{\theta}_k)^2}.
\end{aligned}
$$

Die Berechnung des Parameterschätzers $\widehat{\theta}_{k+1}$ mithilfe des 1-dimensionalen Gauß-Newton-Verfahrens erweist sich hier sogar einfacher als die Anwendung des bekannteren Newton-Verfahrens.

Zum Ende dieses Abschnitts wenden wir auf mehrere Beispiele die Methode der nichtlinearen Regression an. Die Berechnungen dazu können nur mit Softwareeinsatz erfolgen. Details dazu finden sich im Kap. 8.

Beispiel 5.12 Keine Angst vor großen Tieren: Fortsetzung

Wir kehren zum Beispiel mit den Alligatoren (siehe S. 252) zurück. Basierend auf Messungen von 25 Alligatoren suchen wir nach einem Zusammenhang zwischen Länge und Gewicht dieser Tiere. Elementare Dimensionsüberlegungen mögen unter der Annahme einer Proportionalität von Gewicht und Volumen der Alligatoren eine kubische Funktion der Form $y = ax^3$ nahelegen. Wenn eine heuristisch motivierte Festlegung auf den Exponenten 3 zu starr erscheint, könnte der etwas flexiblere Ansatz mittels einer Potenzfunktion

$$y = ax^b$$

sinnvoll erscheinen. Wir greifen diese Idee auf und suchen nach passenden Parametern a, b. Ein mögliches Vorgehen wäre hier, mittels Logarithmustransformation die Daten erst zu linearisieren, um dann mithilfe der linearen Regression die Parameter zu schätzen. Wir wählen hier einen anderen Weg und suchen nach einer direkten Minimierung der Quadratsummen

$$S(a, b) = \sum_{i=1}^{25} \left[y_i - a x_i^b \right]^2 .$$

Wir benötigen dazu Anfangsschätzer. Für den Exponenten mag der Wert $b = 3$ aus den oben erwähnten Gründen plausibel sein. Einen Wert für den Koeffizienten a erhalten wir, indem wir per Augenmaß eine Potenzfunktion an die Daten mit $b = 3$ anpassen. Wir wählen $a = 0,000004$ (siehe Abb. 5.19)

Mithilfe der Software R (siehe Kap. 8) erhalten wir den in Tabelle 5.2 dargestellten Output:

Wir entnehmen Tabelle 5.2, dass der Algorithmus bei den gegebenen Startwerten nach 30 Iterationsschritten stoppt. Die Quadratsumme der Abweichungen zwischen Daten und Modell ist dabei von 8395 auf 1274 gesunken. Die Schätzer für die Parameter lauten

$$a = 5,51 \cdot 10^{-8}, b = 3,3776.$$

Ruft man das Programm mit anderen Startwerten auf, so erhält man die gleichen Schätzer, solange die Startwerte nicht zu stark von den oben gewählten abweichen. Abb. 5.20 zeigt die eingepasste Funktion mitsamt Residuendiagramm.

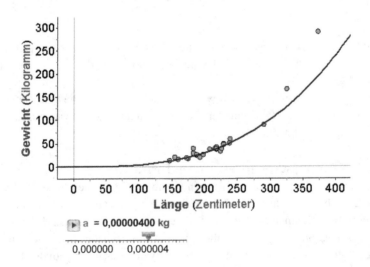

Abb. 5.19 Per Augenmaß eingepasste Kurve der Form $y = ax^3$ zur plausiblen Bestimmung von Anfangswerten

Tab. 5.2 Output nach Aufruf des iterativen Algorithmus zur nichtlinearen Regression von R: k Iterationsschritt, $S(a, b)$ Summe der Abweichungsquadrate sowie Schätzwerte im jeweiligen Iterationsschritt

k	$S(a,b)$	$a_k \cdot 10^6$	b_k
0	8394,987	4	3
1	8351,187	3,449	3,025
2	8296,819	2,988	3,049
3	8229,853	2,599	3,073
$\vdots$	$\vdots$	$\vdots$	$\vdots$
29	1274,864	0,0549	3,7763
30	1274,596	0,0551	3,7761

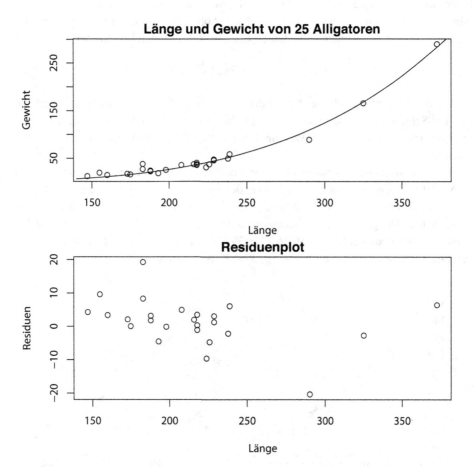

Abb. 5.20 Alligator-Daten mitsamt gemäß nichtlinearer Regression eingepasster Funktion (oben) sowie Residuendiagramm (unten)

Startet man z. B. mit $b = 4$, so kommt man sogar schon nach 6 Iterationsschritten zum Ziel. Weicht man allerdings stärker von diesen Anfangswerten ab (z. B. $a = 0,001, b = 3$), so erhält man eine Fehlermeldung. Im Fall von $a = 0,001, b = 3$ stößt der Algorithmus auf eine nicht-invertierbare Jacobi-Matrix und bricht ab.

Beispiel 5.13 Die Abmagerungskur

In einem Rehabilitationsprogramm verlieren fettleibige Patienten in der Regel Fettgewebe im Laufe der Behandlung mit abnehmenden Raten. Die beiden Variablen im Datensatz **Abmagerungskur** sind Tage seit Aufnahme in das Programm (Dauer der Behandlung in Tagen) und Gewicht in kg. Der Datensatz bezieht sich auf eine männliche Person (Alter 48, Größe 193 cm). Zu Beginn hat die Person ein Körpergewicht von 184,35 kg, nach 246 Tagen im Rahmen eines medizinisch kontrollierten Diätprogramms und unter eisernem Durchhalten betrug das Gewicht noch 112,6 kg. Abb. 5.21 zeigt ein Streudiagramm, das auf eine exponentielle Abnahme hindeutet. Ein plausibles Modell lautet daher

$$\text{Gewicht} = a + b \cdot \exp(-c \cdot \text{Tag}). \tag{5.24}$$

Um vernünftige Anfangsschätzer für die drei Parameter a, b und c zu erhalten, passen wir z. B. per Schieberegler eine exponentiell abfallende Funktion in das Streudiagramm ein. Per Augenmaß ergibt sich eine akzeptable Anpassung für die Parameter $a = 95, b = 90$, $c = 0,006$.

Ruft man mit diesen Startwerten in R die Routine `nls` für nichtlineare Regression mit der Modellfunktion (5.24) auf, so erhält man den in Tabelle 5.3 dargestellten Output

Der Algorithmus endet somit nach Eingabe dieser Anfangswerte schon nach 4 Iterationsschritten. Die geschätzten Parameter sind $a = 81,374, b = 102,684, c = 0,00488$ bei einem quadratischen Fehler von $S(a, b, c) = 39,2447$. Abb. 5.22 zeigt die Daten mitsamt Regressionskurve sowie das dazugehörige Residuendiagramm.

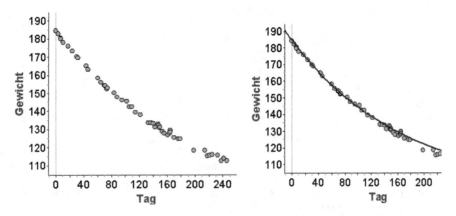

Abb. 5.21 Tag und Gewicht eines fettleibigen Patienten während einer Abmagerungskur: Daten und per Augenmaß eingepasste Funktion der Form $y = a + b \cdot \exp(-c \cdot x)$

Tab. 5.3 Output nach Aufruf des iterativen Algorithmus zur nichtlinearen Regression von R: k Iterationsschritt, $S(a, b, c)$ Summe der Abweichungsquadrate sowie Schätzwerte im jeweiligen Iterationsschritt

k	$S(a, b, c)$	$a_k \cdot 10^6$	b_k	c_k
0	131,2888	95,000	90,000	0,006
1	117,4235	8,334319e+01	1,006738e+02	4,827347e-03
2	39,24632	8,138433e+01	1,026738e+02	4,886059e-03
3	39,2447	8,137376e+01	1,026842e+02	4,884396e-03

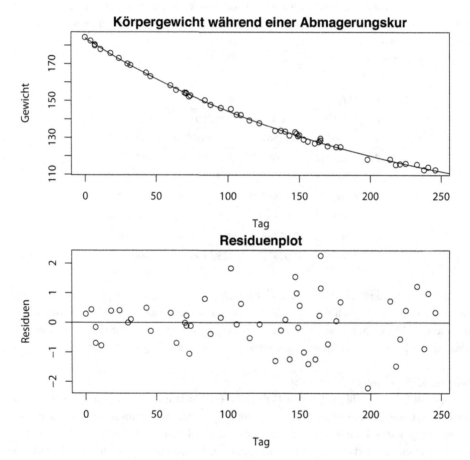

Abb. 5.22 Daten zur Abmagerungskur mitsamt gemäß nichtlinearer Regression eingepasster Funktion (oben) sowie Residuendiagramm (unten)

Beispiel 5.14 Wir betrachten ein weiteres Mal den Datensatz **MikrowelleVolumen** über das Erhitzen unterschiedlicher Mengen von Wasser für 30 Sekunden in der Mikrowelle. Auf S. 98 behandelten wir diese Aufgabe mittels Kurvenanpassung per Augenmaß, auf S. 100 leiteten wir ein funktionales Modell mithilfe des Transformationsansatzes her. Jetzt minimieren wir direkt das Kleinste-Quadrate-Kriterium

$$S(a, b, c) = \sum_{i=1}^{n} [y_i - (a + \frac{b}{x_i^c})]^2.$$

Man beachte, dass wir – im Gegensatz zum Transformationsansatz – dem Modell noch eine additive Konstante hinzufügen konnten. Bei der Wahl der Startparameter lassen wir uns von den vorangegangenen Erfahrungen (siehe S. 98) leiten und nehmen $a = 0, b = 369, 15, c = 0, 607$.

Der Output von R ist wie folgt

k	$S(a, b, c)$	a	b	c
0	4,931991	0,000	269,150	0,607
1	4,856374	1,0436747	318,0393847	0,6612443
2	4,829837	1,5168312	357,3883093	0,6941939
3	4,766545	2,0005905	412,3617524	0,7326972
4	4,666011	2,0585320	426,7385587	0,7389842
5	4,665663	2,0716602	428,5687921	0,7400078
6	4,665663	2,0738837	428,8511019	0,7401855
7	4,665663	2,0742719	428,8996171	0,7402165

Man beachte, dass die Hinzunahme der additiven Konstante a nur im nichtlinearen Regressionsansatz möglich ist. Dies führte zu einer verbesserten Anpassung im Sinne der Summe der Abweichungsquadrate von 4,66 gegenüber 4,93 im Transformationsansatz. Abb 5.23 zeigt die Daten mitsamt eingepasster nichtlinearer Regressionskurve.

Beispiel 5.15 Galileis Fallgesetze
Vor über 400 Jahren führte Galileo Galilei (1564-1642) eine Reihe von Experimenten zur Erforschung der Fallgesetze durch. Seine experimentelle Innovation bestand in der Verwendung von schiefen Ebenen, mit der er die Fallgesetze auf einer verlangsamten Zeitskala studieren und – über seinen Puls oder mit Wasseruhren – quantitativ überprüfen konnte.

Eines seiner Experimente bestand darin, einen Ball eine gekerbte Rampe herunter rollen zu lassen, die in einem festen Winkel zur Horizontalen stand. Nach dem Herabrollen auf der Rampe fiel der Ball auf den Boden herab. Galilei variierte die Höhe h auf der Rampe, an der er den Ball losließ, und maß die Distanz d, die der Ball bis zu seiner Landung auf

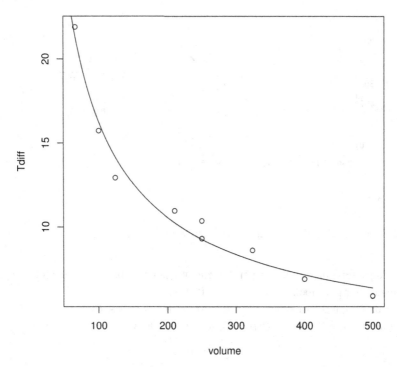

Abb. 5.23 Streudiagramm einschließlich nichtlinearer Regressionskurve zu den Mikrowellen-Daten

Abb. 5.24 Versuchsaufbau bei Galileis Fallexperiment

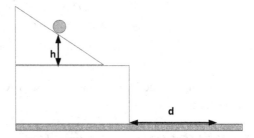

dem Boden flog (siehe Abb. 5.24). Die Entfernungen wurden in einer Einheit gemessen, die punti heißt. Die Daten finden sich in der Datei **Galileo** und sind als Streudiagramm in Abb. 5.26 dargestellt.

Jeffreys & Breger (1992) schlagen für diese Daten dasfolgende Modell vor

$$h = \frac{ad^2}{1 + bd},$$

wobei a und b noch zu bestimmende Parameter sind.

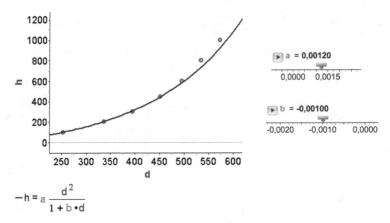

$$-h = a\,\frac{d^2}{1 + b \cdot d}$$

Abb. 5.25 Anpassen einer Funktion durch Wahl der Parameter nach Augenmaß

Durch Anpassen einer Funktion per Augenmaß (siehe Abb. 5.25) erscheinen folgende Anfangsparameter plausibel: $a = 0,001, b = -0,0012$.

Mit diesen Anfangsparametern führt der Algorithmus von R nach vier Iterationen zu den Schätzwerten $a = 0,00109867, b = -0,00112116$. Der Output von R lautet

k	$S(a,b)$	a	b
0	10763,42	0,0012	–0,0010
1	1111,039	0,001074679	–0,001147156
2	541,9703	0,001098330	–0,001121777
3	541,272	0,001098686	–0,001121149
4	541,272	0,001098670	–0,001121160

Die dazugehörige Regressionskurve ist in Abb. 5.26 mitsamt Residuendiagramm wiedergegeben.

Beispiel 5.16 CO2 in der Erdatmosphäre

Schließlich kehren wir zu den Mauna Loa–Daten über den CO2-Gehalt in der Erdatmosphäre zurück. Aus sachlichen Gründen erscheint ein Modell sinnvoll, das sich additiv zusammensetzt aus einem Trend und einer jahreszeitlich bedingten Komponente. Während – wie wir schon in Kap. 2 gesehen haben – sich die saisonale Komponente mittels einer entsprechend skalierten Sinusfunktion gut modellieren lässt, ist das funktionale Modell für den Trend weniger offensichtlich. Eine Betrachtung des Streudiagramms mag Anlass geben, den Trend mithilfe einer Exponentialfunktion zu modellieren

$$x(t) = a + b\exp(kt) + c\sin(2\pi t - d).$$

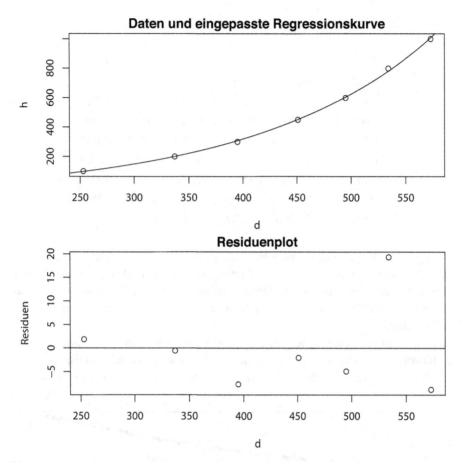

Abb. 5.26 Daten von Galileis Fallexperiment mitsamt eingepasster Regressionskurve

Eine Grobadjustierung der Parameter per Schieberegler legt z. B. folgende Anfangswerte für die Schätzer nahe:

$$a = 300, b = 1, k = 0,02, c = 3, d = 0,75$$

Aufruf der Routine nls in R mit diesen Startwerten führt auf folgende Regressionsfunktion

$$x(t) = 256,2865 + 1,9766 \exp(0,0162t) + 2,8463 \sin(2\pi t - 0,3588)$$

mit einer Summe der quadrierten Abstände zwischen Modell und Daten von 410,1434.

Der detaillierte Output in R ist wie folgt:

k	$S(a,b,c,d)$	a	b	k	c	d
0	3679286	300,00	1,00	0,02	3,00	0,75
1	2266,413	259,5892	1,3525	0,0175	2,6308	0,3881
2	2031,919	258,8899	1,4772	0,0172	2,6844	0,3802
3	1731,227	258,3109	1,5831	0,0170	2,7247	0,3745
4	1526,097	257,3776	1,7578	0,0166	2,7853	0,3663
5	921,9677	256,3177	1,9655	0,0162	2,8462	0,3586
6	652,655	256,2867	1,9766	0,0161	2,8463	0,3588
7	652,6548	256,2865	1,9766	0,0162	2,8463	0.3588

Wenn man andere Anfangswerte von vergleichbarer Größenordnung wählt, so konvergiert der Algorithmus zu denselben Werten, wenn auch nach mehr oder weniger Iterationsschritten. Abb. 5.27 zeigt die Daten mitsamt eingepasster Regressionskurve. Das Residuendiagramm hat noch wahrnehmbare Strukturen, sodass wir uns ein alternatives Modell überlegen.

Sachüberlegungen führen zu folgenden Feststellungen: Eine gewisse CO2-Schicht war schon immer in der Erdatmosphäre vorhanden, auch vor jeglicher Industrialisierung. Die CO2-Schicht bietet einen wichtigen Schutz vor UV-Strahlen, der erst ein Leben auf der

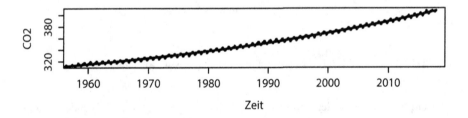

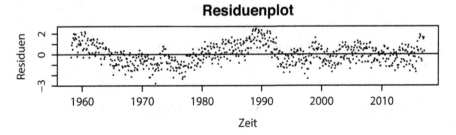

Abb. 5.27 CO2-Gehalt in der Erdatmosphäre mit eingepasstem exponentiellen Modell

Erde ermöglicht. Andererseits ist auch klar, dass der CO2-Gehalt – gemessen in ppmv, d. h. Teilchen pro Millionen (*parts per million by volume*) – nach oben hin begrenzt sein muss, ultimativ durch die Zahl 1 Million. Wollen wir den CO2-Gehalt in der Atmosphäre über einen langen Zeitraum hinweg modellieren, so erscheint daher eine Funktion sinnvoll, die nach unten wie auch nach oben begrenzt ist. Wir setzen daher mit einem logistischen Modell an, das um einen Basissatz an CO2 nach oben verschoben ist, d. h. wir wählen als Modellfunktion

$$x(t) = a + \frac{x_0 S}{x_0 + (S - x_0)\exp(-kSt)} + b\sin(2\pi t - c).$$

Hierbei bezeichnen a den Basissatz an CO2-Gehalt, S die obere Sättigungsgrenze, k die Wachstumsrate, t die Zeit seit 1950, $x_0 + a$ den CO2-Gehalt im Jahr 1950, b die Amplitude und c die Phasenverschiebung der saisonalen Schwankung.

Wegen der vielen Parameter erweist sich hier der Gauß-Newton-Algorithmus als sehr empfindlich gegenüber leichten Veränderungen der Anfangsschätzer. Außerdem fehlen zumindest für einige Parameter, wie z. B. die Sättigungsgrenze S, plausibel zu begründende Anfangswerte. Bei ungeeignet gewählten Anfangsschätzern bricht der Algorithmus ab, ohne eine Lösung zu produzieren. Nach einigem Experimentieren gelingt es aber, alle sechs Parameter im logistischen Wachstumsmodell zu schätzen. Basierend auf den Anfangsschätzern

$$a = 275, x_0 = 30, S = 400, k = 0,025, b = 2,75, c = 0,6$$

resultiert der Aufruf der Routine `nls` in R in folgendem Output

k	$S(a, x_0, S, k, b, c)$	a	x_0	S	k	b	c
0	20257,38	275,000	30,000	400,000	0,025	2,750	0,400
1	677,1605	274,9332	32,4563	462,6404	0,0243	2,8406	0,3564
2	635,1652	274,8262	32,5577	469,9124	0,0243	2,8432	0,3578
3	635,1617	274,7879	32,5934	471,0287	0,0243	2,8432	0,35778
4	635,1617	274,7885	32,5929	471,0241	0,0243	2,8432	0,35778

Abb. 5.28 zeigt die Daten mitsamt eingepasster logistischer Funktion. Man beachte, dass nun im Residuendiagramm kaum mehr Strukturen erkennbar sind. Außerdem ist die Summe der Abweichungsquadrate mit 247,8626 deutlich reduziert gegenüber dem Wert von 410 im exponentiellen Modell.

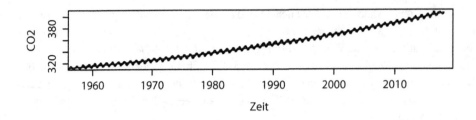

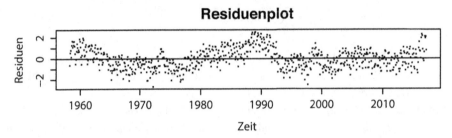

Abb. 5.28 CO2-Gehalt in der Erdatmosphäre mit eingepasstem logistischen Modell

5.10 Zusammenfassung: parametrische Kurvenanpassung

Der Ansatz des Anpassens von Kurven basiert auf der Annahme, dass die unbekannte
Funktion zu einer im vorhinein spezifizierten oder schon bekannten Klasse von Funk-
tionen gehört, die durch einen endlich-dimensionalen Parameter charakterisiert ist (z. B.
linear, exponentiell, logistisch). Dann besteht das Ziel darin, den Wert des unbekannten
Parameters zu schätzen, sodass die Modellfunktion sich optimal an die Daten anpasst.
Im linearen Fall ist die Antwort einfach zu erhalten und führt unter dem Ziel der Mini-
mierung der Summe der Abweichungsquadrate auf die Formeln der linearen Regression.
Eine Beschränkung auf lineare Regression bedeutet jedoch eine Engführung, die nicht nur
die Betrachtung vieler interessanter Situationen von vornherein ausschließt, sondern auch
ein Verständnis und eine Wertschätzung der Methode der linearen Regression schwächt.
Denn zu einem angemessenen Verstehen einer mathematischen Methode gehört auch die
Kenntnis und die Erfahrung ihrer Grenzen. *Eine* Methode zur Analyse von Datensätzen
mit nichtlinearer Struktur besteht darin, die Daten mittels geeigneter Transformation zu
linearisieren.

Viele nichtlineare Modelle können durch geeignete Transformationen linearisiert und
auf diese Weise behandelt werden. Allerdings ist man oft nicht in der glücklichen Lage,
eine passende Transformation verfügbar zu haben. Entweder, wie z. B. im Fall eines um
eine Konstante verschobenen exponentiellen Modells – d. h. im Fall $y_i' = \ln(y_i - a)$ –
ist eine geeignete Transformation selbst von unbekannten Parametern abhängig. Oder
eine Linearisierung ist strukturell gar nicht möglich, weil die Daten nicht monoton auf

eine lineare Skala abgebildet werden können. Beispiele hierfür sind Wellenbewegungen, Sonnenaufgangszeiten und Daten, die stark von der Tageszeit oder Jahreszeit abhängen. Periodische Strukturen können nicht streng monoton in eine lineare Struktur abgebildet werden. Anstatt des Transformations-Rücktransformations-Ansatzes kann man dann versuchen, ein Außenkriterium wie die Summe der quadratischen Abweichungen direkt zu minimieren

$$S(\boldsymbol{\theta}) = \sum_{i=1}^{n} [\mathbf{y_i} - \mathbf{f}(\boldsymbol{\theta}, \mathbf{x_i})]^2.$$

Hierfür hat die numerische Analysis verschiedene Verfahren, wie z. B. das oben dargestellte Gauß-Newton-Verfahren, entwickelt. Ein verständnisvoller Gebrauch dieser Algorithmen setzt allerdings detaillierteres Wissen über die numerischen Besonderheiten des verwendeten Algorithmus voraus. Die Implementierung dieser Ideen verlangt den Einsatz professioneller Software wie R.

Bei Problemstellungen mit wenigen Parametern ($\boldsymbol{\theta} \in \mathbb{R}^2$ oder $\mathbb{R}^3$) mag man geneigt sein, optimale Parameter auch per Schieberegler durch Ausprobieren anzunähern, wobei Software zur Illustration eingesetzt werden kann. Jedoch sollte man beachten: Die *Durchführbarkeit* eines Vorgehens ist ein Aspekt, die *Angemessenheit* eine andere Sache. Wenn wir stochastisch-funktionale Zusammenhänge modellieren, modellieren wir immer gleichzeitig Signal *und* Rauschen, Struktur *und* zufällige Abweichung. Wenn wir dem gewöhnlichen (aber unter keinen Umständen einzig denkbaren) Ansatz einer additiven Zerlegung der Daten in Struktur und Rauschen folgen, so gibt es immer noch einige Freiheiten darin, wie das Rauschen zu modellieren ist. Die einfachste Situation basiert auf der Annahme, dass

$$y_i = f(x_i, \theta) + r_i$$

wobei das Rauschen als Realisierung unabhängiger Zufallsvariabler mit Erwartungswert 0 und konstanter Varianz (unabhängig von x) betrachtet wird.

In komplexeren Situationen können die Residuen jedoch durchaus untereinander korrelieren oder die Varianz der Residuen mag vom Prädiktor x abhängen, d. h. die Daten streuen ungleichmäßig stark entlang der horizontalen Achse. Ebenso ist die additive Verknüpfung von „Daten = Struktur + Rauschen" der am weitesten verbreitete Ansatz, weil er einfach und im Sinne des Ockhamschen Rasiermessers sparsam ist. Er ist aber nicht denk-notwendig. Die Spezifizierung, wie Struktur und Rauschen miteinander verbunden sind, ist Teil der Modellwahl. Die Wahl eines geeigneten Modells hängt vom Kontext ab, aus dem die Daten stammen. Im Standardsituationen der Regression geht man meist von der Annahme der Additivität und von homogenem Rauschen aus. Wenn wir die Daten jedoch transformieren, dann ändern wir diese Annahmen. Betrachten wir noch einmal die Mikrowellen-Daten. Die Modellfunktion in Abb. 2.21 haben wir erhalten durch eine lineare Regression der logarithmierten Daten. Implizit haben wir dabei die Annahme getroffen

$$\log(y_i) = a\log(x_i) + b + r_i.$$

Dieses Modell entspricht einem Modell mit multiplikativer Fehlerstruktur in den Originaldaten

$$y_i = \beta x_i^{\alpha} \exp(r_i) \approx \beta x_i^{\alpha}(1 + r_i) \text{ mit } \beta = \exp(b).$$

Das heißt, dass der LogTransform-Ansatz bei der Annahme eines so genannten heteroskedastischen Modells mit nicht-konstanter Fehlervarianz der (approximativen) Form

$$\text{var}(r_i) = [\beta x_i^{\alpha}]^2 \sigma^2$$

zu einer optimalen Kurvenanpassung führt, weil dann im transformierten Modell die Daten eine homogene Fehlervarianz besitzen. Wenn auch in praktischen Anwendungen die Unterschiede oft nicht erheblich sind, so ist es von einem statistischen Standpunkt wichtig zu beachten, dass die Methode der Kleinsten-Quadrate nur unter bestimmten Annahmen gut ist. Wenn wir Daten transformieren, dann ändern wir nicht nur die Annahmen über den Trend, indem wir nichtlineare Zusammenhänge linearisieren. Wir verändern auch Annahmen über die Abweichungen der Daten vom Trend.

In den meisten Anwendungen ist nicht von vornherein mit Sicherheit klar, welcher Funktionstyp für die Beschreibung der Daten geeignet ist. Daher wird der Modellierungskreislauf im Allgemeinen mehrfach zu durchlaufen sein.

Am Anfang steht die graphische Darstellung der Daten in einem Streudiagramm. Aufgrund von Vorwissen aus dem Anwendungsgebiet und Inspektion des Streudiagramms wird eine Entscheidung für einen bestimmten Funktionstyp, genauer für eine Klasse von parametrisierten Funktionen gefällt werden (z. B. lineare, polynomiale, trigonometrische etc. Funktionen). Die einzelnen Funktionen in dieser Klasse unterscheiden sich lediglich in der Spezifizierung von Parametern. Basierend auf den Daten werden die Parameter gemäß eines Optimalitätskriteriums geschätzt. Im Fall von Daten mit linearer Struktur erfolgt dies üblicherweise mittels linearer Regression. Weisen die Daten keine lineare Struktur auf, so kann entweder versucht werden, die Daten durch eine geeignete Transformation zu linearisieren oder ein Kleinste-Quadrate-Kriterium mithilfe der nichtlinearen Regression direkt zu minimieren. Dem Anpassen einer Funktion durch Spezifizierung der Parameter (z. B. Steigung und Achsenabschnitt im Fall der Klasse linearer Funktionen) folgt jeweils die graphische Darstellung der Residuen zur Beurteilung der Güte der Anpassung. Dieser Vorgang wird idealerweise fortgesetzt, bis jeder Rest einer Struktur in den Residuen verschwunden ist und die verbleibenden Residuen in den Worten John Tukey (1977, S. 549) „reasonably irregular" erscheinen. Diese Vorgehensweise ist in Abb. 5.29 dargestellt.

Die Residuen $r_i = y_i - \hat{y}_i$ geben Auskunft über die Güte der Anpassung. Sie drücken die Abweichung der Daten von der Modellkurve aus. Die Güte des Modells beurteilt man am besten mithilfe eines Streudiagramms der Residuen, dem Residuendiagramm. Sind

Abb. 5.29 Vorgehensweise beim Anpassen von Kurven aus einer vorgegebenen parametrisierten Klasse von Funktionen

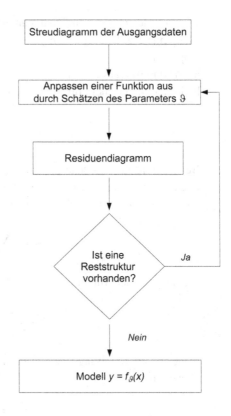

die Punkte $(x_1, r_1), ..., (x_n, r_n)$ regellos ohne erkennbare Struktur entlang der horizontalen Achse des Residuendiagramms verstreut, sind also keinerlei Trends oder Gesetzmäßigkeiten in den Residuen wahrnehmbar, so kann man die Modellanpassung als erfolgreich betrachten. Ein verbreiteter Irrtum besteht darin, die Güte der Anpassung an der Größe der Residuen zu messen. Bei stark verrauschten Daten sind die Residuen von Natur aus immer groß, selbst wenn das beste aller möglichen Modelle gefunden ist. Die Residuen dürfen dabei – und das ist das Entscheidende – allerdings keine systematische Struktur aufweisen. Sind die Abweichungen zwischen Modell und Daten klein, haben sie jedoch noch eine (durch eine weitere Funktion zu beschreibende) Struktur, so ist die Modellfunktion noch nicht angemessen gewählt. In den Extremfällen veranschaulicht: Bei stark verrauschten Daten sind auch beim besten aller denkbaren Modelle die Residuen betragsmäßig groß, bei (im Idealfall) überhaupt nicht verrauschten Daten ist jedes Modell mit von Null verschiedenen Residuen noch verbesserungsfähig.

Weitere Aufgaben zu Kap. 5:

5.25 Beim Schätzen der Parameter im diskreten logistischen Wachstumsmodell kann am auch wie folgt vorgehen: Anstatt im Streudiagramm der Zuwächse $\frac{x_{n+1}}{x_n}$ versus x_n

eine Gerade einzupassen, kann man auch eine durch den Ursprung gehende Parabel (d. h. eine Parabel der Form $y = ax + bx^2$) in das Streudiagramm x_{n+1} versus x_n einpassen.

a. Warum ist das sinnvoll?

b. Leiten Sie Formeln für a, b her, die folgenden Ausdruck minimieren

$$S(a, b) = \sum_{i=1}^{n} [y_i - (ax_i + bx_i^2)]^2.$$

5.26 Bei einer Kleinsten-Quadrate-Anpassung einer allgemeinen (d. h. nicht unbedingt linearen) Funktion $y = f(x, a)$ mit (der Einfachheit halber) 1-dimensionalem Parameter a geht es um die Minimierung der Funktion

$$g(a) = \sum_{i=1}^{n} [y_i - f(x_i, a)]^2.$$

Nach Bilden der Ableitung muss die Nullstelle der Funktion $\varphi(a)$ gefunden werden

$$\varphi(a) = \sum_{i=1}^{n} [y_i - f(x_i, a)] f'(x_i, a),$$

wobei f' die Ableitung von f nach a (!) bedeutet. Dazu setzen wir das Newton-Verfahren ein

$$a_{n+1} = a_n - \frac{\varphi(a_n)}{\varphi'(a_n)}$$

Machen Sie sich die Vorgehensweise bei der nichtlinearen Regression im Fall eines 1-dimensionalen Parameters a klar und wenden Sie das Verfahren auf die Funktion $f(x) = \exp(ax)$ an.

5.27 Robert Boyle (1627 – 1691) war ein irischer Naturforscher. Im Jahre 1662 führte er ein berühmtes Experiment durch, das den Zusammenhang zwischen Druck und Volumen eines Gases erforschte. Dabei nahm er eine feste Menge Luft, komprimierte sie und maß den Luftdruck als eine Funktion des Volumens. Seine Originaldaten finden sich in der Datei **Boyle**. In der Datei ist die Variable **vol** proportional zum Luftvolumen. Die Zahlen sind Markierungszahlen auf dem im Experiment verwendeten Luftzylinder, die so gewählt sind, dass sie eine Null anzeigen, wenn das Volumen auf 0 zusammengedrückt wäre. Die Variable **Druck** ist der Luftdruck gemessen in Inches Mercury, d. h. in Zoll Quecksilbersäule (in Hg).

a. Plotten Sie die Daten und formulieren Sie mehrere Modelle, die die Daten beschreiben könnten.

b. Passen Sie eine geeignete Kurve per Augenmaß an, indem Sie die Parameter z. B. per Schieberegler einstellen.

c. Führen Sie zu jedem Modell eine nichtlineare Regression durch, plotten Sie die erhaltene Regressionskurve und deuten Sie die Parameter.

d. Lassen sich in Ihren Modellen die Daten durch geeignete Transformation linearisieren? Falls ja, dann bestimmen Sie eine angemessene Regressionsfunktion über den Transformations-Rücktransformations-Ansatz.

e. Erstellen Sie auch jeweils Residuendiagramme und diskutieren Sie die verschiedenen Modellansätze. Welches Modell ist Ihnen am plausibelsten? Begründen Sie!

5.28 Ein Schwamm wurde, nachdem er sich mit Wasser vollgesaugt hatte, in die Sonne gelegt. Dann wurde der nasse Schwamm über mehrere Tage hinweg immer wieder gewogen. Die Daten befinden sich in der Datei **Schwamm** und bestehen aus den beiden Variablen **Zeit** (in Stunden) und **Masse** (in Gramm).

a. Plotten Sie die Daten. Welcher Funktionstyp erscheint geeignet, um einen Zusammenhang zwischen den Variablen **Masse** und **Zeit** zu modellieren? Welche Bedeutung haben Ihre Parameter?

b. Wählen Sie nach Augenmaß (z. B. per Schieberegler) geeignete Parameter und plotten Sie die Regressionskurve.

c. Führen Sie jetzt eine nichtlineare Regression durch.

d. Lässt sich Ihr Modell durch geeignete Transformation linearisieren? Falls ja, dann führen Sie auch eine Kurvenanpassung über den Transformationsansatz durch.

e. Erstellen Sie jeweils auch ein Residuendiagramm und kommentieren Sie aufgrund von Kleinste-Quadrate-Kriterium und Residuendiagramm die Qualität Ihrer Kurvenanpassung.

5.29 Folgende Tabelle findet man in Büchern zur Entwicklung von Kleinkindern. Welches mathematische Modell liegt der Tabelle zugrunde? Bestimmen Sie die Parameter des Modells

Alter (in Monaten)	2	3	4	5	6	8	10	12	18	24
Gewicht (in kg)	5,0	5,8	6,6	7,3	7,8	8,8	9,6	10,2	11,5	12,7

5.30 Im Jahre 1950 führte Bousfield einen Test zur Assoziationsfähikeit durch. Studenten sollten zum Begriff „Säugetier" einzelne Tierarten nennen. Nach jeweils 2 Minuten wurde die Anzahl aller bisher genannten Tierarten notiert.

Zeit (in Minuten)	2	4	6	8	10	12	14	16
Anzahl genannter Tiere (Durchschnittswerte)	20	30	37,5	43,3	46,1	48,5	49,5	50,2

a. Finden Sie ein passendes Modell und bestimmen Sie die Parameter.

b. Nach welcher Zeit sind 20 %, 50 % bzw. 90 % der Sättigungsgrenze erreicht?

Durch Glätten der Daten zur Funktion

6

Inhaltsverzeichnis

6.1   Einleitung

Ein Problem mit dem Anpassen von Kurven aus einer parametrischen Klasse von Funktionen wie es in Kap. 5 erfolgte, besteht darin, dass die Spezifizierung einer Funktionenklasse durchaus von Intuition und Erfahrung aus dem Anwendungsgebiet geleitet sein mag, es aber an einer objektiven Rechtfertigung mangelt, warum gerade dieser ausgewählte Funktionstyp angemessen sei. In stark verrauschten Streudiagrammen lässt sich oft ein geeigneter Funktionstyp für die vorliegenden Daten nicht einmal erahnen. Derartige Situationen verlangen nach Methoden mit mehr Flexibilität, weil die Annahme einer parametrischen Funktionenklasse sonst zu einer Zwangsjacke wird, die den Daten eine bestimmte Struktur aufzwingt und andere mögliche Strukturen von vornherein per Annahme ausschließt. Die Ansätze und Methoden dieses Kapitels sind stark von der

© Springer-Verlag GmbH Deutschland 2018
J. Engel, *Anwendungsorientierte Mathematik: Von Daten zur Funktion*,
Mathematik für das Lehramt, https://doi.org/10.1007/978-3-662-55487-6_6

Explorativen Datenanalyse (Tukey 1977) beeinflusst. Anders als die aus der Statistik kommenden Methoden der parametrischen Regression sind elementare Glättungstechniken auch ohne viel mathematischen Formalismus vermittelbar und daher auch schon in den mittleren Klassen der Schule einsetzbar. Sie begegnen uns schon in den Medien, z. B. bei der graphischen Darstellung von Trends bei Aktienkursen. Sie adressieren, gesteuert durch das zu wählende Ausmaß der Glättung, eine Kernidee statistischen Denkens: die Trennung der in den Daten gegebenen Information in das „Signal" und das durch Glättung zum Verschwinden gebrachte „Rauschen". Dieses Kapitel will auf elementare, Zugänge zu diesen Methoden der modernen, computerintensiven Datenanalyse hinweisen und aufzeigen, wie dadurch die Vielfalt an Verfahren zur Modellierung funktionaler Abhängigkeiten bereichert wird.

Rechenintensive Glättungsmethoden, die die Herleitung einer Modellkurve unter minimalen apriori-Annahmen gestatten, sind im Zuge der Verfügbarkeit leistungsfähiger Soft- und Hardware in den letzten 40 Jahren entwickelt worden und in professionellen Softwarepaketen wie z. B.   R (R Core Team 2015) implementiert. Einige besitzen klangvolle Namen wie lokal-polynomiale Approximation, glättende Splines, Kernschätzer oder Wavelet-Regression, jedoch ist die zugrunde liegende Idee intuitiv einfach. Der vielleicht elementarste Ansatz ist das **Regressogramm**, bei dem die Daten entlang der x-Achse – ähnlich wie beim Histogramm für univariate Daten – in feste Intervalle (*Glättungsintervalle* oder *Bins* genannt) eingeteilt werden und dann das arithmetische Mittel aller y-Werte innerhalb jedes Intervalls gebildet wird. Als Variante dieser Idee kann man auch statt des arithmetischen Mittels Mediane oder – etwas allgemeiner – Quantile in diesen Intervallen nehmen. Zur graphischen Darstellung lassen sich auch Boxplots über den Bins erzeugen. In einer weiteren Variante kann man die Intervallmittelpunkte zu einem Linienzug verbinden, was zum **Regressopolygon** führt.

Die nächste Stufe ist das *bewegliche Regressogramm* oder der **gleitende Mittelwert**. Hierbei ist das *Glättungsintervall* um den Punkt x zentriert, an dem die Funktion per Mittelwertbildung der Ordinaten geschätzt wird. Dann wird x über ein Input-Gitter gezogen, d. h. in kleinen Schritten wird die Modellfunktion f am nächsten Punkt $x + \Delta x$ auf die gleiche Weise bestimmt. Das Resultat ist ein gleitender Mittelwert, immer noch eine raue Kurve. Die Verwendung geeignet *gewichteter* gleitender Mittel führt zu glatteren Resultaten, die sowohl mathematisch als auch ästhetisch mehr zufriedenstellen. Während schließlich der gleitende Mittelwert als „lokal konstanter" Schätzer angesehen werden kann (innerhalb des Glättungsintervalls mit Zentrum x haben wir das arithmetische Mittel der Ordinaten berechnet), können wir auch **lokal-lineare Schätzer** betrachten, indem wir ein lineares Modell im Glättungsintervall anpassen. Diese einleitenden Bemerkungen deuten darauf hin, dass beginnend mit dem intuitiven Konzept des Regressogramms graduell höhere, leistungsfähigere und mathematisch anspruchsvollere Stufen erklommen werden können, wenn Modelle funktionaler Abhängigkeiten ohne parametrische Vorwegannahmen gebildet werden.

6.2 Bivariate Verteilungen, gleitende Boxplots und Regressogramm

Die konzeptionellen Vorüberlegungen aus dem einleitenden Abschnitt sollen jetzt mathematisch präzisiert werden. Wir betrachten folgende Beispiele:

Beispiel 6.1 Energieverbrauch und mittlere Tagestemperatur
Die Daten **Energieverbrauch** bestehen aus dem durchschnittlichen täglichen Verbrauchs an elektrischer Energie eines elektrisch beheizten Hauses (in Kilowattstunden) und der durchschnittlichen Tagestemperatur (in Celsius) über 55 Monate hinweg (Simonoff 1996). Da uns hier weniger der zeitliche Verlauf der beiden Variablen Energieverbrauch und Tagestemperatur über die 55 Monate hinweg, sondern das Zusammenspiel dieser beiden Variablen interessiert, zeigt Abb. 6.1 (linke Darstellung) das Streudiagramm von 55 Daten (x_i, y_i), wobei x_i die mittlere Tagestemperatur und y_i den mittleren Energieverbrauch pro Tag im i-ten Monat angeben. Offensichtlich wird in warmen Monaten weniger Energie verbraucht als in kalten Jahreszeiten. Es wirken aber auch noch viele andere Konsum- und Lebensgewohnheiten auf den Energieverbrauch ein.

Eine sinnvolle explorative Vorgehensweise kann zunächst im Einzeichnen einer Freihandkurve bestehen, die nach Augenmaß den Trend in den Daten wiedergeben soll. Das Streudiagramm 6.1 wurde mehreren Versuchspersonen vorgelegt mit der Aufforderung, mittels einer Freihandkurve den funktionalen Zusammenhang zu rekonstruieren. Mit etwas Übung können auch schon Schüler in vielen Streudiagrammen Kurven einzeichnen, die selbst für professionelle Datenanalytiker zufriedenstellend sein mögen. Didaktisch ist der Schritt des Einzeichnens von Freihandkurven wichtig, weil er geradezu die Frage nach dem Verhältnis von Trend und Rauschen in den Daten herausfordert. Gerade

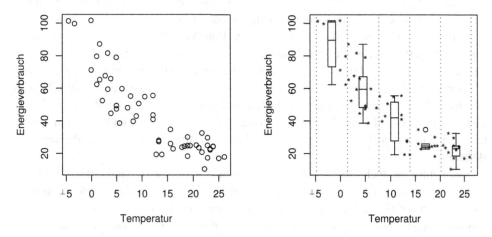

Abb. 6.1 Links: Mittlerer Tagesverbrauch an elektrischer Energie (in kWH) versus mittlere Tagestemperatur (in C); rechts: Gleitende Boxplots bei Aufteilung in 5 Glättungsintervalle

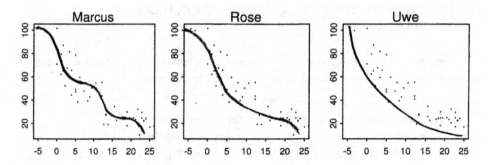

Abb. 6.2 Freihandkurven von Schülerinnen und Schülern

auch mehrere unterschiedliche gezeichnete Freihandkurven geben Anlass zu fruchtbaren Diskussionen.

Abb. 6.2 zeigt drei verschiedene von Schülern eingezeichnete Freihandkurven. Marcus nimmt einen kaskadenförmigen Kurvenverlauf in drei Stufen wahr, während Rose die zugrunde liegende Funktion eher wie eine Rutschbahn sieht. Bei beiden ist der Versuch deutlich, auf lokale Ausprägungen in den Daten zu reagieren, ohne deswegen eine Interpolation anzustreben. Uwe hingegen denkt wohl eher an einen speziellen funktionalen Term (Antiproportionalität?), wobei auffällt, dass fast alle Abweichungen der Daten von dieser Funktion in dieselbe Richtung zeigen.

Offensichtlich haben alle drei Personen eine Vorstellung über einen idealisierten Kurvenverlauf, der sie davon abhält, die gegebenen Datenpunkte direkt zu verbinden.

Freihandkurven unterliegen stark subjektiven Einflüssen. Wie können wir bestimmte uns leitende Intuitionen präziser formalisieren und auch objektivieren?

Am Anfang unserer Betrachtungen steht die Feststellung, dass Streudiagrammdaten eine Realisierung einer 2-dimensionalen Zufallsvariablen sind und daher als Daten einer bivariaten Verteilung angesehen werden können. Eine Vereinfachung besteht darin, die Daten entlang der x-Achse in Abschnitte (Glättungsintervalle oder Bins) einer gegebenen Länge h aufzuteilen und die y-Werte in jedem Streifen gesondert anzuschauen, z. B. pro Streifen einen Boxplot zu erstellen. Zeichnet man dann die Boxplots in den jeweiligen Streifen, so erhält man einen ersten visuellen Eindruck über die Trends, denen Median und Quartile entlang der x-Achse folgen. Für die Daten in Beispiel 6.1 erhält man bei Aufteilung in 5 Intervalle die in der rechten Darstellung von Abb. 6.1 dargestellten **gleitenden Boxplots**.

Vielleicht sogar noch naheliegender als ein Boxplot, das ja gleich fünf Werte einer Verteilung repräsentiert, ist die Überlegung, in jedem Abschnitt den Mittelwert der y-Werte zu berechnen und diesen Mittelwert als Funktionswert in dem betrachteten Abschnitt aufzufassen. Diese Überlegung führt zu einer abschnittsweisen konstanten Funktion, dem **Regressogramm**, das dem Histogramm als Darstellung 1-dimensionaler Verteilungen ähnelt. Das Regressogramm ist in Analogie zum Histogramm für Wahrscheinlichkeitsdichten definiert: Die Daten werden zunächst entlang der x-Achse in feste Intervalle zerlegt

$$B_k = [b_{k-1}, b_k),$$

wobei $b_k = a + kh, k = 1, 2, \ldots$. Hierbei bezeichnet h die Intervallbreite und a ist ein Verankerungspunkt, der kleiner als der kleinste Datenpunkt gewählt ist, sodass alle Datenpunkte zu einem Intervall gehören. Das Regressogramm ist dann definiert als lokaler Durchschnitt innerhalb der Zellen

$$\hat{f}_{\text{Regressogramm}}(x) = \frac{1}{n_k} \sum_{i=1}^{n} y_i I_{B_k}(x_i) = \frac{1}{n_k} \sum_{\{i \mid x_i \in B_k\}} y_i \quad \text{für } x \in B_k,$$

wobei $n_k = \sum_{i=1}^{n} I_{B_k}(x_i)$ die Anzahl der Beobachtungspunkte in Zelle B_k und $I_B(x)$ die Indikatorfunktion einer Menge B bezeichnet, d. h. $I_B(x) = 1$, falls $x \in B$ und $I_B(x) = 0$, falls $x \notin B$.

Eine robustere Alternative zum Regressogramms erhält man, indem man den lokalen Mittelwert in Zelle B_k durch den lokalen Median ersetzt. Das Regressogramm ist intuitiv sehr plausibel. Seine Nachteile als Approximation einer unbekannten Funktion sind dieselben wie die eines Histogramms als Schätzer einer Wahrscheinlichkeitsdichte: Es ist abhängig von der Lage der Zellen, von der Zellenbreite h und besitzt viele Unstetigkeitsstellen. Allgemein lässt sich feststellen: Das Regressogramm hängt maßgeblich von der Wahl der Zellenbreite h und (weniger maßgeblich) von der Wahl des Verankerungspunktes a ab. Bei einem großem h wird im Grenzfall ($h=$ Größe des gesamten Datenintervalls) der globale Durchschnitt als konstanter Wert der Funktion f geschätzt (d. h. die Modellfunktion ist eine Konstante), während bei zu kleinem h das Regressogramm in Zwischenbereichen (zwischen den Datenpunkten) gar nicht definiert ist.

Eine direkte Weiterführung, die zumindest die Sprungstellen im Regressogramm beseitigt, ist das **Regressopolygon**. Zu seiner Konstruktion werden – genau wie beim Regressogramm – Intervalle definiert. In jedem Intervall werden die arithmetischen Mittel errechnet, die dann per Linienzug miteinander verbunden werden.

Abb. 6.3 zeigt jeweils ein Regressogramm (oben) und ein Regressopolygon (unten) für die Daten aus Beispiel 6.1 basierend auf $n = 4$ (linke Darstellung) bzw. $n = 12$ (rechte Darstellung) gleich großen Intervallen.

Wir illustrieren die bisher vorgestellten Überlegungen an einem zweiten Beispiel, den Daten der US-Einberufungslotterie während des Vietnam-Krieges.

Beispiel 6.2 US-Einberufungslotterie

Während des Vietnamkrieges wurden in den USA rund ein Drittel aller wehrdienstfähigen jungen Männer in die Armee eingezogen. Von 1970 bis 1972 wurde dazu per Losentscheid festgelegt, wer in den Krieg zieht. Vor der Fernsehöffentlichkeit wurden dazu jedem der möglichen 366 Geburtstage eine Rangziffer zwischen 1 und 366 zugelost. Die Armee füllte dann ihren Bedarf auf, indem erst alle wehrdienstfähigen Männer mit Rang 1,

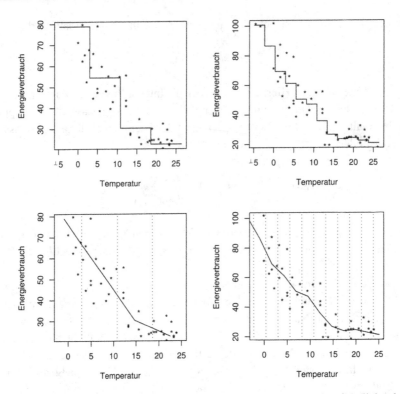

Abb. 6.3 Regressogramm (oben) und Regressopolygon (unten) basierend auf 4 (links) bzw. 12 (rechts) Glättungsintervallen

Rang 2 etc. eingezogen wurden. Eine korrekt durchgeführte Ziehung der Rangziffern sollte dabei keinen systematischen Zusammenhang zwischen Geburtstag und Rangnummer erkennen lassen. Bald regte sich massive Kritik, die Lotterie sei nicht wirklich zufällig, sondern benachteilige junge Männer, deren Geburtstag spät im Jahr liegt. Eine nachträglich durchgeführte Untersuchung brachte tatsächlich zu Tage, dass die Losnummern in der Trommel nicht genügend „durchmischt" waren (Starr, 1997). Die Daten, bestehend aus dem Geburtstag (1.Januar=1, 31. Dezember= 366) und der zugelosten Rangnummer sind, in Abb. 6.4 dargestellt, mitsamt eingepasster Kleinster-Quadrate-Gerade. Sie hat die Gleichung

$$y = 225,0092 - 0,2261x,$$

wobei die Steigung mit einem p-Wert von $1,26 \cdot 10^{-5}$ hoch signifikant von Null verschieden ist.

Eine faire Lotterie würde auf eine Regressionsfunktion $f(x)$ führen, deren Steigung sich nicht signifikant von 0 unterscheidet. Mit dem bloßem Auge lässt sich in den Daten **Draft-Lottery** kaum ein Trend im Streudiagramm erkennen. Wegen der hohen Varianz in den

Abb. 6.4 Rangnummer versus
Geburtstag: Streudiagramm der
US-Draft-Lotterie-Daten von
1970

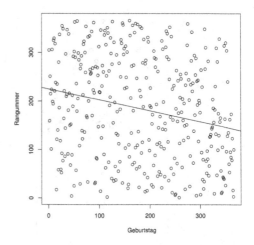

Daten ist in diesem Beispiel das Einzeichnen einer angemessenen Freihandkurve weitaus
schwerer als in Beispiel 6.1. Eine erste Analyse besteht in der Erstellung von gleitenden
Boxplots für die nach Monaten sortierten Rangnummern. Jeder Boxplot, beginnend links
mit Januar, stellt die Verteilung der Rangnummern des entsprechenden Monats da.

Betrachtet man jetzt den Verlauf der Mediane über die Monate hinweg, so entsteht ein
ähnlicher Eindruck wie beim Regressogramm über Monatsintervalle mit dem Unterschied,
dass das Regressogramm auf Mittelwerten und nicht Medianen basiert.

Abb. 6.5 zeigt die verschiedenen bisher eingeführten Darstellungsformen auf einem
Blick: Links oben die Daten, rechts oben Boxplots für jeden Monat sowie ein Regressogramm (unten links) und ein Regressopolygon (unten rechts), wobei die Intervalleintei-
lung hier genau nach Monaten erfolgte.

6.3   Gleitende Mittelwerte

Beim Datensatz „Energieverbrauch versus Tagestemperatur"(Beispiel 6.1) ist eine lineare
Anpassung offensichtlich nicht angemessen. Vielleicht könnte man hier zumindest als erste Annäherung einen antiproportionalen Zusammenhang der Form $y = a/(x - b) + c$
vermuten. In vielen Situationen lässt sich aber auch durch Vorwissen aus dem Anwen-
dungsgegbiet, durch Vermutungen von Experten oder „intelligentes Raten" nicht für einen
bestimmten Funktionstyp argumentieren. Die im vorangegangenen Abschnitt eingeführten
nichtparametrischen Methoden erlauben zwar einen weitgehend voraussetzungslosen Zugang zur Erkundung der Daten, sie sind aber wegen der vielen Sprung- und Knickstellen
sowohl ästhetisch wie inhaltlich noch recht unbefriedigend.

Eine Möglichkeit sich hiervon zu befreien ist das **bewegliche Regressogramm**, das
auf einer gleitenden Mittelwertbildung basiert und daher auch **gleitende Mittelwertkurve**
heißt. Werden zur Konstruktion des Regressogramms Intervalle über den Datenbereich

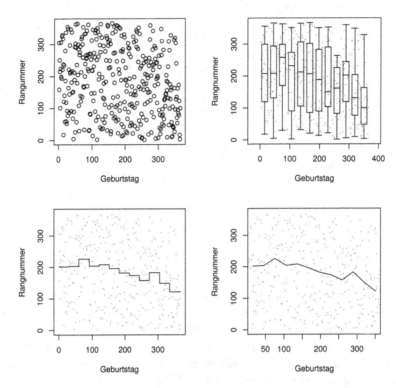

Abb. 6.5 Rangnummer versus Geburtstag: Streudiagramm der US-Draft-Lotterie-Daten von 1970 (oben links), gleitende Boxplots (oben rechts), Regressogramm (unten links) und Regressopolygon (unten rechts)

gelegt und dann innerhalb dieser Intervalle lokale Mittelwerte gebildet, so ändert sich beim beweglichen Regressogramm an der Stelle x die Lage der Intervalle mit dem Punkt x, d. h. die Glättungsintervalle „wandern" mit dem Schätzpunkt x. Um die Modellfunktion an der Stelle x zu schätzen, wird ein Fenster der Breite $2h$ um den Punkt x zentriert und der Mittelwert aller y-Werte im Fenster gebildet

$$\hat{f}_{\text{gleitende Mittelwerte}}(x) = \frac{1}{n(x)} \sum_{i:|x-x_i|<h} y_i,$$

wobei $n(x)$ die Anzahl der Datenpunkte im um x zentrierten Fenster ist. Jetzt wird das Fenster über das gesamte Datenintervall gezogen und über ein hinreichend enges Gitter werden gleitende Mittelwerte berechnet. Damit wird deutlich, dass dieses Verfahren sehr rechenintensiv ist und eines Computers bedarf, um es zu automatisieren.

Zur Schätzung von f an der Stelle x wird ein Fensterstreifen mit Breite $2h$ um die Stelle x gelegt und dann der Mittelwert derjenigen Ordinaten y_i gebildet, deren Abszisse x_i im Fenster liegen.

Die hier zunächst subjektiv erfolgte Wahl der Fensterbreite h ist dabei sehr einflussreich auf das Resultat. Ein großer Wert der Fensterbreite h führt – ähnlich wie schon beim Regressogramm – zu einer Mittelung aller y-Werte, während ein kleines h die Daten interpoliert. Der Wert h kontrolliert den lokalen Einfluss und vermittelt zwischen Signal und Rauschen. Um sich dem Wert der Modellfunktion an der Stelle x anzunähern, finden nur Beobachtungen nahe an x Eingang in die Rechnung. Darin liegt ein konzeptueller und prinzipieller Unterschied von Glättungsmethoden zu Verfahren der (parametrischen) Kurvenanpassung wie etwa der linearen Regression, bei der auch entfernteste Beobachtungen einen direkten Einfluss auf die erhaltene Modellfunktion an der Stelle x haben, was diese Methode sehr empfindlich gegenüber Ausreißern macht. Der Grad der lokalen Anpassung beim Glätten wird über die Fensterbreite h gesteuert. Ist h sehr groß, so befinden sich viele Beobachtungen im Glättungsfenster, über die gemittelt wird. Im Extremfall erhält man als Modellkurve den globalen Mittelwert als konstante Funktion. Ist h hingegen zu klein gewählt, dann geht die resultierende Modellfunktion sehr stark den einzelnen verrauschten Daten nach und folgt zu stark zufallsbedingten lokalen Einflüssen in den Daten. Durch eine etwas größere Fensterbreite werden diese Einflüsse reduziert, weil Mittelwertbildung immer varianzreduzierend wirkt.

Abb. 6.6 zeigt vier verschiedene gleitende Mittelwertkurven mit unterschiedlich gewählter Fensterbreite für den Datensatz **Energieverbrauch** aus Beispiel 6.1. Dabei wird deutlich, dass die resultierende Kurve den Beobachtungen umso genauer folgt, je kleiner die Fensterbreite h ist.

Die intuitive Grundlage des Vorgehens bei der gleitenden Mittelwertkurve ist, dass bei glatten Funktionen f Beobachtungen (x_i, y_i) mit x_i nahe am Schätzpunkt x Information über den Wert von $f(x)$ geben, während weiter weg liegende Punkte (x_i, y_i) keine Information über $f(x)$ tragen. Das ist ein fundamentaler Unterschied zum parametrischen Ansatz, beim dem auch entfernteste Beobachtungen Einfluss auf $\hat{f}(x)$ nehmen.

Als Resultat erhält man eine idealisierte Darstellung des Zusammenhangs zwischen den beiden Variablen, dargestellt als Funktionsgraphen. Als explizite kompakte Formel – etwa in Form eines einfachen Polynoms – kann das Resultat allerdings nicht ausgedrückt werden. Das Resultat ist eine Kurve, die sich besser als das Regressogramm an die zugrundeliegende Funktion f annähert. Allerdings ist das Ergebnis ein Linienzug mit sehr viel mehr Knickstellen (an genau $2n$ Stellen für $x_i \pm h$) als das gewöhnliche Regressogramm.

Alle vier gleitenden Mittelwertkurven in Abb. 6.6 heben eine Eigenschaft in den Daten hervor, dass nämlich bei einer mittleren Tagestemperatur von über 14° Celsius die Änderungsrate deutlich geringer ist als bei kälteren Temperaturen. Diese Beobachtung gibt Anlass zu der Vermutung, dass bei einer mittleren Temperatur von etwa 14,8° die Heizung abgeschaltet wird und der annähernd konstante Stromverbrauch daher lediglich von anderen Gebrauchsgütern verursacht wird, die von der Außentemperatur unabhängig sind. Ein dazu geeignetes Modell – eine stückweise lineare Funktion mit einer Knickstelle bei 14, 8 – ist in Abb. 6.7 dargestellt. Dies ist lediglich eine Hypothese, zu der eine explorative Analyse der Daten führt und die der Bestätigung z. B. durch Rückfrage an

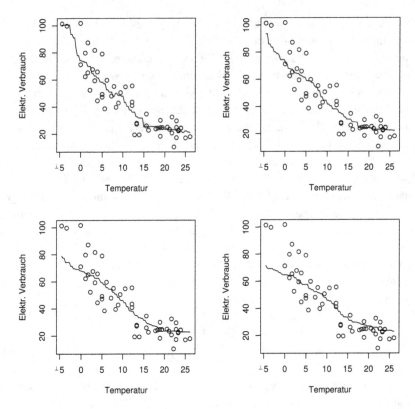

Abb. 6.6 Energieverbrauchsdaten geglättet mit gleitender Mittelwertkurve und unterschiedlicher Bandbreite; links oben: $h = 5$; recht oben: $h = 10$; links unten: $h = 15$; rechtss unten: $h = 20$

die Hausbewohner bedarf. Das Beispiel weist jedoch darauf hin, dass die beiden Vorgehensweisen der parametrischen und nichtparametrischen Modellierung nicht als sich einander ausschließende Konkurrenten anzusehen sind, sondern dass die nichtparametrische Kurvenschätzung eine wichtige Hilfe sein kann, mit der man zu einem geeigneten parametrischen Modell kommt.

6.4   Zeitreihen

In vielen Situation lässt sich der funktionale Zusammenhang zwischen zwei Variablen kaum durch ein einfach zu beschreibendes funktionales Modell, dargestellt etwa durch eine kompakte Funktionsgleichung, beschreiben. Das trifft zum Beispiel bei vielen so genannten **Zeitreihen** zu, d. h. bei Beobachtungen eines wirtschaftlichen, gesundheitlichen etc. Indikators zu verschiedenen Zeitpunkten t (Arbeitslosenzahl, Niederschlagsmengen, DAX, Fieberkurve etc.). Stellt man derartige Daten in einem Streudiagramm

Abb. 6.7 Energieverbrauchsdaten mit einer eingepassten stückweise linearen Funktion

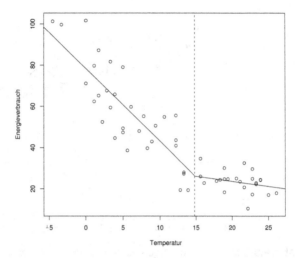

dar, dann repräsentiert die horizontale Achse die Zeit und die vertikale Achse die Merkmalsausprägung zum jeweiligen Zeitpunkt. Weiterhin liegt im Regelfall zu jedem Beobachtungszeitpunkt genau eine Merkmalsausprägung y_t vor.

Beispiel 6.3 Entwicklung des Deutschen Aktienindex (DAX)

Ein wichtiges Barometer für die wirtschaftliche Entwicklung in Deutschland ist der Deutsche Aktienindex DAX. Im DAX sind die Anteilsscheine von 30 börsennotierten deutschen Unternehmen enthalten, die nach unterschiedlichen Kriterien von der Deutschen Börse AG ausgewählt und gewichtet sind. Die Wertentwicklung des DAX soll die Gesamtentwicklung der deutschen Börsen widerspiegeln und so Anlegern „auf einen Blick" zeigen, in welchem grundsätzlichen Zustand sich die börsennotierten Unternehmen Deutschlands befinden.

Abb. 6.8 zeigt die Entwicklung des DAX zwischen März 2007 und März 2009 mit zwei eingezeichneten gleitenden Mittelwertskurven, die jeweils auf einer Durchschnittsbildung von 38 bzw. 200 Tagen basieren. Hierbei ist anzumerken, dass die Durchschnittsbildung beim DAX nur retrospektiv durchgeführt wird, d. h. sie bezieht sich ausschließlich auf die vergangenen 38 bzw. 200 Tage.

Oft können die Beobachtungen y_t bei Zeitreihen als Summe verschiedener Einzelkomponenten aufgefasst werden. Ein Grundbestandteil bildet die **Trendkomponente** a_t. Eventuelle saisonale Schwankungen, wie sie beispielsweise bei den Arbeitslosenzahlen vorkommen, werden durch die **saisonale Komponente** s_t wiedergegeben. Der Rest, also die Differenz zwischen den beobachteten Werten y_t und dem durch a_t und s_t modellierten Anteil, wird als zufallsbedingte Verzerrung oder **Restkomponente** r_t aufgefasst. Insgesamt haben wir somit das Modell

$$y_t = a_t + s_t + r_t, t = 1, ..., T.$$

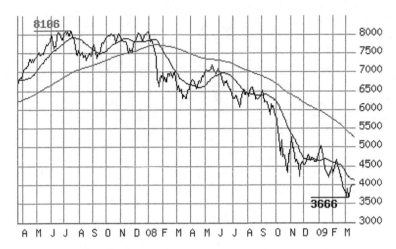

Abb. 6.8 Entwicklung des Deutschen Aktienindex DAX zwischen März 2007 und März 2009 mit gleitenden Mittelwertskurven über $k = 38$ bzw. $k = 200$ Tage

Um den Zufallseinfluss zu reduzieren, führt man Glättungen der Zeitreihen durch. Daher werden gleitende Durchschnitte der (ungeraden) Ordnung $2k+1$ definiert, wobei k eine noch zu wählende natürliche Zahl ist.

$$y_t^\star = \frac{1}{2k+1} \sum_{j=-k}^{k} y_{t+j} \text{ für } j > k. \tag{6.1}$$

Die Zahl k ist hier ein **Glättungsparameter**, d. h. für großes k ist zwar der Zufall herausgemittelt, dafür eventuell auch Einiges von der in der Zeitreihe vorhandenen Struktur $a_t + s_t$, für kleines k ist die Struktur noch erhalten, zeigt dafür aber auch noch Verzerrung durch Zufallseinflüsse. Man beachte, dass im Gegensatz zur branchenüblichen Glättung von Börsenwerten (siehe Abb. 6.8) das Glättungsintervall gemäß Formel (6.1) immer symmetrisch um den Schätzpunkt gelegt wird.

Bei vielen Zeitreihen lässt sich die Länge der saisonalen Komponente durch externe Überlegungen bestimmen: In der Natur wie auch in vielen von Menschen gemachten Aktivitäten wiederholen sich gewisse Einflüsse im Jahresrhythmus. Wir greifen das Beispiel der Modellierung des atmosphärischen CO2-Gehalts noch einmal auf und modellieren jetzt im Gegensatz zum parametrischen Ansatz aus Kap. 5 den Trend sowie saisonale Schwankungen ohne Bezug auf eine spezielle Funktionenklasse.

Beispiel 6.4 CO2-Gehalt in der Erdatmosphäre
Die atmosphärischen CO2-Messungen auf dem Berg Mauna Loa auf Hawaii stellen die längste kontinuierliche Aufzeichnung von atmosphärischenCO2-Konzentrationen dar.

Der zur Verfügung stehende Datensatz **MaunaLoa** umfasst den Zeitraum 1958 bis einschließlich 2017. Aufgrund der günstigen geographischen Lage, der kontinuierlichen Aufzeichnungen sowie der sorgfältigen Aufbereitung gelten die Daten als reliabler Indikator für die Entwicklung der atmosphärischen CO2-Konzentration in den mittleren Schichten der Troposphäre. Die gemessene CO2-Konzentration lässt sich aus inhaltlich leicht zu deutenden Gründen in die drei Komponenten „Trend", „saisonale Schwankungen" sowie Residuen zerlegen. Die saisonalen Schwankungen sind jahreszeitlich bedingt und haben daher eine Periode von 12 Monaten. Das zyklische Verhalten der Daten entspricht einer jährlich zyklischen Erhöhung des atmosphärischen CO2-Gehalts vom späten Herbst bis zum Frühjahrsende einerseits und einer entsprechenden Abnahme in der anderen Jahreshälfte andererseits. Eine einfache Erklärung für die periodische Veränderung des atmosphärischen CO2-Gehalts liefert die jahreszeitlich bedingte Veränderung der Vegetation. Von Frühjahr bis Herbst sind Bäume und sonstige Grünpflanzen belaubt. Durch die Photosynthese wird CO2 verstoffwechselt und der CO2-Gehalt der Atmosphäre sinkt in diesem Zeitraum. Im Zeitraum von Spätherbst bis Frühjahrsende trägt dann verrottendes organisches Material (z. B. abgeworfenes Laub) zur Steigerung des CO2-Gehalts in der Atmosphäre bei.

Eine Erklärung für den aufsteigenden, im gewählten Zehnjahreszeitraum augenscheinlich nahezu linearen Trend, kann gesehen werden im steigenden weltweiten Verbrauch fossiler Brennstoffe: Das Verbrennen von fossilen Brennstoffen wie Kohle und Erdöl geht nicht in die natürliche CO2-Bilanz ein, da die dadurch freigesetzten CO2-Mengen nicht aus einer vorangehenden photosynthetischen Bindung hervorgehen. So werden zusätzliche Mengen an Kohlendioxid in der Atmosphäre frei.

Eine nichtparametrische Modellierung von Trend und Zyklus kann hier wie folgt vorgehen: Als Trend bilden wir gleitende Jahresmittelwerte, d. h. den Wert der Trendkurve zu einem bestimmten Zeitpunkt t, z. B. im März 1981, errechnen wir als arithmetisches Mittel der CO2-Konzentrationen der Monate zwischen September 1980 und September 1981, wobei wir jedem Monat das Gewicht 1/12 beigeben außer den zweimal auftretenden September-Werten, die jeweils das Gewicht 1/24 erhalten. Allgemein errechnen wir den Trend mittels der Formel

$$a_t = \frac{0,5y_{t-6} + y_{t-5} + ... + y_t + ... + y_{t+5} + 0,5y_{t+6}}{12}.$$

Das Ergebnis ist dargestellt in Abb. 6.9

Der saisonale Zyklus kann jetzt wie folgt modelliert werden: Wir subtrahieren von den Daten den Trend, was jetzt einen trendfreien zyklischen Prozess ergibt, der noch durch Rauschen verzerrt ist.

$$y_t - a_t = s_t + r_t.$$

Das Ergebnis besteht gerade in den Residuen bezüglich des Trends und ist in Abb. 6.10 dargestellt.

Abb. 6.9 CO2-Gehalt in der
Erdatmosphäre gemessen auf
dem Berg Mauna Loa sowie
gleitende Mittelwertskurve zur
Modellierung des Trends

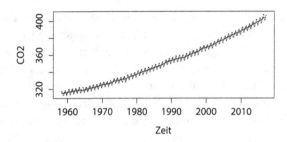

Abb. 6.10 Saisonale
Komponente des CO2-Gehalt
in der Erdatmosphäre

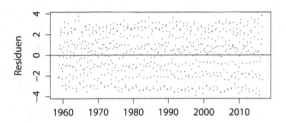

Da der saisonale Einfluss im Jahreszyklus erfolgt und wir somit annehmen, dass
Jahr-für-Jahr sich dieselben zyklischen Einflüsse wiederholen, können wir die Daten der
saisonalen Restkomponenten nach Monaten ordnen. Wir haben somit für jeden Monat 59
Werte aus den 59 Jahren des Beobachtungszeitraums. Um den Zyklus nun zu modellieren,
betrachten wir alternativ zwei unterschiedliche Vorgehensweisen:

1. Nichtparametrisch: Wir bilden die arithmetischen Mittel pro Monat und verbinden die
   erhaltenen Werte Mittelwerte zu einem Linienzug.
2. Parametrisch: Wir passen eine oder mehrere Sinusschwingungen an die gemittelten
   Monatswerte an.

Die Resultate sind in Abb. 6.11 dargestellt. Für die parametrische Modellierung haben wir
dabei eine Überlagerung von zwei Schwingungen gewählt gemäß

$$z(t) = 2,78 \sin\left(\frac{2\pi t}{12} - 0,669\right) + 0,766 \sin\left(\frac{4\pi t}{12} + 1,579\right).$$

Das Gesamtmodell für die CO2-Daten setzen wir dann aus den beiden Teilkomponenten
Trend und saisonaler Zyklus zusammen. Im ersten Fall erhalten wir dann eine rein
nichtparametrische Modellierung der CO2-Daten. Im zweiten Fall (Trend nichtparametrisch, Zyklus parametrisch) spricht man von einer **semiparametrischen** Modellierung
der Daten.

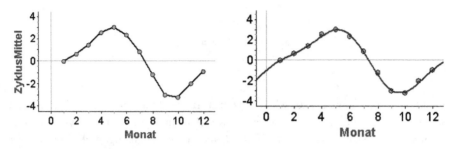

Abb. 6.11 Saisonale Komponente der CO2-Daten: nichtparametrisch (links) und modelliert mit zwei Sinusschwingungen (rechts)

6.5   Von der gleitenden Mittelwertkurve zum Kernschätzer

Die gleitende Mittelwertkurve mag zwar einige unbestreitbare Vorteile gegenüber dem Regressogramm haben, aber die hohe Zahl ihrer Knickstellen, die mit der Zahl der Beobachtungspunkte wächst (genau $2n$ Knickstellen bei n Datenpunkten) ist nicht nur aus ästhetischen Gründen unbefriedigend. Ein geschmeidigeres Gesamtbild erhält man, wenn man zum Rand des Glättungsintervalls hin stetig abfallende Gewichte verwendet, d. h. also gleitende *gewichtete* Mittelwerte errechnet. Dies trägt der Überlegung Rechnung, dass näher am Schätzpunkt liegende Beobachtungen einen stärkeren Einfluss erhalten als Punkte, die eher am Rande des Glättungsintervalls liegen.

Mithilfe der Indikatorfunktion kann das bewegliche Regressogramm auch wie folgt dargestellt werden:

$$\hat{f}(x) = \sum_{i=1}^{n} \frac{y_i I_{(x-h,x+h)}(x_i)}{n(x)} = \sum_{i=1}^{n} \frac{I_{(-1,1)}\left(\frac{x-x_i}{h}\right) y_i}{n(x)}, \tag{6.2}$$

wobei I die Indikatorfunktion bezeichnet. Aus dieser Darstellung wird klar, woher die vielen Unstetigkeitsstellen kommen. Jede Indikatorfunktion verursacht zwei Unstetigkeitsstellen, und obiger Ausdruck ist eine Summe von n Indikatorfunktionen. Eine stetige oder glatte, d. h. mehrfach differenzierbare Modellfunktion erhalten wir jetzt, indem wir die Indikatorfunktion durch eine andere Funktion mit den gewünschten Glattheitseigenschaften ersetzen.

Beachtet man, dass wir auch die Zahl der Beobachtungen im Glättungsintervall $n(x)$ darstellen können als

$$n(x) = \sum_{i=1}^{n} I_{(-1,1)}([x - x_i]/h)$$

und ersetzt man die Indikatorfunktion in (6.2) durch eine beliebige **Kernfunktion** K, so kommt man zum Kernschätzer für Regressionsfunktionen

$$\hat{f}(x) = \frac{\sum_{i=1}^{n} K\left(\frac{x-x_i}{h}\right) y_i}{\sum_{i=1}^{n} K\left(\frac{x-x_i}{h}\right)}. \tag{6.3}$$

Die Funktion K bestimmt das Gewicht einzelner Beobachtungen y_i zum Schätzen an der Stelle x. Daher nimmt man als K in der Regel nichtnegative, um 0 symmetrische Funktionen. Man beachte, dass die Funktion $\hat{f}$ alle analytischen Eigenschaften von der Kernfunktion K „erbt", d. h. $\hat{f}$ ist genauso oft differenzierbar wie K. Anstelle der ästhetisch unbefriedigenden Treppenfunktion erhält man durch Wahl einer mehrfach differenzierbaren Kernfunktion K eine glatte Funktion für $\hat{f}$. Darüber hinaus sprechen auch analytische Argumente, d. h. Überlegungen einer besseren Annäherung an die unbekannte Regressionsfunktion f, für die Verwendung glatter Kerne. Etwas verallgemeinernd lässt sich der Kernschätzer als **gleitender gewichteter Mittelwert** darstellen

$$\hat{f}(x) = \sum_{i=1}^{n} w_i(x, h, x_1, ..., x_n) y_i, \tag{6.4}$$

wobei

$$w_i(x, h, x_1, ..., x_n) = \frac{K\left(\frac{x-x_i}{h}\right)}{\sum_{i=1}^{n} K\left(\frac{x-x_i}{h}\right)}.$$

Abb. 6.12 illustriert den Einfluss der Gewichte auf den Kernschätzer bei vorgegebenem Kern K. Abgebildet sind 5 Beobachtungen $(x_1, y_1), ..., (x_5, y_5)$ und eine zum Rand abfallende Kernfunktion K (hier eine Parabelspitze). Der geschätzte Wert für die Funktion f an der Stelle x errechnet sich als gewichteter Mittelwert der $y_1, ..., y_5$, wobei das jeweilige Gewicht durch die relative Höhe der Ordinaten $K([x - x_i]/h)$ gegeben ist.

Nimmt man um 0 symmetrische, unimodale Funktionen als Kernfunktion, so ist gewährleistet, dass das Gewicht von Beobachtungen mit dem Abstand zum Schätzpunkt x abnimmt. Der Wert von f an der Stelle x ist bei einer stetigen Funktion f nahe dem Wert von $f(x + \delta)$. Wenn jetzt $| x_i - x | < \delta$ für kleines δ gilt, so ist $f(x_i) \approx f(x)$. Folglich ist der Funktionswert $f(x_i)$ – wobei x_i den zu x nächsten Designpunkt x_i bezeichnet – die beste vorhandene Näherung an $f(x)$. Verfügbar ist aber nur der verrauschte Wert $y_i = f(x_i) + \varepsilon_i$. Daher vergrößert man das Fenster, d. h. man berücksichtigt auch Werte $f(x_k)$, für die x_k weiter weg von x liegt, um durch Mittelwertbildung den Einfluss des Rauschens zu verringern.

Problematischer als die Wahl des Kerns K ist die Frage der Skalierung der Gewichte, ausgedrückt durch die Bandbreite h. Die resultierende Schätzfunktion $\hat{f}$ ergibt ein ziemlich unterschiedliches Bild, je nachdem wie groß der Glättungsparameter h gewählt wird. Ein großer Wert von h führt zu einer Mittelung von vielen Beobachtungen und daher zu einer Reduzierung des Rauschens. Mit h wächst allerdings auch der Einfluss von Beobachtungen, die weiter weg vom Schätzpunkt x liegen. Daher ist ein Verlust an Genauigkeit der

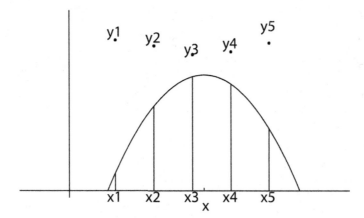

Abb. 6.12 Illustration der Gewichtswahl beim Kernschätzer an der Stelle x basierend auf 5 Daten-punkten. Die durchgezogene Linie zeigt die um x rechtsverschobene und mit dem Faktor h reskalierte Kernfunktion. Das Gewicht von yi errechnet sich als Höhe der Ordinate von K am Designpunkt xi dividiert durch die Summe der Ordinaten aller 5 Designpunkte

Preis für ein großes h. Für eine möglichst unverzerrte Schätzung von $f(x)$ sollten nur Be-obachtungen mit x_i nahe an x bei der Durchschnittsbildung verwendet werden. Allerdings ist bei zu kleinem h das Rauschen noch nicht genügend reduziert.

Abb. 6.13 illustriert den Effekt, den die Wahl der Bandbreite hat. Zu 50 fest gewähl-ten, gleichmäßig über das Designintervall $[0, 1]$ verteilten Designpunkten $x_i = i/50, i = 1, ..., 50$ wurden verrauschte Werte einer Funktion f erzeugt, die sich als Summe eines linearen Trends und zweier lokaler Maxima zusammensetzt. Zum Verrauschen wurden vom Zufallsgenerator erzeugte Fehlerterme hinzuaddiert, 50 Realisierungen der Standard-normalverteilung $N(0, 1)$. Bei einer überglätteten Kurvenanpassung (h groß) ist die größere Spitze über das ganze Intervall verschmiert, während die zweite Spitze fast ganz verloren gegangen ist. Die unterglättete Kurvenanpassung (h klein) hingegen ist sehr unruhig und zeigt zu viel Struktur, die auf zufälligen, vom Rauschen erzeugten Artefakten beruht. Eine mittlere Wahl von h dämpft die Spitzen zwar etwas, gibt aber die Struktur der Kurve f gut wieder.

Wie soll die Bandbreite h gewählt werden, wenn im Gegensatz zur Simulation die Funktion f nicht bekannt ist? Für Zwecke der Exploration ist eine Wahl von h nach Augenmaß durchaus sinnvoll. Dazu werden mehrere Kurvenanpassungen mit verschie-denen Bandbreiten gezeichnet, die jeweils andere Eigenschaften der Daten hervorheben. Diese Vorgehensweise ist durchaus im Sinne (auch professioneller) Datenanalyse, wenn-gleich der Wunsch nach Reproduzierbarkeit und Intersubjektivität eine automatische (d. h. von den Daten gesteuerte) Wahl dieses Parameters wünschenswert macht. Eine automa-tische, d. h. von den Daten gesteuerte Wahl der Bandbreite, die sich am Kriterium des Mittleren Integrerten Quadratischen Fehlers MISE orientiert, ist auch möglich. Die Fach-wissenschaft hat in den letzten 40 Jahren hierzu eine Reihe effizienter Algorithmen zur

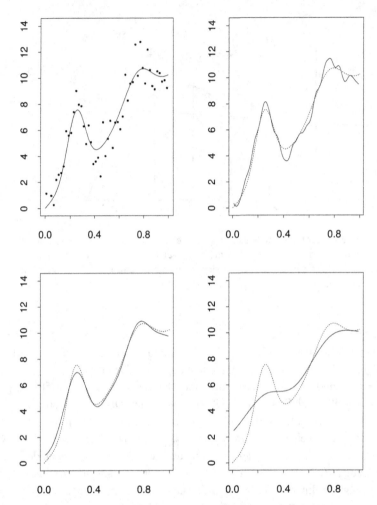

Abb. 6.13 Simulierte Daten bestehend aus linearen Trend mit zwei lokalen Spitzen plus Rauschen; oben links: Kurve und Daten; oben rechts: eine unterglättete gewichtete Mittelwertkurve; unten links: eine angemessen geglättete Kurve ; unten rechts: eine überglättete Kurve

daten-gesteuerten Bandbreitenwahl entwickelt, deren Darstellung aber die Möglichkeiten dieser kurzen Einführung überschreiten. Der interessierte Leser muss hier auf die Spezialliteratur verwiesen werden, z. B. Wand & Jones (1995) oder Fan & Gijbels (1996).

6.6   Lokal-lineare Anpassung

Eine weitere Verfeinerung zum nichtparametrischen Schätzen der Funktion f folgt der Idee, dass differenzierbare Funktionen im Kleinsten linear sind.Um die unbekannte Funktion f an einer Stelle x anzunähern, betrachtet man nur die Punkte in einer Umgebung $U_h(x)$ von x, die gegeben ist durch

$$U_h(x) = \{(x_i, y_i) : |\, x_i - x\, | < h\}.$$

Als Schätzwert für $f(x)$ wird für die Punktmenge $U_h(x)$ der Wert der Durchschnittsgeraden an der Stelle x errechnet. Für jeden Schätzpunkt x ist somit ein lokales lineares Regressionsproblem zu lösen

$$\sum_{x_i \in U_h(x)} [y_i - \alpha - \beta(x_i - x)]^2 = \min_{\alpha, \beta}.$$

Leicht verallgemeinernd empfiehlt sich auch hier die Einführung von Gewichten, d. h. man betrachtet ein gewichtetes Kleinste-Quadrate Problem. Das führt zur Minimierung von

$$\sum_{i=1}^{n} [y_i - \alpha - \beta(x_i - x)]^2 \, K\left(\frac{x - x_i}{h}\right) = \min_{\alpha, \beta}. \tag{6.5}$$

Als Schätzer wählt man dann

$$\hat{f}(x) = \alpha. \tag{6.6}$$

Als Gewichtsfunktion wählt man hier üblicherweise die schon vorher betrachteten Kernfunktionen, d. h. um 0 symmetrische Funktionen K mit den Eigenschaften $K \geq 0$, $\int K(x)\mathrm{d}x = 1$. Hat K das Intervall $[-1, 1]$ zum Träger, so ist (6.5) ein gewichtetes lineares Regressionsproblem, bei dem nur Daten mit $x_i \in U_h(x)$ berücksichtigt werden.

Mittels Differenzierung nach α und β errechnet sich die Lösung des Minimierungsproblems (6.5) als

$$\widehat{f}_{\mathrm{loclin}}(x) = \frac{1}{nh} \sum_{i=1}^{n} \frac{[s_2(x, h) - s_1(x, h)(x - x_i)]\, K\left(\frac{x - x_i}{h}\right) Y_i}{s_2(x, h)s_0(x, h) - s_1(x, h)^2}, \tag{6.7}$$

wobei

$$s_r(x, h) = \frac{1}{nh} \sum_{i=1}^{n} (x - x_i)^r K\left(\frac{x - x_i}{h}\right), \, r = 0, 1, 2. \tag{6.8}$$

Wir illustrieren die Methoden dieses Abschnitts an einem weiteren Beispiel, der Modellierung menschlichen Wachstums.

Beispiel 6.5 Menschliches Wachstum

Die Modellierung menschlichen Wachstums ist ein altes anthropometrisches Problem. Unsere Daten entstammen einem größeren Datensatz, der longitudinalen Zürcher Wachstumsstudie. Zwischen 1955 und 1978 wurden verschiedene somatische Variablen von

Kindern über einen Zeitraum von 20 Jahren hinweg gemessen. Der Zweck der Studie war es, das Wachstum in einer Stichprobe von über 400 gesunden Kindern zu studieren. Für weitere Details der Studie und der Daten, siehe Gasser et al. (1984). Die hier betrachteten Rohdaten (Datei **WachstumMensch**) bestehen aus Messwerten der Körpergröße eines einzigen Mädchens z_i zu 33 Zeitpunkten t_i (jährlich bzw. halbjährlich, von frühester Kindheit bis zum Alter von 20 Jahren). Da unser Interesse nicht der absoluten Körpergröße sondern der Wachstumsgeschwindigkeit gilt, führen wir noch vor der Modellbildung eine Transformation der Daten durch. Als Annäherung an den Differenzialquotienten betrachten wir die dividierten Differenzen:

$$y_i = (z_{i+1} - z_i)/(t_{i+1} - t_i)$$

und damit assoziiert die Mittelpunkte zwischen zwei Messzeitpunkten

$$x_i = (t_{i+1} - t_i)/2, i = 1, ..., 32.$$

Es ist hilfreich, sich vor der Analyse über das Rauschen in den Daten Klarheit zu verschaffen: Die Messungen der Körpergröße sind aufgrund von Messfehlern und notwendigen Rundungen nicht exakt. Darüber hinaus ist der Differenzenquotient nur eine Annährung an die wahre Wachstumsgeschwindigkeit zum Zeitpunkt x_i. Abb. 6.14 zeigt das Streudiagramm dieser Daten.

Humanbiologen haben seit langer Zeit nach einer geeigneten Modellfunktion gesucht. Preece und Baines (1978) haben für die Modellierung der absoluten Körpergröße des Menschen das folgende nichtlineare parametrische Modell vorgeschlagen

$$f_\theta(x) = \theta_1 - \frac{\theta_2}{[e^{\theta_4(x-\theta_3)} + e^{\theta_5(x-\theta_3)}][1 + e^{\theta_6(x-\theta_3)}]}.$$

Basierend auf den absoluten Wachstumsdaten $(t_i, z_i), i = 1, ..., 33$ werden die 6 Parameter $\theta = (\theta_1, ..., \theta_6) \in \mathbb{R}^6$ geschätzt. Die gesuchte Kurve für die Wachstumsgeschwindigkeit ist dann die 1. Ableitung: $f'_\theta(x)$. Das Schätzen der unbekannten Parameter erfolgt gewöhnlich mit der Kleinsten-Quadrate-Methode und verlangt die Anwendung des iterativen Gauß-Newton-Algorithmus (siehe Abschn. 5.8.3). Abb. 6.15 zeigt die geschätzte Kurve für die Wachstumsgeschwindigkeit des untersuchten Mädchens nach dem Preece-Baines-Modell sowie den lokal-linearen Schätzer mit einer geeigneten Bandbreite. Für die Datenanalyse beachtenswert ist der präpubertale Wachstumsschub mit einem maximalen Wachstum im Alter von 8 Jahren, der nur durch die Methode der nichtparametrischen Regression, nicht aber im Precce-Baines-Ansatz sichtbar wird. Die Existenz dieses Schubs, der quasi bei allen Kindern der Zürcher Wachstumsstudie festgestellt werden konnte, gilt heute in der Pädiatrie als Faktum gesunden Wachstums bei Kindern. Im parametrischen Modell nach Preece und Baines ist dieser Schub jedoch a priori ausgeschlossen.

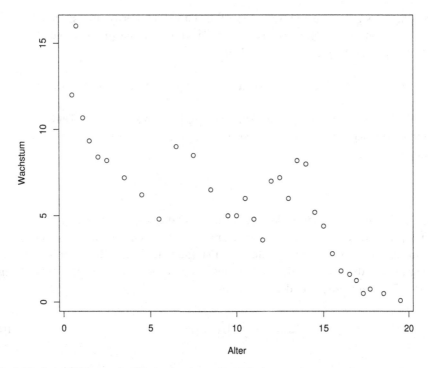

Abb. 6.14 Streudiagramm der Wachstumsdaten eines Kindes

Abb. 6.15 Preece-Baines-
Modell (gepunktet) und
lokal-linearer Kurvenschätzer
mit $h = 2.48$ (durchgezogen)
für die
Wachstumsgeschwindigkeit
der Körpergröße eines
Mädchens. Der präpubertale
Wachstumsschub im Alter von
ca. 8 Jahren wird vom
parametrischen Modell
ignoriert.

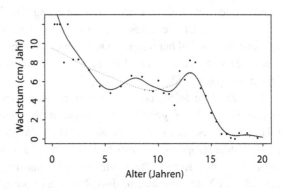

Übrigens kann auch der Kernschätzer (6.3) als Lösung eines Minimierungsproblems
angesehen werden:

$$\sum_{i=1}^{n} (y_i - \alpha)^2 \, K\left(\frac{x - x_i}{h}\right) = \min_{\alpha}. \tag{6.9}$$

Grundlage des lokal-linearen Schätzers ist die Grundidee der Analysis: Jede differenzierbare Funktion ist im Kleinsten eine lineare Funktion. Für die zu schätzende Funktion gilt somit $f(x_i) \approx f(x) + f'(x)(x_i - x)$ und daher

$$y_i - \alpha - \beta(x_i - x) = f(x_i) - \alpha - \beta(x_i - x) + \varepsilon_i \approx (f(x) - \alpha) + (f'(x) - \beta)(x - x_i) + \varepsilon_i.$$

Daher gilt für die Lösung des obigen Minimierungsproblems $\alpha \approx f(x)$. Darüber hinaus kann dieser Überlegung auch eine Annäherung für die Ableitung von f an der Stelle x entnommen werden:

$$\beta \approx f'(x).$$

Ist die funktionale Spezifizierung korrekt, d. h. gehört die unbekannte Funktion f zur postulierten parametrischen Klasse, so führen parametrische Methoden in der Regel zu sehr guten Annäherungen an die unbekannte Funktion. Ein praktikables Kriterium zur Quantifizierung dieses Abstandes ist der mittlere integrierte quadratische Fehler (engl.: *Mean Integrated Squared Error*), hier definiert durch

$$\text{MISE} = E \int_a^b \left[\widehat{f}(x) - f(x) \right]^2 dx. \tag{6.10}$$

E bedeutet hierbei die Bildung des Erwartungswertes, da die Schätzfunktion $\widehat{f}(x)$ eine Zufallsvariable ist. Es lässt sich zeigen, dass bei korrekter Modellspezifizierung mit wachsendem Stichprobenumfang n die Konvergenz von MISE gegen 0, ausgedrückt mit dem Landauschen Symbol, von der Größenordnung $O(n^{-1})$ ist. Das Problem mit parametrischen Modellen ist allerdings, dass es oft schwer ist, vom Sachkontext her ein geeignetes funktionales Modell herzuleiten. Dann verkommt der parametrische Ansatz zu einem langen Prozess von Versuch und Irrtum, bei dem ein vorgeschlagenes funktionales Modell an Daten angepasst wird,

Im Sinne von MISE ist – hinreichende Differenzierbarkeit von f und eine Wahl der Bandbreite h in der geeigneten Größenordnung vorausgesetzt – die Annäherung des lokal-linearen Schätzers und des Kernschätzers an die unbekannte Funktion f besser als die des Regressogramms, erreicht aber nicht die Konvergenz von parametrischen Verfahren. Für den Kernschätzer wie für die lokal-lineare Anpassung gilt unter den hier betrachteten Voraussetzungen, dass ihre Approximationsgeschwindigkeit größer ist, als die des Regressogramms, nämlich MISE$= O(n^{-4/5})$, während beim Regressogramm MISE lediglich von der Ordnung $O(n^{-2/3})$ konvergiert.

Im Vergleich dazu ist die Konvergenzgeschwindigkeit des parametrischen Kurvenschätzers von der Größenordnung $O(n^{-1})$, allerdings nur unter der Voraussetzung, dass das parametrische Modell auch richtig spezifiziert ist, d. h. dass die wahre Kurve auch zur parametrisierten Klasse von Funktionen gehört.

6.7 Vertiefungen

6.7.1 Lokal-polynomiale Anpassung

Die lokal-polynomiale Anpassung ist eine direkte Verallgemeinerung und Weiterführung der lokal-linearen Regression. Hinreichende Differenzierbarkeit vorausgesetzt kann eine Funktion f gemäß dem Satz von Taylor in einer Umgebung des Punktes x durch ein Polynom angenähert werden

$$f(z) \approx \sum_{j=0}^{p} \frac{f^{(j)}(x)}{j!} (z-x)^j \equiv \sum_{j=0}^{p} \beta_j (z-x)^j, \qquad (6.11)$$

wobei

$$\beta_j = f^{(j)}(x)/j!$$

Wir wollen die Regressionsfunktion f an der Stelle x schätzen und betrachten Designpunkte X_i nahe am Schätzpunkt x. Diese Nähe ist ausgedrückt durch die Gewichtsfunktion $K\left(\dfrac{X_i-x}{h}\right)$, wobei K in der Regel eine unimodale nichtnegative Funktion mit kompaktem Träger $[-1,1]$ ist, deren Integral über das Trägerintervall gerade 1 ergibt. Nach den Modellvoraussetzungen ist

$$Y_i = f(X_i) + \varepsilon_i,$$

und nach (6.11) gilt

$$f(X_i) \approx \sum_{j=0}^{p} \beta_j (X_i - x)^j.$$

Ziel ist es, den Vektor der Unbekannten $\beta = (\beta_0, \beta_1, ..., \beta_p)^T$ als Lösung des folgenden Minimierungsproblems zu bestimmen:

$$\sum_{i=1}^{n} \left[Y_i - \sum_{j=0}^{p} \beta_j (X_i - x)^j \right]^2 K\left(\frac{X_i-x}{h}\right) = \min_{\beta_0, ..., \beta_p}. \qquad (6.12)$$

Ist dieses Minimierungsproblem gelöst, so ergibt sich daraus wegen (6.11) unmittelbar ein Schätzer, und zwar nicht nur für die Funktion f selbst, sondern auch für alle Ableitungen $f^{(k)}(x), k = 0, ..., p$:

$$\widehat{f}^k(x) = k!\beta_k \quad , \quad k = 0, ..., p. \qquad (6.13)$$

Die Gesamtheit der Kurven $\widehat{f}^k(.), k = 0, ..., p$, erhält man nun, indem man x über ein Intervall bzw. zur Berechnung mit dem Computer über ein Gitter laufen lässt.

Für $p = 1$ erhält man die im letzten Abschnitt untersuchte lokal-lineare Anpassung. Auch der Fall $p = 0$, d. h. die lokale Anpassung einer Konstanten (Polynom vom Grade 0) führt auf einen schon bekannten Schätzer: Wie sich leicht nachrechnen lässt, ist für $p = 0$ der resultierende lokal-konstante Schätzer gerade der Kernschätzer (6.3).

Lokal-polynomialer Schätzer in Matrixnotation

In Abschn. 5.5 haben wir einen Zugang zur linearen Regression mit Methoden der Linearen Algebra gewählt. Dieser Ansatz erwies sich als elegant und als vorteilhaft weil er eine direkte Verallgemeinerung in zweifacher Hinsicht erlaubt: Unter geringfügiger Erweiterung der Notation lassen sich Formeln sowohl für Anpassungen von Polynomen wie auch für multivariate lineare Regressionsprobleme herleiten. Der auf Matrixnotation basierende Ansatz erlaubt auch, Formeln für lokal-polynomiale Kurvenschätzungen herzuleiten. Dazu führen wir eine Gewichtsmatrix $\mathbf{W} = \mathbf{W}_h(x)$ ein, die die einzelnen Beobachtungen so gewichtet, dass bei der Schätzung an der Stelle x Daten außerhalb des Glättungsintervalls keinen Einfluss mehr haben. $\mathbf{W}$ ist hierbei eine Diagonalmatrix, deren Diagonalelemente gerade die (Kern-)Gewichte zum Schätzen an der Stelle x sind

$$
\mathbf{W}_h(x) = \begin{pmatrix} K\left(\frac{X_1-x}{h}\right) & 0 & \cdots & 0 \\ 0 & K\left(\frac{X_n-x}{h}\right) & \cdots & 0 \\ \vdots & & & \vdots \\ 0 & 0 & \cdots & K\left(\frac{x-X_n}{h}\right) \end{pmatrix}.
$$

Ähnlich wie bei der Gewichtsmatrix empfiehlt es sich um der einheitlichen Notation Willen, auch die Designmatrix im Schätzpunkt x zu symmetrisieren, d. h.

$$
\mathbf{X} = \mathbf{X}(x) = \begin{bmatrix} 1 & X_1 - x \\ \vdots & \vdots \\ 1 & X_n - x \end{bmatrix}.
$$

Der zu minimierende Ausdruck (6.5) lässt sich jetzt in Matrixschreibweise darstellen als

$$
(\mathbf{y} - \mathbf{X}\boldsymbol{\beta})^T \mathbf{W}(\mathbf{y} - \mathbf{X}\boldsymbol{\beta}) = \min_{\boldsymbol{\beta}}!
$$

Dabei ist zu beachten, dass das mit der Matrix $\mathbf{W}$ gewichtete Produkt der transponierten Designmatrix mit dem Residuenvektor 0 ist, d. h.

$$
\mathbf{X}^T \mathbf{W}(\widehat{\mathbf{y}} - \mathbf{y}) = 0.
$$

Daraus ergibt sich unmittelbar als Lösungsvektor der Koeffizienten

$$\beta = \left(\mathbf{X}^T \mathbf{W} \mathbf{X} \right)^{-1} \mathbf{X}^T \mathbf{W} \mathbf{y}.$$

Hierbei gilt, dass die Matrix $\mathbf{X}^T \mathbf{W} \mathbf{X}$ genau dann invertierbar ist, wenn

$$\sum_{i=1}^{n} K\left(\frac{x - X_i}{h} \right) \cdot \sum_{i=1}^{n} K\left(\frac{x - X_i}{h} \right) (X_i - x)^2 -$$

$$\left(\sum_{i=1}^{n} K\left(\frac{x - X_i}{h} \right) (X_i - x) \right)^2 = s_0 s_2 - s_1^2 \neq 0,$$

wobei $s_r, r = 1, 2$ durch (6.8) gegeben ist. Durch direktes Ausrechnen lässt sich leicht bestätigen, dass das erhaltene Resultat mit obiger Lösung (6.7) übereinstimmt. Anstelle eines einzigen linearen Modells, das für alle x gilt, wird bei der lokal-linearen Approximation ein lokales Modell für jeden Schätzpunkt x gebildet. Nur die Designpunkte X_i, die nahe am Schätzpunkt x liegen, werden in das lineare Modell an der Stelle x einbezogen. Die Größe der Nachbarschaft, ausgedrückt durch die Intervallbreite h (Bandbreite), spielt die Rolle des Glättungsparameters.

Da bei der lokal-polynomialen Annäherung nicht nur lineare Terme sondern auch Ausdrücke der Form $(X_i - x)^j, j = 1, ..., p$ zugelassen sind, definieren wir zur Analyse der lokal-polynomialen Annäherung die Designmatrix $\mathbf{X}$

$$\mathbf{X} = \begin{bmatrix} 1 & (X_1 - x) & ... & (X_1 - x)^p \\ \vdots & \vdots & & \vdots \\ 1 & (X_n - x) & ... & (X_n - x)^p \end{bmatrix}.$$

In Matrixschreibweise formuliert ist dann das folgende Minimierungsproblem zu lösen

$$(\mathbf{y} - \mathbf{X}\beta)^T \mathbf{W} (\mathbf{y} - \mathbf{X}\beta) = \min_{\beta_0, ..., \beta_p} ! \tag{6.14}$$

Jetzt ist β ein $(p + 1)$ dimensionaler Vektor. Genauso wie oben errechnet sich die Lösung dieses Optimierungsproblems als

$$\beta = \left(\mathbf{X}^T \mathbf{W} \mathbf{X} \right)^{-1} \mathbf{X}^T \mathbf{W} \mathbf{y}, \tag{6.15}$$

vorausgesetzt, die Matrix $\mathbf{X}^T \mathbf{W} \mathbf{X}$ ist invertierbar. Der Schätzwert $\widehat{f}_p(x)$ ist jetzt die erste Komponente des β- Vektors, d. h.

$$\widehat{f}_p(x) = \widehat{f}_{\text{locpol}}(x) = \mathbf{e}_1^T (\mathbf{X}^T \mathbf{W} \mathbf{X})^{-1} \mathbf{X} \mathbf{W} \mathbf{y}, \tag{6.16}$$

wobei $\mathbf{e}_1 = (1, 0, ..., 0)^T$ den n-dimensionalen Einheitsvektor in Richtung der ersten Komponente bezeichnet.

Um ein Polynom p-ten Grades an eine Punktwolke anzupassen, müssen mindestens $p + 1$ Punkte (mit paarweise unterschiedlichen Abszissen) im Glättungsintervall $x \pm h$ vorliegen. Andernfalls ist das Problem nicht wohl definiert, weil dann mehr freie Variable als Nebenbedingungen beim zu lösenden linearen Gleichungssystem vorhanden sind. Für die lokal-polynomiale Anpassung vom Grad p bedeutet dies, dass in jedem Glättungsintervall mindestens $p + 1$ Designpunkte liegen müssen. Diese Mindestanzahl führt gerade zu einer polynomialen Interpolation der Daten. Erst bei einer Anzahl von mehr als $p + 1$ Daten im Glättungsintervall wird im eigentlichen Sinne geglättet. Äquivalent zur Forderung von mindestens $p+1$ Datenpunkten ist die Invertierbarkeit der Matrix $\mathbf{X}^T\mathbf{W}\mathbf{X}$. Bei einem festen Design kann dies immer garantiert werden, indem h eine Mindestgröße hat. Bei zufälligem Design ist es jedoch immer möglich, dass selbst bei „groß" gewählter Bandbreite h in einem Glättungsintervall weniger als die erforderliche Mindestanzahl von Daten vorliegen. Wenn es der Zufall so will, können auch größere Bereiche innerhalb des Designintervalls ohne Datenpunkte auftreten. Die folgenden asymptotischen Resultate beziehen sich daher bei zufälligem Design immer auf den bedingten Bias und die bedingte Varianz, gegeben die Werte der Designvariablen $X_1, ..., X_n$. Eine alternative Herangehensweise, die das dargestellte Problem von leeren Glättungsintervallen umgeht, besteht darin, die Größe des Glättungsintervalls variabel zu wählen und so zu definieren, dass immer ein fest vorgegebener Prozentsatz von Datenpunkten in diesem Intervall liegen. Diese Idee ist in der Glättungsmethode unter dem Namen LOWESS von Cleveland (1979) verwirklicht.

6.7.2 Glätten mit Splines

Splines bilden eine interessante Alternative zu Kernschätzern von Regressionsfunktionen. Zwei weit verbreitete Ansätze sind **glättende Splines** und **Regressionssplines.**

Glättende Splines sind definiert als zweimal differenzierbare Lösungen des folgenden Minimierungsproblems

$$S_h(f) = \sum_{i=1}^{n} \left[Y_i - f(X_i)\right]^2 + h \int_0^1 f''(x)^2 \mathrm{d}x. \tag{6.17}$$

Hierbei bestimmt der Parameter h die Glattheit des Schätzers. Für $h = 0$ minimiert jede interpolierende Funktion das Funktional $S_h(f)$, während für $h \to \infty$ die lineare Ausgleichsgerade das Minimierungsproblem (6.17) löst. Der zweite Term ist ein Bestrafungsterm für die Krümmung, gemessen als Integral über die quadrierte 2. Ableitung. Der Glättungsparameter h bestimmt das Ausmaß, mit dem die in $\widehat{f}$ vorhandene Krümmung geahndet wird. Daher ist die Lösung von (6.17) immer ein Kompromiss zwischen einer guten Anpassung an die Daten (niedrige Summe der Abweichungsquadrate) und dem Ziel, eine Kurve ohne zu viel Krümmung zu erhalten. Die resultierende Lösung von (6.17) ist eine kubische Splinefunktion mit den Designpunkten X_i als Knoten, d.h. eine zweimal stetig differenzierbare Funktion, die zwischen den Knotenpunkten ein Polynom dritten Grades ist.

Regressionssplines erhält man, indem wenige Knoten auf vorher gewählte Stellen gelegt werden. Sie sind definiert als Lösung des Minimierungsproblems

$$S(f) = \sum_{i=1}^{n} \left[Y_i - f(X_i) \right]^2$$

mit folgenden Nebenbedingungen: Die Lösung ist zwischen den Knoten ein Polynom dritten Grades und ist zweimal differenzierbar an den Knotenpunkten. Im Gegensatz zu glättenden Splines ist hier kein expliziter Bestrafungsterm für mangelnde Glätte gegeben. Die Glätte wird gesteuert von der Anzahl und Lage der Knoten.

Wegen der impliziten Definition der Splineschätzer als Lösung eines Minimierungsproblems ist die Herleitung von asymptotischen Eigenschaften sehr mühsam. Allerdings lassen sich die Eigenschaften von glättenden Splines auf den Kernschätzer zurückführen. Silverman (1984) konnte zeigen, dass glättende Splines asymptotisch übereinstimmen mit einem ganz speziellen Kernschätzer, der auf dem Kern

$$K^{\star}(x) = \frac{n}{2} \exp\left(-\frac{|u|}{\sqrt{2}} \right) \sin\left(\frac{|u|}{\sqrt{2}} + \frac{\pi}{4} \right)$$

und einer lokalen, design-adaptiven Bandbreite beruht

$$h^{\star}(X_i) = \left(\frac{h}{nf(X_i)} \right)^{1/4}.$$

6.7.3 Komplexere Modelle

Prinzipiell lassen sich alle vorgestellten Methoden zum Schätzen von Regressionskurven direkt verallgemeinern zum Fall einer mehrdimensionalen Prädiktorvariablen $\mathbf{x} \in [0,1]^d$. Will man die Abhängigkeit der Responzvariablen Y von mehreren Prädiktorvariablen modellieren, so lässt sich als Schätzer für die multiple Regressionskurve – d.h. den bedingten Erwartungswert

$$f(x_1, ..., x_d) = \mathrm{E}\left[Y | X_1 = x_1, ..., X_d = x_d \right]$$

mittels der lokal-linearen Approximation der Ausdruck

$$\beta_0 = \widehat{f}_{\mathrm{loclin}}(\mathbf{x})$$

herleiten, der sich als Lösung des folgenden Minimierungsproblems errechnet

$$\sum_{i=1}^{n} [Y_i - \beta_0 - \beta_1(x_1 - X_{1i}) - \ldots$$

$$-\beta_d(x_d - X_{di})]^2 K_d \left(H^{-1}(\mathbf{x} - \mathbf{X}_i) \right) = \min_{\beta_0, \ldots, \beta_d}, \tag{6.18}$$

wobei jetzt der Prädiktor $\mathbf{x} = (x_1, \ldots, x_d)$ ein d-dimensionaler Vektor, die Kernfunktion K_d eine d-dimensionale Funktion und H eine Bandbreiten*matrix* ist. Entsprechend lässt sich auch der Kernschätzer auf mehrdimensionale Modellierungsprobleme verallgemeinern. Ruppert und Wand (1994) leiten asymptotische Eigenschaften multivariater lokal-linearer und lokal-quadratischer Kurvenschätzer her.

Die Konzepte der vorangegangenen Abschnitte erlauben eine unmittelbare mathematische Verallgemeinerung. Das schon im univariaten Fall schwierige Problem der Wahl einer Bandbreite verkompliziert sich jetzt zur Bestimmung einer Bandbreitenmatrix. Allerdings sind dem praktischen Einsatz mehrdimensionaler Kurvenschätzer sehr enge Grenzen gesetzt. Eine Visualisierung und graphische Darstellbarkeit hochdimensionaler Daten als Funktionsgraph in einem Koordinatensystem über die Dimension $d = 3$ hinaus ist praktisch nicht mehr möglich. Vom mathematischen Resultat erhaltene komplexe funktionale Strukturen lassen sich dann nur sehr schwer interpretieren. Darüber hinaus sind wir mit dem Problem des leeren Raumes konfrontiert (siehe Abschn. 5.1) und riesige Stichprobengrößen sind notwendig, um einigermaßen aussagekräftige Schätzer zu erhalten.

Ein Weg, diese Schwierigkeiten zu vermeiden, besteht darin, die Form der Regressionsfunktion f wiederum etwas einzuschränken. Dies führt zu semiparametrischen Modellen, die aus einer parametrischen und einer nichtparametrischen Komponente bestehen. Dazu stellen wir hier kurz das additive Modell und das Projection Pursuit Modell vor.

Das additive Modell

Beim additiven Modell geht man von der Annahme aus, dass sich die hochdimensionale Regressionsfunktion f additiv aus 1-dimensionalen Komponenten zusammensetzt

$$f(\mathbf{x}) = \sum_{k=1}^{d} g_k(x_k). \tag{6.19}$$

Man beachte, was die Einschränkung von f auf die Form (6.19) bedeutet: Es wird davon ausgegangen, dass der Einfluss der einzelnen Variablen $x_1, \ldots, x_d$ auf y additiv ist und durch Funktionen $g_k(x_k)$ beschrieben ist. Weiterhin wird angenommen, dass keinerlei Interaktionseffekte auftreten. Das Modell (6.19) ist eine Verallgemeinerung des multiplen linearen Regressionsmodells

$$f(\mathbf{x}) = \beta_1 x_1 + \ldots + \beta_d x_d.$$

Im Gegensatz zum multiplen linearen Regressionsmodell werden allerdings keinerlei Annahmen bezüglich der Form der funktionalen Abhängigkeiten $g_k(x_k)$ gemacht. Mithilfe 1-dimensionaler Kurvenschätzer und des Backfitting-Algorithmus lassen sich die 1-dimensionalen Funktionen $g_k(x_k)$ schätzen (siehe Buja, Hastie und Tibshirani, 1989). Das Problem des *leeren Raumes* ist entschärft. Allerdings ist dafür der Preis bezahlt, dass strukturelle Annahmen über die Art des funktionalen Zusammenhangs dem Modell 'aufgezwungen' wurden. Diese Annahmen sind nicht so einschränkend wie z. B. die rein parametrische Modellannahme eines multiplen linearen Regressionsmodells, aber sie sind nicht mehr ganz im ursprünglichen Geist des *,let the data speak'*. Ist das additive Modell (6.19) korrekt, d. h. erfüllt die unbekannte Regressionsfunktion tatsächlich die Bedingung (6.19), so ist der resultierende Schätzer $\widehat{f}$ so präzise wie 1-dimensionale, nichtparametrische Schätzer einer Regressionsfunktion es nur sein können. Ist das Modell (6.19) aber nicht korrekt, so leidet der Schätzer $\widehat{f}$ unter denselben Problemen wie ein falsch spezifizierter parametrischer Schätzer: Er ist nicht konsistent, d. h. für wachsenden Stichprobenumfang n konvergiert der Schätzer nicht gegen die Regressionsfunktion f, sondern in diesem Falle gegen die beste „additive Approximation" an das zugrundeliegende Regressionsgebirge.

Neben einer vereinfachten Schätzprozedur im additiven Modell ist das Resultat relativ leicht zu interpretieren, da die Struktur bezogen auf jede einzelne Prädiktorvariable eine Darstellung im 2-dimensionalen Koordinatensystem erlaubt und entsprechend als Grafik dargestellt werden kann.

Backfitting Algorithmus

1. Initialisierung: Für jedes $1 \leq k \leq d$ schätze die Funktion $\widehat{g}_k$ durch Methoden der (1-dimensionalen) Kurvenschätzung aus den y-Daten $Y_1, ..., Y_n$ und der k-ten Komponente der x-Daten $X_{1,k}, ..., X_{n,k}$.
2. Verbessere die in Schritt 1.) erhaltenen Schätzungen durch rekursives Abziehen der Residuen, d. h. für $k = 1, ..., d$ errechne

$$\widehat{g^{\star}}_k \quad \text{aus} \quad Y_1 - \sum_{\ell \neq k} \widehat{g}_k(X_{\ell,1}), ..., Y_n - \sum_{\ell \neq k} \widehat{g}_k(X_{\ell,n})$$

3. Iteriere Schritt 2. bis zur Konvergenz.

Projection Pursuit Modelle

Eine interessante Verallgemeinerung des additiven Modells sind die **Projection Pursuit Modelle** (z. B. Friedman und Stützle 1981). Hierbei sucht man nach einer geschickten, d. h. möglichst viel Information erhaltenden, 1-dimensionalen Projektion der

d-dimensionalen Datenvektoren $\mathbf{x}_i, i = 1, ..., n$, dargestellt als Skalarprodukt mit dem Richtungsvektor $\mathbf{a}_1$ einer Projektion. Dann wird mit den nichtparametrischen Methoden der letzten Abschnitte die 1-dimensionale Funktion g_1 aus dem Modell

$$y_i = g_1(\mathbf{a}_1^T \cdot \mathbf{x}_i) + \varepsilon_i$$

bestimmt. Die Projektion wird dann für die Residuen $y_i - g_1(\mathbf{a}_1^T \cdot \mathbf{x}_i)$ in jeweils neu zu bestimmende Projektionsrichtungen wiederholt, bis ein Abbruchkriterium erreicht ist und schließlich eine Darstellung der Responzwerte y als Summe von L 1-dimensionalen Funktionen an projizierten Prädiktorwerten erhält

$$y_i = \sum_{k=1}^{L} g_k(\mathbf{a}_k^T \cdot \mathbf{x}_i) + e_i, i = 1, ..., n.$$

Nimmt man als Projektionsrichtungen gerade die Einheitsvektoren $\mathbf{e}_i$, so ist man beim additiven Modell (6.19).

Funktionale Datenanalyse

Ein anderer Typus wichtiger hochdimensionaler Schätzprobleme ist gegeben, wenn nicht die Prädiktorvariable, sondern die Responz $\mathbf{y} \in \mathbb{R}^d$ ein Vektor ist. Jetzt lässt sich jede Komponente $f_k(k = 1, ..., d)$ der vektorwertigen Regressionsfunktion

$$\mathbf{y} = \mathbf{f}(x) + \varepsilon$$

mit den univariaten Methoden der vorangegangenen Abschnitte schätzen, basierend auf dem Modell

$$y_{k,i} = f_k(x_i) + \varepsilon_{k,i}, k = 1, ..., d.$$

Somit liegen Daten von d verrauschten Kurven vor, die allesamt zu schätzen sind. Moderne Technologien der Datenerhebung und des Monitoring ermöglichen es, dass in vielen Studien in Medizin, Seismologie, Meteorologie, Physiologie und vielen anderen Disziplinen Beobachtungen für verschiedene Einheiten (Patienten, Messstationen etc.) über die Zeit hinweg registriert werden, sodass die Daten aus verrauschten Kurven (zu diskreten, aber eng beieinander liegenden Beobachtungspunkten) bestehen. In solchen Ausgangssituationen besteht dann oft ein klar begründeter Zusammenhang zwischen diesen d Funktionen, weil sie alle Realisierungen ein und desselben physischen, biologischen etc. Prozesses sind. Bei Studien des menschlichen Wachstums z. B. kann man die Wachstumskurve einzelner Kinder studieren. Oft gilt das Erkenntnisinteresse aber dem Studium menschlichen Wachstums schlechthin. Dann ist die Wachstumskurve eines konkreten Kindes *eine* Realisierung dieses Prozesses und die Annahme struktureller Gemeinsamkeiten der Wachstumskurven mehrerer Kinder sind hier in der Sache begründet, da bei jedem Kind trotz individueller Ausprägungen derselbe physiologische Reifungsprozess abläuft, der das menschliche Wachstum schlechthin repräsentiert. Während man jede Einzelkurve mit den im Vorangegangenen vorgestellten Methoden individuell schätzen kann, vernachlässigt diese Vorgehensweise Beziehungen, die zwischen den Kurven bestehen können.

Statistische Ansätze für derartige Daten erstrecken sich von vollständig parametrischen Modellen wie z. B. der (parametrischen) Hauptkomponentenanalyse (Rao 1958) bis hin zu vollständig nichtparametrischen Verfahren (Kneip und Gasser 1992). Ein anschauliches Beispiel ist das semiparametrische form-invariante Modell. Hierbei geht man davon aus, dass die einzelnen Kurven durch eine lineare Transformation einer allgemeinen Formkurve (*shape curve*) hervorgehen

$$f_k(x) = a_k \phi \left(\frac{x - b_k}{d_k} \right) + d_k, \quad a_k, b_k, c_k, d_k \in \mathbb{R}. \tag{6.20}$$

Die Kurve f_k, die den zeitlichen Verlauf eines Prozesses beim k-ten Individuum beschreibt, geht aus einer allgemeinen (und von k unabhängigen) Verlaufskurve ϕ durch lineare Transformation mit den das Individuum k charakterisierenden Parametern a_k, b_k, c_k und d_k hervor. Kneip & Engel (1995) wenden das form-invariante Modell auf die Modellierung menschlichen Wachstums an.

Das form-invariante Modell ist nur ein Spezialfall eines weiten Gebietes, das unter dem Stichwort *Functional Data Analysis* Daten verrauschter Kurven analysiert. Funktionale Datenanalyse ist eine recht neue Disziplin, zu deren Vertiefung auf die Literatur (Ramsay und Silverman 1997) verwiesen werden muss.

6.8 Zusammenfassung

Glättungsmethoden zum Schätzen von Kurven stellen ein sehr nützliches Hilfsmittel der grafischen Datenanalyse dar. Den klassischen, parametrischen Ansätzen zum Kurvenschätzen, wie sie schon von Gauß benutzt wurden, stehen neuere Konzepte der nichtparametrischen, lokalen Regression gegenüber, die eine wesentlich flexiblere Modellierung funktionaler Abhängigkeiten erlauben. Diese nichtparametrischen Methoden erfordern einen wesentlich höheren Rechenaufwand, was früher ein gravierendes Problem in der Anwendung darstellte, heutzutage aufgrund verfügbarer Rechnerkapazitäten, interaktiver Grafikprogramme und der erreichten Rechnergeschwindigkeiten jedoch unproblematisch ist.

In den letzten vier Jahrzehnten wurden verschiedene Methoden genauer untersucht und in ihren Eigenschaften studiert. Die wichtigsten Entwicklungen sind:

- Regressogramm
- verschiedene Typen von Kernschätzern, die explizit als gleitende gewichtete Mittelwerte darstellbar sind
- lokal-linearer und lokal-polynomialer Schätzer
- Spline-Methoden: glättende Splines und Regressionssplines (Eubank 1988; Green und Silverman 1994)
- Fourier-Methoden und Wavelets-Verfahren (als Überblick siehe z. B. Ogden 1997).

All diese Methoden (und viele weitere Varianten der genannten Typen) haben spezifische Stärken und Schwächen. Trotz intensiver fachinterner Diskussionen hat sich nicht eine universelle Glättungsmethode als goldener Standard herausstellen können. Der Grund für die von der Fachwelt akzeptierte Methodenvielfalt liegt in der Einsicht, dass verschiedene nicht vergleichbare Faktoren die zu treffende Wahl beeinflussen:

- Interpretierbarkeit des Ergebnisses: *Was sagt uns das Resultat über die Daten?*
- Intuition des Vorgehens: *Was geschieht mit den Daten?*
- Effizienz als Schätzverfahren: *Wie nahe sind sich Schätzer und „wahre" Kurve?*
- Verfügbarkeit bzw. Integrierbarkeit in verbreiteten Software-Paketen;
- Schwierigkeitsniveau der mathematischen Analyse.

Keine der aufgelisteten Methoden dominiert irgendeine andere in allen Faktoren oder wird von den anderen dominiert. Die einzige Sonderstellung nimmt das Regressogramm ein, das wohl besonders leicht zu begründen ist, aber in allen anderen Kriterien hinter den anderen Methoden zurückfällt. Wegen seiner Ähnlichkeit zum Histogramm beim Dichteschätzen ist der Zugang zum Regressogramm besonders einfach, weshalb es sich als Vorstufe zur Einführung von gleitenden Mittelwerten und Kernschätzern anbietet. Zur Analyse von konkreten Daten ist es aber den anderen Verfahren unterlegen. Alle anderen Methoden haben ihre spezifischen Stärken in der Datenanalyse, wobei die in diesem Kapitel ausführlich behandelten Methoden des Kernschätzers und der lokal-linearen Approximation die ersten beiden Kriterien der Anschaulichkeit und Interpretierbarkeit besonders gut erfüllen. Kernschätzer sind unmittelbar darstellbar als gleitende gewichtete Mittelwerte, daher ist ihre Berechnung (insbesondere bei konstanter Bandbreite) leicht durchschaubar.

Die Qualität jeder Glättungsmethode hängt ganz entscheidend von der Wahl eines Glättungsparameters ab. Während die mathematische Theorie eine bezüglich dem Kriterium *mittlerer integrierter quadratischer Fehler* MISE optimale Bandbreite zumindest theoretisch begründen kann, so sollte man bei praktischen Datenanalysen nicht vergessen, dass eine mathematische Festlegung von Optimalität nicht in jedem Fall identisch ist mit dem, was für die Datenanalyse am hilfreichsten ist. Außerdem gibt nicht in jeder Situation eine einzige Wahl des Glättungsparameters dem Datenanalytiker alle in den Daten befindliche Information. Verschiedene Bandbreiten beim Kernschätzer können unterschiedliche

Aspekte und Strukturen in den Daten hervorheben. Daher ist es berechtigt, den Glättungsparameter interaktiv festzulegen, indem verschiedene Grafiken zu verschiedenen Parameterwerten gezeichnet werden. Allerdings sind diesem Vorgehen auch enge Grenzen gesetzt:

- Die Forderung nach Reproduzierbarkeit und Objektivität verlangt eine „objektive", d. h. von den Daten bestimmte Wahl des Glättungsparameter, die nach einem offen gelegten, überzeugend begründeten mathematischen Kriterium erfolgt.
- Eine interaktive Wahl des Glättungsparameters verlangt Erfahrung in Datenanalyse sowie sehr gute Kenntnisse aus dem Anwendungsgebiet, aus dem die Daten stammen. Auch Experten werden einen automatisch gewählten Glättungsparameter zumindest als Anfangswert akzeptieren.
- Viele Verfahren der explorativen Datenanalyse und Statistik verwenden das Glätten von Daten als einen modularen Baustein für einen umfassenderen Algorithmus. Beispiele sind additive Modelle und Projection Pursuit Modelle oder iterative Algorithmen. Hier ist eine interaktive und subjektive Wahl des Glättungsparameters technisch gar nicht möglich.

Abmagerungskur

Variable

- **Tag:** Dauer der Behandlung in Tagen seit Aufnahme in das Diätprogramm
- **Gewicht:** Gewicht der Person in kg

Tag	Gewicht	Tag	Gewicht	Tag	Gewicht	Tag	Gewicht
0	184,35	70	154,31	133	133,7	165	128,4
4	182,51	71	153,86	137	133,7	170	125,4
7	180,45	71	154,2	140	133,3	176	124,9
7	179,91	73	152,2	143	131,2	179	124,9
11	177,91	74	152,8	147	133	198	118,2
18	175,81	84	150,3	148	132,2	214	118,2
24	173,11	88	147,8	149	130,8	218	115,3
30	170,06	95	146,1	150	131,3	221	115,7
32	169,31	102	145,6	153	129	225	116
43	165,1	106	142,5	156	127,9	233	115,5
46	163,11	109	142,3	161	126,9	238	112,6
60	158,3	115	139,4	164	127,7	241	114
64	155,8	122	137,9	165	129,5	246	112,6

Quelle: Venables und Ripley (2002)

Achterbahnen

Dieser Datensatz enthält Informationen zu einigen spektakulären Achterbahnen. Außer dem Namen und dem Ort des Vergnügungsparks ist die jeweilige Höhe in Metern des höchsten Punktes über dem Boden sowie die erreichte Spitzengeschwindigkeit (in km/h) angegeben.

Die Variable sind

- **Name**: Name der Achterbahn
- **Ort**: Ort des Vergnügungsparks
- **Höhe**: Höhe des höchsten Punktes (in m) über dem Erdboden
- **Geschwindigkeit**: Erreichte Spitzengeschwindigkeit in km/h

Name	Ort	Höhe	Geschwindigkeit
Poseidon	Europapark	23,0	70,0
Silver Star	Europapark	73,0	127,0
Expedition GeForce	Holiday Park, Haßloch	53,0	120,0
Colossos	Heide Park, Soltau	52,0	120,0
Big Loop	Heide Park, Soltau	30,0	63,0
Stunt Fall	Parque Warner, Madrid	58,4	105,6
Pepsi Max Big One	Blackpool, UK	64,9	119,1
Sky Wheel	Skyline Park, Bad Wörishofen	50	100
Wildcat	Skyline Park Bad Wörishofen	15	50
Project X	Legoland, Günzburg	15,8	56,3
Black Mamba	Phantasialand, Brühl	26,0	80
Boomerang	Freizeit-Land Geiselwind	35,5	75,6
Mammut	Tripsdrill	30	85,0
Euro-Mir	Europapark Rust	36,0	80,0
Karacho	Trippsdrill	30,0	100,0
Huracan	Belantis Leipzig	32,0	85,0
Fluch von Novgorod	Hansa-Park	40,0	100,0
BlueFire	Europa-Park Rust	38,0	100,0

Quelle: Internetseiten der jeweiligen Vergnügungsparks

Algenpest

Auf einem See mit einer Oberfläche von 2000m^2 breitet sich im Sommer eine Algenpest aus. Die Daten informieren über die an $n = 7$ Tagen mit Algen bedeckte Fläche des Sees. Die Variable sind

- **Tag**: Zeit in Tagen
- **Algenpest**: bedeckte Fläche in m^2

Tag	Algenpest
0	150
5	280
10	500
20	1140
25	1460
35	1830
40	1910

Alligator

Dieser Datensatz enthält Daten von 25 Alligatoren, die man in Zentral-Florida gefangen hat.

- **Länge**: Länge des Alligators in cm
- **Gewicht**: Gewicht des Alligators in kg

Länge	Gewicht	Länge	Gewicht
239	58,9	218	37,6
188	23,1	224	31,7
373	289,9	183	27,6
147	12,7	188	24,5
218	36,2	155	19,9
238	49,8	229	48
160	15	226	38
218	40,8	173	17,7
175	16,3	193	19
183	38,5	290	89,2
325	165,8	229	46,2
216	38	198	25,8
208	36,2		

Quelle: Boggs, R. (1997)

Anscombe

Dies ist ein fiktiver Datensatz, der 11 Fälle und die Variablen x, y_1, y_2, y_3, x_4 und y_4 umfasst. Er dienst zur Illustration davon, welche Eigenschaften einer Datenwolke der (Pearsonsche) Korrelationskoeffizient erfasst und welche er nicht zu erfassen vermag.

x	y_1	y_2	y_3	x_4	y_4
10	8,04	9,14	7,46	8	6,58
8	6,95	8,14	6,77	8	5,76
13	7,58	8,74	12,74	8	7,71
9	8,81	8,77	7,11	8	8,84
11	8,33	9,26	7,81	8	8,47
14	9,96	8,1	8,84	8	7,04
6	7,24	6,13	6,08	8	5,25
4	4,26	3,1	5,39	19	12,5
12	10,84	9,13	8,15	8	5,56
7	4,82	7,26	6,42	8	7,91
5	5,68	4,74	5,73	8	6,89

Quelle: Anscombe (1972)

Ballwurf

Ein Tennisball wurde vor einer Tafel schräg nach oben geworfen. Der Vorgang wurde gefilmt und dann wurde Bild für Bild die Position des Balls anhand der Karos (in horizontaler Richtung als x, in vertikaler Richtung als y) notiert.

Bild	x	y	Bild	x	y
9	0,8	8,8	17	2,45	15,5
11	1,2	11,4	18	2,65	15,6
12	1,4	12,5	19	2,9	15,5
13	1,6	13,5	20	3,05	15,3
14	1,8	14,2	21	3,7	13,6
15	2,0	14,8	22	4,7	7,3
16	2,2	15,2			

Quelle: Tim Erickson (2008)

Bleistift

Bei einem neuen Bleistift wurde die Länge und sein Gewicht gemessen. Dann wurde der Bleistift fünfmal in einem Spitzer gedreht, und es wurden Länge und Gewicht wiederum gemessen und gewogen. Das Ganze mehrfach wiederholt resultierte in folgenden Messungen:

Variable:

- **Umdrehungen:** Zahl der Umdrehungen im Spitzer
- **Länge:** Länge des Bleistifts (in cm)
- **Gewicht::** Gewicht des Bleistifts (in Gramm)

Umdrehungen	Länge	Gewicht
0	18,9	4,24
5	18,9	4,11
10	18,9	3,98
15	18,3	3,88
20	17,8	3,79
25	17,4	3,72
30	16,8	3,61
35	16,3	3,48
40	15,8	3,37

Quelle: Erickson (2008)

Boyle

Variable:

- **Volumen**: Gasvolumen, Einheiten gemessen auf dem Gaszylinder
- **Druck**: Gasdruck, gemessen in Inches of Merucry (Zoll Quecksilber)

Volumen	Druck	Volumen	Druck	Volumen	Druck
48	29,125	30	47,062	18	77,875
46	30,562	28	50,312	17	82,75
44	31,937	26	54,312	16	87,875

Volumen	Druck	Volumen	Druck	Volumen	Druck
42	33,5	24	58,812	15	93,062
40	35,312	23	61,312	14	100,438
38	37	22	64,062	13	107,812
36	39,312	21	67,062	12	117,562
34	41,625	20	70,687		
32	44,187	19	74,125		

Quelle: Erickson (2008).

Buch

Von verschiedenen Büchern in meinem Bücherregal habe ich die Seitenzahlen nachgesehen und die Dicke des Buches in cm gemessen.

Variable:

- **Dicke:** Dicke des Buches in cm
- **Seitenzahl:** Anzahl der Seiten

Dicke	Seitenzahl	Titel
3,6	539	Die Asche meiner Mutter
2,7	478	Mein ist die Rache
1,0	159	Die Kunst des Liebens
1,2	214	Die Lehren des Don Juan
2,4	360	Die Entdeckung der Langsamkeit
1,4	252	Krebsstation
1,8	242	Liebesgedichte
2,3	430	Berlin Alexanderplatz

Quelle: Eigene Daten

DraftLottery

Während des Vietnamkrieges wurden in den USA rund ein Drittel aller wehrdienstfähigen jungen Männer in die Armee eingezogen. Von 1970 bis 1972 wurde dazu per Losentscheid festgelegt, wer in den Krieg zieht. Vor der Fernsehöffentlichkeit wurden dazu jedem der möglichen 366 Geburtstage eine Rangziffer zwischen 1 und 366 zugelost. Die Armee füllte dann ihren Bedarf auf, indem erst alle wehrdienstfähigen Männer mit Rang 1, Rang 2 etc. eingezogen wurden. Die Daten hier beziehen sich auf das Jahr 1970.

Variable:

- **Tag:** Tag im Monat (1-31)
- **Monat:** Monat im Jahr
- **Tag im Jahr:** (1-366)
- **DraftNummer:** Von der Lotterie zugeordnete Rangzahlen.

Tag	Monat	Tag im Jahr	DraftNummer
1	Jan	1	305
2	Jan	2	159
3	Jan	3	251
		...	
31	Dec	366	100

Quelle: Moore und McCabe (1989)

Energieverbrauch

In einem rein elektrisch beheizten Haus wurden über 55 Monate hinweg der Energieverbrauch (in Kilowattstunden) und die durchschnittliche Tagestemperatur (in Celsius) gemessen.

Variable:

- **Temperatur:** Durchschnittliche Tagestemperatur (in Grad Fahrenheit)
- **Verbrauch:** Durchschnittlicher täglicher Energieverbrauch in Kilowattstunden
- **Monat:** Monat

Temperatur	Verbrauch	Monat
73	24,828	8-1989
67	24,688	9-1989
57	19,31	10-1989

Temperatur	Verbrauch	Monat
	. . .	
35	65,25	12-1993
24	101,3	1-1994
32	101,66	2-1994

Quelle: Chatterjee, Handcock und Simonoff (1995)

Galileo

Galileo Galilei ließ in einem Experiment zur Erforschung der Fallgesetze einen Ball eine Rampe herunter rollen. Dabei variierte er die Höhe auf der Rampe, an der er den Ball losließ und maß die Distanz, die der Ball bis zu seiner Landung auf dem Boden flog (siehe Abb. 5.24). Die Entfernungen wurden in einer Einheit gemessen, die punti heißt.

Variable:

- **Höhe:** Höhe über dem Tisch
- **Distanz:** Weglänge des rollenden Balls auf dem Boden

Höhe über den Tisch h	Horizontaler Abstand d
100	573
800	534
600	495
450	451
300	395
200	337
100	253

Quelle: Dickey und Arnold (1995).

Golfturnier

Bei einem Golfturnier erzielten die Frauen eines amerikanischen Colleges diese Schlagzahlen.

Variable:

- **Runde 1** (Schlagzahl in der ersten Runde)

- **Runde 2** (Schlagzahl in der zweiten Runde)

Spielerin	Runde 1	Runde 2
1	89	94
2	90	85
3	87	89
4	95	89
5	86	81
6	81	76
7	102	107
8	105	89
9	83	87
10	88	91
11	91	88
12	79	80

Quelle: Moore und McCabe (1989)

Holzvolumen

Die folgenden Daten geben Auskunft über den Brusthöhendurchmesser und das Volumen von 24 Fichten.

Variable:

- **BHD:** Durchmesser der Bäume in Brusthöhe (in dm)
- **Vol.:** Holzvolumen in dm^3

BHD	Vol	BHD	Vol	BHD	Vol
4,80	2184	1,20	60	3,70	1028
3,20	929	3,60	730	3,80	804
4,10	1288	2,80	539	2,30	275
1,80	89	3,80	1218	2,50	319
4,10	1116	1,90	200	3,40	693
4,20	1214	2,50	290	1,30	65
3,60	965	1,80	158	3,10	838
4,10	1168	2,40	90	2,90	407

Quelle: Riedwyl (1997)

Hooke

Verschiedene Gewichte wurden an eine Feder gehängt, und die jeweilige Länge der Feder wurde gemessen.

Variable:

- **Länge der Feder**: Länge der Feder in cm
- **Masse**[1]: Gewicht in kg

Länge	Masse	Länge	Masse
38,5	0,0	38,5	0,2
60	1,0	54	0,8
80,5	1,7	84	1,8
50	0,7	77	1,6
45	0,5	74	1,5

Quelle: Erickson (2008)

Kanadageburten

Die Daten stellen die Geburten in Kanada während der *Babyboomer*-Jahre zwischen 1950 und 1967 dar.

Variable:

- **Jahr:** Jahreszahl
- **Geburten:** Anzahl der Geburten

Jahr	Geburten	Jahr	Geburten
1950	372009	1959	479275
1951	381092	1960	478551
1952	403559	1961	475700
1953	417884	1962	469693
1954	436198	1963	465767
1953	417884	1962	469693
1954	436198	1963	465767

---

[1]Physiker unterscheiden zwischen Masse und Gewicht

Jahr	Geburten	Jahr	Geburten
1953	417884	1962	469693
1954	436198	1963	465767
1955	442937	1964	452915
1956	450739	1965	418595
1957	469093	1966	387710
1958	470118	1967	370894

Quelle: Statistics Canada, http://estat.statcan.ca, Table 053-0001 - Vital statistics, births, deaths and marriages

Kettenlinie

Die beiden Enden einer Kette wurden an zwei Stellen auf gleicher Höhe befestigt, sodass die Kette in der Mitte durchhängt, und an verschiedenen Positionen wurde die Höhe der Kette über dem Boden gemessen.

Variable:

- **Position** x: horizontale Position in cm
- **Höhe** H: Höhe der Kette über dem Boden

Position x	Höhe H	Position x	Höhe H	Position x	Höhe H
0,2	29,85	7,0	12,85	14,0	9,78
0,5	28,57	7,5	12,40	14,5	9,93
1,0	26,67	8,0	12,07	15,0	10,08
1,5	24,76	8,5	11,59	16,0	10,49
2,0	22,86	9,0	11,28	17,0	11,13
2,5	21,59	9,5	10,95	18,0	11,99
3,0	20,02	10,0	10,64	19,0	13,03
3,5	18,90	10,5	10,31	20,0	13,97
4,0	17,63	11,0	10,24	21,0	15,39
4,5	16,51	11,5	10,08	22,0	17,48
5,0	15,72	12,0	10,01	23,0	20,02
5,5	14,94	12,5	9,93	24,0	22,71
6,0	13,97	13,0	9,86	25,0	26,37
6,5	13,67	13,5	9,73	26,0	30, 18

Quelle: Erickson (2008)

Kohlweißling

Der Datensatz **Kohlweißling** enthält für 8 Kohlweißlinge Informationen über die Dauer im Larvenstadium und die durchschnittliche Temperatur.
　　Variable:

- **Temperatur:** Durchschnittliche Umgebungstemperatur in Grad Celsius
- **Larvenstadium**: Dauer des Larvenstadiums in Tagen

Temperatur	Larvenstadium
14,5	42
16	29
17,5	22
17,5	24
19	21
20,5	20
21	18
25	12

Leonardo

Wir haben bei 23 Personen Körperlänge, Armspanne, Kopflänge und Schulterbreite nachgemessen.
　　Variable:

- **Größe:** Körpergröße in cm
- **Schulter:** Schulterbreite in cm
- **Arm:** Armspanne in cm
- **Kopf:** Kopflänge in cm

Größe	Schulter	Arm	Kopf	Größe	Schulter	Arm	Kopf
162	42	165	21,5	175	47	179	23,0
174	41	170	23,0	178	50	171	22,0
177	47	171	21,0	166	38	164	21,0
170	45	166	24,0	180	49	177	22,5
180	48	182	27,0	172	44	169	22,0

Größe	Schulter	Arm	Kopf	Größe	Schulter	Arm	Kopf
178	44	179	26,5	182	45	180	25,0
189	45	178	28,0	170	42	166	20,5
192	51	188	26,0	176	48	171	23,0
171	39	168	23,0	165	40	167	21,0
179	42	183	25,0	183	45	188	27,0
165	46	162	22,5	168	45	166	22,5
179	47	182	23,0				

Quelle: Eigene Daten

Mahlzeit

Von einer Reihe von Mahlzeiten wurde der Fettgehalt und die Kalorienzahl notiert.
Variable:

- **Speise**: Art der Speise
- **Fettgehalt**: Fettgehalt der Mahlzeit in Gramm
- **Kalorien**: Kalorienzahl in kcal

Speise	Fettgehalt	Kalorien	Speise	Fettgehalt	Kalorien
Beafsteak	32	460	Rindergulasch	28	578
Brathähnchen	24	406	Wiener Schnitzel	14	380
Gulaschsuppe	11	226	Rindsroulade	35	496
Hamburger	18	418	Sauerbraten	26	400
Cordon Bleu	20	434	Scholle	25	469
Lammkotelett	33	520	Spaghetti Bolognese	14	434
Nudelauflauf	41	665	Spargel mit Schinken	55	734
Pizza	48	900	Tomatensuppe	7	196

Quelle: Die Fetttabelle, *Brigitte* 2000

MaunaLoa75-88, MaunaLoa1958-2017

Die Daten in der Datei **MaunaLoa75-88** bestehen aus monatlichen Durchschnittswerten der CO_2-Konzentration in der Erdatmosphäre, gemessen auf Hawaii zwischen September 1975 und Februar 1988. Sie stammen vom Carbon Dioxide Information and Analysis

Center (CDIAC). Die Datei **MaunaLoa56-2017** beinhaltet dieselbe Information, jedoch für den längeren Zeitraum zwischen 1956 und 2017.

Variable:

- **Jahr:** Jahr der Messung
- **Monat:** Monat der Messung
- **CO2:** durchschnittliche CO_2-Konzentration in der Erdatmosphäre, gemessen in ppmv (Parts per Million by volume) auf dem Berg Mauna Loa auf Hawaii
- Zeit: Dezimaldarstellung des Messzeitpunktes

MaunaLoa75-88

Jahr	Monat	CO2 (in ppm)	Zeit (Dezimal)
1975	9	328,4	1975,67
1975	10	328,17	1975,75
1975	11	329,32	1975,83
...	...	...	...
1987	12	348,78	1987,92
1988	1	350,25	1988
1988	2	351,54	1988,08

Quelle: http://cdiac.esd.ornl.gov/trends/co2/sio-mlo. htm.

Mikrowelle Volumen

Eine Schale mit jeweils unterschiedlicher Menge Wasser wurde für jeweils 30 Sekunden in die Mikrowelle gestellt.

Variable:

- **Volumen:** Volumen des Wassers in der Schale im ml
- **Tvorher:** Temperatur bevor die Schale in die Mikrowelle kam in Grad Celsius
- **Zeit:** Zeit in der Mikrowelle in Sekunden
- **Tnachher:** Temperatur als die Schale wieder herraus kam in Grad Celsius

Tvorher (C)	Tnachher (C)	Vol (mL)
21,40	27,31	500
27,31	33,21	500
21,19	28,10	400
22,22	37,95	100
32,05	42,42	250
22,57	33,54	210
23,22	45,13	66
22,15	30,76	324
29,45	38,77	260
24,08	37,02	124

Quelle: Erickson (2008)

MikrowelleZeit

Eine mit Wasser gefüllte Schale wurde für unterschiedlich lange Zeiten in einen Mikrowellenherd gestellt.

Variable:

- **Vorher**: Wassertemperatur in Grad Celsius bevor die Mikrowelle angestellt wurde
- **Zeit**: Zeitdauer in Sekunden, die das Wasser in der Mikrowelle stand
- **Nachher**: Die Temperatur in Grad Celsius nach dem Erhitzen

Vorher	Zeit	Nachher	Vorher	Zeit	Nachher
24,8	10	26,1	26,3	10	28,1
28,0	20	31,7	31,8	15	34,2
43,2	10	35,6	35,6	30	41,4
39,8	25	44,4	43,8	20	46,4
46,5	20	49,4	49,4	10	50,3
25,2	20	28,9	28,9	40	36,5
35,8	50	45,2			

Quelle: Erickson (2008)

Moore

Dieser Datensatz besteht aus 15 Fällen mit 5 Merkmalen über Leistungsfähigkeit, Aufbau und Zeitpunkt der Entwicklung von Computerchips.

Die Variable sind

- **CPU**: Name des Chips
- **Jahr**: Herstellungsjahr (in dezimalen Jahren)
- **KTransistors**: Anzahl der Transistoren (in Tausend)
- **seit1970**: Jahr seit 1970 in Dezimaldarstellung

CPU	Jahr	KTransistors (in Tausend)	seit1970
4004	1971,5	2,3	1,5
8008	1972,0	2,5	2,0
8080	1974	5,0	4,0
8086	1978,75	31	8,75
80286	1982,75	110	12,75
80386	1985,25	280	15,25
80486	1989,75	1200	19,75
Pentium (P5)	1993,25	3100	23,25
Pentium Pro (P6)	1995,25	5500	25,25
Pentium II MMX	1997,5	7500	27,50
Pentium III	1999	24000	29
Pentium 4	2000	42000	30
Itanium 2	2002	220000	32
Itanium 2 (9MB Cache)	2004	592000	34
Dual-Core Itanium	2006	1700000	36

Quelle: http://www.intel.com/research/silicon/mooreslaw.htm

Paare

Diese Daten sind eine Stichprobe eines umfangreicheren Datensatzes einer Studie, die 1980 in Großbritannien durchgeführt wurde. Die Daten beziehen sich auf verheiratete Paare.

Variable:

- **AlterM**: Alter des Ehemannes (Jahre)

- **GrößeM**: Körpergröße des Mannes (mm)
- **AlterF**: Alter der Ehefrau (Jahre)
- **GrößeF** Körpergröße der Frau (mm)
- **AlterMHZ**: Alter des Mannes bei Hochzeit (Jahre)

AlterM	GrößeM	AlterF	GrößeF	AlterMHZ
63	1645	64	1520	28
34	1760	34	1700	23
48	1780	47	1690	22
20	1754	21	1660	19
33	1720	32	1720	28
64	1660	57	1620	32
24	1774	23	1680	22
31	1713	28	1590	28
58	1736	50	1540	32
54	1674	43	1660	35
58	1616	52	1420	30
30	1764	28	1650	29
45	1739	39	1610	25
42	1753		1635	30
46	1735	45	1660	22
42	1806		1636	22
34	1864	31	1620	23
45	1584		1615	29
64	1641	64	1570	30
49	1884	46	1710	25
40	1735	39	1670	23
59	1720	56	1530	24
30	1723	33	1590	22
46	1825	47	1690	23
49	1773	48	1470	21
37	1784		1647	22
57	1738	55	1560	24
51	1666	52	1570	24
50	1745	50	1550	22
31	1685	23	1610	26

Quelle: Hand (1994)

Pendel

An Pendeln unterschiedlicher Länge wurde ein Gewicht gehängt, und die Zeitdauer von 10 Schwingungen wurde gemessen.
Variable:

- **Länge**: Länge des Pendels in cm
- **Zehn Perioden**: Dauer von 10 Schwingungen des Pendels (in Sekunden)

Länge	Zehn Perioden	Länge	Zehn Perioden
13,5	7,59	119,5	21,66
30,5	11,11	119,5	22,07
53,6	14,78	119,5	21,97
78,4	17,93	120,8	22,07
119,1	22,00	120,8	22,25
119,1	22,15	120,8	22,07
119,1	21,78		

Quelle: Erickson (2008)

PeruPopulation

Die Bevölkerung Perus ist in der zweiten Hälfte des zwanzigsten Jahrhunderts stark angewachsen. Die Datei zeigt die Populationsgröße zwischen 1950 und dem Jahr 2000.
Variable:

- **Population**: Einwohnerzahl Perus in Millionen
- **Jahr**: Jahr seit 1950

Population	Jahr	Population	Jahr	Population	Jahr
7,63	0	12,48	18	20,07	36
7,83	1	12,83	19	20,53	37
8,03	2	13,19	20	21,00	38
8,23	3	13,57	21	21,49	39
8,45	4	13,95	22	21,99	40
8,67	5	14,35	23	22,50	41

Population	Jahr	Population	Jahr	Population	Jahr
8,90	6	14,75	24	23,02	42
9,15	7	15,16	25	23,53	43
9,40	8	15,57	26	24,05	44
9,66	9	15,99	27	24,56	45
9,93	10	16,41	28	25,08	46
10,22	11	16,85	29	25,60	47
10,52	12	17,30	30	26,11	48
10,83	13	17,75	31	26,62	49
11,14	14	18,23	32	27,14	50
11,47	15	18,71	33		
11,80	16	19,17	34		
12,13	17	19,62	35		

Quelle: www.census.gov

Planeten

Für jeden der neun Planeten unseres Sonnensystems sind folgende Größen gegeben:
  Variable:

- **Name:** Name des Planeten
- *R*: Radius des Planeten in Tausend km
- **Jahr:** Die Dauer eines Jahres des Planeten in Erdjahren
- **AbstandSonne:** Der mittlere Abstand zur Sonne

Name	R	Jahr	AbstandSonne
Merkur	2,439	0,241	0,3871
Venus	6,052	0,615	0,7233
Erde	6,378	1	1
Mars	3,395	1,881	1,5240
Jupiter	71,398	11,860	5,2028
Saturn	60,330	29,460	9,5388
Uranus	25,559	84,070	19,1914
Neptun	24,764	164,820	30,0611
Pluto	1,150	247,680	39,5294

Säugetiere

Dieser Datensatz enthält Information über die (mittlere) Herzschlagfrequenz und mittlere Lebenserwartung für 35 Säugetiere.
Variable:

- **Säuger:** Name der Tierart
- **Herzschlag:** Anzahl der Herzschläge pro Minute
- **Lebensspanne:** mittlere Lebenserwartung

Säuger	Herzschlag	Lebensspanne	Säuger	Herzschlag	Lebensspanne
Affe	192	15	Löwe	40	23
Chipmunk	684	2,5	Maus	600	2
Dachs	138	11	Meer-		
Eichhörnchen	354	9	schweinchen	280	2
Elefant	35	24	Opossum	180	5
Esel	50	14,6	Pferd	44	25
Giraffe	66	14	Ratte	44	25
Hamster	450	1,5	Schwein	71	16
Hund	115	15	Stachelschwein	300	10
Hyäne	56	12	Tapir	44	5
Kamel	30	25	Tiger	63	11
Kaninchen	205	5,5	Wal	16	30
Katze	120	15	Ziege	90	9

Schwamm

Ein Schwamm wurde, nachdem er sich mit Wasser vollgesaugt hatte, in die Sonne gelegt. Dann wurde der nasse Schwamm über mehrere Tage hinweg immer wieder gewogen.
Variable:

- **Masse**: Gewicht des Schwamms in g
- **Zeit**: vergangene Zeit (in Stunden)

Masse	Zeit	Masse	Zeit	Masse	Zeit	Masse	Zeit
25,53	0	44,37	2,85	40,36	7,583	32,17	24,317
47,29	0,167	44,14	3,083	39,91	8,233	31,85	25,183
47,05	0,317	43,86	3,383	39,85	8,3	31,28	26,967
46,7	0,65	43,51	3,725	39,12	9,5	31,02	27,833
46,43	0,9	43,2	4,05	38,17	11,117	30,95	28,067
46,18	1,15	42,91	4,35	37,7	11,983	30,71	28,883
45,79	1,5	42,41	4,9	36,96	13,367	30,47	29,683
45,04	2,2	41,94	5,467	36,5	14,2	30,39	30,033
44,75	2,5	41,61	5,867	36,3	14,55	30,26	30,5
44,73	2,517	40,89	6,817	36,27	14,567		
44,69	2,55	40,68	7,083	32,42	23,55		

Quelle: Erickson (2008)

Sechskant

Für acht Sechskant-Muttern liegen mehrere Abmessungen vor
  Variable:

- **Größe**: Durchmesser der passenden Schraube (in Zoll)
- **Breite**: Abstand in cm zwischen zwei gegenüberliegenden flachen Seiten
- **Dicke**: Dicke der Mutter in cm
- **Masse**: Gewicht in g

Größe	Breite	Dicke	Masse
0,1875	0,9403	0,3122	1,39
0,25	1,0917	0,5456	3,09
0,3125	1,2576	0,6794	4,72
0,3750	1,4110	0,8219	6,72
0,4375	1,7290	0,9658	12,77
0,5	1,8813	1,0862	15,85
0,625	2,3426	1,3843	31,06
0,75	2,7737	1,6096	48,80

Quelle: Erickson (2008)

SonnenAufgang

Die Datei listet über fünf Jahre hinweg, vom 1.1. 2004 bis 31. 12. 2008, den Sonnen-aufgang und den Sonnenuntergang in San Francisco auf. Die wesentlichen Variable sind

- **Aufgang**: Uhrzeit des Sonnenaufgangs in San Francisco in dezimalen Stunden
- **Untergang** Uhrzeit des Sonnenuntergangs in San Francisco in dezimalen Stunden
- **Datum**: Datum des entsprechenden Tages zwischen 1.1. 2004 und 31.12.2008
- **Tag**: Nummer des Tages (Alle Tage wurden durchnummeriert, der 1.1. 2004 erhielt die Nummer 1, der 31.12. 2008 die Nummer 1827

Datum	Aufgang	Untergang	Tag
1/1/04	7,42 h	17,02 h	1 d
1/2/04	7,42 h	17,03 h	2 d
1/3/04	7,42 h	17,05 h	3 d
...	...	...	...
12/29/08	7,42 h	17,00 h	1825 d
12/30/08	7,42 h	17,00 h	1826 d
12/31/08	7,42 h	17,02 h	1827 d

Quelle: Erickson (2008)

Spritverbrauch

Folgende Daten informieren über den Spritverbrauch eines Pkw pro 100 km in Ahängig-keit der durchschnittlichen Geschwindigkeit.

Variable:

- **Geschwindigkeit**: durchschnittliche Geschwindigkeit in km/h
- **Spritverbrauch**: verbrauchte Menge Benzin in Litern

Geschwin-digkeit	Spritver-brauch	Geschwin-digkeit	Spritver-brauch	Geschwin-digkeit	Spritver-brauch
10	21	60	5,9	110	9,03
20	13	70	6,3	120	9,87
30	10	80	6,95	130	10,79
40	8	90	7,57	140	11,77
50	7	100	8,27	150	12,83

Sprungfeder

Eine Sprungfeder wurde an einer Stelle gegriffen und die beiden Enden wurden nach unten hängen gelassen. Um wie viel die Feder auf der einen Seite nach unten hängt, hängt davon ab, an welcher Stelle (nach wie vielen Umwindungen) die Feder abgegriffen wurde. Dieser Datensatz besteht aus den Messungen von herabhängender Länge und Anzahl von Umwindungen bis zum Punkt, an dem die Feder gegriffen wurde.

Variable:

- **Umwindungen**: Anzahl der Umwindungen, ab der die Feder frei hängt
- **Länge**: Länge in cm des herabhängenden Teils der Feder

Umwindungen	Länge	Umwindungen	Länge
5	0,8	45	39,0
10	1,6	50	49,3
15	3,3	55	60,3
20	6,1	60	72,1
25	10,3	65	85,1
30	15,5	70	99,3
35	21,9	75	115,0
40	29,8		

Quelle: Erickson (2008)

Südpol

Die Datei enthält die monatlichen Durchschnittstemperaturen am Südpol zwischen Januar 1957 und Juli 1988.

Variable:

- **Jahr**: Jahr der Messung
- **Monat**: Monat der Messung
- **Zeit**: Zeitpunkt der Messung in Dezimaldarstellung, d. h. Zeit = Jahr + Monat/12.
- **Temperatur**: Durchschnittstemperatur in Grad Celsius

Jahr	Monat	Temperatur	Zeit
1957	1	-28,3	1957,04
1957	2	-38,3	1957,12
1957	3	-53,9	1957,21
1957	4	-56,7	1957,29
...	...	...	...
1988	5	-59,6	1988,38
1988	6	-56,5	1988,46
1988	7	-60,5	1988,54

Quelle: Erickson (2008)

Tanken

Beim Betanken seines Autos (Opel Zafira mit Autogas) hat der Autor einige Male die getankte Gasmenge und die gefahrenen Kilometer notiert.
Variable:

- **Strecke**: gefahrene Strecke in km
- **Verbrauch**: verbrauchte Menge an Autogas in l

Strecke	Verbrauch
202	22,9
480	45,9
361	31,5
220	23,9
259	26,0
348	33,9

Strecke	Verbrauch
512	44,9
187	17,9
471	43,5

Quelle: Eigene Daten

Textabsatz

Der erste Abschnitt aus „Don Quijote" von Cervantes[2] wurde in ein Textverarbeitungssystem kopiert. Die Breite des Textes wurde variiert und die jeweilige Länge des Textes (in cm) gemessen.

Variable:

- **Höhe:** Höhe des Textabschnitts in cm
- **Breite:** Breite des Textabschnitts in cm

Höhe	Breite
15,4	22,0
19,0	16,8
9,8	33,0
7,9	43,6
45,3	7,5
28,6	11,5

Quelle: Eigene Daten

Textlänge

Wir haben einen Text genommen (wiederum den ersten Abschnitt aus „Don Quijote" von Cervantes auf Spanisch[2]) und haben die Schriftgröße (pt) variiert.

Variable:

[2]auf Spanisch, verfügbar unter http://es.wikisource.org/wiki/El_ingenioso_Hidalgo_Don_Quijote_de_la_Mancha

- **Schriftgröße**: Größe der Schrift in pt
- **Textlänge**: Länge des jeweiligen Textes in cm

Schriftgröße	Textlänge
8	3,7
10	5,3
12	7,9
14	10,9
16	14,5
18	28,4
20	23,4

Quelle: Eigene Daten

TischtennisAufprall

Ein Tischtennisball wurde auf eine harte Oberfläche fallen gelassen. Der Vorgang wurde akustisch aufgenommen und der Zeitpunkt jedes Aufpralls gemessen.

Variable:

- **AufprallZeit:** Zeitpunkt des jeweiligen Aufpralls
- **delta:** Differenz zwischen zwei Aufprallzeitpunkten
- **Aufprall:** Zählvariable

Aufprallzeit	delta	Aufprall
0 ms	287 ms	0
287 ms	272 ms	1
559 ms	254 ms	2
813 ms	240 ms	3
1053 ms	225 ms	4
1278 ms	214 ms	5
1492 ms	201 ms	6
1693 ms	191 ms	7
1884 ms	178 ms	8
2062 ms	168 ms	9
2230 ms	160 ms	10

Aufprallzeit	delta	Aufprall
2390 ms	152 ms	11
2542 ms	144 ms	12
2686 ms	137 ms	13
2823 ms	129 ms	14
2952 ms	121 ms	15
3073 ms	16	

Quelle: Erickson (2008)

USPopulation

Die folgende Tabelle gibt die Entwicklung der Bevölkerungszahlen in den USA zwischen 1790 und 1940 wieder.
Variable:

- **Bevölkerung**: Einwohnerzahl der USA (in Millionen)
- **Jahr**: Jahreszahl

Jahr	Bevölkerung	jahr	Bevölkerung
1790	3,929	1870	38,558
1800	5,308	1880	50,156
1810	7,24	1890	62,948
1820	9,638	1900	75,995
1830	12,866	1910	91,972
1840	17,069	1920	105,711
1850	23,192	1930	122,775
1860	31,443	1940	131,41

WachstumMensch

Wachstum eines Mädchens von Geburt bis zum Alter von 20 Jahren.
Variable:

- **Alter:** Alter zum Messzeitpunkt (in Jahren)
- **Größe:** Körpergröße in cm
- **Wachstum:** dividierte Differenzen zu zwei Messzeitpunkten

Alter	Größe	Wachstum			
0,25	58,0		11,50	137,7	3,6
0,50	61,0	12	12,00	141,2	7
0,75	65,0	16	12,50	144,8	7,2
1,125	69,0	10,67	13,00	147,8	6
1,50	72,5	9,33	13,50	151,9	8,2
2,00	76,7	8,4	14,00	155,9	8
2,50	80,8	8,2	14,50	158,5	5,2
3,50	88,0	7,2	15,00	160,7	4,4
4,50	94,2	6,2	15,50	162,1	2,8
5,50	99,0	4,8	16,00	163,0	1,8
6,50	108,0	9	16,50	163,8	1,6
7,50	116,5	8,5	16,90	164,3	1,25
8,50	123,0	6,5	17,30	164,5	0,5
9,50	128,0	5	17,70	164,8	0,75
10,00	130,5	5	18,50	165,2	0,5
10,50	133,5	6	19,50	165,3	0,1
11,00	135,9	4,8			

Quelle: Gasser et al. (1984)

Wattebausch

Mit einer Stoppuhr wurde bei unterschiedlichen Fallhöhen die Zeit des Herunterfallens eines Wattebausches gemessen.

Variable:

- **Höhe**: Fallhöhe in Metern
- **Zeit**: Fallzeit in Sekunden

Höhe	Zeit
0,5	0,43
1	0,59
1,5	0,75
2	0,87
2,5	1,09
3	1,28
3,	1,31

Quelle: Erickson (2008)

Wippe

Ein gewöhnliches Schullineal wurde an einem Loch in seiner Mitte (bei 16 cm) aufgehängt. Ein bestimmtes Gewichtsstück wurde auf der einen Seite des Lineals aufgehängt
und dort befestigt, sodass es nicht mehr verrutschen konnte. Dann wurden der Reihe nach
mehrere Gewichtsstücke bekannter Masse genommen und solange auf der anderen Seite
des Lineals verschoben, bis das Lineal im Gleichgewichtszustand waagrecht stand.
  Variable:

* **Masse:** Masse des zweiten Gewichtsstücks in g
* **Position:** Position des Gewichtsstücks, gemessen auf der Skala des Lineals (in cm)

Masse	Position
100	20,1
200	17,5
120	19,2
130	18,9
150	18,3
60	24,0

Quelle:
Erickson (2008)

Wolkenkratzer

Die Datei beinhaltet Informationen über die 77 größten Hochhäuser in Deutschland .
  Variable:

* **Gebäude:** Name des Hochhauses
* **Höhe:** Höhe des Hochhauses (in m)
* **Etagen:** Anzahl der Etagen
* **Jahr:** Baujahr des Hochhauses
* **Stadt:** Stadt

Gebäude Höhe (in m)	Etagen	Jahr	Status	
Commerzbank Tower	259	56	1997	Frankfurt am Main
MesseTurm	257	55	1990	Frankfurt am Main
DZ Bank AG	208	53	1993	Frankfurt am Main
Main Tower	200	55	1999	Frankfurt am Main
...				
...				
Bettenhaus der Charite	100,0	21	1982	Berlin
Die Pyramide	100,0	23	1995	Berlin
RellingHaus II	100,0	21	1999	Essen

Quelle: Wikipedia

Yellowstone

Anzahl der Bisons im Yellowstone Nationalpark zwischen 1902 und 1931.
Variable:

- **Jahr**: Jahreszahl
- **AnzBison**: Anzahl der Bisons

Jahr	AnzBison	Jahr	AnzBison	Jahr	AnzBison
1902	44	1912	192	1922	647
1903	47	1913	215	1923	748
1904	51	1914		1924	
1905	74	1915	270	1925	830
1906		1916	348	1926	931
1907	84	1917	397	1927	1008
1908	95	1918		1928	1057
1909	118	1919	504	1929	1109
1910	149	1920	501	1930	1124
1911	168	1921	602	1931	1192

Quelle: Hull und Langkamp (2003)

Anhang B: Anmerkungen zur Software 8

Zur Algorithmisierung aufwändiger Berechnungen und zur Unterstützung konzeptuellen Verstehens beim Mathematiklernen nimmt moderne Software eine wichtige Rolle ein. Wir empfehlen beim Arbeiten mit diesem Buch den Einsatz des Computers, nicht nur um lästige – aber im Prinzip verstandene – Routineaufgaben an den „Rechenknecht" zu delegieren, sondern auch als multimediales Mittel zur Veranschaulichung und Illustration, um Verstehen zu fördern und um einen experimentellen Arbeitsstil im Anwenden von Mathematik zu ermöglichen, indem unterschiedliche Szenarien erkundet und Konsequenzen von Festsetzungen und Annahmen in Simulationen unmittelbar erfahrbar werden.

Welcher Typus und welches Produkt von Software sich für eine bestimmte Fragestellung oder Bearbeitung empfiehlt, hängt dabei maßgeblich vom gewählten Zugang zum Modellieren funktionaler Abhängigkeiten ab. Für unterschiedliche Kapitel, Themenblöcke oder Abschnitte dieses Buches eignen sich unterschiedliche digitale Werkzeuge. Eine passende Wahl hängt aber auch von didaktischen Überlegungen und den Vorkenntnissen und Erfahrungen der jeweiligen Lerngruppen in Bezug auf mathematische Kompetenzen und Umgang mit Software ab. Benutzerfreundliche Software ist soweit wie möglich selbsterklärend und bietet leicht zugängliche Hilfesysteme an. Hohe Flexibilität in der Nutzung digitaler Werkzeuge und die Möglichkeit, eigene Ideen zur Datenanalyse umzusetzen, gehen andererseits meist einher mit gestiegenen Anforderungen an Computing und Programmieren. Soll konzeptuelles Lernen unterstützt werden, so ist unverzichtbar, dass multiple Repräsentationen (Graphen, Tabellen, numerische Zusammenfasssungen) dynamisch miteinander verlinkt sind und ein experimentelles Vorgehen durch interaktive Änderungen von Parametern und anderen Eingabegrößen ermöglicht wird. Schließlich spielen auch praktische Überlegungen eine zentrale Rolle: Ist das Produkt frei im Internet verfügbar oder ist eine Lizenz benötigt?

Für das Plotten von Funktionen und das Anpassen von Funktionen an vorliegende Daten (ob per Augenmaß oder objektiver Kriterien wie kleinste-Quadrate-Minimierung), wie es in Kap. 2 erfordert wird, ist die Software FATHOM in besonderer Weise prädestiniert.

© Springer-Verlag GmbH Deutschland 2018
J. Engel, *Anwendungsorientierte Mathematik: Von Daten zur Funktion*,
Mathematik für das Lehramt, https://doi.org/10.1007/978-3-662-55487-6_8

Diese für die besonderen Bedürfnisse der schulischen und universitäre Lehre (College Level) geschaffene Software unterstützt speziell das Anwenden wie auch das Lernen von Datenanalyse, Modellbildung und Stochastik. Ähnlich wie dynamische Geometriesysteme in den letzten Jahren das Lernen im Bereich der Geometrie in Richtung eines entdeckenden und experimentellen Arbeitens ermöglichen, so bildet FATHOM ein flexibles Werkzeug, mit dem Lehrende und Lernende eigene Ideen zu Modellierung, Simulation und Analyse realisieren und untersuchen können. Auch wenn die Bedienung der Software sehr benutzerfreundlich ist und nach kurzer Einarbeitung Vieles selbsterklärend ist, benötigt der Anfänger eine Einführung, um mit dieser Software arbeiten zu können. Ausführliche Details zur Bedienung von FATHOM finden sich in dem Buch von Rolf Biehler et al. (2006).

Ebenfalls für die Bearbeitung von Fragestellungen und Aufgaben in Kap. 2 besonders geeignet ist GEOGEBRA, eine frei-verfügbare, dynamische, open-source Mathematik-Software für das Lernen und Lehren auf allen Bildungsniveaus und in allen Schulstufen. Zu GEOGEBRA sind über https://www.geogebra.org vielfältige elektronische Arbeitsblätter, Manuale und Hilfen verfügbar. Beide Produkte, FATHOM und GEOGEBRA, sind auch besonders geeignet, Modellierungen mithilfe von Differenzengleichungen inklusive graphischer Repräsentationen durch Spinnwebdiagramme vorzunehmen, wie sie in den Abschn. 4.1 bis 4.4 behandelt werden.

Mathematisch stärker fordernde Themen wie Interpolationen, ob durch Polynome oder Splines, die Darstellung von Lösungen von Differenzialgleichungen oder Matrixalgebra, wie sie in den Kap. 3 und Abschn. 4.5 behandelt werden, verlangen mathematisch anspruchsvollere Computer-Algebra-Systeme wie MAPLE, MATHEMATICA oder MATHLAB. Eine kostenfreie (und dennoch sehr leistungsfähige) Alternative hierzu ist MAXIMA, verfügbar unter http://maxima.sourceforge.net/download.html.

Für die Bearbeitung von Fragen der modernen Datenanalyse in Abschn. 5.9 und Kap. 6 (nichtlineare und nichtparametrische Regression) empfiehlt sich das Programmsystem R zur statistischen Datenanalyse und zur graphischen Darstellung von Daten, das sich im akademischen Bereich durchgesetzt hat. Das Programm ist Open Source Software, d. h. der Quellcode sowie Binärdateien für verschiedene Rechnerplattformen (inclusive Windows und Unix) sind frei erhältlich und die Nutzung ist kostenfrei. Das R -Projekt hat die Website http://www.r-project.org. Über diese Adresse sind sowohl die zentrale Software wie auch Zusatzpakete und Dokumentationen verfügbar. Die integrierte Entwicklungsumgebung R-STUDIO (https://www.rstudio.com) ist eine graphische Benutzeroberfläche, die das Arbeiten mit R für Nutzer maßgeblich erleichtert.

Daten, Programmdateien und elektronische Arbeitsblätter in FATHOM, GEOGEBRA, MAPLE, und R als Textdatei sind als Online-Material dieses Buches verfügbar und über http://www.springer.com/de/book/9783662554869 zugänglich.

Anhang C: Lösungen zu ausgewählten Aufgaben

Kap. 1

1.1 Der Ansatz hierzu ist ähnlich wie bei der Berechnung der Blickweite bis zum Horizont, allerdings haben wir jetzt zwei Erhebungen: Das Ulmer Münster, mit 161.53 Metern der höchste Kirchturm der Welt, sowie einen (oder mehrere?) Alpengipfel. Jetzt ist zu untersuchen: Wie weit lässt sich vom Kirchturm in Richtung Alpen schauen? Wie weit lässt sich vom Alpengipfel Richtung Ulm schauen? Wenn sich die beiden Sehstrahlen treffen, dann lassen sich vom Ulmer Münster aus die Alpen sehen. Kuriose Information hierzu von einem emeritierten Kollegen, der Führungen am Ulmer Münster durchführt: „Bei Föhn, d. h. oben wärmere Luft als in tieferen Schichten, und klarem Wetter lassen sich die Alpen sehen, sonst nicht". Die Sehstrahlen sind bei Föhn etwas gekrümmt, also keine wirklichen Geraden.

1.2 Mit $s = 1/2gt^2$ ergibt sich $s \approx 125m$. Allerdings haben wir dabei nicht die Zeit berücksichtigt, die der Schall benötigt, und wir haben den Luftwiderstand vernachlässigt. Das Modell ließe sich somit noch verfeinern.

1.3 Will man dieses Problem lösen, so muss man es zunächst in einer Weise mit mathematischen Mitteln repräsentieren, die den Einsatz verfügbarer mathematischer Mittel erlaubt. Vor allem muss man die Frage noch weiter präzisieren, ein Kriterium für Optimalität festlegen. Will man eine brauchbare Antwort erhalten, so muss eventuell auch noch weitere Information beschafft werden.

Die drei Hochhäuser bilden ein Dreieck. Hat man die Zielvorgabe, dass der Spielplatz von allen Häusern gleich weit entfernt ist, so wird man den Umkreismittelpunkt des Dreiecks wählen. Will man die Summe aller drei Wege von den Hochhäusern zum Spielplatz minimieren, so muss man den Minimumdistanzpunkt oder *Fermatpunkt* wählen. Der Schwerpunkt des von den drei Hochhäusern gebildeten Dreiecks ist schwerer zu motivieren. Er minimiert die Summe der Quadrate der Abstände zwischen Hochhäusern und Spielplatz. Stellt man sich vor, dass die Hochhäuser durch

© Springer-Verlag GmbH Deutschland 2018
J. Engel, *Anwendungsorientierte Mathematik: Von Daten zur Funktion*,
Mathematik für das Lehramt, https://doi.org/10.1007/978-3-662-55487-6_9

gefährliche Straßen verbunden sind (die Seiten des Dreiecks), so wird man wohl einen Ort vorziehen, der möglichst weit von diesen Straßen entfernt ist. Dieser Punkt ist der Inkreismittelpunkt, den man als Schnittpunkt der Winkelhalbierenden erhält. Es bleiben noch offene Fragen: Sind diese Antworten für die Praxis tauglich? Wie sieht es aus, wenn die Zahl der Kinder in den drei Hochhäusern sehr unterschiedlich ist?

1.4 Hier wurde richtig gerechnet, aber unangemessen modelliert. Der Gewichtsverlust ist gewiss nicht linear, zumindest nicht über längere Zeiträume hinweg. Was wäre dann ein geeigneteres Modell? Dazu müsste man mehr Daten sammeln oder Ernährungsexperten und Mediziner zu Rate ziehen (siehe auch Beispiel wtlossexample, S. 276).

1.5 Dies ist ein Klassiker der frühen Wahrscheinlichkeitsrechnung, dessen Lösung auf einen Briefwechsel zwischen Pascal und Fermat aus dem Jahr 1654 zurückgeht (siehe Rasfeld, 2007). Im Gegensatz zu den anderen Aufgaben dieses Kapitels handelt es sich um eine normative Modellierung („Wie *soll* der Einsatz verteilt werden?"). Frühe Vorschläge sahen vor, den Einsatz im Verhältnis der gewonnenen Spiele, d. h. 2:1, zu verteilen (Vorschlag von Luca Pacioli von 1494). Von den eingezahlten 48 € erhält der eine Spieler somit 32 €, der andere 16 €. Ein anderer Vorschlag, der auf Geronimo Cardano aus dem Jahr 1539 zurückgeht, sah vor, das Verhältnis der bis zu einem Sieg noch zu gewinnenden Spiele zu nehmen, hier also (4–1):(4–2)=3:2 aufzuteilen, d. h. der führende Spieler erhält 3/5, der andere 2/5 des einbezahlten Einsatzes, d. h. 28.80 € versus 19.20 €. Der Vorschlag Pascals und Fermats griff auf Wahrscheinlichkeitsüberlegungen zurück: Mit welcher Wahrscheinlichkeit wird der führende Spieler das Spiel gewinnen, wenn weiter gespielt würde? Antwort (mittels Baumdiagramm): $P = 11/16$. Daher sollte der führende Spieler 33 €, der andere 15 € erhalten. Man beachte, dass Pascal und Fermat dabei davon ausgehen, dass es sich um ein reines Glücksspiel handelt, d. h. in jeder Runde ist die Gewinnwahrscheinlichkeit für jeden Spieler jedes Mal 1/2. Handelt es sich um ein Geschicklichkeitsspiel, ist die Gewinnwahrscheinlichkeit nicht unbedingt 1/2 und wohl zunächst noch durch einen geschätzten Wert zu ersetzen.

1.6 Der Richter ging in seinem Urteil von der Annahme aus (Zeisel, 1968), dass sich die Räder unabhängig bewegen. Die Wahrscheinlichkeit von zwei Ventilen auf dieselbe „Uhrposition" zurückzukehren, wurde dabei als 1:144 berechnet. Der Fahrer wurde für unschuldig erklärt, da diese Wahrscheinlichkeit noch zu groß sei – wären alle vier Ventile auf die gleiche Position zurückgekehrt, dann – so der Richter – wäre der Fahrer vom Richter für schuldig erklärt worden.

Bedeutungsvoller als die genaue Rechnung ist hier allerdings die Frage, ob die Unabhängigkeitsannahme, von der der Richterspruch ausging, überhaupt haltbar ist. Falls Zweifel an dieser Annahme bestehen, in welcher Weise wirkt sich ein Fallenlassen dieser Annahmen aus? Verbessert oder verschlechtert sich dadurch die Situation des Angeklagten? Drehen sich die Räder als eine Einheit, so beträgt die Wahrscheinlichkeit offensichtlich 1/12, dass die Räder nach einer weiteren Fahrt zu genau derselben Position zurückkehren, d. h. also, ein Freispruch nach dem Prinzip in *dubio pro reo* sollte dann erst recht erfolgen. Welche Rolle spielt es, wenn der Fahrer Kurven mit unterschiedlichen Innen- und Außenradien gefahren ist?

1.7 Version 1 führt zu einer exakten Berechnung des Volumens eines Rotationskörpers. Im Grunde genommen ist es eine eingekleidete Aufgabe und es geht um die Berechnung des Integrals

$$V = \int_{-1}^{1} (2 - 0.25x^2)dx.$$

Der Kontext ist schmückendes Beiwerk. Hat denn ein echtes Fass wirklich eine exakte Parabel als Querschnitt? Die Dicke des Randes scheint überhaupt keine Rolle zu spielen.

Version 2 hingegen ist eine Modellierungsaufgabe. Sie fordert Überlegungen zur Modellbildung geradezu heraus. Mithilfe welchen Körpers soll das Fass modelliert werden? Hier können Schüler auch je nach eigenem Leistungsstand differenzieren. Die Antwort kann nur den Anspruch einer ungefähren Lösung erheben, was aber wohl realistisch ist.

Aufgaben 1.8 bis 1.11 sind kreativitätsfördernde Modellierungsaufgaben, die in unterschiedlichen Varianten schon ab Klasse 5 in der Schule eingesetzt werden können.

1.12 Die Urlauber mögen korrekt mit Wahrscheinlichkeiten rechnen, sie modellieren aber gewiss nicht angemessen. Warum sollten die Ereignisse „Sturm am Samstag" und „Sturm am Sonntag" unabhängig sein? Der Segler rechnet falsch: Wahrscheinlichkeiten kann man nicht einfach addieren. Er mag dennoch Recht haben, unter folgenden Bedingungen: Ein Sturmtief nähert sich, und wenn es am Samstag die Küste nicht erreicht, dann wohl am Sonntag.

1.13 Das für manche überraschende Ergebnis lautet: Die Konzentration ist in beiden Tassen gleich. Man kann dies durch rechnerisches Modellieren ausrechnen, was aber aufwändig und mühsam ist. Besser ist ein begriffliches Modellieren: Wir haben anfangs zwei Tassen mit gleichem Volumen Flüssigkeit. Jetzt wird zwischen beiden Tassen Flüssigkeit ausgetauscht, und zwar wandert von Tasse 1 genauso viel in Tasse 2 wie umgekehrt von Tasse 2 in Tasse 1 geht. Am Ende haben beide wiederum das gleiche Volumen. Also muss die Konzentration gleich sein.

Kap. 2

2.4 a. Aus $y = ax^2 + bx + c$ folgt

$$y = a \left(x - \frac{b}{2a} \right)^2 + c - \frac{b^2}{4a}.$$

Setzen wir $y^{\star} = \dfrac{1}{a}(y + \dfrac{b^2}{2a} - c), x^{\star} = \left(x - \dfrac{b}{2a}\right)^2$, so können wir die allgemeine
Parabel $y = ax^2 + bx + c$ wie folgt charakterisieren: Man strecke die Normalparabel
$y = x^2$ mit dem Faktor a, verschiebe um $\frac{b}{2a}$ nach rechts und um $c - \frac{b^2}{2a}$ nach oben.

   b. $y = |3x - 2| - 4 = 3|x - 2/3| - 4$. Man nehme die Betragsfunktion, strecke um Faktor
3, verschiebe um 2/3 nach rechts und um 4 nach unten.

     $y = -2|2x + 1| = -4|x + 1/2|$. Man nehme die Betragsfunktion, strecke um Faktor
4, spiegele an der horizontalen Achse und verschiebe um 1/2 nach links.

2.5 Es sind alles Geraden, die durch den Punkt $(-3 \mid 1)$ gehen.

2.7 a. Aus (S) folgt (V): Zunächst ist die Aussage für natürliche Zahlen k unmittelbar
(streng genommen mit vollständiger Induktion zu beweisen):

$$f(kx) = f(x + x + \dots + x) = f(x) + \dots + f(x) = kf(x).$$

Für negative Zahlen k folgt die Aussage wie: Zunächst ist $f(0) = f(0 + 0) = f(0) + f(0)$, was nur möglich ist, falls $f(0) = 0$. Damit ergibt sich

$$0 = f(0) = f(kx + (-k)x) = f(kx) + f(-kx),$$

d. h. $f(-kx) = -f(kx) = -kf(x)$. Zur Erweiterung auf rationale k betrachte zunächst
$f(x) = f(q \cdot x/q) = q \cdot f(x/q)$ und somit $f(x/q) = f(x)/q, q \in \mathbb{N}$. Hiermit ergibt sich
jetzt

$$p \cdot f(x) = pf\left(\frac{qx}{q}\right) = f\left(q \cdot \frac{p}{q}x\right) = q \cdot f\left(\frac{p}{q}x\right),$$

d. h.

$$f\left(\frac{p}{q}x\right) = \frac{p}{q}f(x).$$

Der Übergang zu reellem k geht wohl nur über Stetigkeit und Grenzwertbetrachtungen. Details werden hier weggelassen.

Aus (V) folgt (Q): Gegeben $x, y \in \mathbb{R}$. Sei $k = x/y$. Dann ist $x = ky$

$$\frac{f(x)}{x} = \frac{f(ky)}{ky} = \frac{kf(y)}{ky} = \frac{f(y)}{y}$$

Aus (Q) folgt (S): Zunächst folgt aus

$$\frac{f(x)}{x} = \frac{f(x_2)}{x_2}$$

dass

$$f(x) = \frac{f(x_2)}{x_2}x = kx \text{ mit } k = \frac{f(x_2)}{x_2}.$$

Das bedeutet aber, dass

$$f(x_1 + x_2) = k(x_1 + x_2) = kx_1 + kx_2 = f(x_1) + f(x_2).$$

b. Aus (DQ) folgt (M): Es bezeichne $\bar{x} = 1/2(x_1 + x_2)$. Dann ist

$$\frac{f(\bar{x}) - f(x_1)}{\bar{x} - x_1} = \frac{f(\bar{x}) - f(x_2)}{\bar{x} - x_2}.$$

Da $\bar{x} - x_1 = x_2 - \bar{x}$ folgt hieraus

$$f(\bar{x}) = \frac{1}{2}(f(x_1) + f(x_2)).$$

Die Verallgemeinerung auf mehrere Summanden erfolgt per vollständiger Induktion.

Aus (M) folgt (A): Sei $x_2 - x_1 = x_4 - x_3$. Dann ist $\frac{x_2 + x_3}{2} = \frac{x_1 + x_4}{2}$ und somit

$$\frac{f(x_2) + f(x_3)}{2}) = f(\frac{x_2 + x_3}{2}) = f(\frac{x_1 + x_4}{2}) = \frac{f(x_1) + f(x_4)}{2},$$

woraus sofort folgt, dass $f(x_2) - f(x_1) = f(x_4) - f(x_3)$.

Aus (A) folgt (DQ): Gegeben seien beliebige (paarweise verschiedene) Zahlen x_1, x_2, x_3, x_4. Wir wollen zeigen, dass

$$\frac{f(x_4) - f(x_3)}{x_4 - x_3} = \frac{f(x_2) - f(x_1)}{x_2 - x_1}.$$

Wir nehmen zuerst weiterhin an, dass die Differenz zwischen x_4 und x_3 ein natürliches Vielfaches der Differenz zwischen x_2 und x_1 ist, d. h. $x_4 - x_3 = k(x_2 - x_1)$, $k \in \mathbb{N}$. Wir zerlegen die Strecke von x_3 bis x_4 in k gleiche Teile. Auf jedem Teilstück nehmen die Bilder nach Voraussetzung (A) um $f(x_2) - f(x_1)$ zu, insgesamt also um $k(f(x_2) - f(x_1))$. Damit ist klar, dass

$$\frac{f(x_4) - f(x_3)}{x_4 - x_3} = \frac{k(f(x_2) - f(x_1))}{k(x_2 - x_1)} = \frac{f(x_2) - f(x_1)}{x_2 - x_1}.$$

Den Fall $k \in \mathbb{Q}$, d. h. $k = p/q$, erhält man analog, wenn man die Strecke zwischen x_1 und x_2 zunächst in q Teile zerlegt. Schließlich zeigt man die Aussage für $k \in \mathbb{R}$ durch geeignete Grenzwertbildung.

c. Es genügt zu zeigen, dass aus einer der drei Eigenschaften (V), (S) oder (Q) eine der Eigenschaften (A), (M) oder (DQ) folgt. Wir zeigen, dass aus (S) Eigenschaft (A) folgt: Es sei $x_2 - x_1 = x_4 - x_3$. Dann ist $f(x_2 - x_1) = f(x_4 - x_3)$, nach Eigenschaft (S) ist aber der erste Term $f(x_2 - x_1) = f(x_2) - f(x_1)$ und ebenso $f(x_4 - x_3) = f(x_4) - f(x_3)$.

d. Ein Gegenbeispiel genügt: Irgendeine lineare Funktion mit nicht-verschwindendem Absolutglied, z. B. $f(x) = 2x + 1$ erfüllt (A), (M) und (DQ), aber keine der Eigenschaften ((V), (S) oder (Q)).

2.13 a. Die Variable sind T für die Zeit bis zum Beginn des Quengelns, A die Anzahl der Angebote, C die Anzahl der Kinder, t_0 die Abfahrtszeit von zu Hause. β und α sind die Parameter.

b. β gibt an, wie viel Nutzen die Angebote bringen. Die Zeitspanne, in der die Kinder ruhig sind, wächst mit der Anzahl der Angebote. Die Gleichung enthält den Term $1 + \beta A$ und nicht einfach nur βA, weil auch bei keinen Angeboten die Kinder nicht sofort zu quengeln beginnen.

Der kompliziertere Teil ist die Abhängigkeit von der Anzahl der Kinder. α hingegen hat etwas mit der Dynamik zwischen den Kindern zu tun. In der Gleichung taucht die Zahl quadriert auf als C^2, weil dies eine einfache Annäherung an die Anzahl der Interaktionen zwischen den Kindern ist. Diese Interaktionen erhöhen die Wahrscheinlichkeit einer Streiterei und somit auch das Nachfragen „Wann sind wir endlich da". Ist α sehr klein, so ist die Kinderzahl weitgehend irrelevant, ist α hingegen groß, so wird die Zeit der zusätzlichen Ruhe im Auto immer kürzer und zwar umgekehrt proportional zum Quadrat der Kinderzahl.

c. Durch Beobachtungen bei Autoreisen mit unterschiedlicher Zahl von Kindern und Spielzeugangeboten. Dabei ist es hilfreich, zunächst die Zahl der Kinder konstant zu lassen und die Zahl der Angebote zu variieren. In einem zweiten Schritt wird die Zahl der Kinder variiert, bei fester Anzahl der Angebote.

2.14 (a) $f^{-1}(x) = \frac{1}{5}x + \frac{3}{5}$ (b) $f^{-1}(x) = \frac{5}{x}$ (c) $f^{-1}(x) = \sqrt[3]{x-2}$

2.17 (a) 4,8 Millionen €.

(b) $p = 239144.28\%$.

2.18 Da $2^{42} = 4,398046511104 \cdot 10^{11}$, und 1mm$=10^{-6}$km folgt, dass 42-maliges Falten genügt.

2.19 (a) $100 \cdot 1,08^5 \cdot 1,04^5 = 1787,66$ €

(b) Nein, denn $1000 \cdot 1,06^{10} = 1790,85$

(c) $r = \sqrt[n]{K_n/K_0} = (1787,66/1000)^{0,1} = 1,0598$, also $p = 5,98\%$

(d) Es soll also gelten: $K \cdot r_1^n \cdot r_2^n = K \cdot r^{2n}$; also ist $r = \sqrt{r_1 \cdot r_2}$ (geometrisches Mittel).

2.22 (a) $\log_a(x) = y$ bedeutet $x = a^y = \left(e^{\ln(a)}\right)^y = e^{y \ln a}$.

Daraus folgt $\ln(x) = y \ln(a)$ bzw. $y = \frac{\ln(x)}{\ln(a)}$,

d. h. $\log_a(x) = \frac{\ln(x)}{\ln(a)}$.

(b) Es gilt nach (a)

$$\log_a(x) = \frac{\ln(x)}{\ln(a)}$$

$$\log_b(x) = \frac{\ln(x)}{\ln(b)},$$

woraus sofort folgt, dass

$$\log_a(x) = \frac{\ln(b)}{\ln(a)} \log_b(x).$$

$$= k \log_b(x) \text{ mit } k = \frac{\ln(b)}{\ln(a)}.$$

Kap. 3

	x_0	x_1	x_2	x_3	x_4	$p(5.25)$	$p(5.25) - f(5.25)$
(a)	1	2	4	8	10	−0,04017419472	0,04919031138
(b)	2	4	8	10		−0,0973470190	−0,0079825129
(c)	4	8	10			−0,08831722795	0,00104727815
(d)	2	4	8			−0,1035252972	−0,0141607911

(Zeilenbezeichnung **3.1** links neben (a)–(d))

3.2 (a) $p(x) = x^2 + 2x + 3$ (b) $p(x) = 2x^3 - x + 2$ (c) $p(x) = x^4 - x^2 + x + 1$

3.3 Für $s(x)$ errechnen sich direkt die Koeffizienten $a = 2$, $b = 3$, $c = -1$. Das Interpolationspolynom lautet

$$p(x) = -1,217087914x^2 + 4,458598726x + 1.$$

3.4 Einsetzen der Stützstellen führt direkt zum Ergebnis

3.5 (a) Mithilfe vollständiger Induktion über n.

3.6 (a) $p(x) = 2x$ (b) $p(x) = ((x-2)x+5)(x+1) - 3 = x^3 - x^2 + 3x + 2$ (c) $p(x) \equiv 0$.

3.7

$$p(x) = \omega(x) \sum_{k=0}^{n} \frac{A_k}{x - x_k} = \sum_{k=0}^{n} A_k \Pi_{j \neq k}(x - x_j)$$

Das ist ein Polynom n-ten Grades. Unter welchen Bedingungen an A_k ist es das Interpolationspolynom? Es muss gelten

$$p(x_i) = \sum_{k=0}^{n} A_k \Pi_{j \neq k}(x_i - x_j) = y_i$$

$$= A_i \Pi_{j \neq i}(x_i - x_j) = y_i$$

$$\Rightarrow A_i = \frac{y_i}{\Pi_{j \neq i}(x_i - x_j)}$$

Für die Stützpunkte $(1/3), (3/1)$ und $(4/6)$ ergibt sich dann

$$A_1 = \frac{3}{(1-3)(1-4)} = \frac{1}{2}, A_2 = \frac{1}{(3-1)(3-4)} = -\frac{1}{2}, A_3 = \frac{6}{(4-1)(4-3)} = 2$$

3.8 Es gilt

$$p(x) = \sum y_i L_i(x)$$

Setzen wir $y_0 = y_1 = ...y_n = 1$, so ist $p(x)$ das die Punkte $(x_0/1), (x_1/1), ...(x_n/1)$ interpolierende Polynom. Dann ist

$$q(x) = p(x) - 1 = \sum L_i(x) - 1,$$

ein Polynom n-ten Grades mit $n + 1$ Nullstellen $x_0, x_1, ..., x_n$, d. h.

$$p(x) \equiv 1$$

3.12 (a) Aus den Anschlussbedingungen ergibt sich: $s_1(1) = s_2(1), s_2(3) = s_3(3), s_1'(1) = s_2'(1), s_2'(3) = s_3'(3), s_1''(1) = s_2''(1), s_2''(3) = s_3''(3)$ woraus $a = c = d$ folgt.
(b) $a = c = d = 7, b = 2, e = -3$

3.13 Prüfen der Anschlussbedingungen: $s_1(0) = 2 = s_2(0), s_1'(0) = 4 = s_2'(0)$ sind erfüllt. Jedoch ist $s_2''(0) = 6 \neq -6 = s_2''(0)$. Außerdem ist $s_1''(-1) = 0 = s_2''(1)$.

3.14 Zunächst erstmal ist $S(x)$ eine stetige Funktion, die an den Stützstellen Knicke hat und auf den Intervallen $[x_i, x_{i+1}]$ linear ist. Damit ist schon gezeigt, dass $S(x)$ ein Spline vom Grade 1 ist.

Gegeben ein beliebiger Spline vom Grade 1, definiert auf dem i-ten Intervall durch die lineare Funktion $y = a_i x + b_i$ für $x \in [x_i, x_{i+1}]$. Wie lässt sich dieser Spline in der gewünschten Form $S(x) = ax + b + \sum_{i=1}^{n-1} c_i |x - x_i|$ darstellen? Für die Steigungen muss offensichtlich gelten

$$a_1 = a - c_1 - c_2 - ... - c_{n-1}$$

$$a_2 = a + c_1 - c_2 - ... - c_{n-1}$$

$$\vdots$$

$$a_1 = a + c_1 + c_2 + ... + c_{n-1}.$$

Gegeben sind die a_i's, gesucht sind $a, c_1, ..., c_n$. Zu lösen ist also ein lineares Gleichungssystem der Form

$$\begin{pmatrix} 1 & -1 & -1 & ... & -1 \\ 1 & 1 & -1 & ... & -1 \\ \vdots & & & & \\ 1 & 1 & 1 & ... & 1 \end{pmatrix} \cdot \begin{pmatrix} a \\ c_1 \\ \vdots \\ c_{n-1} \end{pmatrix} = \begin{pmatrix} a_1 \\ a_1 \\ \vdots \\ a_n \end{pmatrix}$$

Da die Koeffizientenmatrix eine Determinante von $2^{n-1} \neq 0$ hat, gibt es stets genau eine Lösung für $a, c_1, \ldots, c_{n-1}$. Den Wert des absoluten Terms b erhält man durch Auswerten der Funktion an einer (geeignet gewählten) Stelle.

3.15 Stimmt überein

3.18 (b) $s_i(x_i) = y_i$, $s_i(x_{i+1}) = y_{i+1}$, $i = 1, \ldots, n-1$ und $s_i'(x_{i+1}) = s_{i+1}'(x_{i+1})$, $i = 1, \ldots, n-2$ ergibt $3n-4$ Bedingungen für $3n-3$ Parameter mit $s_i(x) = a_i x^2 + b_i x + c_i$. Eine Bedingungen kann somit noch festgelegt werden, z. B. durch Vorgabe einer Ableitung am Rand.

(c) Wird z. B. per Randbedingung $s_1'(-1) = 0$ festgelegt, so errechnet sich $s_1(x) = -x^2 - 2x + 1$, $s_2(x) = 3x^2 - 2x + 1$. Wird hingegen die zusätzliche Randbedingung $s_1'(-1) - 2$ gewählt, so erhält man auf beiden Teilstücken dasselbe Abschnittspolynome 2. Grades $y = x^2 + 1$.

Kap. 4

4.2 Modellieren wir den radioaktiven Verfall von C^{14} exponentiell, so ergibt sich die Lösung aus

$$0,75 = \left(\frac{1}{2}\right)^{n/5570}$$

als

$$n = \frac{5570}{\ln 2} \cdot \ln 4/3 \approx 2311,75 \text{ Jahre}.$$

4.3 (b) Der Streckenzug nähert sich dem Punkt $(2|2)$, weil $1 + 1/2 + 1/4 + \ldots$ sich dem Wert 2 nähert. Allgemein betrachte man die Gerade $y = qx + 1$, wobei $|q| < 1$ sein muss, damit sich diese Gerade mit der Winkelhalbierenden im 1. Quadranten schneidet.

4.4 Nach dem Newtonschen Abkühlungsgesetz gilt $T_{n+1} - T_n = k(T_n - T_U)$, wobei T_n die Temperatur des Kaffees in der n-ten Zeiteinheit und T_U die Umgebungstemperatur ist. Der Kaffee des Mannes ist ab dem Moment kälter als der Kaffee der Frau, in dem er die Milch hinzufügt.

4.5 Die Folge der (x_n) nimmt monoton ab und nähert sich dem Wert S von oben.

4.6 (a) $x_{n+1} = x_n(1 + k) + R$,

(b) $x = -R/k$, die Schulden bleiben immer auf dem gleichen Stand, d. h. weder Abbau noch weitere Verschuldung.

(c) $x_n = R \dfrac{(1 + k)^n - 1}{k} + (1 + k)^n x_0$.

(d) Nach 30 Jahren sind die Schulden getilgt.

4.7 (a) Die Anzahl der Neuinfizierten ist proportional zur Anzahl der schon Infizierten (die ja andere anstecken können) und zur Zahl derer, die noch angesteckt werden können. Beides zusammen führt zur logistischen Differenzengleichung.

(b) Unter dem logistischen Modell gilt $x_{n+1} = x_n + kx_n(10000 - x_n), x_0 = 120, x_1 = 180, x_2 = 268$

(c) Die Zahl der Neuinfizierten ist am 12. Tag maximal.

(d) Möglicherweise werden sich doch nur insgesamt 1850 Personen infizieren.

4.8 Die Anzahl der Neuinfektionen kann als proportional angenommen werden sowohl zur Zahl der schon infizierten Kinder als auch zur Zahl der noch für die Krankheit empfänglichen Kinder.

4.9 (b) wenn man pro Jahr 432 Fische entnimmt, hält man den Bestand auf 800 Fische konstant.

(c) Nach 2 Jahren liegt der Bestand bei 1857 Fischen. Jetzt können 856 Fische verkauft werden bei Beibehaltung des Bestandes.

(d) Sie sollte warten, bis der Anstieg am steilsten ist (im 6. Jahr), und dann 1197 Fische pro Jahr verkaufen. Im letzten Jahr sollten dann alle verbleibenden 4985 Fische verkauft werden.

4.10 (a) $x_{n+1} = 0.96 x_n + 10000$ oder $x_{n+1} = (x_n + 10000)0.96$ je nachdem ob sich die Verdunstung auch auf das neu hinzukommende Wasser bezieht oder nicht.

(b) Die Grenze liegt bei 250000 bzw. 240000 Litern.

4.11 (a) $x_{n+1} = 0.9 x_n + 5, x_0 = 20$

(b) Die Grenze liegt bei 50l, wie sich aus $x = 0.9x + 5$ errechnet.

4.12 (b) Als Dauer eines Zeittaktes wähle man hier 15 Minuten, d. h. 3 Stunden entsprechen 12 Zeittakten. Nach 30 Zeittakten = 7.5 Stunden liegt die Wassertemperatur unterhalb von 21° Celsius.

4.13 Gemäß der abgewandelten Rekursionsformel wird – bei gleichen Parametern für S, q und x_0 – viel schneller die Sättigungsgrenze erreicht.

4.14 Logistisches Wachstum mag für die Verbreitung eines Gerüchtes angemessen sein, weil

– zu Beginn die Zahl derjenigen, die über das Gerücht informiert werden, proportional zur Anzahl derjenigen ist, die das Gerücht kennen (6 Leute verbreiten das Gerücht an doppelt so viele neue Leute als wenn nur drei Personen das Gerücht kennen),

– die Zahl der Neuinformierten aber auch proportional zur Zahl derer ist, die das Gerücht noch nicht kennen, und diese Zahl wird mit zunehmender Verbreitung immer kleiner.

Jedoch mag diesen Überlegungen entgegen stehen,

– dass Leute zusammen klüngeln und sich in ihrer Kommunikation nicht beliebig vermischen,

– ein Gerücht mit zunehmender Verbreitung an Reiz verliert und deshalb nicht mit derselben Energie wie am Anfang weiterverbreitet wird.

Für $y = a/b$ und $x = c/d$ hat das System einen Gleichgewichtszustand (vorausgesetzt $b, d \neq 0$.

4.21 $x_{n+1} = x_n + ax_n(S - x_n) - bx_n y_n$, wobei S die Kapazitätsgrenze für die Beutepopulation ist.

4.22 (a) $x_n = 100 + (\frac{2}{3})^n(x_0 - 100)$

(b) Beschränktes Wachstum, konvergiert gegen 100

(c) $x' = \frac{1}{3}(100 - x), x(0) = 1$

(d) $x(t) = 100 - 99 \exp(-\frac{1}{3}t)$.

4.23 (a) $x(t) = \pm C \exp(2t^2)$

(b) $x(t) = \dfrac{-2}{t^2 + C}$

(c) $x(t) = C \exp(4t) - \frac{1}{2}$

(d) $x(t) = \sqrt{6t + \frac{2}{3}t^3 + c}$

4.24 (a) $z(t) = 10 \exp(0,5t - 0,05t^2)$ (b) Bei $t = 5$ hat z ein Maximum, ab etwa $t = 13,429$ ist $z(t) \le 1$ (c) $z_{n+1} = z_n + (0,5 - 0.1n)z_n$, $z_1 = 14, z_2 = 18, 2, z_3 = 25, 48, z_4 = z_5 = 28, 028$

4.25 Aus dem Text entnehmen wir: $K(0) = 1, K(4) = 300, S = 5000$. $K(t)$ bezeichne dabei die Anzahl der Kranken nach t Wochen. Am Anfang ist die Zunahme proportional zur Anzahl der Kranken, später wird diese Zunahme aber gebremst, da es ja eine obere Grenze von 5000 gibt. Dann ist die Zahl der Neuerkrankten nur noch proportional zum verbleibenden Rest der noch nicht Erkrankten. Daher erscheint das logistische Modell plausibel. Gewiss liegen auch hier Modellannahmen zugrunde, z. B. dass die Kontaktrate von allen Stammesbewohnern gleich ist, d. h. die Wahrscheinlichkeit, dass Herr oder Frau i Herrn oder Frau j trifft und ansteckt, ist für alle $0 \le i, j \le 500$ gleich. Unter dieser Annahme ist

$$K(t) = \frac{a \cdot S}{a + (S - a) \cdot e^{-Skt}}$$

mit noch zu bestimmenden Parametern a und k. S wird sinnvollerweise auf 5000 gesetzt. Die Parameterwerte erhalten wir aus $K(0) = 1, K(4) = 300$ durch Einsetzen in die Formel. $K(0) = a = 1$ und

$$300 = \frac{5000}{1 + 4999e^{-5000k \cdot 4}}$$
$$\Rightarrow k = 0,0002882728929$$

Nach knapp 6 Wochen (genauer nach 5,908979570), ist die Hälfte der Population erkrankt. Ab diesem Zeitpunkt lässt die Ausbreitungsgeschwindigkeit der Krankheit nach. Nach 8 Wochen (als Annäherung von 2 Monaten) sind 4766 Personen krank. Das entspricht einer mittleren Zunahme von 596 (exakt 595,7494701) pro Woche.

4.26 Aus dem Text entnehmen wir $f(-2) = 5000$, $f(0) = 32000$, $S = 750000 \cdot 60\% = 450000$. Dass die Zuwachsraten proportional zur Zahl der Personen sind, die noch kein Mobiltelefon besitzen, ist wohl plausibel. (Wir nehmen einmal an, dass kein Interesse daran besteht, mehr als 1 Mobiltetlefon zu besitzen). Ist im Niederigzahlbereich der Zuwachs proportional zum gegenwärtigen Bestand an Mobiltelefonen? Falls ja, wäre dies ein Argument für das logistische Modell, andernfalls wohl eher ein Argument für das begrenzte Wachstumsmodell. Das ist wohl eine Frage, wie sich Mobiltelefone verbreitern: falls quasi durch Weitersagen oder als Modetrend („wenn mein Nachbar ein Mobiltelefon hat, dann will ich auch eins besitzen"), dann ist das logistische Modell ggf. angemessen. Falls derartige Überlegungen keine Rolle spielen, Vorteile und Nutzen eines Mobiltelefons allen Bewohnern von Anfang an bekannt sind, dann ist wohl eher das begrenzte Wachstumsmodell angesagt. Wir rechnen in beiden Fällen:

a. begrenztes Wachstummodell

$$f(t) = S + (x_0 - S)\exp(-kt) = 450000 - 418000\exp(-kt),$$

mit $f(-2) = 5000$ erhalten wir $k = 0,03129642462$

b. logistisches Modell: $k = 0,000002132100933$ und somit

$$f(t) = \frac{32000 \cdot 450000}{32000 + (450000 - 32000)\exp(-450000 \cdot 0.000002132100933 \cdot t)}$$

4.27 $G(t) = \exp(0,01t - 0.01t^2)$

4.28 $b(t) = C\cos(t/20 + d), r(t) = 1/5C\sin(t/20 + d)$ mit $C \approx 206, d \approx 2,899$.

Kap. 5

5.1 FATHOM hat die Median-Median-Gerade im Menü, daher ausprobieren!

5.2 Die Steigung der Regressionsgerade beträgt 0,688 bzw. 0,686, je nachdem welche Variable man als Regressor bzw. Regressand festlegt. Da die Steigung stets < 1, liegt ein deutlicher Regressionseffekt vor.

5.3 (a) Es ist $S(m) = \sum_{i=1}^{n}(y_i - mx_i)^2$ zu minimieren.

(b) $m = \dfrac{\sum_{i=1}^{n} x_i y_i}{\sum_{i=1}^{n} x_i^2}$.

5.4 Es gilt

$$g(z) = \sum_{i=1}^{n}(x_i - z)^2 = \sum_{i=1}^{n}[(x_i - \bar{x}) - (z - \bar{x})]^2$$

$$= \sum_{i=1}^{n}(x_i - \bar{x})^2 - 2\sum_{i=1}^{n}(x_i - \bar{x})(z - \bar{x}) + n(z - \bar{x})^2.$$

Der mittlere Term aber ist 0, der erste Term hängt nicht von z und der dritte als ein Quadrat wird minimal, wenn er null ist. Dies ist genau dann der Fall wenn $z = \bar{x}$. $h(z)$ wird vom Median der Daten minimiert.

5.10 Es gilt $s_{x^\star y} = a s_{xy}, s_{x^\star x^\star} = a^2 s_{xx}$. Daher $m^\star = \dfrac{s_{x^\star y}}{s_{x^\star x^\star}} = \dfrac{m}{a}$.

Ebenso bei linearer Transformation der y-Achse $s_{xy^*} = bs_{xy}$ und daher

$$m^* = \frac{s_{xy^*}}{s_{xx}} = bm.$$

5.12 $r = 0,46328$. Der Korrelationskoeffizient verändert sich nicht bei linearer Reskalierung der Daten.

5.13 (a) Nein. (b) r bleibt unverändert. (c) Die Punkte liegen dann alle auf einer Parallelen zur x- bzw.zur y-Achse und der Korrelationskoeffizient ist nicht definiert.

5.15 Im Fall a) und b) ist $m = 1/m'$. c) $m = m' = 0$

5.16 (a) Man beachte dass $s_{xx} = ||\mathbf{x} - \bar{x}\mathbf{e}||^2$, $s_{yy} = ||\mathbf{y} - \bar{y}\mathbf{e}||^2$ und $s_{xy} = ||\mathbf{x} - \bar{x}\mathbf{e}|| \cdot ||\mathbf{y} - \bar{y}\mathbf{e}||^2$ und wende den Cosinus-Satz an.

   (b) Wenn $r = \pm 1$, dann sind die Vektoren $\mathbf{x} - \bar{x}\mathbf{e}$ und $\mathbf{y} - \bar{y}\mathbf{e}$ kolinear, woraus die Behauptung sofort folgt.

   (c) Jetzt sind die Vektoren orthogonal, woraus sofort die Behauptung folgt.

5.17 (a) $x_i^* = \ln(x_i), y_i^* = \ln(y_i)$

   (b) $y = e^3/\sqrt{x}$. Ist die Geradengleichung nach Logarithmierung mit einer anderen Basis a erfolgt, so lautet die Gleichung $y = a^3/\sqrt{x}$.

5.23 Unter $x^* = ax + b$ wird die Steigung der Kleinste-Quadrate-Gerade auf den a-ten Teil der ursprünglichen Steigung reduziert, während der y-Achsenabschnitt unverändert bleibt. Unter $y^* = cy + d$ vervielfachen sich Steigung und y-Achsenabschnitt um den Faktor c.

5.25 (b)

$$b = \frac{\sum x_i y_i \sum x_i^2 - \sum x_i^2 y_i \sum x_i^2}{(\sum x_i^3)^2 - \sum x_i^4 \sum x_i^2}$$

$$a = \frac{\sum x_i y_i - b \sum x_i^3}{\sum x_i^2}$$

5.27 Für das Exponentialmodell $y = a + b \exp(cx)$ resultiert eine Anpassung mit R in den Parametern $a \approx 27,2544, b \approx 246, c \approx -0,086288$ mit einer Summe der Abweichungsquadrate von $33,75223$.

5.28 Für das Exponentialmodell $y = (a - b) \exp(c * x) + b$ resultiert eine Anpassung mit R in den Parametern $a \approx 47,078, b \approx 23,875, c \approx -0,043$ mit einer Summe der Abweichungsquadrate von $2,2489$. Allerdings weisen die Residuen noch Strukturen auf, die jedoch kaum sachbezogen zu interpretieren sind.

Literatur

Anscombe, F.J.: Graphs in statistical analysis. *Am. Stat.* **27**(1), 17 – 21 (1972)

Behrends, E.: Markovprozesse und stochastische Differentialgleichungen. Heidelberg, Springer (2013)

Bellman, R.: *Adaptive Control Processes.* Princeton University Press, Princeton, N.J. (1961)

Biehler, R., Hofmann, T., Maxara, C., Prömmel, A.: Daten und Zufall mit Fathom - Unterrichtsideen für die SI mit Software-Einführung. Braunschweig, Schroedel (2011)

Biehler, R., Prömmel, A., Hofmann, T.: Optimales Papierfalten – Ein Beispiel zum Thema Funktionen und Daten. *Der Mathematikunterricht* **53**(3), 23 – 32 (2007)

Björck, A.: *Numerical Methods for Least Squares Problems.* Society for Industrial and Applied Mathematics, Philadelphia (1966)

Boggs, R.: *Curve Fitting: Fitting Functions to Data.* University of Queensland, Australia (1997) http://curriculum.qed.qld.gov.au/kla/eda/

Box, G.E.P., Draper, N. *Empirical Model-Building and Response Surfaces.* Wiley, New York (1987)

Breiman, L.: Statistical modeling: The two cultures (with comments and a rejoinder by the author). *Stat. Sci.* 16(3), 199–231 (2001)

Bruner, J. S.: *Der Prozeß der Erziehung.* Berlin-Verlag, Berlin (1966)

Buja, A., Hastie, T., Tibshirani, R.: Linear smoothers and additive models (with discussion). *Ann. Stat.* **17**, 453 – 555 (1989)

Bürker, M.: Über die gute Modellierbarkeit bestimmter Wachstumsprozesse. *Mathematische Semesterberichte* 54(1), 39–42 (2007)

Cleveland, W.S.: Robust locally weighted regression and smoothing scatterplots. *Journal American Statistical Association* **74**, 829–836 (1979)

Chatterjee, S., Handcock, M.S., Simonoff, J.S.: *A Casebook for a First Course in Statistics and Data Analysis.* John Wiley, New York (1995)

Deutsches PISA-Konsortium: *PISA 2000 - Basiskompetenzen von Schülerinnen und Schülern im internationalen Vergleich.* Leske + Budrich, Opladen (2001)

Deutsches PISA-Konsortium: *PISA 2003 - Der Bildungsstand der Jugendlichen in Deutschland - Ergebnisse des zweiten internationalen Vergleichs.* Waxmann, Münster (2004)

Dickey, D.A., Arnold, J.T.: Teaching statistics with data of historic significance: Galileo's gravity and motion experiments. *J. Stat Educ.* **3**(1) (1995)

Engel, J.: Funktionen, Daten und Modelle: Vernetzende Zugänge zu zentralen Themen der (Schul-)Mathematik. *Journal für Mathematik-Didaktik* **37**, 107–139 (2016)

Engel, J., Theiss, E.: Elementare und robuste Instrumente zur Datenanalyse im Streudiagramm. *Der Mathematisch-Naturwissenschaftliche Unterricht* 54(5), 267–270 (2001)

© Springer-Verlag GmbH Deutschland 2018

J. Engel, *Anwendungsorientierte Mathematik: Von Daten zur Funktion,*

Mathematik für das Lehramt, https://doi.org/10.1007/978-3-662-55487-6

Erickson, T.: *The Model Shop. Using Data to Learn about Elementary Functions.* eeps media, Oakland, CA (2005)

Eubank, R.: *Spline Smoothing and Nonparametric Regression.* Dekker, New York (1988)

Euler, L.: Vom Nutzen der höheren Mathematik (Übersetzt von J.J. Burkhardt). In: Euler, L. (Hrsg.) *Opera Omnia,* Ser. III, Bd. II, Teubner, Leipzig (1942)

Fan, J., Gijbels, I.: *Nonparametric Regression and Generalized Linear Models.* Chapman and Hall, London (1996)

Friedman, J., Stützle, W.: Projection pursuit regression. *J. Am. Stat. Assoc.* **76**, 817 – 823 (1981)

Freudenthal, H.: *Mathematik als pädagogische Aufgabe.* Klett, Stuttgart (1974)

Gaser, T., Köhler, W., Müller, H.G., Kneip, A., Lago, R., Molinari, L., Prader, A.: Velocity and accelaration of height growth using kernel estimation. *Ann. Hum. Bio.* **11**, 297 – 411 (1984)

Green, P., Silverman, B.W.: *Nonparametric Regression and Generalized Linear Models.* Chapman & Hall, London (1994)

Gründer, K., Ritter, J., Gabriel, G.: *Historisches Wörterbuch der Philosophie,* Bd. 6. Wissenschaftliche Buchgesellschaft, Darmstadt (1984)

Hand, D.J.: *A Handbook of Small Data Sets.* Chapman and Hall, London (1994)

Hastie, T., Tibshirani, R., Friedman, J.: *The Elements of Statistical Learning. Data Mining, Inference and Prediction,* 2. Aufl. Springer, New York (2008)

Hermann, M.: *Numerische Mathematik.* Oldenbourg Verlag, München (2001)

Heymann, H.W.: *Allgemeinbildung und Mathematik,* 2. Aufl. Beltz, Weinheim (2013)

Hildebrandt, S.: Reine oder Angewandte Mathematik? *Mathematische Semesterberichte* **47**, 1–10 (2000)

Hull, J., Langkamp, G.: *Quantitative Environmental Learning Project.* Seattle CCC (2003) http://www.seattlecentral.edu/qelp/

Inhetveen, H.: *Die Reform des gymnasialen Mathematikunterrichts zwischen 1890 und 1914.* Bad Heilbrunn, Klinkhardt (1976)

Jeffreys, W.H., Breger, J.O.: Ockham's Razor and Bayesian Analysis. *Am. Scientist,* **80**, 64 – 72 (1992)

Kahneman, D., Slovic, P., Tversky, T.: *Judgement under Uncertainty: Heuristics and Biases. Genetic Studies of Geniuses,* Bd. 5. Stanford University Press, Stanford, CA (1982)

Kneip, A., Gasser, T.: Statistical tools to analyze data representing a sample of curves. *Ann. Stat.,* **20**, 1266–1305 (1992)

Kneip, A., Engel, J.: Model estimation in nonlinear regression under shape invariance. *Ann. Stat.* **23**(2), 551 – 570 (1995)

Krüger, K.: *Erziehung zum funktionalen Denken. Zur Begriffsgeschichte eines didaktischen Prinzips.* Logos-Verlag, Berlin (2000)

Leiß, D., Blum, W.: Beschreibung zentraler mathematischer Kompetenzen. In: Blum, W. et al. (Hrsg.) *Bildungsstandards Mathematik: konkret.* Cornelson, Berlin (2006)

Luenberger, D.: *Optimization by Vector Space Methods.* Wiley, New York (1968)

Motulsky, H., Christopoulos, A.: *Fitting Models to Biological Data Using Linear and Nonlinear regression - A practical Guide to Curve Fitting.* Oxford University Press, Oxford, UK (2004)

Malle, G.: Zwei Aspekte von Funktionen: Zuordnung und Kovariation. Mathematik lehren **103**, 8–11 (2000)

Moore, D.S., McCabe, G.P.: *Introduction to the Practice of Statistics.* Freeman and Company, New York (1989)

Ogden, R.T.: *Essential Wavelets for Statistical Applications and Data Analysis.* Birkhäuser, Boston (1997)

Popper, K.R.: *Logik der Forschung.* Mohr Siebeck Verlag, Tübingen (1973)

R Core Team R: A Language and Environment for Statistical Computing. R Foundation for Statistical Computing, Wien (2015) http://www.R-project.org/

Ramsay, J.O., Silverman, B.W.: *Functional Data Analysis*. Springer, New York (1997)

Rasfeld, P.: Das Teilungsproblem – mit Schülerinnen und Schülern auf den Spuren von Pascal und Fermat. *Journal für Mathematikdidaktik* 28(3/4), 263–285 (2007)

Rao, C.R.: Some statistical methods for comparison of growth curves. *Biometrics* 14, 1 – 17 (1958)

Riedwyl, H.: *Lineare Regression und Verwandtes*. Birkhäuser, Basel (1997)

Runge, C.: Über empirische Funktionen und die Interpolation zwischen äquidistanten Größen, Z. Math u. Physik 46, 224–243 (1901)

Schreiber, A.: Universelle Ideen im mathematischen Denken ? ein Forschungsgegenstand der Fachdidaktik. *Mathematica Didactica* 2, 165–171 (1979)

Schweiger, F.: Fundamentale Ideen. Eine geisteswissenschaftliche Studie zur Mathematikdidaktik. *Journal für Mathematik-Didaktik* 13(2/3), 199–214 (1992)

Silverman, B.W.: Spline smoothing: The equivalent variable kernel method. *Ann. Stat.* 12, 898 – 916 (1984)

Simonoff, J.S.: *Smoothing Methods in Statistics*. Springer, New York (1996)

Sonar, T.: *Angewandte Mathematik, Modellbildung und Informatik*. Vieweg, Wiesbaden (2001)

Stachowiak, H.: *Allgemeine Modelltheorie*. Springer, Heidelberg (1973)

Starr, N.: Nonrandom risk: The 1970 draft lottery. *Journal of Statistics Education* 5(2) (1997). www.amstat.org.publications/jse/v5n2

Tukey, J.: *Exploratory Data Analysis*. Addison Wesley, Reading, MA (1977)

Venables, W.N., Ripley, B.D.: *Modren Applied Statistics with R*, 4. Aufl. Springer, New York (2002)

Venables, W.N., Smith, D.M., R Development Core Team: *An Introduction to R*. Notes on R: A Programming Environment for Data Analysis and Graphics (2008) ISBN 3-900051-12-7. https://cran.r-project.org/doc/manuals/r-release/R-intro.pdf

Vohns, A.: Fünf Thesen zur Bedeutung von Kohärenz- und Differenzerfahrungen im Umfeld einer Orientierung an mathematischen Ideen. *Journal für Mathematik-Didaktik* 31, 227–255 (2010)

Vollrath, H.-J., Weigand, H.-G.: *Algebra in der Sekundarstufe*. Spektrum, Heidelberg (2006)

Von Neumann, J.: *The Role of Mathematics in Science and in Society*. Complete works, Bd. I, S. 1–9 und Bd. 6, S. 477–490. Pergamon, New York (1961)

Wand, M.P., M.C. Jones, M.C.: *Kernel Smoothing*. Chapman and Hall, London (1995)

Winter, H.: Über Wachstum und Wachstumsfunktionen. *MNU* 47(6), 330–339 (1994)

Winter, H.: Mathematikunterricht und Allgemeinbildung. *Mitteilungen der Gesellschaft für Didaktik der Mathematik* 61, 37–46 (1995)

Young, R.A.: Improving the data analysis for falling coffee filters *The Physics Teacher* 39, 398–400 (2001)

Zeisel, H.: Statistics as Legal Evidence. In: Sills, D.L. (Hrsg.) *Encyclopedia of the Social Sciences*, Bd. 15, S. 246–250. Crowell Collier and Macmillan, New York (1968)

Stichwortverzeichnis

© Springer-Verlag GmbH Deutschland 2018
J. Engel, *Anwendungsorientierte Mathematik: Von Daten zur Funktion*,
Mathematik für das Lehramt, https://doi.org/10.1007/978-3-662-55487-6

Springer

Willkommen zu den Springer Alerts

Jetzt anmelden!

- Unser Neuerscheinungs-Service für Sie:
  aktuell *** kostenlos *** passgenau *** flexibel

Springer veröffentlicht mehr als 5.500 wissenschaftliche Bücher jährlich in gedruckter Form. Mehr als 2.200 englischsprachige Zeitschriften und mehr als 120.000 eBooks und Referenzwerke sind auf unserer Online Plattform SpringerLink verfügbar. Seit seiner Gründung 1842 arbeitet Springer weltweit mit den hervorragendsten und anerkanntesten Wissenschaftlern zusammen, eine Partnerschaft, die auf Offenheit und gegenseitigem Vertrauen beruht.

Die SpringerAlerts sind der beste Weg, um über Neuentwicklungen im eigenen Fachgebiet auf dem Laufenden zu sein. Sie sind der/die Erste, der/die über neu erschienene Bücher informiert ist oder das Inhaltsverzeichnis des neuesten Zeitschriftenheftes erhält. Unser Service ist kostenlos, schnell und vor allem flexibel. Passen Sie die SpringerAlerts genau an Ihre Interessen und Ihren Bedarf an, um nur diejenigen Information zu erhalten, die Sie wirklich benötigen.

Mehr Infos unter: springer.com/alert

Printed in the United States
By Bookmasters